U0386913

# 动物营养与饲养

雒秋江 编著

科学出版社

北京

# 内 容 简 介

本书讲述动物营养与饲养方面的基本知识，内容主要包括四篇二十二章，即动物营养代谢（第一至五章）、饲料（第六至九章）、各种畜禽的营养与饲养（第十至十七章）、动物营养研究方法（第十八至二十二章）等，另附模拟试卷三份供自测用。

本书可作为动物科学及相关专业（如饲料生产、动物医学、草业科学等）的本科教材，也可以作为相关专业研究生、教师、科研人员、畜牧生产技术人员等的教学、研究或生产的参考书。

**图书在版编目（CIP）数据**

动物营养与饲养 / 雒秋江编著 . —北京：科学出版社，2022.11
ISBN 978-7-03-073507-2

Ⅰ.①动… Ⅱ.①雒… Ⅲ.①动物营养 ②动物–饲养管理 Ⅳ.① S816
② S815

中国版本图书馆 CIP 数据核字（2022）第 193533 号

责任编辑：刘 丹 赵萌萌/责任校对：严 娜
责任印制：张 伟/封面设计：迷底书装

科学出版社 出版
北京东黄城根北街 16 号
邮政编码：100717
http://www.sciencep.com
北京厚诚则铭印刷科技有限公司 印刷
科学出版社发行 各地新华书店经销
*
2022 年 11 月第 一 版 开本：787×1092 1/16
2024 年 1 月第三次印刷 印张：16 1/2
字数：400 000
**定价：55.00 元**
（如有印装质量问题，我社负责调换）

前言

　　《动物营养与饲养》主要讲述动物营养学的基本原理及其应用、动物营养代谢研究的进展、怎样利用各种饲料配制饲粮及畜禽生产中的饲养管理措施等基本知识、基本规律和基本经验，从而使学习者能在理解动物营养过程、保障动物健康、促进动物生长（生产）、节约饲料和提高畜产品质量等方面具备初步的专业知识。

　　动物营养是动物将外界物质摄入体内，经消化、吸收后代谢转化为自身物质，再间接或直接排出体外的交换过程，这一过程也包括能量和信息的交换。通过交换，动物得以维持生命和进行生长、发育、生殖等生命活动，客观上也为人类提供了肉、蛋、奶、毛皮等畜产品。动物营养学科是为畜牧生产服务的，少不了生产实践环节即动物的饲养管理，因此本书也包括了饲养方面的某些基本内容。动物与植物（饲料）中各种物质的含量、种类和组成不同，但化学成分却有很多相似之处，都含有水分、矿物质、氨基酸和脂肪等，在一定程度上具有相同的"营养单元"（或称营养素）。动物通过采食和消化代谢，将饲料中的营养单元直接或间接转化成自体物质，又将这些营养单元直接或间接排泄出去。动物营养与饲料其实是两个不可分割的方面，因此本书也纳入了较多关于饲料方面的内容。

　　动物营养与饲养所涉及的内容涵盖生物化学、动物生理学、分子生物学、微生物学、植物学、分析化学和毒理学等，因其侧重的内容不同也有不同的名称，如《动物营养学》《家畜饲养学》《动物饲养与饲料》《家畜内科学》《饲料学》《饲料检测分析》等。畜禽饲养与人类社会的发展并行，但从现代科学意义上讲，动物营养学的研究历史有180多年（从1839年马、牛的氮平衡试验起），我国的动物营养学研究始于1898年引入翻译的美国《新法养猪法》。一直以来，动物营养科学为人类社会的发展、为我国人民的幸福生活做出了巨大贡献，特别是改革开放以来，我国的动物营养科学迎来了高速发展和向社会充分展示自己魅力的机会，并将继续为促进畜牧业高质量发展做贡献。

　　未来，动物营养学科与其他学科会越来越交叉与相互渗透，会出现越来越多的新问题、新机会甚至新领域，但动物营养学科的根本社会任务，即为生产大量质优价廉的畜产品特别是肉蛋奶品提供科技支撑，应该是不会改变的。

　　本书是作者在23年本科教学的基础上，参考相关文献和科研成果编著而成的。作为动物营养学领域的入门书籍，本书在注重内容的传承性和创新性的同时，亦力行理论与实际应用相结合、动物科学与动物医学相结合、教学与研究相结合的原则。本书汲取了国内外很多关于动物营养与饲养方面的知识，限于篇幅，书中只列举了部分资料来源，在此，作者对所有为本书做出贡献的知识创造者们致以万分的感谢！由于作者长期在新疆工作，所编教材具有一定的新疆地方特色，但系统性、全面性也定会有所逊色，望读者给予理解。另外，由于作者的能力和知识有限，不足之处在所难免，敬请各位同行不吝赐教。

雒秋江

2022 年 1 月于乌鲁木齐

# 目录

前言

## 第一篇　动物营养代谢

**第一章　营养成分及其利用** ……………………………………………… 2
第一节　养分 …………………………………………………………… 2
第二节　动物营养物质的利用 ………………………………………… 5
第三节　营养物质的代谢 ……………………………………………… 8
第四节　水代谢 ………………………………………………………… 10

**第二章　粗蛋白、碳水化合物和脂肪的消化代谢** …………………… 13
第一节　粗蛋白的消化代谢 …………………………………………… 13
第二节　碳水化合物的消化代谢 ……………………………………… 30
第三节　脂肪的消化代谢 ……………………………………………… 31
第四节　能量代谢 ……………………………………………………… 34

**第三章　矿物质营养** …………………………………………………… 37
第一节　常量元素 ……………………………………………………… 37
第二节　微量元素 ……………………………………………………… 40
第三节　稀土元素 ……………………………………………………… 47
第四节　毒性元素 ……………………………………………………… 48
第五节　矿物质元素的吸收与利用 …………………………………… 49

**第四章　维生素营养** …………………………………………………… 50
第一节　脂溶性维生素 ………………………………………………… 50
第二节　水溶性维生素 ………………………………………………… 52

**第五章　营养需要与动物生长** ………………………………………… 59
第一节　营养需要 ……………………………………………………… 59
第二节　动物生长 ……………………………………………………… 65
第三节　新生幼畜营养 ………………………………………………… 68

## 第二篇　饲　料

**第六章　饲料的分类与营养价值评价** ………………………………… 72
第一节　饲料的分类 …………………………………………………… 72
第二节　饲料营养价值评价 …………………………………………… 74
第三节　饲料表观消化率的测定方法 ………………………………… 76

**第七章　各种饲料的特性** ································································78
　第一节　青饲料、青贮饲料、块根块茎与瓜类饲料 ························78
　第二节　干草与蒿秕饲料 ····················································83
　第三节　能量饲料 ·····························································85
　第四节　蛋白质补充料 ·······················································90
　第五节　常量元素矿物质饲料 ···············································100

**第八章　饲料添加剂** ····················································102
　第一节　营养物质添加剂 ····················································102
　第二节　促生长添加剂 ·······················································103
　第三节　非营养性添加剂 ····················································106

**第九章　饲料加工与配合饲料** ·········································110
　第一节　饲料加工 ···························································110
　第二节　配合饲料 ···························································113

### 第三篇　各种畜禽的营养与饲养

**第十章　畜禽营养与饲养管理概述** ··································124
　第一节　畜禽营养需要 ·······················································124
　第二节　畜禽饲养管理 ·······················································125
　第三节　生产方式的选择 ····················································126
　第四节　饲养投入产出的核算 ···············································126

**第十一章　猪的饲养管理** ·············································127
　第一节　猪饲养管理概述 ····················································127
　第二节　仔猪的饲养管理 ····················································127
　第三节　生长育肥猪的饲养管理 ············································130
　第四节　繁殖母猪的饲养管理 ···············································138

**第十二章　家禽的饲养管理** ···········································143
　第一节　雏鸡的饲养管理 ····················································143
　第二节　肉鸡的饲养管理 ····················································143
　第三节　蛋鸡的饲养管理 ····················································146
　第四节　鸭、鹅的饲养管理 ·················································152
　第五节　鸽子与鹌鹑的饲养管理 ············································153
　第六节　家禽代谢病 ·························································155

**第十三章　牛的饲养管理** ·············································157
　第一节　养牛概述 ···························································157
　第二节　乳的成分 ···························································157
　第三节　奶牛营养 ···························································159
　第四节　奶牛代谢性疾病 ····················································165
　第五节　肉牛生产 ···························································167

**第十四章　绵（山）羊的饲养管理** ·········································································· 171

　第一节　绵（山）羊的营养需要特点和饲养管理概述 ········································· 171

　第二节　绵羊的能量需要和蛋白质需要 ····························································· 173

　第三节　羔羊和成年羊的育肥生产 ····································································· 174

　第四节　舍饲繁殖母羊和奶羊的饲养管理 ·························································· 178

　第五节　放牧羊的饲养管理 ·············································································· 181

　第六节　绵羊营养代谢病 ················································································· 182

**第十五章　家兔和麝香鼠的饲养管理** ········································································· 185

　第一节　家兔的饲养管理 ················································································· 185

　第二节　麝香鼠的饲养管理 ·············································································· 188

**第十六章　犬、猫的饲养管理** ·················································································· 191

　第一节　犬的消化与营养特点 ··········································································· 191

　第二节　犬的营养需要和营养代谢病 ·································································· 191

　第三节　猫的消化与营养特点 ··········································································· 194

　第四节　猫的营养需要 ···················································································· 195

**第十七章　马的饲养管理** ························································································· 197

　第一节　马的消化特点 ···················································································· 197

　第二节　马的营养需要 ···················································································· 197

### 第四篇　动物营养研究方法

**第十八章　动物营养研究概述** ·················································································· 200

　第一节　试验设计 ·························································································· 200

　第二节　测定指标 ·························································································· 200

　第三节　试验动物 ·························································································· 201

　第四节　瘘管动物 ·························································································· 202

**第十九章　消化代谢试验、称体重与屠宰测定** ···························································· 205

　第一节　消化代谢试验简介 ·············································································· 205

　第二节　采食量测定 ······················································································ 205

　第三节　粪、尿的收集与处理保存 ····································································· 205

　第四节　称体重与屠宰试验 ·············································································· 208

**第二十章　常规养分测定** ························································································· 210

　第一节　实验操作基本常识 ·············································································· 210

　第二节　干物质、有机物、钙、磷的测定 ·························································· 211

　第三节　粗蛋白和粗脂肪的测定 ········································································ 214

　第四节　粗纤维、纤维素、半纤维素和木质素的测定 ··········································· 216

　第五节　能量测定 ·························································································· 219

**第二十一章　氨基酸、β-胡萝卜素和游离棉酚测定** ······················································ 224

　第一节　氨基酸高效液色谱相法 ········································································ 224

第二节　色氨酸的测定 ································································· 225

第三节　β-胡萝卜素的测定 ························································· 226

第四节　游离棉酚的测定 ····························································· 228

第二十二章　瘤胃消化代谢 ····························································· 231

第一节　瘤胃液及其 pH、$NH_3$-N、VFA、体积的测定 ············ 231

第二节　瘤胃微生物计数 ····························································· 234

第三节　尼龙袋法和皱胃瘘管法 ··················································· 239

第四节　人工瘤胃法 ··································································· 240

模拟试卷 ························································································ 243

《动物营养与饲养》模拟试卷（一） ··············································· 243

《动物营养与饲养》模拟试卷（二） ··············································· 245

《动物营养与饲养》模拟试卷（三） ··············································· 247

主要参考文献 ··················································································· 250

# 第一篇

# 动物营养代谢

　　动物营养代谢是指动物利用外界营养物质来满足自身生存（和生产）需要的生物学过程，主要阐明动物生存（和生产）时需要什么营养素、需要多少及影响需要的因素等。对于动物营养代谢，需要强调动物群体的同质性，即对于相同或相似遗传背景的某个品种（或品系）的动物，它们的营养代谢是相同或是在某一个区间之内的；同时也需要强调动物个体的差异性，即每头动物即使在相同的条件下，它们的营养代谢也可能是不同的。另外，还需要注意环境条件对营养代谢的影响。

# 第一章

# 营养成分及其利用

动物营养是由不同营养素的摄入、消化和代谢来完成的，因此首先可以将动物营养解析为各种不同营养素的作用。

## 第一节 养 分

根据动物营养的特点和动物营养学科的发展过程，营养素可按概略养分、化学养分和生物学作用三种方法划分。

## 一、概略养分

根据动物的营养需要和饲料特点，可以将营养素划分为粗蛋白、粗脂肪、粗纤维、无氮浸出物、能量、维生素、灰分（矿物质）和水分 8 种概略养分（approximate nutrient）。并且，不含水分的动物或饲料样品重称为干物质（dry matter，DM）重，不含水分和灰分的动物或饲料样品重称为有机物（organic matter，OM）重。

### 1. 粗蛋白（crude protein，CP）

粗蛋白是饲料或动物组织中含氮物的总称，包括纯蛋白质和其他含氮物（如氨、尿素、氨基酸、核酸、硝酸盐等）两部分。通过测定样品中的含氮量，再乘以系数 6.25（一般蛋白质量 / 含氮量 =6.25），即为粗蛋白含量。例如，大豆粕的含氮量为 7.84%，其粗蛋白含量即为 7.84%×6.25=49.00%；尿素的含氮量为 46.67%，其粗蛋白含量为 291.69%。纯蛋白质和氨基酸对动物机体具有较高的营养价值，而其他一些含氮物，如氨或尿素，则营养价值较低，甚至有害。根据粗蛋白含量，可以大致了解饲料或动物组织的营养价值，特别是蛋白质饲料如鱼粉、大豆饼和动物的肌肉组织等。但由于粗蛋白的种类较多，且即使用纯蛋白质指标时其氨基酸组成也有较大差异，因此只能作为参考，而不能完全根据粗蛋白含量来绝对地评价饲料或动物组织的营养价值。

### 2. 粗脂肪（crude fat）

粗脂肪又称为乙醚浸出物（ether extract，EE），即饲料或动物组织中溶于乙醚的物质，包括脂肪和其他溶于乙醚的有机物（如叶绿素、胡萝卜素、有机酸、树脂等）。通过粗脂肪测定可大致判断样品的脂肪含量。饲料的脂肪含量越高则提示其所含的可消化能就越高，如花生、大豆等。

### 3. 粗纤维（crude fiber）

粗纤维是植物细胞壁的主要成分，由纤维素（cellulose）、半纤维素（hemicellulose）、木质素（lignin）等有机成分组成。纤维素是由葡萄糖组成的大分子多糖；半纤维素是由几种不同类型的单糖（主要是戊糖）构成的异质多聚体；木质素是有氧代苯丙醇或其衍生物结构单元的芳香性高聚物。粗纤维是饲料中最难消化的营养物质，在麦秸、稻草、棉花秆等蒿秆饲料中含量最高，在干草中次之。

粗纤维中的不同成分在动物消化道内被消化的难易程度不尽相同，其中以β-1，4木糖键连接的、含有各种单糖（如阿拉伯糖）侧链的半纤维素较容易消化，以β-1，4葡萄糖键连接的纤维素次之，而由半纤维素侧链与多酚化合物结合形成的木质素在畜禽消化道内几乎不被消化。然而，畜禽本身并不产生消化这些纤维素类物质的酶类，而是靠栖息于消化道内的微生物产生相应的酶类来消化。

由于粗饲料中各种成分的消化特点不一致，为了更科学地反映出饲料的营养特点，饲料粗纤维含量的测定方法已经逐渐被 Van Soest 法所替代。Van Soest 法测定饲料或动物粪便中的中性洗涤纤维（NDF）（含有纤维素、半纤维素、木质素和酸不溶性灰分）、酸性洗涤纤维（ADF）（含有纤维素、木质素和酸不溶性灰分）、酸性洗涤木质素（ADL）（72%硫酸法）（含有木质素和酸不溶性灰分）含量，以计算样品中的纤维素、半纤维素和木质素含量，从而更加客观地反映了饲料的营养特性和动物对不同营养素的消化程度。其中，NDF-ADF 等于样品的半纤维素含量，ADF-ADL 等于样品的纤维素含量，而 ADL 灰化前后的差值为样品的木质素含量。不过，植物的细胞壁结构其实是非常复杂的，不仅在物理方面各种成分互相镶嵌，而且在化学方面有各种基团的修饰或结合。例如，木质素就可以与纤维素通过共价键相连，形成木质纤维素，使得纤维素变得更加难以消化。

### 4. 无氮浸出物（nitrogen-free extract）

饲料有机物质中的无氮物质除去粗脂肪和粗纤维外，总称为无氮浸出物（NFE），包括淀粉（starch）[ 多糖类，直链淀粉（溶于水）和支链淀粉（难溶于水）]、双糖和单糖等，因为成年动物的小肠和胰腺能产生相应的消化酶消化各种无氮浸出物，因此又称其为易消化碳水化合物。单糖 [ 葡萄糖（glucose）、果糖（fructose）] 主要存在于植物果实中；双糖主要为蔗糖（sucrose）来自甜菜、甘蔗等作物；淀粉主要来自植物籽实（如玉米、小麦）、马铃薯等。动物体内的无氮浸出物主要为葡萄糖和糖原（glycogen），但含量很少，一般只能维持动物 2～4 h 的能量需要。无氮浸出物是动物能量的重要来源，特别是在单胃动物。

### 5. 能量（energy）

能量是存在于某些物质中的化学潜能，经氧化燃烧可以产生热能。碳水化合物、蛋白质和脂肪是有机物中的三大类能量物质，其热能的平均值分别为 17.49 kJ/g、23.64 kJ/g 和 39.33 kJ/g。能量物质在动物体内的氧化（燃烧）是逐步进行的，所产生的能量大部分转化成热能，只有一小部分（约 1/3）转化成生物能。

在过去的教材或研究报告里能量多以卡（cal）表示，而现在以焦耳（J）表示，两者的换算关系为：1 cal=4.184 J，或 1000 kcal=4.184 MJ。

### 6. 维生素（vitamin）

维生素是维持动物正常生理机能所必需，但需要量又极微的一类小分子有机物，是动物体内许多物质代谢的参与者。根据其溶解性可分为脂溶性维生素和水溶性维生素两大类，前者包括维生素 A、维生素 D、维生素 E、维生素 K，后者包括 B 族维生素（硫胺素、核黄素等）和维生素 C。维生素不一定都必须从外界获得，动物也可以自身合成某些维生素，如维生素 A、维生素 D 和维生素 C，瘤胃和大肠微生物也合成某些 B 族维生素。

### 7. 灰分（ash）

灰分是饲料或动物样品经燃烧后的残留物，含有钙、磷、钠（sodium）、钾、镁、锰、铁、硅等矿物质元素或矿物质（mineral）。动物体内含量较高（＞100 mg/kg）的矿物质元素如钙、磷、钠、钾、镁、氯、硫，被称为常量矿物质元素（macro mineral element），含量较低（＜100 mg/kg）的元素如铁、铜、钴、硒、锰、锌、碘等被称为微量矿物质元素（trace mineral element）。然而，灰分并没有包括全部的矿物质元素，如碘和硫在灰化时可以挥发。

### 8. 水分（water）

水分是生命活动不可或缺的基本物质，是动物体重要的组成部分，占动物体重的 1/2～2/3，在新生幼畜中甚至可占到体重的 90% 以上。如果以分子计数的话，水分子占整个动物机体分子数的 99% 以上。在动物饲养中，饮水是重要的环节之一，缺水程度轻则影响动物生产，重则影响动物生存，不可忽视。

## 二、化学养分

饲料和动物体概略养分的划分与营养素（nutrient）的分析测定方法有关，一般测定概略养分的方法简便可行，但也有不足之处，即对饲料的营养价值或动物的消化过程评价还不够客观。例如，粗蛋白可能是氨，也可能是蛋白质，但两者的营养价值则有天壤之别。动物生长需要赖氨酸，但不同饲料蛋白质中赖氨酸含量不一样，因此其营养价值也就不一样，而这用粗蛋白指标则表达不出来。不饱和脂肪酸对于动物营养和生产都有着特殊的作用，而粗脂肪指标并不能揭示不饱和脂肪酸的消化与代谢过程。而同样作为挥发性脂肪酸，乙酸和丙酸的营养作用因代谢途径的不同而很不相同。因此，有必要从化学即分子的角度来理解或解释动物的消化与代谢过程，即以化学的角度和方法来划分、评价与研究动物或饲料的养分。

化学养分（chemical nutrient）可以根据饲料和动物体的化学成分（包括中间代谢产物）来划分，但必须是以分子为基础，甚至是以某一个基团或某种原子为基础，而不是混合物，如葡萄糖、纤维素、乙酸、丙酸、赖氨酸、蛋氨酸、十六碳饱和脂肪酸、钙、铜等，都可以作为化学养分的单元。因此，化学养分与概略养分既有相同之处，也有不同之处，前者从化学的角度进一步细化了被消化代谢物质的种类。

饲料的化学养分从应用的角度可分为 7 类。

（1）以葡萄糖或丙酸作为消化主要产物的易消化碳水化合物，如淀粉、蔗糖等。

（2）以乙酸、葡萄糖等作为消化主要产物的难消化碳水化合物，如半纤维素、纤维素等。

在难消化碳水化合物中，除纤维素外，还有其他不溶性多糖（但可形成胶体），如菊糖（多聚果糖）、琼脂（多聚半乳糖）、酵母葡聚糖、香菇多糖、黄芪多糖等，这些多糖在单胃动物的胃与小肠里同样没有相应的消化酶，但在大肠中可被微生物发酵，是改善大肠微生物生态区系的调节剂，并且多糖还具有提高动物非特异性免疫能力、抗病毒等作用，因此在动物保健领域使用较广泛。

（3）饲料蛋白质中动物生长代谢所需要的氨基酸种类或代谢物，如赖氨酸、蛋氨酸、氨、尿素等。

（4）各种脂肪或脂肪酸，如十八碳三酸甘油酯、卵磷脂、花生四烯酸等。

（5）各种矿物质元素或离子，如钙、磷、铜、硒等。

（6）各种维生素，如维生素 A、维生素 $D_3$、B 族维生素等。

（7）水分。

以上各种化学养分都可作为单独的营养单元进行研究，但要注意许多营养单元之间在体内或体外是可以相互转化的，而且其作用也是相互联系的，并且其化学形态，如化学价、溶解度、螯合度等，也都会影响动物的营养过程。

## 三、生物学作用

围绕动物体的某一生物学功能研究其所需要的营养成分，即通过生物学作用（biological effect）对营养成分进行分类，如生长可以通过幼畜的体增重来确定赖氨酸、淀粉、钙、磷、维生素 A 或食盐等的作用和需要量；而对于繁殖母畜，可以通过产仔数、产仔窝重、成活率等来确定赖氨酸、钙、磷、铜、硒、维生素 E 等母畜繁殖所需要的营养成分及需要量。对于健康养殖，可以通过动物分泌型免疫球蛋白 A（SIgA）的产生或肠道黏膜的完整性来确定某些维生素或类胡萝卜素等的作用及需要量等。

某些物质如霉菌毒素、游离棉酚等的抗营养或毒性作用也可以用生物学作用进行研究，如对生殖性能的影响、对体增重或肉质的影响等。

以上三种饲料或动物体营养成分的划分方法，主要考虑对动物营养评价的客观性、分析测定方法的简易性和可行性，但在实际工作中则经常会根据研究的目的和实验条件进行取舍或综合应用。

# 第二节 动物营养物质的利用

动物首先要将营养物质摄入体内，再进行消化吸收，使分解的营养成分进入体内，才能够进行代谢利用。因此，动物营养物质的利用可以划分为采食、消化、吸收、代谢 4 个主要环节，下面介绍动物的采食与消化。

## 一、采食

在饲养条件下，根据日粮的饲喂量，动物饲养主要分为自由采食（voluntary intake）和限制采食（restricted intake）（俗称限饲）两种饲喂方式。自由采食就是不限量地让动物随意采食，能摄入多少就摄入多少；限制采食就是限定每天动物的饲喂量，不多喂给。自由采食是常用的饲喂方式，因为大量实验证明，在适时出栏的条件下，自由采食是动物生长最快、经济效益最好的生产方式。但限饲或限制营养（供应）的饲养方式也有较多应用，如蛋鸡的育成，为了防止蛋鸡体格发育过快（相对于生殖系统发育），经常会采取限饲；在猪的育肥后期，为了防止体脂过多，也会采取限饲；在我国北方地区养殖二年熟的大体格中华绒毛蟹，在第一年也需要限饲，以防止当年性成熟而体格偏小；舍饲越冬牛羊也经常为了节约饲料而限饲，但会造成牛羊掉膘。另外还有强制采食，即强制性饲喂，如在填鸭和生产肥鹅肝时。

动物采食的愿望称为食欲（appetite），可以通过短时间内的采食量来测定。缺乏采食的愿望称为饱（satiety）。被剥夺通常或特殊类型饲料而出现的生理状态称为饥饿（hunger），其可以通过采食来解除。动物的采食是受调控的，采食（饥饿或饱）中枢在下丘脑（中脑）。动物采食是为了获得能量，即动物为能而食，当动物获得足够能量的时候，采食即会停止。实验表明，如果给小白鼠日粮中添喂不含能量的膨润土，小白鼠的自由采食量会随膨润土的添喂量不断增加，而每天所采食的能量则基本不变。动物每天的自由采食除与饲料（能量和蛋白质含量）等有关外，还与（代谢）体重和生产性能有关，一般动物每天采食量为体重的 1.5%～3%，但也有的可以达到 6%。体脂含量高的动物若按体重计采食量则较低。

高采食量可极大地提高生长动物、育肥动物和产奶动物的生产效率。快速增重动物可由于饲喂期短而使维持需要所占总需要（维持需要＋增重）的比例大幅降低。例如，将肉牛育肥到 340 kg，如果分别按照日增重 450 g、910 g 和 1360 g 进行饲喂（即限定不同水平的采食量），各需要 700 天、350 天和 234 天，所耗净能分别为 23 970 MJ/牛、15 215 MJ/牛和 12 580 MJ/牛，相当于分别消耗玉米 3.42 t/牛、2.35 t/牛和 2.04 t/牛，而维持能量则分别占净能的 75%、59% 和 48%，可见提高每日采食量的作用。增加采食量也是提高粗饲料利用性的重要方面。因此，提高自由采食量，是高效饲养技术措施的重要指标之一。

与动物采食有关的因素包括动物自身的食欲和饲料的适口性。味觉可影响饲料的适口性，动物感知甜酸咸苦主要依靠舌头上的味蕾，各种动物的味蕾数不同，平均禽 24 个、狗 1700 个、猪或山羊 15 000 个、牛 25 000 个，而人类有 9000 个。绵羊偏好糖溶液；牛喜欢甜味，适度偏好酸味；鹿喜欢甜味，也倾向于酸苦味；而山羊对甜酸咸苦味都有所偏好。动物对饲料具有选择性，这种选择性除饲料的化学物理性质和动物本能外，动物的生活经历（经验）也是决定因素之一。绵羊缺盐时会舔食各种钠盐，其对草地上施过磷肥、氮肥的牧草具有选择性。在大雪覆盖地面时，尽管能采食到的牧草数量很少，绵羊扒开雪时也只采食青绿草，而不是"饥不择食"。具有一定味道的物质如辣椒碱，在商业上常作为诱食剂，以提高自由采食量。而饲料的颜色和形状对舍饲动物采食而言一般没有作用。动物的食欲，除饲料因素外，更重要的是自身的生长势或年龄，生长或生产需要是动物采食或营养需要的内在决定因素。一般增加或改善营养可以提高动物的生产性能，因为动物还具有生产潜能（如生长、产奶等），如果营养供应满足了，再增加营养对于进一步提高生产性能一般没有积极作用，或只是增加脂肪沉积。

## 二、消化

### 1. 单胃动物消化

动物的消化始于口腔，然后是胃、小肠和大肠的消化。消化过程在物理性消化即咀嚼、反刍、食糜运动的基础上，主要靠消化道（腺）产生的消化酶如唾液淀粉酶、胃蛋白酶、胰脂肪酶、核酸酶等和其他消化液（如唾液、胃酸、胆汁）来完成，但也靠消化道中的微生物产生的消化酶来完成，特别是在草食动物。在大肠里的微生物产生纤维素酶、木聚糖酶、淀粉酶、蛋白酶等，在饲料的消化过程中也起着重要的作用。消化酶，无论是机体分泌的还是胃肠微生物产生的，有一些是诱导酶，即与食物有密切的关系，不仅表现在食物对酶产生（或分泌）数量的影响上，甚至还表现在酶的有无上。

动物采食的饲料，一部分在消化后直接被机体吸收；一部分在消化道内消化代谢成二氧化碳、甲烷、短链脂肪酸等，或从口腔（气体）或肛门排出，或直接通过肠道或肺部吸收进入血液；还有一部分没有被消化的饲料残渣，与消化道内脱落的细胞、分泌的部分唾液和消化液、消化道内的微生物等混在一起，称为粪便（feces），被排出体外。

被消化的小分子营养素通过消化道上皮细胞进入血液或淋巴系统的过程称为吸收（absorption）。吸收的机制包括被动吸收和主动吸收。被动吸收包括简单扩散和易化扩散两种。简单扩散就是营养物质从高浓度向低浓度方向转移，是一个非耗能的过程；易化扩散也是一个非耗能过程，但需要载体的参与，使营养素顺离子梯度转运。主动吸收是逆化学梯度、需要消耗能量的转运过程，并需要载体的参与，是动物吸收营养物质的主要形式。载体是一种蛋白质或脂蛋白，具有特异性，在同一细胞膜上可以有几种载体，分别转运不同的物质，如氨基酸、葡萄糖等。

单胃动物的吸收主要发生在小肠和大肠，特别是在小肠或小肠前段，而在反刍动物，除小肠外，瘤胃也是消化产物（主要为挥发性脂肪酸、氨）吸收的重要场所。

饲料消化率＝（采食量－粪中饲料残渣）/采食量×100%。但是，如上所述，粪中的饲料残渣难以区分或测定，即饲料的真消化率较难测定。因此，在通常的动物营养研究中，一般都用饲料（日粮）的表观消化率[即（采食量－粪量）/采食量×100%]来代替真消化率。饲料中某营养素含量高时，其表观消化率与真消化率相差较小，反之较大。

测定真消化率需要采用稳定性同位素 $^{15}N$ 或 $^{13}C$ 等标记技术，通过用同位素标记外源营养成分来计算某饲料的真消化率。实验前需要将同位素标记的化肥（如尿素、氯化铵等）施给相应植物，在适宜时间收获茎秆或籽实等，再喂给动物。

饲料的消化率取决于饲料的性质，但也取决于动物，如品种、年龄、个体差异、生理状态等，而饲养管理如饲喂量、饲养环境条件、饲料添加剂等，也影响饲料的消化率。因此，对于某种既定饲料而言，其消化率并不是常值，尽管在配制饲粮时常常将饲料消化率假定为某个常数。

**2. 瘤胃消化**

反刍动物牛羊具有瘤胃，成年羊的瘤胃液体积为 4～6 L，成年牛为 40～60 L。瘤胃中栖息着各种厌氧或兼性厌氧的细菌（×$10^9$ 个/mL 瘤胃液）、古细菌（产甲烷菌，×$10^8$ 拷贝数/mL 瘤胃液）、原虫（×$10^5$ 个/mL 瘤胃液）、真菌（×$10^7$ 拷贝数/mL 瘤胃液）和噬菌体，它们有的在瘤胃液里，有的附着在饲料（饲草）颗粒或瘤胃壁上，构成了相对稳定的瘤胃微生物群落。瘤胃之所以能够成为微生物的栖息地，主要是因为瘤胃的内环境比较稳定。①瘤胃内温度为 38.5～40.0℃，且比较稳定，有利于瘤胃微生物生活，瘤胃内食物的消化过程会产热，故瘤胃内温度一般比动物体温高 1～2℃。②食物和水（包括唾液）不断进入瘤胃，给微生物活动提供了各种养分，而产生的代谢物则不停地后送或通过瘤胃壁吸收，防止了代谢物的堆积。③瘤胃自身在不断蠕动，一般每分钟蠕动 1～2 次，将瘤胃内食糜不断地进行搅拌混匀，有利于发酵。④动物唾液和（碱性）食物不断进入瘤胃，可以缓冲瘤胃消化代谢产生的有机酸，并且有机酸也不断透过瘤胃壁被吸收或与食糜一起后送，保证了瘤胃液 pH 相对稳定在 5.0～7.5。⑤瘤胃渗透压比较稳定，为 300 mmol/L，接近血浆水平。渗透压高会抑制细菌活动，低则影响原虫的生存或生活。在动物采食后，由于食物降解成小分子物质，渗透压会上升至 360～400 mmol/L，但随着钠离子和挥发性脂肪酸的吸收，以及水（唾液）不断进入瘤胃，渗透压降低，从而保证了瘤胃微生物的生存与繁衍。⑥瘤胃内氧化还原电位较低，为 300～400 mV，是一个厌氧环境，有利于厌氧微生物的生存和繁殖。但有时会有从饲料、饮水或吞咽动作进入瘤胃的少量氧气。另外，牛羊还具有反刍活动，以咀嚼难消化的饲料成分，这是反刍动物不可或缺的消化生理活动，反刍每天进行 6～8 次，每次 40～50 min。瘤胃液的表面张力为 $50 \times 10^5 \sim 69 \times 10^5$ N/cm$^2$，相对密度为 1.022～1.055。

瘤胃本身并不分泌任何消化酶，瘤胃内的消化酶都来自其中的微生物，所以，瘤胃消化的本质就是微生物消化，因此，有人形象地比喻瘤胃就是一个发酵缸。瘤胃能消化降解的物质包括纤维素类物质、淀粉、脂肪、蛋白质、尿素等，也包括某些有毒有害物质。瘤胃代谢产生的物质包括挥发性脂肪酸（volatile fatty acid，VFA，即乙酸、丙酸、丁酸、异丁酸、戊酸、异戊酸等）、氨、B 族维生素等，特别是生成的微生物体，含有新合成的微生物蛋白质、脂肪等营养物质，是反刍动物的重要营养来源。一般有 45%～65% 的食物在瘤胃内消化或转化，而剩余的部分则通过瘤胃进入后消化道。反刍动物的两个营养特点，即降解粗饲料和利用非蛋白氮，都与瘤胃消化代谢有关。

瘤胃微生物区系的组成是决定瘤胃消化性能的主要因素。而影响瘤胃微生物区系组成的各种因素包括以下几点。①日粮的组成，即日粮所含的各种营养成分。一般日粮所含成分易消化、能量较高、蛋白质含量较高时，瘤胃微生物的生长和活动就比较旺盛。而所喂日粮消化能较低，或某些营养素不足时，则生长数量少，所产生的消化酶也少。②饲喂时间或饲喂方式。饲喂后由于营养物质的供应较充分，瘤胃微生物生长快，类群也不一样，而随着营养物质的耗竭，微生物生长速度和类群都会发生降低或变化，因而，分次饲喂还是连续饲喂会影响瘤胃微生物的生长代谢模式。精饲料和粗饲料同时喂给还是先后饲喂也会影响瘤胃微生物的生长代谢模式。饮水后瘤胃液被稀释，微生物密度降低。③动物的种属和所在的地域环境。不同的动物，如绵羊、山羊、奶牛、牦牛等，会有不同的瘤胃微生物区系；在不同放牧或生长活动地域的同种动物，瘤胃微生物区系也会有所不同；瘤胃微生物区系甚至还存在着动物的个体差异性，这种差异性可能与瘤胃蠕动、反刍行为或唾液分泌等有关，已受到人们关注。④人为调控也可以改变瘤胃微生物区系组成。从提高瘤胃消化性能的角度看，瘤胃微生物之间的关系复杂，细菌-原虫-真菌，或不同细菌或原虫之间，存在着相互协同或相互竞争的关系。调控瘤胃微生物组成，如减少原虫数量或抑制产甲烷菌活性等，都会影响瘤胃的整体消化性能。

# 第三节　营养物质的代谢

营养物质被消化吸收进入体内后，一部分被直接利用或沉积在体内，如水、矿物质、维生素等；一部分则进一步氧化代谢，如葡萄糖、乙酸、谷氨酰胺等，生成 ATP、二氧化碳、水、氨和热量等，继续被代谢（合成）为动物机体自身物质，如白蛋白、肌蛋白、乳蛋白、脂肪、糖原、硫酸多糖等。从不同的途径参与体内代谢的物质，最后以不同的形式沉积在体内或经尿、消化道和呼吸气等排出体外。

动物体处于不停的合成代谢和分解代谢中，并且合成代谢是机体代谢的主导方面。进入机体的营养素，与原有的同种营养素以同样的概率参与机体的代谢活动，因此实际上并不存在着所谓的"沉积"或"保留"现象。各种营养素在进入（合成）或离开（分解）某一特定空间——代谢池（metabolic pool）（如肝脏、肌肉、细胞等）时，在池中的浓度都是呈指数形式变化的，即 $C=C_0e^{kt}$（$C$ 为某营养素浓度；$C_0$ 为某营养素初始浓度；$k$ 为速率，分解代谢时为负值；$t$ 为时间）。研究机体蛋白质的合成与分解代谢常用稳定性同位素标记法，如 $^{13}C$-亮氨酸灌注法，通过测定不同灌注时间组织或机体的同位素量来求得 $k$ 值。研究表明，猪每天的蛋白质合成量为机体总蛋白质量的 5%～10%，成年兔为 10%，大鼠（100 g 体重）为 20%，人（20 岁）为 2%。

代谢途径和代谢能力是机体的营养基础，决定了机体需要什么营养素和需要多少营养素。吸收的营养素在体内的代谢途径（营养作用）有的是可以互相替代的，有的则是唯一而不可替代的。例如，ATP 作为生物能源，可以由葡萄糖代谢产生，也可以来自某些氨基酸代谢，还可以由脂肪酸代谢而来，因此是可以互相替代的；硫酸根也一样，可以直接吸收硫酸根，也可以由蛋氨酸代谢而来；但是，赖氨酸是机体不能合成或转化而来的，但又是蛋白质合成不可缺少的氨基酸，因而是唯一且不可替代的；而铁作为微量元素，是血红蛋白发挥作用的必需成分，也是唯一而不可替代的。营养物质的利用率取决于以下因素。

（1）动物机体潜在的生长（生产）能力是决定营养物质利用率的首要因素，给予相同的营养物质，不同动物对营养物质的可利用性是不同的，这取决于动物的年龄、品种、性别和现在的营养状态等。所以，在动物营养实践中，要充分考虑动物本身所具有的潜能（生长势），不是任何一只动物，只要给予营养物质都会有生产报酬的。

（2）产品的形式也影响营养物质的利用率。动物产奶、产蛋时营养物质利用率最高，产肉时次之，而产毛（绒）时较低。另外，从生产的全过程看，繁育性能也是产肉性能的重要决定环节。例如，母猪每年能产 20 个后代，而一般母绵羊产 1～2 个后代，因此，以母畜单位（即每头能繁雌性动物每年的产仔数）计，绵羊的营养物质利用率或产肉性能大大地低于猪。

（3）营养物质供应量充足，种类齐全，是提高动物营养物质利用率的重要基础。因为营养供应不足会使动物用于维持需要的营养比例提高，降低饲料有效利用的比例。在集约化生产中，往往会由于缺乏某种必需氨基酸，或某种维生素，或某种矿物质元素，动物的生产性能大幅下降，甚至引起疾病。

（4）毒素与活性氧（reactive oxygen species，ROS）影响营养物质利用率。饲料里的有毒物质，如黄曲霉毒素 $B_1$、游离棉酚、抗胰蛋白酶因子等，可影响营养物质的消化、吸收或机体代谢，甚至引起中毒性疾病或死亡。ROS 是指化学性质活跃的含氧原子或原子团，如超氧自由基、过氧化氢、羟自由基等，这些在代谢中产生的或在饲料里的 ROS 即含氧自由基（free radical），可与类脂中的不饱和脂肪酸发生过氧化反应，产生的丙二醛对蛋白质、核酸有交联作用，可破坏细胞膜的结构，从而具有细胞毒性。提高抗氧化能力是保障动物健康和正常生长性能的有效措施，但在正常饲养条件下能否进一步提高生产性能仍有待研究。

（5）环境因素，特别是环境温度和影响体感指标的湿度，是影响营养物质利用率的基本因素。低温环境使动物产热增加，能量消耗大，所摄入的可消化能用于产热维持体温的比例提高。而高温时动物散热困难，导致采食量减少，营养获得量减少，生产性能下降。另外，环境卫生状况、畜舍条件（通风、光照）、饲养密度、饲喂方式、饮水条件、寄生虫病、饲养员的责任心等，都会影响到动物对营养物质的利用。

# 第四节 水 代 谢

## 一、水的作用

水其实是最基本、最不可或缺的营养成分，不仅关乎动物的生产性能，还关乎动物的生存，但由于水比较容易得到，其营养作用常常被忽视。水的营养作用或意义有以下几方面。

（1）水本身就是动物机体的组成部分。例如，哺乳动物整体含水量为 65%；肌肉组织含水量为 75%；牛奶含水量为 87.5%，可以说，动物体的大部分成分都是水。

（2）水是生命活动的基本溶剂。营养物质的消化、吸收和运输，细胞代谢和各种生化反应，代谢物在体内的生成、输送和排出等，都需要在水环境或者在溶于水的状态下才能进行。

（3）水对体温调节有着重要作用。水的比热容较高 [$4.2\ kJ/(kg \cdot ℃)$]，动物体代谢过程中产生的热量通过体液交换和血液循环，被带至体表或肺部，通过皮肤或呼吸将热能散发出去。并且水的蒸发热量高（37℃时约 2413 kJ/kg），体表蒸发少量的汗即可散发掉大量的热量，有利于有汗腺动物的散热。

（4）水是润滑剂。吞咽饲料需要唾液，关节腔内关节转动、眼球转动等都需要润滑液。动物缺水或长期饮水不足，会给动物的生存和健康带来损害，严重影响动物的生产性能（生长、产奶、产蛋等）。动物体内缺水 8%，即会有严重的干渴感觉，损失 10% 水分，则导致严重的代谢紊乱，而损失 20% 以上水分时，即可引起死亡。而饥饿动物在消耗体内绝大部分脂肪和一半以上的蛋白质时，尚能生存。

不同动物耐渴程度不同。夏日肉雏鸡缺水几小时，即可引起死亡；而骆驼由于其特殊的生理机制可以耐渴几十天。

## 二、水的来源、排出和需水量

饮水是动物水分的主要来源。放牧家畜的饮水主要来自天然河流、湖泊或冰雪，舍饲家畜主要通过饮水器（槽）供给。动物最好是自由饮水，即随时能饮水；而定时饮水时每天需要有足够的次数。水质要清洁干净。注意水温，在炎热和寒冷天气不要给予动物温度过低的饮水。利用湖泊、溪流等天然水源时要注意防病和预防寄生虫感染。

饲料水也是动物水分的重要来源，一般饲料水分含量为 10%～20%，青绿饲料或液体饲料水分含量可达 80% 以上。

机体内有机物在代谢过程中形成的水称为代谢水，是氧化的产物，每百克碳水化合物、脂肪和蛋白质氧化时形成的水量分别为 60 g、108 g 和 42 g。动物体内在营养物质的合成过程中也形成水，在糖原合成时，每分子葡萄糖可产生一分子水；每形成一分子脂肪可形成三分子水；而 $n$ 个氨基酸合成蛋白质时则形成 $n-1$ 分子水。但代谢水产量不多，一般只能满足动物需水量的 $5\%\sim10\%$。

水的排泄途径包括通过尿液、粪便、汗液、体表蒸发和呼吸气排出等。

动物的最低需水量受多种因素的影响，一般可以按照机体的产热量来估算，即每产 4.184 kJ 热量需 1 mL 水。牛因粪中含水量高，每产 4.184 kJ 热量需 $1.29\sim2.05$ mL 水。禽类需水量一般低于哺乳动物。表 1-1 是以动物个体为单位的需水量。

表 1-1　以动物个体为单位的需水量

| 动物 | | 体况 | 需水量 /[L/（头·日）] |
|---|---|---|---|
| 牛 | | 生长母牛、阉牛：180 kg | $15\sim22$ |
| | | 怀孕母牛 | $26\sim49$ |
| | 泌乳奶牛 | 产奶量 22.7 kg/ 日 | $91\sim102$ |
| | | 产奶量 45.4 kg/ 日 | $182\sim197$ |
| 猪 | | 11 kg 体重 | 1.9 |
| | | 90 kg 体重 | 9.5 |
| | | 怀孕母猪 | $17\sim21$ |
| | | 泌乳母猪 | $22\sim23$ |
| 马 | | 500 kg 体重，维持 | $23\sim57$ |
| | | 500 kg 体重，适度工作 | $45\sim68$ |
| | | 断奶马驹，300 kg 体重 | $23\sim30$ |
| 绵羊 | | 空怀母羊 | 7.6 |
| | | 泌乳母羊 | 11.3 |
| | | 羔羊，$2\sim9$ kg 体重 | $0.4\sim1.1$ |
| 禽 | 肉鸡 | 4 周龄 | 0.014 3 |
| | | 8 周龄 | 0.028 6 |
| | | 产蛋鸡，$16\sim20$ 周龄 | $0.171\sim0.229$ |
| | 火鸡 | 1 周龄 | 0.054 3 |
| | | 10 周龄 | $0.629\sim0.771$ |
| | | 16 周龄 | $0.671\sim0.986$ |

资料来源：Wilson et al.，2005。

## 三、动物饮水调节及影响需水量的因素

水的摄入由渴觉调节。机体失水引起细胞外液渗透压升高时，会刺激下丘脑视前区的渗透压感受器（渴觉感受器），进而刺激下丘脑合成抗利尿激素和垂体释放抗利尿激素，调节水平衡，使水的重吸收增加，血容量增加，并且降低血浆渗透压，而血浆渗透压的降低

会刺激肾球旁器引起肾素-血管紧张素-醛固酮（RAAS）系统的激活，从而引起醛固酮（盐皮质激素）分泌增加，而醛固酮可促进肾远曲小管和集合管主动重吸收 $Na^+$，同时也增加水的被动重吸收；渴觉刺激还通过传入神经传入大脑皮层的渴觉中枢，产生渴觉，使动物主动饮水。另外，动物血容量的减少还刺激颈动脉体压力感受器，也使垂体抗利尿激素的分泌增加。

动物的需水量受动物种类与品种、生产力水平、饲料性质和气候条件等多种因素的影响。禽类泄殖腔重吸收水的能力较强，尿液较浓稠，对缺水相对不敏感。干旱地区的家畜也较耐缺水，其中骆驼具有特殊的耐缺水机制，如缺水时仍可保持血容量的相对稳定，可耐受体温升高以减少水的消耗量等。快速生长的幼龄家畜、高产奶牛、役用家畜需水量较大。例如，日产 12 kg 奶的奶牛每日饮水量约 50 kg，而日产 40 kg 奶的奶牛日需水量则约 110 kg；体重 450 kg 的役马休闲时每日饮水量少于 30 kg，而使役时增加到 50 kg。在生产实践中，常以采食饲料的干物质量估算动物的需水量（不包括代谢水），即牛和绵羊每采食 1 kg 饲料干物质需水 3～4 L，猪、禽和马需 2～3 L。

日粮的性质影响需水量。日粮中粗蛋白、矿物质和纤维素含量高时，动物体排出多余的矿物质、蛋白质代谢产物，均需要较多的水稀释和溶解，以及纤维素残渣在肠道内吸水量大，都会增加动物的需水量。而环境气候条件，特别是气温升高时，对动物的需水量影响最为显著。例如，猪在 7～22℃时采食每千克饲料干物质需水 2.1～2.7 L，而在 30～33℃时则需要 2.8～5.0 L。育肥牛夏季需水量比冬季约增加 50%。产蛋母鸡当气温从 18℃升到 35℃时，饮水量增加 1.5 倍，而自由采食量却减少一半。

# 第二章

# 粗蛋白、碳水化合物和脂肪的消化代谢

## 第一节　粗蛋白的消化代谢

　　无论从动物的生命活动还是从生产性能（产品）看，蛋白质都占据着中心位置，甚至有人认为动物生产就是动物蛋白质的生产，因而含氮物的消化代谢是动物营养的重要研究方面。动物体内的含氮物主要为蛋白质，但还包括氨基酸、氨、核酸等，它们构成了一个机体氮的消化代谢系统。

## 一、氨基酸

　　氨基酸是机体蛋白质合成的原料或蛋白质的组成成分，常见的氨基酸有20种（表2-1），按照分子极性可以分为中性氨基酸、酸性氨基酸和碱性氨基酸。

表 2-1　常见氨基酸

| 分类 | | 名称 | 英文 | 缩写 | 分子式 | 分子量 | N/% |
|---|---|---|---|---|---|---|---|
| 中性氨基酸（14 种） | 脂肪族氨基酸（7种） | 甘氨酸 | glycine | Gly | $C_2H_5O_2N$ | 75.07 | 18.7 |
| | | 丙氨酸 | alanine | Ala | $C_3H_7O_2N$ | 89.09 | 15.7 |
| | | 丝氨酸 | serine | Ser | $C_3H_7O_3N$ | 105.09 | 13.3 |
| | | 苏氨酸 | threonine | Thr | $C_4H_9O_3N$ | 119.12 | 11.8 |
| | | 缬氨酸 | valine | Val | $C_5H_{11}O_2N$ | 119.15 | 12.0 |
| | | 亮氨酸 | leucine | Leu | $C_6H_{13}O_2N$ | 131.17 | 10.7 |
| | | 异亮氨酸 | isoleucine | Ile | $C_6H_{13}O_2N$ | 131.17 | 10.7 |
| | 芳香族氨基酸（2种） | 苯丙氨酸 | phenylalanine | Phe | $C_9H_{11}O_2N$ | 165.19 | 8.5 |
| | | 酪氨酸 | tyrosine | Tyr | $C_9H_{11}O_3N$ | 181.19 | 7.7 |
| | 含硫氨基酸（2种） | 半胱氨酸 | cysteine | Cys | $C_3H_6O_2NS$ | 121.16 | 11.7 |
| | | 蛋氨酸 | methionine | Met | $C_5H_{11}O_2NS$ | 149.21 | 9.7 |
| | 杂环氨基酸（3种） | 色氨酸 | tryptophan | Trp | $C_{11}H_{12}O_2N_2$ | 204.23 | 13.7 |
| | | 脯氨酸 | proline | Pro | $C_5H_9O_2N$ | 115.13 | 12.2 |
| | | 羟脯氨酸 | hydroxyproline | Hyp | $C_5H_9O_3N$ | 131.10 | 10.7 |

| 分类 | 名称 | 英文 | 缩写 | 分子式 | 分子量 | N/% |
|------|------|------|------|--------|--------|-----|
| 酸性氨基酸（2 种） | 天冬氨酸 | aspartic acid | Asp | $C_4H_7O_4N$ | 133.10 | 10.5 |
| | 谷氨酸 | glutamic acid | Glu | $C_5H_9O_4N$ | 147.13 | 9.5 |
| 碱性氨基酸（4 种） | 赖氨酸 | lysine | Lys | $C_6H_{14}O_2N_2$ | 146.19 | 19.2 |
| | 精氨酸 | arginine | Arg | $C_6H_{14}O_2N_4$ | 174.20 | 32.2 |
| | 瓜氨酸 | citrulline | Cit | $C_6H_{13}O_3N_3$ | 175.19 | 24.0 |
| | 组氨酸 | histidine | His | $C_6H_9O_2N_2$ | 155.15 | 27.1 |

其他氨基酸还包括谷氨酰胺（glutamine，Gln）和牛磺酸（taurine）等，它们在动物营养中都具有重要的作用。

氨基酸是蛋白质合成的原料，然而，有些氨基酸是动物体内不能合成，或合成量不能满足动物生存或生产需要的，必须从外界获得，称为必需氨基酸（essential amino acid，EAA）。对于生长动物，必需氨基酸包括赖氨酸、蛋氨酸、色氨酸、精氨酸、组氨酸、亮氨酸、异亮氨酸、苯丙氨酸、苏氨酸和缬氨酸 10 种，其中蛋氨酸可部分地被半胱氨酸所替代，苯丙氨酸可部分地被酪氨酸所替代。对于禽类生长，还需要补充甘氨酸（必需）、丝氨酸、胱氨酸和酪氨酸。由于植物性饲料蛋白质里的赖氨酸、蛋氨酸和色氨酸含量较低，往往不能满足动物的营养需要，因此，赖氨酸又称为第一限制性氨基酸，蛋氨酸称为第二限制性氨基酸。一种必需氨基酸的缺乏或不足，会影响其他氨基酸的利用效率和动物的生长或生产性能。补充所缺乏的氨基酸可促进动物生长。例如，将早期断乳仔猪饲粮中的赖氨酸含量从 0.45% 提高到 0.65% 和 0.85%，仔猪的日增重可从 82 g 分别增加到 145 g 和 209 g，而每千克体增重的饲料消耗则从 3.3 kg 分别减少到 2.5 kg 和 2.2 kg。

动物体内可以合成满足自身营养需要的氨基酸称为非必需氨基酸（non-essential amino acid，NEAA），包括丙氨酸、天冬氨酸、瓜氨酸、半胱氨酸、谷氨酸、甘氨酸、羟脯氨酸、脯氨酸、丝氨酸和酪氨酸等。然而，对于高产动物，非必需氨基酸也可能是动物生产性能进一步提高的限制性因素，因为虽然动物体内可以合成非必需氨基酸，但用于合成的原料是否能够充分供给、合成的速率能否满足高产的需要等，都可能形成高产的限制性环节。

许多氨基酸除作为机体蛋白质合成的原料外，还是一种前体或其他代谢产物结构的一部分。例如，蛋氨酸不仅能为肌酸和胆碱的生成提供甲基，为硫酸软骨素的生成提供硫酸根，还是半胱氨酸和胱氨酸的前体；酪氨酸在甲状腺被碘化后，即形成甲状腺素；色氨酸则是维生素烟酸的前体。

氨基酸具有旋光性，天然氨基酸主要为 L- 氨基酸（左旋），可作为动物合成自身蛋白质的原料，而 D- 氨基酸（右旋）绝大部分不能作为动物合成蛋白质的原料，主要在肾脏被氧化脱氨代谢成氨和 $CO_2$。然而，只有蛋氨酸，无论是左旋还是右旋，都能被动物等价地利用，因为动物体内有蛋氨酸旋光异构酶，可将两者互相转化。而甘氨酸没有旋光性。饲料加热，会引起饲料蛋白质中氨基酸旋光性的变化，但影响程度较低。

动植物体的氨基酸含量和组成有明显不同，一般动物性饲料或肉品中的必需氨基酸如赖氨酸、蛋氨酸和色氨酸含量较高，而植物性蛋白饲料中则较低（表 2-2）。按干物质计，牛肉中的赖氨酸和蛋氨酸含量分别是大豆饼的 2.29 倍和 2.98 倍，是苜蓿的 6.50 倍和 13.54

倍。因此，植物蛋白要转化成动物蛋白需要更多的氨基酸，因为它受限于必需氨基酸的比例较低。按每千克粗蛋白计（表2-2），动物性粗蛋白中赖氨酸、蛋氨酸含量较高，而不同植物饲料中各种必需氨基酸含量各异。例如，苜蓿中赖氨酸含量较高，而玉米中较低；植物饲料中蛋氨酸含量较低，而苜蓿更低；亮氨酸含量在动植物蛋白之间则差异较小。

表 2-2 饲料、奶粉和牛肉中 10 种必需氨基酸的含量

| 氨基酸 | 饲料 | | | | | 脱脂奶粉 | 牛肉 |
| --- | --- | --- | --- | --- | --- | --- | --- |
| | 苜蓿 | 玉米粉 | 大豆饼 | 菜籽饼 | 鱼粉 | | |
| 干物质计 | | | | | | | |
| 赖氨酸 / (g/kg) | 10.8 | 3.2 | 30.7 | 13.3 | 49.6 | 27.8 | 70.2 |
| 蛋氨酸 / (g/kg) | 1.3 | 1.2 | 5.9 | 4.6 | 18.9 | 8.1 | 17.6 |
| 色氨酸 / (g/kg) | 2.1 | 0.7 | 5.8 | 4.2 | 7.2 | 3.9 | 5.1 |
| 精氨酸 / (g/kg) | 7.6 | 4.0 | 28.8 | 20.3 | 71.9 | 10.4 | 47.5 |
| 组氨酸 / (g/kg) | 2.5 | 2.3 | 10.9 | 10.2 | 20.9 | 8.1 | 33.9 |
| 亮氨酸 / (g/kg) | 11.0 | 10.3 | 34.2 | 29.1 | 45.3 | 32.5 | 58.3 |
| 异亮氨酸 / (g/kg) | 9.6 | 4.1 | 32.1 | 15.7 | 23.6 | 24.0 | 34.2 |
| 苯丙氨酸 / (g/kg) | 6.5 | 3.8 | 23.0 | 16.3 | 25.8 | 14.7 | 35.9 |
| 苏氨酸 / (g/kg) | 6.2 | 3.4 | 18.1 | 17.7 | 27.7 | 14.2 | 37.3 |
| 缬氨酸 / (g/kg) | 7.2 | 4.1 | 23.9 | 18.0 | 27.8 | 20.9 | 49.8 |
| 占粗蛋白 /% | 15.6 | 9.6 | 47.9 | 31.5 | 62.6 | 33.0 | 81.2 |
| 粗蛋白计 | | | | | | | |
| 赖氨酸 / (g/kg) | 69.2 | 33.3 | 64.1 | 42.2 | 79.2 | 84.2 | 86.5 |
| 蛋氨酸 / (g/kg) | 8.3 | 12.5 | 12.3 | 14.6 | 30.0 | 24.5 | 21.7 |
| 色氨酸 / (g/kg) | 13.5 | 7.3 | 12.1 | 13.3 | 11.6 | 11.8 | 6.3 |
| 精氨酸 / (g/kg) | 48.7 | 41.7 | 60.1 | 64.6 | 114.9 | 31.5 | 58.5 |
| 组氨酸 / (g/kg) | 16.0 | 24.0 | 22.8 | 32.4 | 33.4 | 24.5 | 41.7 |
| 亮氨酸 / (g/kg) | 70.5 | 107.3 | 71.4 | 92.4 | 72.4 | 98.5 | 71.8 |
| 异亮氨酸 / (g/kg) | 61.5 | 42.7 | 67.0 | 49.8 | 37.7 | 72.7 | 42.1 |
| 苯丙氨酸 / (g/kg) | 41.7 | 39.6 | 48.0 | 51.8 | 41.2 | 44.5 | 44.2 |
| 苏氨酸 / (g/kg) | 39.7 | 35.4 | 37.8 | 56.2 | 44.2 | 43.0 | 45.9 |
| 缬氨酸 / (g/kg) | 46.2 | 42.7 | 49.9 | 57.1 | 44.4 | 63.3 | 61.3 |

可以通过化学合成或微生物发酵生产氨基酸，或采用高赖氨酸作物育种等方法增加饲料的某种氨基酸含量，开发饲用氨基酸来源。在现代牧业生产中，氨基酸已成为重要的营养添加剂种类。

动物对氨基酸的需要或利用犹如木桶盛水，木桶由一条条木板围箍而成，但能盛多少水则取决于最短的那块木板。同样，动物对氨基酸的利用，也取决于最缺的某种氨基酸的

量。特别是必需氨基酸，动物体自身不能合成或合成量很少不能满足需要，缺乏时，哪怕仅仅是一种氨基酸，也会大大降低总体氨基酸的利用率，反之则会大大提高。

动物合成自身蛋白质所需要的各种氨基酸是有比例的，特别是必需氨基酸，如果缺乏或不足会影响动物整体的蛋白质合成，造成生长迟缓、体重下降等不良后果。不同饲料中各种氨基酸含量不一，单一饲料较难满足动物生长或生产的需要。但是如果将两种或几种饲料按一定比例搭配起来喂给动物，动物所获得的氨基酸种类和数量就会更易满足其需要，从而提高饲料利用率和生产性能。这种调整不同氨基酸供给比例以提高动物生产性能和饲料蛋白质利用效率的作用称为氨基酸互补作用，已广泛地应用在动物饲养和配合饲料生产中。例如，苜蓿蛋白质中赖氨酸含量较高（5.4%），而蛋氨酸含量较低（1.1%）；玉米蛋白质中蛋氨酸含量较高（2.5%），而赖氨酸含量较低（2.0%）。如果将这两种饲料按一定比例混合饲喂，则日粮中的两种限制性氨基酸含量都会较一种饲料时高，可更好地满足动物的氨基酸需要，从而提高总氨基酸利用率，提高生产性能。在饲养实践中，单独用玉米喂猪时，玉米的蛋白质生物学效价为51%，单独用肉骨粉喂猪时，其蛋白质生物学效价为42%，但是如果将两份玉米和一份肉骨粉混合后饲喂，则混合料的蛋白质生物学效价为61%，而非原来两种饲料的平均值。同样，用饲料酵母和向日葵饼喂猪，单独喂时它们的蛋白质生物学效价分别为72%和76%，但如果按1∶1混合后饲喂，其蛋白质生物学效价则为79%。氨基酸互补作用较好的还有小麦与豌豆、青草或青干草与禾本科籽实等。

动物采食消化饲料后氨基酸被吸收进入体内，在一段时间内先后进入体内的氨基酸之间也有氨基酸互补作用，但随着相距时间的延长，这种互补作用显著降低。

在生产实践中，一般尽可能使饲喂的饲料多样化，从而使其中的氨基酸起到互补作用，以改善蛋白质的营养价值，提高利用率。氨基酸互补作用也是配制配合饲料的主要理论依据之一，事实证明，饲喂配合饲料可以大幅度促进动物生长、提高饲料利用率。例如，过去曾有"斗米斤鸡"的说法，即鸡增重一斤[①]需要饲喂一斗[②]米，以形容饲料与鸡体重转化的比例之低，而饲喂配合饲料时，肉鸡每增重1 kg只需要2 kg饲料，甚至更少。

## 二、动物机体氮代谢

动物体内的氮素主要以蛋白质的形式存在，另外还有少量的氨、氨基酸、尿素和核酸等。蛋白质是动物肌肉、神经、结缔组织、皮肤、脏器和血液等的基本成分。动物体蛋白质的分布见图2-1，其中肌肉是动物体内蛋白质贮存的主要组织，肌肉蛋白可占动物整个机体蛋白质的50%。动物出生后体内各组织中蛋白质浓度变化的时间很短，在猪3周龄体重5 kg时各组织的蛋白质浓度就已恒定，2月龄20 kg体重时机体的总蛋白质浓度也已恒定，而在牛出生前一月就已恒定。

生长动物和脂肪沉积初期的成年动物，动物体的蛋白质含量与体重几乎是呈线性相关的。描述体成分生长的较好数学式为$C=aW^b$，其中，$C$为体成分的大小或数量，$W$为体重，$a$与$b$分别为系数或常数。计算2～150 kg体重猪的蛋白质含量的经验公式为$P=0.176W^{0.954}$，其中$P$为蛋白质（kg），$W$为体重（kg）。在猪、牛、绵羊和鸡中，机体总蛋白质浓度分别为120 g/kg体重、180 g/kg体重、100 g/kg体重和210 g/kg体重（绵羊体重

---

① 1斤 = 0.5 kg。

② 1斗 = 6.25 kg。

没有包括被毛，下同），肌肉蛋白质浓度分别为 80 g/kg 体重、80 g/kg 体重、50 g/kg 体重和 70 g/kg 体重。对于这些数据的测定，猪、牛和鸡的体重均按活重减去胃肠内容物计算，而绵羊的没有减去，故绵羊的数据偏低。

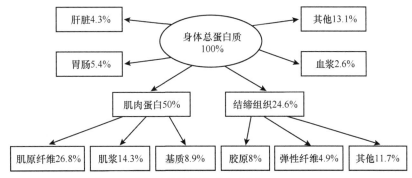

图 2-1　成年动物体蛋白质分布图（Riis，1983）

动物体不同组织蛋白质的氨基酸组成见表 2-3，可见肌肉组织所含必需氨基酸的比例和总量都较高。

表 2-3　猪体不同组织及整体蛋白质的氨基酸组成

| 氨基酸 | 骨骼肌 | 骨 | 皮毛 | 脂肪组织 | 肝 | 血 | 消化道 | 整体 |
|---|---|---|---|---|---|---|---|---|
| 赖氨酸 /（g/100 g 蛋白质） | 8.4 | 4.2 | 4.3 | 5.5 | 7.4 | 9.5 | 6.4 | 7.2 |
| 蛋氨酸 /（g/100 g 蛋白质） | 2.7 | 1.0 | 1.1 | 1.5 | 2.3 | 0.8 | 2.1 | 2.1 |
| 胱氨酸 /（g/100 g 蛋白质） | 1.3 | 0.6 | 2.1 | 1.1 | 2.1 | 1.4 | 1.5 | 1.3 |
| 精氨酸 /（g/100 g 蛋白质） | 6.5 | 7.4 | 7.6 | 6.8 | 6.2 | 4.5 | 6.4 | 6.6 |
| 组氨酸 /（g/100 g 蛋白质） | 3.6 | 1.2 | 1.1 | 1.9 | 2.6 | 7.2 | 2.0 | 3.1 |
| 异亮氨酸 /（g/100 g 蛋白质） | 4.9 | 1.8 | 2.1 | 2.9 | 4.8 | 1.4 | 3.9 | 3.8 |
| 亮氨酸 /（g/100 g 蛋白质） | 8.4 | 4.4 | 4.6 | 5.9 | 9.5 | 14.2 | 7.5 | 7.6 |
| 苯丙氨酸 /（g/100 g 蛋白质） | 3.9 | 2.7 | 2.6 | 3.3 | 5.1 | 7.3 | 3.9 | 3.8 |
| 酪氨酸 /（g/100 g 蛋白质） | 3.3 | 1.3 | 1.6 | 2.3 | 3.7 | 2.9 | 3.4 | 2.8 |
| 苏氨酸 /（g/100 g 蛋白质） | 4.6 | 2.5 | 2.7 | 3.1 | 4.7 | 3.7 | 4.2 | 4.0 |
| 缬氨酸 /（g/100 g 蛋白质） | 4.9 | 3.1 | 3.3 | 4.2 | 5.8 | 9.1 | 4.8 | 4.7 |
| 丙氨酸[1] /（g/100 g 蛋白质） | 6.3 | 7.9 | 8.0 | 7.6 | 6.0 | 8.4 | 6.5 | 6.9 |
| 谷氨酸 /（g/100 g 蛋白质） | 15.7 | 19.4 | 11.4 | 11.8 | 13.0 | 9.7 | 13.0 | 13.8 |
| 甘氨酸 /（g/100 g 蛋白质） | 5.9 | 20.1 | 18.6 | 14.3 | 6.2 | 5.0 | 9.2 | 9.7 |
| 脯氨酸 /（g/100 g 蛋白质） | 4.4 | 10.9 | 11.3 | 8.7 | 5.1 | 3.8 | 6.3 | 6.5 |
| 丝氨酸 /（g/100 g 蛋白质） | 4.0 | 3.4 | 4.3 | 3.8 | 4.5 | 4.7 | 4.3 | 4.0 |
| 天冬氨酸 /（g/100 g 蛋白质） | 8.8 | 6.1 | 6.4 | 7.3 | 9.4 | 12.1 | 8.0 | 8.2 |
| 各组织氮占整体氮的百分比 /% | 56 | 12 | 10 | 8 | 3 | 5 | 4 | 100 |

资料来源：Riis，1983。

注：本表为 4 组体重分别为 25 kg、53 kg、81 kg 和 112 kg 猪的平均值。

①原文献中为 glutamine（谷氨酰胺），疑为误写。

不同种动物相同组织间蛋白质的氨基酸组成是不同的，并且即使在同种动物个体间也会有不同，其与动物的遗传背景、生产性能、营养需要等有关，因而是一个潜在的畜禽育种指标。例如，在同品种绵羊中，其个体间羊毛中含硫氨基酸的含量是不同的，据此培育了不同特点的高硫毛和低硫毛品种（或品系）。同样在肉鸡育种上，某些个体间肌肉中的赖氨酸含量是不同的，含量低的则需要量少，容易满足，这种个体的生长速度会相对较快，因此肌肉蛋白质的赖氨酸含量就成了肉鸡选育的参考指标。

动物体内时刻都在进行着蛋白质代谢，即同时进行着蛋白质的合成与分解，两者之差决定了机体氮平衡（nitrogen balance）的方向。动物体内时时刻刻都在进行着各种各样的合成和分解代谢，犹如同时流入和流出水池的两个水龙头，使水池的水量（即动物体）处于动态平衡中，从而决定了水量的多少。动物体内原有的蛋白质以指数形式不断地降解，新蛋白质也以指数形式不断地合成，称为蛋白质周转。机体每天合成的蛋白质占器官组织蛋白质总量的比例称为蛋白质合成速率，而降解的称为降解速率。一般将周转率（turnover rate）等同于合成速率，但这样计算的周转率会有一定误差。动物整体蛋白质的周转率为（2%～20%）/ 日。

如表 2-4 所示，动物在不同年龄、不同器官组织的蛋白质周转率均不相同。年龄是动物蛋白质周转率的重要决定因素之一，幼年动物蛋白质周转率较高，而老年的较低。例如，23 日龄大鼠骨骼肌的蛋白质日周转率为 29%，到 130 日龄时却只有 5%。7 日龄绵羊骨骼肌的蛋白质日周转率为 25%，而 70 日龄时则为 3%。对于不同的组织器官，一般肝脏和胃肠的蛋白质周转率较高，而骨骼肌和皮肤的较低。并且，饲养水平也影响动物的蛋白质周转率，饲养水平高的猪（体重 34 kg）整体蛋白质日周转率为 10%，而饲养水平低的则仅为 5%。

表 2-4　不同动物、不同组织蛋白质的周转率

| 动物 | 年龄 | 体重 | 组织 | 周转率 / (%/ 日) | 研究者 |
|---|---|---|---|---|---|
| 海福特牛 | 10.5 月 | 236 kg | 骨骼肌 | 2 | Lobley et al.，1978 |
| | | | 胃肠 | 47 | |
| | | | 肝脏 | 24 | |
| | | | 皮 | 5 | |
| 干奶牛 | 8 岁 | 628 kg | 骨骼肌 | 0.9 | Lobley et al.，1978 |
| | | | 胃肠 | 28 | |
| | | | 肝脏 | 14 | |
| | | | 皮 | 14 | |
| 绵羊 | 2～5 天 | 2.5～7 kg | 骨骼肌 | 25 | Soltész et al.，1973 |
| | | | 心肌 | 35 | |
| | | | 肝脏 | 105 | |
| | 1 周 | | 骨骼肌 | 25 | Arnal et al.，1976 |
| | | | 肝脏 | 60 | Ferrara et al.，1977 |
| | | | 小肠 | 50 | Arnal et al.，1978 |
| | | | 皮 | 40 | |
| | 10 周 | | 骨骼肌 | 3 | Ferrara et al.，1977 |
| | | | 肝脏 | 60 | Arnal et al.，1977 |
| | | | 小肠 | 40 | Arnal et al.，1978 |
| | | | 皮 | 10 | |

续表

| 动物 | 年龄 | 体重 | 组织 | 周转率/（%/日） | 研究者 |
|---|---|---|---|---|---|
| 绵羊 | 不详 | 20 kg | 背最长肌 | 20 | Buttery et al.，1977 |
| | | | 腓肠肌 | 30 | |
| | | | 膈 | 36 | |
| | | | 心脏 | 13 | |
| | | | 肝脏 | 240 | |
| | | | 空肠 | 252 | |
| | | | 瘤胃壁 | 168 | |
| | | | 脾 | 150 | |
| | | | 肾 | 44 | |
| | | | 肺 | 146 | |
| | | | 脑 | 81 | |
| 羯羊 | 成年 | 40～50 kg | 背最长肌 | 2 | Buttery et al.，1975 |
| | | | 腓肠肌 | 2 | |
| | | | 膈 | 3 | |
| | | | 心脏 | 2 | |
| | | | 肝脏 | 10 | |
| 猪 | | 76 kg | 整体 | 6 | Garlick et al.，1976 |
| | | | 腿肌 | 5 | |
| | | | 膈 | 4 | |
| | | | 心脏 | 7 | |
| | | | 肝脏 | 23 | |
| | | | 肾皮质 | 25 | |
| | | | 肺 | 18 | |
| | | | 脾 | 31 | |
| | | | 脑 | 8 | |
| 猪（高饲养水平） | | 34 kg | 整体 | 10 | Reeds et al.，1978 |
| 猪（低饲养水平） | | 34 kg | 整体 | 5 | |
| 小型猪（minipig） | | 20 kg | 骨骼肌 | 10 | Danfær，1980 |
| 禽 | | | 心和红骨骼肌 | 8 | Laurent et al.，1975 |
| 兔 | 成年 | 3.6 kg | 整体 | 10 | Nicholas et al.，1977 |
| | | | 骨骼肌 | 2 | |
| | | | 肝脏 | 30 | |

续表

| 动物 | 年龄 | 体重 | 组织 | 周转率/（%/日） | 研究者 |
|---|---|---|---|---|---|
| 大鼠 | 年轻 | 100 g | 整体 | 20 | Millward and Garlick，1972 |
| | | | 骨骼肌 | 15 | |
| | | | 肝脏 | 58 | |
| 大鼠 | 成年 | 300 g | 整体 | 10 | |
| | | | 骨骼肌 | 9 | |
| 雌性大鼠 | 成年 | 200 g | 骨骼肌 | 6 | Nettleton and Hegsted，1975 |
| | | | 肝脏 | 13 | |
| | | | 心脏 | 8 | |
| 大鼠 | 23 日龄 | 20～30 g | 骨骼肌 | 29 | Millward et al.，1975 |
| | 26 日龄 | 60 g | 骨骼肌 | 16 | |
| | 65 日龄 | 100 g | 骨骼肌 | 12 | |
| | 130 日龄 | 200 g | 骨骼肌 | 5 | |
| | 330 日龄 | 475 g | 骨骼肌 | 5 | |
| 小白鼠 | | 30 g | 肝脏 | 120 | Alemany，1976 |
| | | | 肠 | 100 | |
| | | | 心脏 | 38 | |
| | | | 骨骼肌 | 32 | |
| 人类 | 新生 | 2 kg | 整体 | 10 | Young et al.，1975 |
| | 10 月 | 9 kg | 整体 | 4 | |
| | 20 岁 | 71 kg | 整体 | 2 | |
| | 69～91 岁 | 56 kg | 整体 | 1 | |
| | 32～46 岁 | 60～80 kg | 整体 | 3 | Halliday and McKeran，1975 |
| | | | 肌原纤维 | 2 | |
| | | | 血浆 | 15 | |

资料来源：Riis，1983。

　　蛋白质的合成是蛋白质代谢的主要方面，一般机体蛋白质的合成量为吸收蛋白质（氨基酸）量的 5 倍或更多，为生长动物每日蛋白质沉积量的 10 倍多，合成强度很高，并且分解强度也不低。例如，一头牛如果一天要沉积 200 g 蛋白质，则需要合成 2500 g 蛋白质和分解 2300 g 蛋白质，而每天吸收的蛋白质（氨基酸）为 500 g。

　　动物蛋白质的合成步骤包括细胞内的氨基酸活化为氨酰转移 RNA（aminoacyl-transfer RNA），然后在核糖体上根据信使 RNA（mRNA）翻译即连接排入特定的蛋白质序列，最后形成肽链，经翻译后加工成具有特定结构的蛋白质。蛋白质的合成是在各种核糖核酸（RNA）的参与下进行的。RNA 的主要成分为核糖体 RNA，占细胞总 RNA 的 50%，而 tRNA、mRNA、核 RNA 和线粒体 RNA 则分别占 21%、3%、11% 和 15%。组织中的

mRNA 含量是决定不同组织之间、不同状态下的动物之间和不同品种动物之间蛋白质合成速率的主要因素。但为了方法简易起见，常用细胞或组织中的总 RNA 含量，而非 mRNA 含量来衡量蛋白质的合成强度，因为一般认为细胞 mRNA 含量与总 RNA 含量是成正比的。成年猪和大鼠组织中每毫克 RNA 相对应于每天合成约 8 mg 蛋白质，但也受采食、营养等因素的影响。

动物体内合成的蛋白质有成千上万种，在不同组织不同部位合成的不同蛋白质，决定了动物的生长和生产特性。调节动物蛋白质的合成或活性具有重要的意义。例如，调节 $\beta_2$ 肾上腺素受体的活性，可以促进动物肌肉蛋白质的合成和减少胃肠蛋白质的合成。

动物细胞内蛋白质的降解有赖于溶酶体，但溶酶体的组织蛋白酶的最适 pH 为酸性，在正常细胞液中可能不会起作用，或通过溶酶体的自噬泡起作用。

机体组织的蛋白质降解产生的氨基酸，与合成蛋白的氨基酸数量和种类不一定相同，如肌肉组织，离开组织的氨基酸形式主要为丙氨酸和谷氨酰胺，尽管（猪）肌肉组织蛋白中赖氨酸、亮氨酸、天冬氨酸和甘氨酸等的含量分别达 8.4%、8.4%、8.8% 和 5.9%。

动物体内的蛋白质分解代谢在一定程度上是通过谷氨酰胺（glutamine）代谢来实现的。机体各组织的蛋白质分解代谢，其产生的含氮物离开组织后在肝脏形成尿素被排出体外，在这一过程中，谷氨酰胺是重要的中间体。谷氨酰胺一般占日粮总氨基酸含量的 7%。体内谷氨酰胺的主要产生器官为肌肉组织，而利用谷氨酰胺的重要器官是小肠组织。在小肠绒毛和隐窝细胞的线粒体上有依赖于磷酸的谷氨酰胺酶，可以分解谷氨酰胺。小肠组织中谷氨酰胺的代谢产物为二氧化碳和氨等，谷氨酰胺中 64%、11%、6% 和 5% 的碳可转入二氧化碳、乳酸、瓜氨酸和脯氨酸，因此小肠利用谷氨酰胺，主要是为了获得能量；并且有 38%、28%、24% 和 7% 的氮转入氨、瓜氨酸、丙氨酸和脯氨酸，因此小肠组织是体内重要的产氨器官。为何小肠"喜欢"利用谷氨酰胺作为呼吸燃料尚不清楚，但代谢旺盛、生长快的细胞如肿瘤细胞通常都需要大量的谷氨酰胺作为能量物质，而小肠也是一个蛋白质代谢旺盛、周转率高的器官，因此看来代谢快的细胞可能都具有大量利用谷氨酰胺的特性。在小肠组织中生成的氨是通过肠系膜静脉进入肝脏的。

据研究，绵羊小肠组织的产氨速率为（113.5±98.8）mmol/min（表 2-5），据此计算的平均每日产氨氮量为 2.3 g。按每天食入 128 g 粗蛋白、氮保留率 50% 计算，绵羊每天排出粪尿总氮为 10.2 g，这样，小肠组织的产氨氮量就占排出总氮的 22.5%。考虑到绵羊排出的尿氮有相当一部分是直接来自瘤胃的氨态氮，因此小肠组织在动物体内通过产氨参与蛋白质分解代谢的作用还会更大。

表 2-5　绵羊肠系膜静脉血中氨浓度的增加量和小肠段氨的产量

| 动物 | 肠系膜静脉血中氨浓度的增加量 / （μmol/L 血浆） | | | | | | |
| --- | --- | --- | --- | --- | --- | --- | --- |
| | 10：30～11：30 | 11：30～12：30 | 12：30～13：30 | 13：30～14：30 | 14：30～15：30 | 15：30～16：30 | 平均 |
| 1 | | 255.5 | 144.7 | 43.6 | 72.7 | 136.5 | 130.6±81.8 |
| 2 | | 286.0 | 62.4 | 251.1 | 214.8 | 177.1 | 198.3±86.1 |
| 3 | 95.0 | 154.7 | 183.8 | 243.6 | 27.6 | 197.6 | 150.4±77.7 |
| 4 | 30.6 | 196.1 | 78.1 | 134.8 | 156.2 | 320.2 | 152.7±100.7 |

续表

| 动物 | 小肠段氨的产量 /（μmol/min） | | | | | | |
|---|---|---|---|---|---|---|---|
| | 10：30～11：30 | 11：30～12：30 | 12：30～13：30 | 13：30～14：30 | 14：30～15：30 | 15：30～16：30 | 平均 |
| 1 | | 230.2 | 85.3 | 58.5 | 62.8 | 78.2 | 103.0±71.9 |
| 2 | | 144.9 | 41.6 | 192.8 | 154.1 | 85.2 | 123.7±59.9 |
| 3 | 42.8 | 54.9 | 73.8 | 137.2 | 17.7 | 99.2 | 70.9±42.6 |
| 4 | 21.1 | 123.3 | 51.1 | 79.3 | 189.9 | 473.1 | 156.3±166.0 |

资料来源：雒秋江等，1999。

注：动物装置了慢性动脉插管和肠系膜静脉插管，每天饲喂 800 g 苜蓿干草颗粒料，由喂料装置连续 24 h 喂给（每小时 1 次）。单位血浆产氨浓度由肠系膜静脉血中氨浓度（CA）减去动脉血中浓度（DA）算得，血流量用对氨基马尿酸（PAH）连续灌注标记法测得。

体外培养也表明谷氨酰胺是小肠组织产氨的主要基质，而小肠组织利用其他 L- 氨基酸产氨的能力则很弱。给予葡萄糖可以降低小肠组织产氨量的 1/3。根据体外培养的结果计算，小肠组织排氮的能力（即产氨量）可达机体总排氮量的 30%。

由小肠组织通过肝门静脉进入肝脏的氨被合成为尿素。对大鼠的研究表明，肝脏既是一个利用谷氨酰胺产生氨（尿素）的器官，也是一个利用氨合成谷氨酰胺的器官。在营养不良的条件下，肝脏利用氨生成谷氨酰胺释放进入血液，以维持血液中的谷氨酰胺浓度；在营养良好时，离开肝脏的谷氨酰胺量少于进入肝脏的量。大鼠代谢与多数动物相似，因此，其他动物肝脏也可能有利用氨合成谷氨酰胺的代谢通路，在机体氮源不足时形成补偿机制，以节约氮源。

如前所述，动物肌肉组织是体内蛋白质的贮存器官，机体 50% 的蛋白质都存在于肌肉组织中。赖氨酸、蛋氨酸、亮氨酸等氨基酸进入肌肉组织被合成为肌肉蛋白，但肌肉蛋白降解离开肌肉组织的氨基酸形式则主要为丙氨酸和谷氨酰胺。在血液谷氨酰胺浓度下降时，肌肉组织蛋白会分解氨基酸产生谷氨酰胺释放进入血液，以维持谷氨酰胺的浓度。肌肉组织是动物体内谷氨酰胺的重要来源。

因此，肌肉组织产生谷氨酰胺→小肠组织利用谷氨酰胺产氨→小肠产的氨进入肝脏生成尿素或谷氨酰胺，进入肝脏的谷氨酰胺也可脱氨生成尿素，并且通过各组织间谷氨酰胺的生成和利用，保持血液中谷氨酰胺浓度的相对稳定，构成了机体蛋白质分解代谢的重要环节，也沟通了各组织器官之间的氮素交流。

小肠组织谷氨酰胺酶的活性受某些因素的调节，糖皮质激素、高血糖素、口服或静脉注射谷氨酰胺都可增加黏膜谷氨酰胺酶的活性，而饥饿、内毒素则使谷氨酰胺酶活性降低。在使用地塞米松治疗时，小肠组织摄取谷氨酰胺的量可增加一倍，尽管血流量没有增加。经过外科手术的患者或消瘦病畜，在蛋白质代谢上处于负氮平均状态，其原因就是人或动物由于处于应激状态，肾上腺糖皮质激素和胰腺高血糖素分泌增加，从而提高了小肠谷氨酰胺酶的活性，促进了谷氨酰胺的利用和氨的产生，使血液中的谷氨酰胺浓度下降，而为了维持血液谷氨酰胺浓度，肌肉组织的蛋白质分解加快，从而使整个机体的蛋白质分解代谢速率加快。给术后患者灌注氨基酸，往往不能扭转患者的负氮平均状态，而给予含有谷氨酰胺的二肽或三肽（因谷氨酰胺较不稳定易分解），可有效地改善患者的氮平衡。因此谷氨酰胺被认为是条件必需氨基酸（conditional essential amino acid），即在应激情况下，如饥饿、寒冷、运输时，机体需要获得较多的谷氨酰胺才可维持正常的营养与机能状态。将谷氨酰胺（小肽）添喂给仔猪等幼畜，可以缓解幼畜的应激，促进生长。

动物必须从外界获得足够的蛋白质或氮，才能满足机体维持代谢、生长和繁殖等需要，但也不可过多，动物消化吸收的多余的氨基酸，经氧化脱氨，最终形成尿素被排出体外，这样一是造成了饲料蛋白质的浪费；二是需要耗费较多的生物能量（ATP），减少了对机体合成蛋白质等的能量供应；三是加重了动物肝、肾的代谢负担，出现代谢紧张或应激。因此，通过大量试验，一般对动物日粮中的粗蛋白含量进行了规定，不宜过多，也不宜过少。例如，育肥猪日粮的粗蛋白含量一般为 13.2%；成年牛羊日粮的粗蛋白含量一般为 12.0%；而在生长旺盛的幼畜则较高。

蛋白质不足会给动物带来严重的不良影响，轻者造成生产性能降低、生长停滞、体重下降、饲料报酬降低、繁殖性能降低、胎儿发育不良或流产、抗病能力下降等；重者则体重严重下降、机体浮肿或倒毙。特别是长期蛋白质不足（或称蛋白质营养不良），会造成动物体格矮小，生产性能低。

动物的氮代谢与糖、脂肪和能量代谢等密切相关。当机体能量需要不能满足，比如饥饿或寒冷时，机体蛋白质会发生降解，产生氨基酸进行氧化供能，因此，机体生长或氮代谢正平衡是以满足能量需要为前提条件的，否则供给再多的氨基酸也只能当"柴火"烧。当机体糖代谢不能满足时，如高产奶牛乳糖产生不足时，生糖氨基酸会被用于产生葡萄糖，供给机体需要。生糖氨基酸包括丙氨酸、精氨酸、天冬酰胺、天冬氨酸、半胱氨酸、谷氨酸、谷氨酰胺、甘氨酸、组氨酸、蛋氨酸、脯氨酸、丝氨酸、苏氨酸、异亮氨酸、缬氨酸等 15 种。而当摄入氨基酸过多时，除氧化脱氨产生 ATP 和热能外，氨基酸还可以生成葡萄糖或脂肪，参与能量代谢或贮存。但是，将氨基酸用于产能、生糖或脂肪，对于蛋白质合成来说是一种浪费，因为以上功能或物质的产生都可以用更加廉价或更易得的营养素来供给，如玉米（淀粉）、干草（纤维素）等。

动物的蛋白质营养状态可粗略地以氮平衡来判定，如果摄入的氮量多于从粪和尿中排出的氮量，则为正氮平衡，反之为负氮平衡。氮平衡试验又称氮代谢试验，在试验中需要收集动物的饲粮、剩料、粪便和尿液进行分析。

同样的饲料蛋白质，其营养价值（利用率）还会受到很多其他因素的影响。首先，不同动物的种属、品种或品系利用饲料蛋白质的能力不同。猪、鸡利用饲料蛋白质的能力显著高于牛羊，因为牛羊等反刍动物的瘤胃对饲料蛋白质的降解能力强，产氨多，而瘤胃中产生的微生物蛋白质的质或量则不一定优于某些饲料蛋白质，并且还需要消耗能量。而鱼类由于其基础代谢率较低，对蛋白质饲料的利用效率也较一般畜禽高。通过人为选育动物品种或品系，选择生长速度快，或消化性能高，或机体肌肉（或被毛）蛋白质中某种必需氨基酸含量低的动物品种或品系，也可以提高饲料蛋白质利用率。其次，动物的产品不同，即是产肉，还是产奶、产蛋或是产毛，其饲料蛋白质的利用率也是不同的，一般产奶和产蛋的利用率最高，产肉次之，而产毛的利用率最低。再者，动物的年龄是决定饲料蛋白质利用率的更重要的因素，不同年龄的动物蛋白质代谢强度相差很大，幼龄动物蛋白质合成代谢强度高，沉积的蛋白质比例高；而成年或老年动物，蛋白质合成强度则不断降低，沉积的蛋白质比例较低，甚至出现负氮平衡。例如，1 月龄犊牛沉积的蛋白质占食入蛋白质的 50%～70%，而 3 月龄时为 20%～55%，9 月龄、12 月龄时为 15%～20%，至 24 月龄时，则为 15%。因此，动物对饲料蛋白质的利用率是受很多因素影响的，并不是喂给蛋白质（氨基酸）饲料，动物就可有效或高效利用的。最后，饲料的加工调制方法也影响饲料蛋白质的利用率，其主要是影响饲料蛋白质的消化过程。例如，大豆籽实里有胰蛋白酶抑制物（一种肽类物质），动物采食后会拮抗胰蛋白酶的消化活性而降低蛋白质消化率，并且引起腹泻，但在 140～150℃ 加热 2.5 min，则可消除胰蛋白酶抑制物的活性，使大豆蛋白的利用率成倍提高。而过度加热，又会使大豆蛋白发生褐变，降低利用率。很多饲料蛋白质在牛羊瘤胃中降解产氨，但通过适宜的福尔马林或包裹技术处理，可以减少瘤胃降解率，增加通过瘤胃到达后消化道的饲料蛋白质量。蛋白质饲料通过加入蛋白酶预处理，再喂给动物，也可以提高消化率或利用率。

## 三、单胃动物蛋白质消化

单胃动物（monogastric animal）以猪为例，猪采食的饲料蛋白质首先在猪胃的下部进行消化，猪胃下部（胃底腺）分泌胃酸（盐酸）和胃蛋白酶原，胃蛋白酶原在胃酸作用下转变成有活性的胃蛋白酶，将饲料蛋白质分解为结构较为简单的蛋白胨（多肽）和蛋白胨。胃蛋白酶的最适 pH 为 1.8～3.5。在胃中未被消化的蛋白质进入十二指肠继续被消化，经在小肠激活的胰蛋白酶将蛋白质或多肽分解为蛋白胨（氨基酸、二肽和三肽）。蛋白胨在小肠经刷状缘蛋白酶作用分解成氨基酸，再经肠壁吸收进入血液。在小肠没有被消化吸收的蛋白质等进入大肠，在微生物的作用下生成肽和氨基酸，可用于微生物蛋白质的合成，或继续分解成氨，透过大肠壁进入血液。大肠中还没被发酵的饲粮残余氮和大肠微生物氮等最终被排出体外。血液里的尿素可以被扩散排泄到各段消化道中，包括口腔和大肠。

动物粪中的氮，不仅来源于饲料氮和微生物氮，还有从动物消化道内带出的氮，称为内源氮（endogenous nitrogen），包括从血液进入消化道的含氮物（如尿素）、动物唾液、消化道脱落细胞和分泌的消化酶中的氮。由于饲料氮与内源氮的区分较为困难，因此在研究饲料氮消化率时一般并不区分未消化的饲料氮和内源氮，只测定粪氮以计算消化率，这种计算时不考虑内源来源（或包括内源来源）测得的消化率称为表观消化率（apparent digestibility，AD）。

动物粪中有大量在大肠中合成的微生物蛋白质，但一般都被排出体外而不能为动物所利用。然而，兔子、麝香鼠等动物具有利用大肠中微生物营养物质的能力。兔子、麝香鼠具有食软粪的习性，即它们的粪有两种，硬粪和软粪（即盲肠便），硬粪主要由没被消化的饲料残渣组成，而软粪则含有大量的肠道微生物（即含有微生物蛋白质和 B 族维生素等），这些动物在排出软粪时直接从肛门口接住食入，从而获得微生物蛋白质和维生素等营养物质，这对于兔或麝香鼠的营养来说是非常重要的，如果给兔子带上一个项枷使其无法食入软粪，兔子将会消瘦。兔子等能形成软粪是因为它们的肠道具有逆蠕动功能，肠道往返来回蠕动，可以将肠道内的食糜（chyme）筛分，上面部分是密度相对较小的纤维类物质，形成硬粪，而下面是密度相对较大、稠度较小且含微生物的物质，形成串珠状软粪。因此，兔子等具有有效利用既高纤维又高蛋白饲粮的能力，是草蛋白利用的最佳畜种。食软粪动物可以通过消化道微生物来利用非蛋白氮，成年家兔对尿素氮的利用率可达 20%。但是，对非蛋白氮的有效利用需要大肠的充分发育，一般一岁龄以下的家兔对尿素氮的利用率还是很低的。

其他单胃动物能否利用非蛋白氮（non-protein nitrogen，NPN）（如氨、尿素）来合成自身蛋白质是一个令人感兴趣的话题，如前所述，从代谢途径看，动物机体是可以利用氨来合成谷氨酰胺的，然后将氨基转移到某些碳链上去形成氨基酸，但在一定生理条件下能形成几种氨基酸、形成的量有多少等，尚不得而知。对此可用同位素 $^{15}N$ 标记法进一步研究。

## 四、反刍动物的氮消化与代谢

反刍动物（ruminant）氮代谢的重要特点在于瘤胃氮的消化与代谢。进入瘤胃的饲料蛋白质 40%～70% 在瘤胃中被微生物酶所降解，生成小肽、氨基酸和氨，还生成挥发性脂肪酸戊酸（valeric acid）和异戊酸（isovaleric acid）等。而在瘤胃中没有被消化的饲料蛋白质则进入后消化道，称为瘤胃未降解蛋白质（undegradable protein，UDP）。饲料降解产生的氨一部分被瘤胃微生物用来合成自身蛋白质；另一部分则通过瘤胃壁吸收进入血液。瘤胃微生物蛋白质具有较高的营养价值（表 2-6），其中细菌蛋白质的赖氨酸含量在 7.5% 以上，原虫蛋白质的赖氨酸含量在 9.4% 以上，如果能后送到后消化道，可给宿主提供大量的优质蛋白质。

表 2-6　瘤胃细菌和原虫蛋白质的氨基酸组成

| 氨基酸 | 占总氨基酸的百分比 /% | | | | | | | |
|---|---|---|---|---|---|---|---|---|
| | Weller，1957 | | Purser & Buechler，1966 | | Bergen et al.，1968 | | Sok et al.，2017 | |
| | 细菌 | 原虫 | 细菌 | 原虫 | 细菌 | 原虫 | 细菌 | 原虫 |
| 丙氨酸 | 6.4～6.5 | 4.1～4.6 | 6.5 | 5.2 | 7.2～7.6 | 4.4～6.1 | 7.21 | 4.18 |
| 精氨酸 | 8.6～9.3 | 8.0～10.2 | 5.4 | 4.9 | 5.0～5.3 | 3.7～4.8 | 4.59 | 4.50 |
| 天冬氨酸 | 6.7～6.8 | 7.4～8.4 | 11.1 | 12.4 | 11.1～12.1 | 11.9～13.5 | 11.92 | 13.37 |
| 谷氨酸 | 6.6～7.5 | 7.9～8.7 | 11.9 | 12.5 | 13.5～14.4 | 15.0～16.3 | 12.85 | 14.43 |
| 甘氨酸 | 5.9～6.3 | 4.7～5.7 | 6.1 | 5.0 | 6.0～7.6 | 4.1～5.5 | 5.56 | 4.30 |
| 组氨酸 | 2.6～3.0 | 2.6～3.4 | 2.3 | 2.1 | 1.8～2.0 | 1.6～2.2 | 1.87 | 1.78 |
| 苏氨酸 | 3.5～3.8 | 3.1～3.7 | 5.5 | 5.1 | 6.0～7.8 | 4.8～6.5 | 5.60 | 4.97 |
| 异亮氨酸 | 3.6～3.8 | 4.3～4.9 | 6.4 | 6.9 | 5.2～6.3 | 5.8～6.3 | 5.52 | 6.47 |
| 亮氨酸 | 4.5～4.7 | 5.0～5.7 | 7.3 | 8.1 | 7.7～8.7 | 7.4～8.2 | 7.59 | 7.96 |
| 赖氨酸 | 7.5～8.2 | 10.6～12.6 | 9.3 | 10.1 | 7.6～9.0 | 9.4～13.0 | 7.62 | 10.93 |
| 蛋氨酸 | 1.5 | 1.1～1.4 | 2.6 | 2.2 | 2.0～2.2 | 1.3～1.9 | 2.37 | 2.23 |
| 胱氨酸 | 0.7～0.8 | 1.1～1.3 | 1.0 | 1.0 | | | 1.41 | 1.90 |
| 苯丙氨酸 | 2.3～2.5 | 2.8～3.3 | 5.1 | 6.2 | 4.4～5.1 | 5.0～6.0 | 5.17 | 5.50 |
| 脯氨酸 | 2.1～2.8 | 1.9～2.9 | 4.1 | 3.7 | 2.4～2.9 | 2.9～6.0 | 3.64 | 3.32 |
| 丝氨酸 | 2.5～3.0 | 2.6～3.2 | 3.8 | 3.6 | 4.2～5.1 | 4.4～5.1 | 4.53 | 4.12 |
| 酪氨酸 | 2.0～2.2 | 2.0～2.4 | 4.2 | 5.4 | 4.1～4.5 | 4.2～5.2 | 5.20 | 4.96 |
| 缬氨酸 | 4.4～4.5 | 3.6～4.1 | 6.6 | 5.2 | 4.7～5.2 | 4.0～4.2 | 5.97 | 4.93 |
| 色氨酸 | | | | | | | 1.27 | 0.82 |
| 二氨基庚二酸 | | | 0.8 | | | | 0.8 | |

瘤胃液微生物蛋白（RMP）主要包括瘤胃细菌蛋白、原虫蛋白和真菌蛋白等多种微生物来源的蛋白质，表 2-7 为牛 RMP 的氨基酸组成，可见 RMP 中谷氨酸和天冬氨酸含量较高，而赖氨酸和蛋氨酸含量也较一般的蛋白质饲料高，因此 RMP 的蛋白质营养价值较高。实际上，瘤胃中各种微生物的比例会随采食时间、饲料组成等发生很大变化，因此瘤胃微生物

氨基酸的组分也是在一定范围内波动的，表 2-7 的数据仅具有参照意义。瘤胃液与瘤胃食糜的微生物和氨基酸组成基本相似，特别是对不同处理会有基本相似的反应，但是获取瘤胃液较为容易，而要取得均匀一致的瘤胃食糜则难度很大，特别是在活体上，因此在研究中经常取用瘤胃液样品。

表 2-7　牛瘤胃液微生物的氨基酸组成

| 氨基酸 | 含量（Sok et al.，2017）/(g/100 g 氨基酸) | 含量（Clark et al.，1992）/(g/100 g 氨基酸) | 含量（Le Hénaff，1991）/(g/100 g 氨基酸) | 含量（Sok et al.，2017）/(g/100 g 真蛋白质) |
|---|---|---|---|---|
| 丙氨酸 | 6.47 | 7.27 | 7.59 | 7.36 |
| 精氨酸 | 4.72 | 4.95 | 4.77 | 5.29 |
| 天冬氨酸 | 11.99 | 11.84 | 11.78 | 13.38 |
| 胱氨酸 | 1.67 | 1.38 | 1.37 | 2.23 |
| 谷氨酸 | 13.02 | 12.71 | 12.94 | 14.97 |
| 甘氨酸 | 5.22 | 5.63 | 5.55 | 6.18 |
| 组氨酸 | 1.88 | 1.94 | 1.75 | 2.08 |
| 异亮氨酸 | 5.71 | 5.53 | 5.74 | 6.95 |
| 亮氨酸 | 7.93 | 7.85 | 7.49 | 9.22 |
| 赖氨酸 | 8.10 | 7.67 | 7.79 | 9.37 |
| 蛋氨酸 | 2.29 | 2.52 | 2.43 | 2.61 |
| 苯丙氨酸 | 5.43 | 4.95 | 5.16 | 6.43 |
| 脯氨酸 | 3.74 | 3.59 | 3.60 | 4.25 |
| 丝氨酸 | 4.43 | 4.47 | 4.48 | 5.44 |
| 苏氨酸 | 5.34 | 5.63 | 5.64 | 6.29 |
| 色氨酸 | 1.18 | 1.27 | 1.27 | 1.43 |
| 酪氨酸 | 5.18 | 4.75 | 4.57 | 6.05 |
| 缬氨酸 | 5.71 | 6.02 | 6.03 | 6.90 |

瘤胃液氨态氮（$NH_3$-N）是瘤胃氮消化代谢的重要含氮物，其浓度为 5～50 mg/100 mL 瘤胃液，在饲料氮源极度缺乏时，$NH_3$-N 浓度会低于 5 mg/100 mL 瘤胃液，而高于 50 mg/100 mL 瘤胃液时，大量的氨（$NH_4^+$）通过瘤胃壁进入血液，肝脏来不及解毒或肝功受损，使血氨浓度升高，可造成动物急性或慢性氨中毒。瘤胃 $NH_3$-N 的来源，包括饲料蛋白质的降解、外界非蛋白氮的添喂、血液中的尿素通过瘤胃壁和唾液进入瘤胃后的降解及瘤胃微生物的降解；瘤胃 $NH_3$-N 的去路，包括用于合成微生物蛋白质、随瘤胃液后送、透过瘤胃壁进入血液；而瘤胃液 pH 则影响瘤胃 $NH_3$-N 来源与去路的速率。瘤胃液的氨态氮浓度与饲喂方式和饲喂后时间有关，一次性饲喂时，在喂后 1～2 h 瘤胃液 $NH_3$-N 达到最高浓度，之后逐渐下降，而连续饲喂时，瘤胃液 $NH_3$-N 浓度则比较平稳。

瘤胃内的氨通过瘤胃壁进入血液，到达肝脏后被合成尿素，一部分尿素被排出体外，还有一部分通过瘤胃壁或唾液重新进入瘤胃分解成氨，其中一部分用于瘤胃微生物蛋白质的合成，其余的又重新进入血液，这一过程称为尿素循环。尿素循环有利于动物节约氮源，提高非蛋白氮利用率，这在饲料氮源供应不足时具有积极的作用。

图 2-2 是绵羊每日氮代谢的准定量图，反映了一只羊每天摄入的氮量，饲料在瘤胃中降解的氮量和产物量、瘤胃微生物蛋白质的合成、非蛋白氮在血液与消化道之间的交换及到达小肠各种氮量的基本状况。可见绵羊每天采食 21 g 氮（粗蛋白 131.3 g），其中有 60% 在瘤胃中降解为氨基酸和氨，只有 34% 的饲料蛋白质通过瘤胃到达小肠；瘤胃微生物利用氨基酸和氨合成微生物蛋白质 [69 g/（羊·日）]，其给小肠提供的蛋白质占到小肠总量的 60%；瘤胃微生物即利用氨基酸和氨合成自身蛋白质，也是瘤胃中氨基酸和氨的来源之一；血液和胃肠内的尿素、氨在消化道不同部位进行着交换，但从瘤网胃进入血液的氨较多；绵羊每日采食的氮量与到达小肠的氮量基本相当。

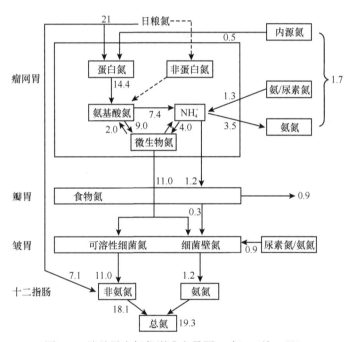

图 2-2　绵羊胃中氮代谢准定量图 [g 氮/（羊·日）]

瘤胃微生物利用非蛋白氮合成自身蛋白质，并可以提供给宿主优质蛋白质，是反刍动物营养的特点之一。为了促进非蛋白氮利用，增加瘤胃微生物蛋白质产量，需要保证瘤胃微生物的营养需要，可有以下几方面措施：①要给动物提供大量易消化的碳水化合物如玉米等，以保证其能量的需要；②要提供适量的硫和磷元素来满足微生物合成含硫氨基酸和核酸的需要，即日粮的氮磷比需为 8：1，氮硫比需为（10～14）：1；③要提供一定量的蛋白质或氨基酸，因为微生物快速生长所需的氮源不仅是氨，还需要较大量的氨基酸，甚至小肽；④减少瘤胃原虫数量或调控瘤胃微生物区系，使其有利于提高瘤胃微生物蛋白质产量。较多研究表明，瘤胃原虫可能存在着"瘤胃内循环"，即原虫在瘤胃内生成，又在瘤胃内降解，而不是随着瘤胃液后送或全部后送，从而造成了能量和蛋白质的浪费；也有研究表明，减少瘤胃原虫数量，可以增加瘤胃细菌产量，提高瘤胃的消化性能。然而，一般认为瘤胃液氨态氮浓度在 5 mg/100 mL 以上即可满足牛羊对非蛋白氮的有效利用，而饲喂青草的牛羊，瘤胃液氨态氮一般都在此浓度以上；再者，在集约化牛羊生产中，由于蛋白质饲料的大量使用，瘤胃液氨态氮浓度一般也都较高，因此，牛羊对非蛋白氮的利用在生产上可能会受到一定限制。较多研究提示，非蛋白氮在蛋白质饲料极度缺乏时才会有较高的应用价值，而在高营养（蛋白质）饲喂条件下可能有弊无利。

如上所述，瘤胃微生物并不完全是以氨作为氮源进行繁殖生长的，其氨基酸供应也是瘤胃微生物营养的重要研究方面。例如，给 4～8 月龄羔羊添喂普通市售赖氨酸 [ 有效量 3.73 g/（羊·日）]，其日增重提高 17.8%，氮保留增加 39.7%，到达皱胃的微生物蛋白质增加了 15.1%，到达皱胃的总赖氨酸增加了 1.42 g/（羊·日），而到达皱胃的游离赖氨酸只增加了 0.027 g/（羊·日），提示赖氨酸可能是通过影响瘤胃微生物生长代谢而起作用的。又如，给成年绵羊添喂 0.8% 普通市售赖氨酸，与添喂等氮量的尿素相比，瘤胃液球菌增加、大杆菌减少，瘤胃细菌总数增加 17.5%，自由采食量增加 6.8%，氮保留增加 31.6%，提示赖氨酸对瘤胃细菌的生长或消化代谢比等氮量的尿素具有更加积极的促进作用。

进入皱胃和小肠的饲料蛋白质和微生物蛋白质，在胃蛋白酶和胰蛋白酶的作用下被消化成氨基酸，在小肠内被吸收。牛羊小肠的前段是呈酸性的，这与猪的不同，因此其胃蛋白酶在小肠仍继续有消化作用。没有被消化吸收的含氮化合物到达大肠后，部分被大肠微生物分解和利用后排出体外。

过去一直以为反刍动物不存在氨基酸营养问题，因为不管什么饲料，其蛋白质都在瘤胃中降解，最后都转化成优质的微生物蛋白质提供给宿主。然而，研究发现，从皱胃或小肠灌注某些氨基酸，可以提高牛羊的体增重、氮保留、产奶量或产毛量等。例如，从皱胃灌注蛋氨酸可以提高产奶量，灌注赖氨酸可以增加氮保留，表明到达小肠的氨基酸并没有完全满足动物的生产需要，特别是在高产动物，由此认为反刍动物同样也存在着氨基酸营养问题。

研究还发现，饲料蛋白质在瘤胃中并非全部降解，总有一部分没有被消化而通过瘤胃，进入皱胃或小肠。在瘤胃中没有降解、通过瘤胃到达后消化道的饲料蛋白质称为瘤胃未降解蛋白质（undegradable protein，UDP），即过瘤胃蛋白，而不同的 UDP 其氨基酸组成是不同的。因此，反刍动物到达小肠的氨基酸与饲料的氨基酸大相径庭，仅以摄入的饲料蛋白质（氨基酸）来评价反刍动物的蛋白质营养是不合适的。故现在在奶牛或反刍动物营养研究中，增加了 UDP 和氨基酸指标，将到达小肠的蛋白质分成 UDP、MCP 和内源蛋白质三部分来表示，以更准确地描述到达小肠的蛋白质（氨基酸）量。

UDP 又称为未降解食入蛋白质（undegraded intake protein，UIP）。UDP 指标以实际到达小肠的饲料蛋白质量来评价蛋白质饲料的营养价值，可以更准确地描述反刍动物前胃蛋白质消化代谢状况。UDP 指标主要取决于饲料的性质，在常用饲料中，肉粉、玉米蛋白粉、血粉、羽毛粉、鱼粉和福尔马林处理的蛋白质过瘤胃率较高（＞60%），棉籽饼、脱水苜蓿粉、玉米粒、干酒糟中等（40%～60%），而酪蛋白、大豆饼、葵花饼和花生饼较低（＜40%）。然而，饲料蛋白质在瘤胃里的降解还受到其他各种因素的影响，即使同样的饲料在不同条件下其到达小肠的饲料蛋白质量也会不尽相同，实际的 UDP 比例还取决于动物的消化生理状态，如饲喂量、反刍行为、瘤胃液后送率、微生物区系组成等。

瘤胃原虫对宿主的营养作用到目前为止尚无确切的说法。有研究认为瘤胃原虫含有优质的蛋白质，可以给动物提供赖氨酸等营养物质，促进动物生长或生产；但也有研究认为瘤胃原虫在瘤胃中几乎不被后送，存在着所谓的"瘤胃内循环"，即虫体蛋白质在瘤胃中经历着合成—降解—再合成—再降解的过程，75%以上的瘤胃原虫并没有离开瘤胃，从而造成饲料能量和蛋白质的浪费，于宿主营养无补。祛原虫可以降低瘤胃氨态氮的浓度，但对日粮消化率却无显著影响。完全祛原虫牛羊没有显示出更好或更差的生产性能，但被毛较粗糙，腹部较大。然而，减少部分瘤胃液原虫数量使其约为天然状态的50%时，牛羊的自由采食量却显著增加，瘤胃液细菌总数大幅增加，瘤胃纤维素酶活性提高，瘤胃和小肠消化吸收的营养物质显著增加，生长或生产性能显著改善。这种瘤胃中原虫数量低于天然状态约50%时的牛羊称为部分祛原虫动物，其具有较高的生产性能，如表2-8所示，部分祛原虫牛羊的氮保留、日增重、胴体重特别是胴体瘦肉重和产奶量等都有显著增加。总体看，部分祛原虫育肥羔羊胴体瘦肉重可增加约30%，乳牛产奶量提高约10%并增加体重。在日粮中添加适量的调控物，如福尔马林、甲硝唑、多库酯、聚丙烯酰胺、稀土等，均可减少瘤胃原虫数量以制备部分祛原虫动物（表2-8），其中聚丙烯酰胺（为自来水厂水质净化剂、食品膨松剂和果汁澄清剂）和多库酯（医院老年便秘患者口服治疗剂）均为阴离子表面活性剂，无毒或低毒，不被吸收，无残留，具有较好的应用前景。

**表 2-8  部分祛原虫动物的生长或生产性能**（与对照组动物比较）

| 试验序号 | 动物 | 调控物 | 添加量 | 指标1 | 增加/% | 指标2 | 增加/% |
|---|---|---|---|---|---|---|---|
| 1 | 4月龄杂交羔羊 | 福尔马林 | 1.25 mL/（羊·日） | 氮保留 | 53.4 | 日增重 | 51.9 |
| 2 | 成年空怀母羊 | 福尔马林 | 1.8 mL/（羊·日） | 氮保留 | 36.5 | 日增重 | 23.3 |
| 3 | 成年空怀母羊 | 福尔马林 | 0.9 mL/kg日粮 | 自由采食量 | 7.2 | 氮保留 | 20.0 |
| 4 | 成年空怀母羊 | 福尔马林 | 0.9 mL/kg日粮 | 自由采食量 | 13.3 | 氮保留 | 28.3 |
| 5 | 8月龄羔羊 | 福尔马林 | 0.9 mL/kg日粮 | 胴体重 | 20.5 | 胴体瘦肉重 | 21.5 |
| 6 | 妊娠母羊 | 聚甲醛 | 0.3 g/kg日粮 | 自由采食量 | 12.6 | 氮保留 | 33.5 |
| 7 | 2岁杂交牛 | 聚甲醛 | 0.3 g/kg日粮 | 自由采食量 | 25.6 | 氮保留 | 66.1 |
| 8 | 8月龄羔羊 | 多库酯 | 0.8 g/kg日粮 | 胴体重 | 22.6 | 胴体瘦肉重 | 32.3 |
| 9 | 1岁半公羊 | 多库酯 | 0.8 g/kg日粮 | 自由采食量 | 30.7 | 氮保留 | 49.1 |
| 10 | 1岁半公羊 | 多库酯 | 0.8 g/kg日粮 | 自由采食量 | 23.7 | 氮保留 | 29.5 |
| 11 | 3岁空怀母羊 | 多库酯 | 0.8 g/kg日粮 | 自由采食量 | 25.2 | 氮保留 | 13.7 |
| 12 | 妊娠母羊 | 多库酯 | 0.8 g/kg日粮 | 自由采食量 | 13.0 | 氮保留 | 31.1 |
| 13 | 3岁空怀母羊 | 多库酯 | 1.2 g/kg日粮 | 自由采食量 | 18.3 | 氮保留 | 39.6 |
| 14 | 2岁杂交牛 | 多库酯 | 1.2 g/kg日粮 | 自由采食量 | 39.5 | 氮保留 | 9.1 |
| 15 | 产奶牛 | 多库酯 | 1.2 g/kg日粮 | 饲粮消化量 | 26.5 | 标准乳 | 12.8 |
| 16 | 2岁公羊 | 甲硝唑 | 0.1 g/kg日粮 | 自由采食量 | 12.2 | 氮保留 | 21.0 |
| 17 | 3岁杂交牛 | 甲硝唑 | 0.1 g/kg日粮 | 自由采食量 | 18.4 | 氮保留 | 22.7 |
| 18 | 成年空怀母羊 | 稀土 | 0.22 g/kg日粮 | 自由采食量 | 7.4 | 氮保留 | 27.0 |
| 19 | 8月龄羔羊 | 聚丙烯酰胺 | 2.0 g/kg日粮 | 胴体重 | 24.5 | 胴体瘦肉重 | 30.6 |
| 20 | 3岁杂交牛 | 聚丙烯酰胺 | 2.0 g/kg日粮 | 自由采食量 | 13.7 | 氮保留 | 36.9 |
| 21 | 产奶牛 | 聚丙烯酰胺 | 2.0 g/kg日粮 | 饲粮消化量 | 28.8 | 标准乳 | 8.9 |

注：自由采食量、消化量均相对干物质指标而言。

# 第二节　碳水化合物的消化代谢

## 一、动物的糖代谢

饲料经动物消化吸收，最终进入血液的糖类主要是葡萄糖或生糖前体（如丙酸、生糖氨基酸），而吸收的果糖在体内很快就转变成了葡萄糖。葡萄糖在体内通过糖酵解和氧化磷酸化途径产生 ATP 和热量，用于提供生物能源和维持体温等，其余的葡萄糖则参与体内代谢，包括转化成维生素 C 和戊糖中间体、合成糖原、脂肪和乳糖等。在动物体内葡萄糖含量较少，可给机体供能不到 4 h。细胞需要葡萄糖时，需要通过肠道吸收、生糖物质转化、糖原分解等途径来提供。血液的葡萄糖浓度是相对稳定的，其受胰岛素、胰高血糖素、肾上腺皮质激素等激素的调节，参考的血糖值在绵羊、牛、犬和人中分别为 $1.1 \sim 4.4$ mmol/L、$2.2 \sim 3.3$ mmol/L、$2.4 \sim 4.3$ mmol/L 和 $3.3 \sim 7.2$ mmol/L。当血糖浓度高于一定阈值时，葡萄糖会从尿中排出。

## 二、单胃动物的碳水化合物消化

猪口腔的唾液腺分泌唾液淀粉酶，其最适 pH 为 $6 \sim 7$，因此采食时，在口腔即开始了淀粉的消化。当饲料被咽入胃后，在胃的上部由于唾液的拌入，有唾液淀粉酶的存在，且 pH 呈中性，因此继续进行着淀粉的消化。淀粉被消化成麦芽糖（二糖）。进入小肠的淀粉和麦芽糖，在胰淀粉酶、胰麦芽糖酶和小肠麦芽糖酶的作用下，淀粉被消化为麦芽糖，麦芽糖再被消化为葡萄糖。产生的葡萄糖在小肠一部分被肠壁吸收，另一部分则被分解成有机酸（乳酸占 50% 以上，其余为挥发性脂肪酸），在后消化道被吸收。在小肠没有被消化完的淀粉，在盲肠和结肠继续受细菌的作用，产生挥发性脂肪酸和气体，前者被肠壁吸收，后者经肛门排出。如果饲喂熟马铃薯，其主要的消化部位是在小肠，消化产物以葡萄糖为主；而饲喂生马铃薯时，其主要的消化部位是在大肠，消化产物以挥发性脂肪酸为主，表明饲料被消化的部位和产物与其性质有关。

猪不分泌分解纤维素的酶类，猪对纤维素的消化率较低，因此一般要求猪饲粮中的粗纤维含量不宜超过 3%，否则饲粮的消化率将会降低。猪对纤维素类物质的消化主要在大肠进行，依靠大肠细菌产生的酶类来消化。因此，猪要能比较显著地消化纤维素类物质，需要具备以下条件：一是大肠要有足量的适宜微生物来消化食糜中的纤维素；二是大肠的体积要足够大，以容纳较多的食糜；三是食糜在大肠中要能够停留足够长的时间以保证消化。因此，只有体重在 $60 \sim 70$ kg 以上的大猪，才能较为有效地消化利用饲粮中的纤维素类物质，而大肠尚未发育完全的低日龄猪，消化纤维素类物质的能力较弱。有实验表明半纤维素在猪的小肠部位也能被消化。

然而，纤维素类物质还具有别的功能，包括：①可以给猪提供饱腹感、刺激消化道蠕动、维持肠道健康，纤维素的吸附作用有助于将肠道内的胆红素、胆固醇和其他内源物质排出体外；②纤维素还具有保水作用，可以吸纳自身重量 $2 \sim 3$ 倍的水分，从而有利于排便；③纤维素还可以用于调节育肥猪饲粮的能量含量，以保证肉质的肥瘦比例。

马属动物大肠发达，虽然也是单胃动物，但具有较强的消化纤维素类物质的能力。

家兔是草食动物，但在 1 岁龄以内对纤维素类物质的消化能力较低，故育肥兔（＜100

日龄）的饲粮不宜含较多粗饲料。

## 三、反刍动物的碳水化合物消化

易消化碳水化合物如淀粉主要是在瘤胃中被消化，终产物主要为丙酸（propionic acid）。几乎没有淀粉可以不经过瘤胃消化到达小肠，因此牛羊小肠所吸收的葡萄糖极少。瘤胃产生的丙酸通过瘤胃壁，除一小部分在瘤胃壁消失外，大部分通过肝门静脉到达肝脏，并在肝脏全部转化为葡萄糖。丙酸是反刍动物重要的生糖物质（葡萄糖来源）。

然而，如果给牛羊饲喂过多含淀粉的精饲料，会造成牛羊的慢性或急性酸中毒。淀粉在瘤胃消化中先生成乳酸，再转化成丙酸，如果日粮淀粉含量太高或突然增加，会造成转化乳酸的丙酸杆菌失活，发生瘤胃 L- 乳酸和 D- 乳酸积累，进入体内的 L- 乳酸在肝脏中可以代谢成丙酮酸，但不能代谢或代谢慢的 D- 乳酸则会降低血液 pH，造成代谢性酸中毒。

消化利用纤维素类物质是反刍动物消化的重要特点之一，但牛羊对纤维素类物质的消化主要是靠瘤胃里的微生物进行的。瘤胃微生物产生内纤维素酶、外纤维素酶、纤维二糖酶、木聚糖酶、果胶酶等，将纤维素类物质最终分解成为乙酸（acetic acid）和丁酸（butyric acid）等，经瘤胃壁吸收后作为动物的能量和代谢物质。纤维素的酶解是一个多酶协同作用的过程，首先由内纤维素酶将纤维素从中间使多个糖苷键断裂产生不同片段，再由外纤维素酶从一端将片段降解成二糖，然后由纤维二糖酶将二糖降解成葡萄糖参与代谢。在实际消化过程中，瘤胃微生物对植物性饲料的消化是协同的，首先是由真菌将根扎入植物茎中使其破裂，使植物性饲料的表面积成倍增加，然后产生纤维素酶类的细菌再紧紧附着在饲料的表面进行消化。

乙酸是牛羊重要的生物能源，也是重要的代谢原料。乙酸可以用于脂肪酸的合成，作为体脂在体内积累下来，也可以作为乳脂合成的原料。瘤胃乙酸产生不足会造成低乳脂症，而这靠增加精饲料喂量来提高丙酸产量是解决不了的。

丁酸在门脉系统（主要是在瘤胃上皮）代谢为 β- 羟丁酸和乙酰乙酸（酮体），进入体内后可作为肌肉等组织的能源，或用于合成体脂或乳脂。此外，丁酸还是瘤胃和肠上皮细胞能量代谢的首选物质，具有促进胃肠上皮组织局部增殖或生长发育的作用，对于维护胃肠道的正常机能而言是不可或缺的。

提高牛羊的粗饲料利用率始终是反刍动物营养研究的焦点之一。评价牛羊对粗饲料的利用性，主要从两个方面进行：一是粗饲料的自由采食量，自由采食量高，利用性就好，反之就差；二是粗饲料的消化率，消化率高，利用性就好，反之就差。以上二者占一，即为提高粗饲料利用性的有效方法，如果兼而有之，则更好。而饲喂不同处理粗饲料对牛羊体增重或产奶量的影响，都只是粗饲料利用性评价的辅助或参考指标，不宜作为评价粗饲料利用性的根本依据。

## 第三节　脂肪的消化代谢

## 一、概述

脂肪可分为结构脂肪和沉积脂肪两类，前者是细胞和组织结构的组成部分，后者为主要的能量贮存形式。脂肪占体内贮存能量的 80% 以上，而糖和糖原所占的贮能份额则不到 1%。贮存适当的脂肪不仅对于野生动物是必要的，而且对于生活在严酷环境下的家畜，如天然草场放牧的牛羊，也会影响其生产性能和生存能力。放牧条件下动物体脂含量在年周期中变化很大。人类对动物脂肪的需求在过去的年代较多，但随着社会经济发展与生活水平的提高，以及集约化和半集约化畜牧业的发展，越来越倾向于增加瘦肉产量和减少脂肪供应，特别是由于生产脂肪的能量消耗多于生产蛋白质的，即每沉积 1 g 脂肪所需的能量为沉积 1 g 组织蛋白质的 3 倍。但一定量的脂肪对于肉质来说还是必需的，肌间脂肪含量是肉质可口度的重要决定因素。

脂肪均由含偶数碳原子的脂肪酸构成。脂肪酸链的碳原子间如果均以单键相连接，称为饱和脂肪酸；如果有两个以上碳原子以双键连接，则称为不饱和脂肪酸。脂肪水解时，如果有碱类存在，脂肪酸会发生皂化。脂肪酸皂化时所需的碱量，称为皂化价，反映脂肪酸碳链的长短，皂化价越小，表明脂肪酸的碳链越长，反之越短。而每 100 g 脂肪或脂肪酸所能吸收的碘的克数，称为碘价，反映脂肪酸的不饱和程度，碘价越高，表明不饱和程度越高。

## 二、脂肪代谢

脂肪细胞的代谢可以脂质循环表示，包括长链脂肪酸的连续合成或摄取、脂肪酸酯化为甘油三酯、甘油三酯降解（脂解）和脂肪酸被释放出细胞 4 个过程，其中酯化速率是脂质循环速度的主要决定环节，而不同部位脂肪组织脂质循环的速度则不一样。体重 500 kg、体脂含量 10% 的乳牛每天的脂肪平衡（即脂质合成与降解的差值）为 −300～100 g，但每天经过脂质循环过程的脂肪酸却有 1.3 kg。

动物体内脂肪代谢或含量受年龄、品种（品系）、饲粮等因素的影响。例如，与厚背膘的猪相比，薄背膘猪脂肪组织的脂肪酸合成能力就较弱。育肥羔羊如果给予高能饲粮，其体脂含量可以达到体重的 39%，而饲喂低能日粮时仅为 14%。

动物体内脂肪的合成过程包括脂肪酸链的合成、甘油的合成和脂肪的合成三个步骤，反刍动物脂肪酸链和甘油合成的原料分别为乙酸和葡萄糖，而单胃动物合成脂肪酸链和甘油的原料均为葡萄糖。猪和反刍动物的脂肪合成几乎全部发生于脂肪组织，而在禽和人类，脂肪的合成则主要发生于肝脏，然后被运送到脂肪组织贮存。

血浆中的甘油三酯和胆固醇是通过与脂蛋白的结合来转运的。与甘油三酯转运有关的脂蛋白包括极低密度脂蛋白（VLDL）、中密度脂蛋白（IDL）和低密度脂蛋白（LDL）；与胆固醇转运有关的脂蛋白为高密度脂蛋白（HDL）。极低密度脂蛋白主要在肝脏合成，小肠也合成一部分，由乳糜颗粒残粒、胆汁酸、脂肪酸、糖和蛋白质的中间代谢物和载脂蛋白组成，其作用是将甘油三酯运输到肝外组织，在脂肪等组织中释放甘油三酯，形成中密度脂蛋白，其再由血液中的脂蛋白脂肪酶转化成低密度脂蛋白，然后运输回肝脏，重新形成极低密度脂蛋白，再运送甘油三酯离开肝脏。不成熟的高密度脂蛋白是在肝脏和小肠合成并分泌的，其在血浆中与胆固醇结合形成高密度脂蛋白，从而将肝外的胆固醇运回肝脏进行清除，然后重新形成不成熟的高密度脂蛋白再度离开肝脏，与血浆中的胆固醇结合。另外，血浆中还有非酯化的脂肪酸，浓度较低，但周转率非常快，为 1～3 min。

脂肪组织的血液供应很丰富，其毛细血管床与肌肉组织的相当或更加丰富。脂肪组织具有很强的增大体积的潜力，可以通过原有脂肪细胞肥大，也可以由产生新的细胞来增加脂肪组织的体积。新的脂肪细胞是由邻近血管的、起源于中胚层的原始间质型未分化细胞丛的多能干细胞逐步分化、发育而成的，一个多能干细胞在理论上可以产生无数个脂肪细胞，因此脂肪组织始终有很强的生长能力。

脂肪在体内脂解时的产物主要为脂肪酸和甘油，肾上腺素和去甲肾上腺素都具有促进脂解的作用。

脂肪细胞，特别是皮下脂肪细胞，合成并分泌瘦素（leptin）。瘦素是由 167 个氨基酸组成的蛋白质，其通过三个途径调节机体的脂肪代谢：①作用于下丘脑抑制食欲从而减少能量的摄取；②机体通过提高代谢率增加能量消耗，使实验动物的活动和耗氧量增加，体温升高；③直接抑制脂肪组织中脂类的合成。瘦素的受体主要存在于下丘脑，还存在于肝、肺、胰岛 β 细胞、肌肉和脂肪组织等。胰岛素可以刺激瘦素的产生，被认为是调节血浆瘦素浓度的决定因素。瘦素可影响中枢神经系统中与采食和能量代谢有关的激素作用，抑制胰岛素的产生，促进肝脏葡萄糖的产生，增加骨骼肌对葡萄糖的摄取。并且，瘦素还影响促性腺激素释放激素、黄体生成素、卵泡刺激素、催乳素的分泌，一般女性只有当脂肪储备达到一定阈值后才会出现月经来潮，推测可能是由脂肪足量、瘦素分泌增加引起，大脑神经肽 Y 受到抑制，从而使生殖系统做好排卵和行经的准备。在畜牧生产中，体质瘦弱的雌性动物往往屡配不孕，多由能量摄入不足、脂肪贮存不够、瘦素分泌过少引起。瘦素对雄性动物生殖同样有调节作用，外源性瘦素可提高肥胖实验动物的生育力。因此，瘦素不仅调节能量代谢，而且也被认为是营养与生殖之间联系的代谢信号。

# 三、一些特殊的脂肪（酸）

## 1. 褐脂

许多新生动物体内都含有褐脂（brown adipose tissue），其在形态上、生理上和代谢上都不同于白脂。褐脂的颜色是其丰富的血管和高含量的细胞色素所致。褐脂是高度特异化的产热器官，其脂肪酸的动员靠交感神经末梢释放的去甲肾上腺素，并且这些脂肪酸能就地氧化产生大量的热量以维持体温。而白脂在日粮能量缺乏时动员的脂肪酸则需要运输到别的器官去氧化。褐脂与非颤抖性局部产热有关，对于维持出生后短期内的体温很重要。许多新生的哺乳动物在寒冷时可通过非颤抖性产热增加耗氧量和产热量，如果手术移去褐脂则降低动物对寒冷的应答。褐脂也发现于冬眠动物中，可能与冬眠的苏醒有关。延长新生动物暴露于冷环境中的时间，褐脂中的脂肪会变暗，最后因脂肪耗尽而呈红褐色。

动物出生时褐脂和白脂的相对数量因动物种类而异。绵羊等反刍动物的脂肪组织几乎全部为褐脂，兔和人则同时含有褐脂和白脂两种脂肪，而猪则不含褐脂。因此，新生仔猪对气候变化和营养供应不足特别敏感，如果不吃奶仅能存活 1 天左右，而新生羔羊在理论上可在饥饿条件下存活 13 天，人类婴儿则可存活 49 天。褐脂在出生后逐渐消失，但啮齿动物在成年时仍存在，并且在暴露于冷环境时出现肥大。

## 2. 肌间脂肪

肌肉组织肌细胞间的脂肪称肌间脂肪，肌间脂肪含量高的肌肉组织具有大理石样花纹，肉质口感好，有较高的商业价值。饲喂大量玉米或添喂甜菜碱均可提高肌间脂肪的含量。

但是，肌间脂肪的化学成分是甘油三酯，与一般的脂肪并无差异。

### 3. 乳脂

乳中的脂质几乎都是甘油三酯。

### 4. 羊膻味

羊肉的特征性味道即羊膻味主要来源于微量的 4- 甲基辛酸和 4- 甲基壬酸，它们在动物体内的来源（产生）还有待于研究。

### 5. 必需脂肪酸

脂肪酸中的亚油酸（十八碳二烯酸）和亚麻酸（十八碳三烯酸）称为必需脂肪酸，它们在动物体内不能被合成，必须由饲料供应。必需脂肪酸对幼畜生长具有重要的作用。实际上，许多脂肪酸如花生四烯酸、二十碳五烯酸、二十二碳六烯酸等都是动物不可缺少的脂肪酸，但动物体可利用亚油酸和 α- 亚麻酸来合成这些脂肪酸。然而，在生产实践中，很少考虑动物对必需脂肪酸的需要，因为一般动物饲粮中都含有黄玉米，而黄玉米中的必需脂肪酸含量足以满足动物的营养需要。

## 四、脂肪的消化吸收

动物摄入饲料中的脂肪经小肠与胆汁混合乳化后在胰脂肪酶的作用下，分解成甘油和脂肪酸及一些没有完全水解的甘油一酯和甘油二酯，通过小肠壁被吸收，进入血液参与代谢。然而，也有一些脂肪可以形成乳糜微粒通过乳糜导管以完整的分子形式被吸收进入动物体内。

饲料脂肪在瘤胃里很快水解。不饱和脂肪酸在瘤胃中为氢受体，大部分都被转变成了硬脂酸，称为瘤胃氢化作用。大部分植物的脂肪酸是顺式（*cis*）的，而瘤胃微生物合成的多为反式（*trans*）脂肪酸，因此反刍动物脂肪组织和乳中同时含有顺式和反式脂肪酸。人类脂肪也存在着顺反式两种，但含顺式脂肪酸的优先分解。

# 第四节　能量代谢

一般认为"家畜为能而食"，能量需要是动物营养的第一需要。当动物获得足够能量时，才会停止采食。试验表明，当给大鼠饲粮掺入 50% 不含能量的膨润土时，大鼠的自由采食量（voluntary feed intake，VFI）会增加一倍，即所采食的能量不变。生产实践表明，动物的自由采食量越大，动物的生长速度就越快，生产效益就越好。

然而，饲粮中的能量并不能完全为动物所用，动物所能利用的，只是在经过采食、消化、吸收、代谢后剩余的那部分能量，称为净能（net energy，NE）。动物所获得的净能，主要用于保持体温、维持生命、生长、产奶、产蛋、产毛、运动和繁殖等活动。在适宜环境条件下，动物为了生存和进行少许随意活动所需要的能量称为基础代谢能量。不同体重的哺乳动物，如小鼠、猪、大象，其每千克代谢体重（代谢体重 = 体重的 0.75 次方，即 $W^{0.75}$）的基础代谢能量值是相似的，为 293 kJ/（kg 代谢体重·日）。禽类体温较高，其基础代谢能量约为 367 kJ/（kg 代谢体重·日）。基础代谢能量是动物存活所必须支出的能量消耗，但是没有任何畜产品产出，因此基础代谢能量是一种必要的"浪费"。

动物所消化吸收物质中的能量，并不能完全保留在某些物质中，其中一部分在物质代谢过程中转变成了热量，称为增生热（heat increment）或体增热，过去也称为特殊动力作用。增生热主要发生在动物采食数小时后，此时营养物质已被消化吸收进入体内。增生热主要产生于肝脏，特别是在氨基酸氧化时产热更多。增生热在冷季可以用于维持体温，在炎热季节则增加了动物的散热负担，导致自由采食量减少，生产力下降。减少增生热可以提高饲料的利用效率。

饲料中的全部能量称为总能（gross energy）。总能减去粪能（fecal energy）即为消化能（digestible energy，DE）。粪能包括未消化饲料、肠道微生物及其产物、进入肠道的分泌物、消化道脱落细胞中的能量。而消化能减去尿能（urinary energy，UE）和消化过程中产生的气体能（甲烷等）即为代谢能或可代谢能（metabolizable energy，ME）。而代谢能减去增生热（营养物质代谢产热）和发酵热（产生于瘤胃和大肠）即为净能。

在动物营养研究与应用中，消化能测定简单，而且与饲料消化后营养素的代谢利用过程关联较小，主要反映饲料的可消化吸收性，故消化能体系应用较多。然而，消化能与代谢能相关性较强，可以由消化能推算代谢能。例如，在反刍动物中，一般消化能的 0.82 倍即为代谢能；而猪的代谢能（kJ/kg）= 消化能 ×（0.96 −0.202× 饲粮粗蛋白的百分含量），即猪饲粮的代谢能一般为消化能的 93%～95%。

禽类的粪尿是通过同一个泄殖腔排出的，粪尿的分开较为困难，故一般将粪尿中的能量合并测定，为代谢能，所以在禽类能量研究中一般用代谢能指标，而非消化能。然而，应用代谢试验评定鸡饲料或日粮的能量营养价值时，是假定鸡体每日沉积氮量（RN）等于零时所推算的代谢能值。而在代谢试验期内鸡体内难免有沉积氮，故需作校正，即氮校正代谢能（nitrogen-corrected metabolizable energy，MEn）。氮校正代谢能的计算公式为

$$MEn = ME - 8.22 \times RN$$

式中，ME 为每鸡每日食入代谢能（kJ）；RN 为鸡体每日沉积氮量（g）；8.22 为沉积氮以尿酸形式排出时所含的热能（kJ/g 沉积氮）；而 8.22×RN 又称为校正数 C。在计算 MEn 时采用减去 RN×8.22 的理由是鸡尿中尿酸占绝大部分，并假定鸡体内沉积氮最终是以尿酸形式排出体外的，用上式校正借以使鸡体内的沉积氮等于零。

而在反刍动物中，由于不同饲料的增生热、发酵产热和甲烷等气体产量的差异较大，因此常用净能体系表示。但测定净能时需测定气体代谢以计算增生热，较为麻烦。

但是，饲料的总可消化养分（TDN）与反刍动物的可消化能（DE）之间存在着一定关系，因此常用 TDN 作为反刍动物能量代谢体系的指标。一般 1 g TDN=18.4 kJ DE。而 TDN = 1.25 DCP + DNFE + DCF + 2.25 DEE。其中，DCP 为可消化粗蛋白；DNFE 为可消化无氮浸出物；DCF 为可消化粗纤维；DEE 为可消化粗脂肪。单位均为 g 或 kg。

在能量需要研究中，常考虑到动物对所获得能量（即可代谢能）的最终使用，即是用于维持，还是沉积蛋白质或脂肪，或是用于产奶、产蛋等，因为可代谢能在不同用途时其利用效率是不同的，因此常用各种净能来表示，如维持净能、体增重净能（蛋白质和脂肪等增重）、产奶净能、产蛋净能等。根据净能和可代谢能利用效率，可以回推所需要的可代谢能、消化能等。由于可代谢能转化为各种净能的测定较为专业，一般都是通过有关研究，取得一个代谢能转化成某种净能的系数（即转化效率），供估算动物能量需要时使用。表 2-9

为牛、猪、家禽在一般情况下将可代谢能转化为各种净能的效率，但在不同年龄、不同品种和不同营养条件下代谢能的转化效率均会有较大不同。

表 2-9　牛、猪、家禽将 DE 转化为 ME 和 ME 转化为各种 NE 的效率（%）

|  | 牛 | 猪 | 家禽 |
|---|---|---|---|
| DE 转化为 ME 的效率 | 82 | 94 | 96 |
| 维持（$k_m$） | 68 | 80 | 80 |
| 蛋白质沉积（$k_p$） | 45 | 50 | 44 |
| 脂肪沉积（$k_f$） | 85 | 70 | 94 |
| 产奶（$k_l$） | 60 | 72 | |
| 产蛋（$k_e$） | | | 80 |

资料来源：Kirchgessner，2004。

在早期，饲料的能量价值还曾用过淀粉价评价体系，即阉肉牛每采食 1 kg 淀粉能在体内沉淀的脂肪量（g）或能量（kJ）被定义为一个淀粉价，而其他营养物质或饲料与此相比，所能沉淀的脂肪量或能量即为其本身的淀粉价。一个淀粉价的能值为 9858 kJ。淀粉价在牛营养研究中曾起到过巨大的推动作用，但由于没有反映出饲料的真实营养价值，现已不采用。

环境温度对动物的能量代谢有较大影响。每种动物都有一个适宜生长生活的环境温度，称最适温度。例如，猪的最适温度为 22℃，高于或低于此温度都会影响能量代谢。寒冷时动物为维持体温需要消耗葡萄糖、脂肪甚至蛋白质来产热，特别是在冷季放牧动物，产热量可以增加 30%～40%。而炎热时动物由于散热困难，所采食能量减少，生产性能也下降。因此，在动物饲养中，建设畜舍或采取各种保温、散热措施，是非常必要的。在现代牧业中，在生产力水平较高的行业，如养猪业、蛋鸡业等，均采用专门的恒温、恒湿、有效通风和适宜光照的饲养设备（环境），即工厂化生产，以保证高产稳产。

# 第三章

# 矿物质营养

矿物质元素是动物体组织不可缺少的重要成分，除形成骨骼外，主要参与机体的生长代谢和发育过程，过少会出现缺乏症，过多则会出现中毒，只有给予适宜的剂量，才能保证动物的正常生命活动和生产性能。

矿物质元素按照其在动物体内的含量分为常量元素（macroelement）和微量元素（microelement），含量多于 0.01% 的元素称为常量元素，主要包括钙、磷、钠、钾、氯、镁、硫 7 种，而低于 0.01% 的元素称为微量元素，包括铁、铜、钴、锌、锰、碘、硒、钼、氟、铬、硼 11 种，另外还有一些元素在动物体内含量非常低，但也可能是动物所必需的微量元素，如铝、钒、镍、锡、砷、铅、锂、溴等。

## 第一节 常量元素

### 1. 钙（calcium）

钙是动物体灰分的主要成分，约 98% 的钙以难溶于水的羟磷灰石形式构成骨骼和牙齿，其余 2% 的钙主要存在于细胞外液。细胞内钙浓度约为细胞外的万分之一。一般成年哺乳动物血浆钙浓度为 2.2～2.5 mmol/L[（9～10）mg/100 mL]，在青年动物中略高。产蛋母鸡血浆总钙浓度为（20～25）mg/100 mL，因为卵巢产生的雌激素刺激肝脏产生钙结合蛋白，进入血液后可增加血浆钙的贮存量。血浆总钙的 40%～45% 是与白蛋白结合在一起的，还有 5% 与血浆里的其他组分如柠檬酸等结合在一起，而血浆总钙的 45%～50% 是以可溶性离子的形式存在的。血浆钙离子浓度必须要维持在一个相对恒定的范围，即 1.00～1.25 mmol/L，才可以保证正常的机体机能。细胞外钙的功能包括保证骨骼的强度和硬度、维持神经膜静息电位、保证肌肉收缩和胰岛素分泌、保证凝血、保证心肌纤维完全去极化、保证产奶、保证产蛋的需要等。

只要消化道任何部位黏膜层表面液体的钙离子浓度超过 6 mmol/L，钙离子都可以通过上皮细胞间的被动转运而被吸收。而在日粮钙浓度不高时，钙离子则在小肠受 1,25-二羟维生素 $D_3$ 的调节而被主动吸收。

日粮中钙不足时，机体会从骨骼里吸取钙以维持细胞外液正常的钙浓度，因此，长期缺钙，动物会出现严重的骨损伤，在幼年动物中则导致新骨不能矿化，生长停滞。在泌乳早期，几乎所有的哺乳动物，特别是奶牛，都处于负钙平衡状态。由于乳钙的丢失，奶牛必须动员骨钙以维持血钙浓度，从而造成泌乳性骨质疏松。奶牛在泌乳早期一般会丢失800～1300 g 钙（占骨钙的 13%），需要在泌乳后期补充回来。蛋鸡在日粮钙不足时也需要动员和利用骨钙，日粮钙不足时会出现软壳蛋、蛋鸡骨质疏松和骨折。

一般生长动物配合日粮的钙含量为 0.4%～1.0%，并且特别强调钙磷比应该为（1.5～2.0）∶1，因为日粮钙磷比例不当会影响钙和其他矿物质元素的吸收。但是，反刍动物可以耐受 7∶1 钙磷比的日粮，因此牛羊日粮钙磷比以（2.0～4.0）∶1 为宜。

日粮钙过多不会造成中毒，但是会与脂肪酸形成钙盐从而降低脂肪的消化率，并影响其他元素的吸收，特别是在生长猪和禽类。在反刍动物高钙会抑制瘤胃微生物的活性而降低日粮消化率。

碳酸钙石粉、贝壳粉是动物廉价、来源广泛的补充钙源。

### 2. 磷（phosphorus）

机体内大部分磷是磷酸根，80% 存在于骨骼中，其余大部分构成软组织成分，小部分存在于体液中。正常血浆磷浓度为 1.3～2.6 mmol/L（40～80 mg/L），成年牛机体磷含量为脱脂干物质的 0.98%～1.04%，绵羊为 0.90%～0.96%，猪、兔为 0.70%，而新生幼畜略低。磷除构成骨骼和牙齿外，还以磷酸根的形式参与氧化磷酸化过程，形成核糖核酸与脱氧核糖核酸，组成辅酶（磷酸吡哆醛、黄素蛋白、辅酶 I 和辅酶 II 等），还以磷脂蛋白的形式组成细胞膜。

磷主要在小肠通过由 1, 25- 二羟维生素 $D_3$ 调节的主动转运过程吸收。如果血浆磷浓度极低则会直接刺激肾脏产生 1, 25- 二羟维生素 $D_3$ 上调肠道磷的吸收率。磷吸收过多时则可通过尿和唾液排出。

磷不足会影响动物的生产性能，使其生长缓慢、繁殖率降低，亦引起幼畜佝偻病和成年动物的骨软症或骨质疏松症。缺磷动物食欲不振，并常伴有异食癖，特别倾向于啃食泥土、肉、骨头、毛发、破布等异物。中度慢性低血磷症动物的血磷浓度为 0.64～1.3 mmol/L（20～40 mg/L）。

在畜牧生产实践中磷不足是常见的现象，特别是在草食动物。一般动物配合日粮的磷含量为 0.16%～0.80%。植物籽实中含有较多的磷，为 0.3%～0.7%，麦麸的含磷量较高，约为 1.2%，而牧草的磷含量较低，其中在青刈玉米和甜菜叶最低。然而，植物籽实中的磷有 30%～70% 为植酸磷（phytate P），植酸磷在单胃动物中消化率较低，尤其是在幼畜，而在反刍动物中，由于瘤胃微生物的作用，植酸磷可以被较好地消化利用。因此，在单胃动物或幼畜饲养中，饲料磷的营养价值不仅体现在含磷量上，还体现在有效磷（available P）（即可以被消化吸收的磷）含量上。磷酸二氢钙 $[Ca(H_2PO_4)_2 \cdot H_2O]$ 是较好的磷元素添加剂，含磷量为 24.6%。

日粮磷过多会影响钙的吸收。动物吸收过多磷还会引起甲状腺功能亢进，将骨骼中的磷大量释放进入血液，造成跛行和长骨骨折。

### 3. 镁（magnesium）

70% 的镁存在于骨骼中，其余的则分布在软组织的细胞中，是细胞内的主要阳离子，其在细胞外液中仅约 1%。镁是骨骼和牙齿的组成成分，为骨骼正常发育所需，在羟磷灰石形式的骨盐中每隔 40 个钙原子就会有 1 个镁原子来取代；镁是每个主要代谢途径关键酶反应的必需辅因子，腺苷酸环化酶、乙酰辅酶 A 合成酶、琥珀酰辅酶 A 合成酶等，都是镁依赖酶，糖酵解中有 7 种酶需要镁离子；镁还抑制神经肌肉的兴奋性，以维持神经肌肉的正常机能。细胞内的镁浓度约为 13 mmol/L。正常血浆镁浓度为 0.75～1.0 mmol/L（18～24 mg/L）。

骨镁并不是机体镁的主要来源，正常血浆镁浓度的维持几乎全靠日粮镁的供应，单胃动物和反刍动物幼畜主要从回肠和结肠被动吸收镁，而成年反刍动物主要或唯一的镁吸收场所为瘤胃和网胃。

动物镁不足在早期表现为外周血管扩张充血，脉搏加快，后期则出现痉挛震颤、步态蹒跚和惊厥。春秋季节青草干物质中镁的含量往往低于 0.2%，此时放牧的牛羊易缺镁，易出现牧草痉挛症（grass tetany）。冬季以玉米秸秆或稻草等为生的牛羊也会缺镁，出现冬季痉挛症（winter tetany）。然而，一般动物日粮，由于其含有较多量的玉米，而玉米镁含量较高，足以满足动物的需要，并且青饲料、糠麸、油饼粕类饲料中的镁含量更高，因此在实际畜牧生产中一般不需要考虑镁的供应问题。

镁如果摄入过多会从尿中排出，因此不会造成镁中毒。但如果饲草中镁含量过高，或给予不适口的镁盐如硫酸镁或氯化镁等，会降低采食量或导致腹泻。

### 4. 钾（potassium）

钾主要分布于细胞内液中，约 150 mmol/L（5865 mg/L），而血浆和其他细胞外液的钾浓度仅为 3～6 mmol/L（117～235 mg/L）。钾含量是静息膜电位的主要决定因素；蛋白质的合成需要细胞内有正常的钾离子浓度；胰岛素的分泌也需要钾；钾还参与血液的酸碱平衡调节、维持神经肌肉的兴奋性。缺钾会导致全身肌无力、肾脏血流量减少。低血钾会使心率降低，胰岛素分泌减少。而高血钾（＞8 mmol/L）时心脏心室的去极化缓慢，T 波高耸，可致命。

一般饲料含钾丰富，除玉米外，各种饲料的含钾量均在 5 g/kg 干物质以上，在青饲料中则超过 15 g/kg，而反刍动物所采食的钾可占其总采食量的 5%，因此，通常饲料均能满足动物对钾的需要，无须额外添加。多余的钾可从尿中迅速排出，对动物健康和营养无不利影响。

### 5. 钠（sodium）

钠大部分存在于体液中，在血液中含量最高，通常为 135～155 mmol/L（3100～3560 mg/L）。钠在维持体液渗透压和调节体液容量方面起着重要作用；在机体的酸碱平衡中也起着重要作用；并且对于传导神经冲动也是必需的。反刍动物唾液分泌的钠离子，对于瘤胃液 pH 有着重要的调节作用。

植物里钠含量低，草食动物日粮里如不添加食盐，会造成异食癖。长期缺钠会导致动物发育不良、被毛粗糙、外表憔悴、生长停滞、生产力低下。严重时会出现颤抖和运动失调。一般动物都需要补充食盐（氯化钠），食盐的含钠量为 36.7%。在生产实践中，动物配合日粮的食盐含量常为 0.4%～0.6%（干物质计）。也有通过添喂硫酸钠（芒硝）来给动物补充钠离子的。动物在摄入高剂量钠盐时，如果饮水和肾功能正常，不会给动物造成伤害，但缺水时会造成食盐中毒，特别是雏鸡和产蛋鸡，在日粮食盐含量达 5% 时，会出现产蛋量下降和死亡现象。猪食盐摄入过多而缺乏饮水时会食盐中毒，出现神经症状甚至死亡。

### 6. 氯（chlorine）

氯主要分布于细胞外液中，氯与钠协同维持细胞外液的渗透压，并参与胃酸的形成。

缺氯会减少胃酸产生，引起消化不良，或产生代谢性碱中毒（血液 pH 和 $HCO_3^-$ 浓度升高）和血容量减少，动物出现昏睡和生产性能下降等现象。植物类饲料中缺乏氯，但动物由于对氯的需要量较少，因此补饲食盐的动物一般不会出现缺氯现象。

### 7. 硫（sulphur）

硫约占动物体重的 0.15%，主要以有机硫 [ 如硫酸软骨素、氨基酸（蛋氨酸、半胱氨酸、胱氨酸、高半胱氨酸、牛磺酸）及 B 族维生素（硫胺素、生物素）等 ] 的形式存在于各种细胞中。哺乳动物对硫的需要实际上是对蛋氨酸、硫胺素和生物素这些体内不能合成的含硫物的需要。如果能提供反刍动物足够的含氮物、能量和无机硫，瘤胃微生物则可以合成蛋氨酸、硫胺素和生物素，能满足动物一般的硫营养需要，但在产奶量极高的奶牛中可能还不够。

有机硫的营养作用等同于其相应的含硫化合物（如蛋氨酸、硫胺素）的作用。无机硫的营养作用在动物体内主要是提供硫酸根（$SO_4^{2-}$）以合成硫酸软骨素，这样可以节约蛋氨酸。如果 $SO_4^{2-}$ 不足，机体在合成硫酸软骨素时就会利用蛋氨酸来提供，造成蛋氨酸的浪费。因此，在低硫日粮中添加硫酸盐，可以提高蛋氨酸的利用率，提高动物的生产性能。产毛绵羊毛的生长需要较大量的含硫氨基酸，添喂硫酸盐可以促进瘤胃微生物含硫氨基酸的合成，增加含硫氨基酸的供应量，提高产毛和生长性能。

硫缺乏时动物生产性能下降，出现缺乏含硫氨基酸、维生素时的相应症状。饲喂含硫较高的日粮时会造成硫中毒，即硫化氢中毒。硫化氢是一种强力神经毒素，在瘤胃强还原环境下可由硫酸盐、亚硫酸盐等生成；水貂如果添喂过多的蛋氨酸，也会在肝脏产生大量的硫化氢，造成中毒死亡。

植物性饲料的含硫量为 1～20 g/kg 干物质。有些地区动物饮水或盐碱地含有较多的硫酸盐，可能对动物的消化代谢或畜产品品质有一定影响。

日粮阴阳离子差（dietary cation-anion difference，DCAD）指日粮中各种离子的克当量浓度差，又称为日粮的电解质平衡（dietary electrolyte balance，DeB）。DCAD 对于维持体内酸碱平衡至关重要（细胞外液正常 pH 为 7.40±0.05），DCAD 偏低影响猪、禽日增重和奶牛产乳量，失衡时则可引起禽类腿病、腹水症、猝死综合征、蛋壳质量下降，奶牛产乳热，断奶仔猪腹泻等。

日粮阴阳离子差以 mEq（毫克当量）为单位，可表示为：DCAD = mEq[（K + Na + Ca + Mg）-（Cl + S + P）]/kg 干物质。在反刍动物中可以简化为：DCAD = mEq（K + Na - Cl - S）/kg 干物质；在非反刍动物中可以简化为：DCAD = mEq（K + Na - Cl）/kg 干物质。畜禽的最适 DCAD 值（mEq/kg）为：猪 200～300、鸡 250～300、干奶牛 -150～ -100、泌乳牛 350～400。

# 第二节　微量元素

多数微量元素在动物体内作为酶的辅因子或辅基起作用（表 3-1），类似于维生素的作用，如果缺乏会影响动物的健康和生产性能。但由于动物对微量元素的需要量很少，加上环境中的某些微量元素含量较多，因此对于确定哪种微量元素对于动物营养是必需的，哪种不是，会有一定难度。因此，目前将微量元素分为三类：①确定对动物生长或生殖等是必需的，包括铁、铜、钴、硒、锌、碘、铬、钼、锰元素；②可能是必需的，包括钒、镍、硅、硼、钛元素；③有潜在毒性，但低剂量时，可能具有必需功能的，包括氟、铅、镉、汞、砷、铝、锂、锡、稀土元素。

**表 3-1 微量元素的某些生化或生物学功能**

| 元素 | 某些生化或生物学功能 | 牛血清参考值 /（mg/L） |
|---|---|---|
| 铁 | 血红素酶（过氧化氢酶、细胞色素氧化酶）辅基 | 2.13 |
| 铜 | 细胞色素氧化酶辅基 | 0.65 |
| 钴 | 维生素 $B_{12}$ 组分 | 0.01 |
| 硒 | 谷胱甘肽过氧化物酶及其他酶类辅因子 | 0.04 |
| 锌 | 脱氢酶类、DNA 聚合酶、碳酸酐酶辅因子 | 1.50 |
| 碘 | 甲状腺素组分 | 0.07 |
| 铬 | 葡萄糖耐量因子组分，辅助胰岛素作用 | 0.05 |
| 钼 | 黄嘌呤氧化酶辅因子 | — |
| 锰 | 精氨酸酶及其他酶辅因子 | 0.04 |
| 钒 | 硝酸还原酶辅因子 | — |
| 镍 | 脲酶辅因子 | 0.02 |
| 硅 | 结缔组织和骨的形成 | — |
| 氟 | 骨形成 | 0.0001 |
| 锂 | 增加白细胞和造血功能，影响神经递质合成释放 | — |
| 砷 | 生长与生殖，精氨酸代谢 | — |
| 锡 | 骨形成 | — |

资料来源：王镜岩等，2002。

## 1. 铁（iron）

动物体内 60%～70% 的铁存在于血红蛋白和肌红蛋白的血红素中，约 20% 与蛋白质结合形成铁蛋白，贮存于肝、脾和骨髓等组织器官中。商业价值较高的浅色小牛肉就是由于限制日粮铁供应使其肌肉肌红蛋白含量较低而形成的。铁除作为血红蛋白的组分发挥作用外，还是细胞色素氧化酶、过氧化氢酶、细胞色素 P450 酶等的辅因子，以转运电子。铁不足时会造成贫血，红细胞数量减少、形态不匀或异形，血红素含量下降，引起免疫应答抑制，导致高发病率和高死亡率。由于血红素降解释放出的铁，机体可以再次利用合成血红素，因此成年健康动物的需铁量很少，只是在胃肿胀、寄生虫病、长期腹泻及饲料中锌过量等异常状态时才会发生铁不足，而生长动物则需要较多的铁。

动物组织与器官含有一种棕色的含铁蛋白质复合物称为铁蛋白（ferritin），具有保护功能，可防止铁以离子状态存在或从结合物中逸出，从而避免铁对组织和细胞产生的毒害作用，因为组织中游离铁水平增加，可造成活性氧增加、脂类过氧化和自由基产生，导致动物出现"氧化应激"，并且铁蛋白还有贮存铁的功能，进入体内的铁，绝大部分以铁蛋白的形式贮存，特别是在肝脏中，以防止体内的铁过多丢失，并可在还原系统的作用下不断释放铁以满足造血需要，维持铁供应量和血红蛋白合成量的相对稳定。铁蛋白还参与铁的吸收，铁的吸收主要在十二指肠，在吸收期间，铁与肠细胞刷状缘的特异性非血红素铁受体结合，被转运进入细胞，再被转运到基底膜，与运铁蛋白（transferrin）结合后转运到血液里。如果机体铁状态充盈，进入肠细胞的铁就不被转运到基底膜，而是与铁蛋白结合，滞存在肠细胞中，待细胞死亡脱落时随粪排出。而肠细胞中铁蛋白的含量受机体细胞铁状态的调节，当机体铁需要被满足时，肠细胞铁蛋白含量升高，反之降低。因此，日粮铁的吸收量受肠细胞铁蛋白含量的调节。另外，铁蛋白也具有转运铁的作用，作为中间载体将铁从细胞质转运到线粒体中。铁蛋白含铁量为20%，半衰期2～3天。

铁主要在小肠以二价离子即$Fe^{2+}$的形式吸收，而饲料中的铁多为三价铁（$Fe^{3+}$），在肠道吸收差，但有些$Fe^{3+}$在胃或皱胃中与盐酸反应会被还原成亚铁（$Fe^{2+}$），可增加铁的吸收。有些螯合剂（如组氨酸、黏蛋白、果糖等）可增加铁的溶解性，并保护铁处于亚铁状态，可以促进铁的吸收，而有些螯合剂（如草酸、植酸、磷酸等）则抑制铁的吸收。

土壤中的铁含量较高，在有的地区可达1500 mg/kg以上。日粮铁过多会影响动物对铜、锌等矿物质的吸收，使动物生长缓慢、饲料利用率降低、出现缺磷迹象。细菌生长需要铁，日粮中铁过多会促进动物胃肠道细菌生长。例如，绵羊日粮铁含量在500 mg/kg以上时，瘤胃细菌数量会显著增加。

母乳中的铁一般不能保证幼畜的生长需要，单靠哺以母乳幼崽会出现贫血，称为生理性贫血。例如，哺乳仔猪正常生长每日约需铁7 mg，而母乳每日仅能提供1 mg，因此仔猪在3～5日龄时常出现生理性贫血，表现为精神萎靡、食欲下降、皮肤和黏膜苍白、头肩部略显肿胀。2周龄仔猪肝脏含铁量可从出生时的1000 mg/kg下降到60～100 mg/kg，而3周龄仔猪血液血红素浓度则从出生时的10 g/100 mL下降到5 g/100 mL以下，如不及时治疗可导致死亡。羊初乳含铁92.9 μg/100 mL，而在哺乳末期仅为29.9 μg/100 mL，一般羔羊每天从母乳获得的铁不超过1 mg，而每天的铁需要量则为15 mg，因此新生羔羊也需要及时补铁。在集约化饲养条件下，为防止幼畜贫血，可注射右旋糖酐铁、葡萄糖酸铁等（可在3日龄时一次性注射100～300 mg铁）。铁制剂可促进细菌生长，在给仔猪口服与注射右旋糖酐铁相同铁剂量的硫酸亚铁时，会引起仔猪肠道大肠杆菌感染，造成大肠杆菌病群体性爆发，增加仔猪死亡率。因此，给新生幼畜补铁最好不要通过口服途径，或采用多次少量添喂的变通方式。

存在于乳、各种外分泌物及中性白细胞内颗粒中的乳铁蛋白（lactoferrin）可与游离铁结合，使铁不能被细菌利用，因此具有抗菌作用，可防止幼畜肠道和动物体内的细菌感染。人乳乳铁蛋白含量为150～200 mg/100 mL。当动物感染或发生炎症时，动物体内白细胞及组织分泌无铁的铁乳蛋白，即去铁乳铁蛋白，经循环系统与铁结合后被含有乳铁蛋白受体的吞噬系统摄取并将铁贮留下来，再将去铁乳铁蛋白释放出去继续和铁结合，与细菌争夺生长分裂和繁殖所需要的铁，如此往复以降低血铁含量，从而发挥抗菌作用。这种靠剥夺细菌生长繁殖的必需营养素来达到抑菌目的的免疫机制称为"营养免疫"。

除乳和块根饲料外，大部分饲料中铁的含量都超过动物的需要量，特别是在青绿饲料的叶部，如青玉米叶每千克干物质的铁含量约为280 mg。一般动物配合日粮的铁含量（供应量）为50～100 mg/kg日粮。而畜禽铁的最大耐受量一般为1000～3000 mg/kg日粮。

## 2. 铜（copper）

铜分布在动物肝、脑、肾、心、被毛、肌肉、骨骼等器官组织中，但骨骼和肝脏是贮铜的主要部位。铜是许多代谢酶的组分，如细胞色素氧化酶，在有氧呼吸中转运电子；赖氨酰氧化酶，催化胶原蛋白和弹性蛋白锁链素交联的形成，增加骨和结缔组织强度；酪氨酸酶，催化酪氨酸产生黑色素；超氧化物歧化酶，保护细胞免受氧代谢物的毒性作用，维系吞噬细胞的功能；血浆铜蓝蛋白，可吸收和转运铁以合成血红蛋白等。

铜缺乏影响黑色素的产生，导致毛发褪色，特别是牛，在缺铜早期，眼眶四周毛发褪色是其典型征兆。缺铜时因角蛋白合成受阻而毛发生长缓慢，毛质脆弱，弯曲度异常。妊娠母羊，体表成片脱毛，这是典型的缺铜症状。缺铜影响铁从网状内皮系统和肝脏释放进入血液，造成贫血。缺铜影响血清中钙、磷在软骨基质上的沉积和骨胶原的可溶性，从而影响骨骼的正常发育，出现骨头易碎和骨质疏松症状。缺铜损害动物的动脉弹性硬蛋白，会使血管破裂，还会引起心肌纤维变性，造成心力衰竭，出现突然倒毙现象。缺铜影响动物的繁殖性能，会引起胚胎（胎儿）死亡和吸收、产蛋率下降和孵化过程中的胚胎死亡。妊娠动物缺铜还会使胎儿脑发育不良，患脑软化症，以大脑对称性脱髓鞘、脊髓运动神经束变性为特征，出生后后肢痉挛性轻瘫不起，共济失调，最终导致幼畜死亡，这在绵羊中较为常见（羔羊摇背病），而在山羊和牛中则很少见。并且，羔羊缺铜损伤是永久性的，给病羔羊添喂铜无助于病的恢复，因此需要给妊娠或妊娠前的母羊补铜来预防。缺铜会导致腹泻，特别是在反刍动物。缺铜还损害机体的免疫功能。而铜过量时肝脏的铜会突然大量释放到血液，引起溶血危象，即出现大量溶血、全身性黄疸、高铁血红蛋白血、血红蛋白尿、广泛性坏死等，常导致动物死亡。反刍动物对铜较为敏感。各种动物对铜的耐受剂量约为：绵羊 30 mg/kg 日粮、牛 100 mg/kg 日粮、鸡 300 mg/kg 日粮、猪 500 mg/kg 日粮，并且与日粮中的其他矿物质元素含量、环境因素、动物的品种和生产性能等有关。

铜主要通过小肠黏膜细胞吸收。日粮中的硫影响铜的吸收，硫在肠上皮细胞被利用产生金属硫蛋白（铜结合蛋白），使肠上皮细胞质里的铜发生汇集，结合的铜最后随肠上皮细胞的脱落从粪中排出。日粮中的硫和钼可在瘤胃中形成四硫钼酸铵，可与铜结合形成高度不溶的化合物而影响铜的吸收。生长在泥炭或腐殖土里的植物含有大量的钼，食入这些植物的牛羊会发生缺铜症。高铁日粮或饮水也可能影响铜吸收。因此，动物对铜的需要量还与动物日粮的组成和环境等有关。

按每日需要量的 10～50 倍添喂铜能大大提高猪和家禽的生长速度（多使用氧化铜），高铜在肠道具有抗菌作用，可能因此影响动物的生长速度。

绵羊对铜的需要量和中毒量较为敏感，用单羔母羊日粮饲喂多羔妊娠母羊会造成生产羔羊的缺铜症（脑软化症），而羔羊如果采食了多羔母羊的日粮（铜含量为单羔母羊日粮的2～3 倍），则出现铜中毒死亡。

植物性饲料中的铜含量与土壤铜含量和植物种类有关。在蛋白质饲料中，大豆饼粕的铜含量最高，禾谷籽实也含铜丰富（仅玉米的较低），而蒿秆含铜量极低。在新疆，特别是在南疆，土壤和饲草总体缺铜，放牧山区的土壤、溪水和饲草中的铜含量也非常低，常导致母羊流产。在畜牧生产中，常用七水硫酸铜（$CuSO_4 \cdot 7H_2O$）作为动物的铜添加剂。

### 3. 钴（cobalt）

钴在动物体内主要作为维生素 $B_{12}$（氰钴胺素）的组成部分而起作用，而且还是甲基丙二酰 CoA 变位酶（将丙酸转化成琥珀酸）和四氢叶酸甲基转移酶（催化甲基从 5- 四氢叶酸转移到高半胱氨酸形成蛋氨酸和四氢叶酸）的辅因子。植物组织不产生维生素 $B_{12}$，而微

生物是天然维生素 $B_{12}$ 的唯一来源。正常绵羊肝脏的钴含量约为 0.15 mg/kg 干物质。

瘤胃微生物可利用钴合成维生素 $B_{12}$，以满足宿主的营养需要，如果日粮中钴不足，即在瘤胃液钴浓度低于 5 μg/L 时，反刍动物也会缺乏维生素 $B_{12}$。而缺乏维生素 $B_{12}$ 会阻碍瘤胃微生物合成蛋氨酸。牛羊日粮短期缺钴对宿主本身并无显著影响，因为肝脏贮存的维生素 $B_{12}$ 可供维持一段时间（几个月），但瘤胃微生物却不能，饲喂缺钴日粮几天，瘤胃液的琥珀酸浓度就会升高，可能是因为琥珀酸不能转变为丙酸，或瘤胃菌群由产丙酸型转变成了产琥珀酸型。额外添加钴可使瘤胃微生物，特别是乳酸菌数量增加。

钴对单胃动物的营养作用，主要是通过肠道微生物利用钴合成维生素 $B_{12}$ 来实现的，大肠细菌合成的维生素 $B_{12}$，可通过粪便污染食入或食软粪的习性，提供给宿主。

钴中毒的症状与钴缺乏的相似，即采食减少，体重下降，出现贫血。牛羊、禽、猪钴耐受剂量的参考上限分别为 10 mg/kg 日粮、50 mg/kg 日粮、100 mg/kg 日粮。

植物性饲料的钴含量与土壤和植物种类有关，正常牧草含钴 0.10～0.25 mg/kg 干物质，谷类籽实饲料含钴 0.06～0.09 mg/kg 干物质，而在动物性饲料中可达 0.80～1.60 mg/kg 干物质。反刍动物日粮的钴含量（供应量）在 0.1 mg/kg 干物质时即能满足需要。猪、禽配合日粮的钴含量（供应量）一般为 0.5～1.5 mg/kg 干物质。一般使用一水硫酸钴或氯化钴作为钴添加剂。

## 4. 硒（selenium）

硒存在于所有体细胞内，是谷胱甘肽过氧化物酶的必需组分，此酶保护组织细胞防止氧化损伤，与维生素 E 一起防止线粒体脂类的过氧化，保护细胞膜不受脂类代谢副产物的破坏。硒还与甲状腺激素代谢有关，因为碘化甲状腺氨酸 5′-脱碘酶是（含）硒蛋白。

硒主要由十二指肠吸收，日粮中亚硒酸盐和硒酸盐的硒吸收率约为 90%。硒的吸收不受调节，硒的稳态受尿排泄的调控。

硒营养起源于对我国黑龙江克山病的研究。缺硒引起的症状，某些与维生素 E 缺乏症相似。缺硒会引起营养性肝坏死，多发生于猪、兔，仔猪会因肝细胞坏死而突然死亡，剖检时可见芝麻粒大小的黄灰色坏死点。缺硒会引起雏鸡渗出性素质，病鸡由于毛细血管渗透性异常增强而使皮下组织充血，胸、腹部皮下出现大片水肿，积聚血浆样液体。缺硒还会造成白肌病（肌细胞坏死），多见于幼龄动物，以羔羊发病率最高，羔羊心肌和骨骼肌变性，后躯不起，在一月龄左右死亡，剖检可见肌肉组织有浅灰色斑点，心肌有黄锈色斑点（虎斑心），心脏肥大。猪缺硒时造成心肌出血性和坏死性损伤，导致心脏形成红色的斑驳外表，称桑葚样心脏病。缺硒影响母羊的生殖机能，大批量空怀，并在妊娠末期发生胚胎死亡。缺硒使动物生长停滞。缺硒动物体内不存在硒蛋白。

日粮中硒含量达到 5 mg/kg 时动物即可能出现硒中毒。硒中毒分急性和慢性两类。慢性硒中毒时动物消瘦、贫血、关节僵硬变形、蹄壳变形脱落，牛、马尾部鬃毛和猪的被毛有脱落现象，肝、心机能损伤，行动不便，采食减少。急性硒中毒时动物致盲、感觉迟钝、肺部充血、痉挛和瘫痪，窒息死亡。急性硒中毒或硒摄入过量时，硒以二甲基硒化物的形式被呼出，呈蒜味。

我国土壤的硒含量具有地区性，在陕南和山东微山湖等地含量较高，而在北方特别是西北地区（包括陕北延安）的土壤则以低硒为主，动物缺硒比较常见。某些植物如苤草、木本紫菀、长药芥和黄芪属植物，都可聚集硒，每千克含几百至上千毫克的硒，它们一般不适口，一旦食入，就会发生硒中毒，出现失明性蹒跚。而在高硒土壤（通常是碱性土）上生长的牧草硒含量可超过 10 mg/kg，动物采食一段时间后会出现跛行和消瘦，称为碱病。

一般动物日粮硒的添加量为 0.1～0.3 mg/kg，并且在缺硒地区应以高限量添加。

### 5. 锰（manganese）

锰分布于所有体组织中，在肝脏、骨骼、脾、胰和脑垂体中含量较高，且肝脏中锰含量最为稳定，而骨骼和被毛中的含锰量易受饲料锰含量的影响，在动物摄入大量的锰时，被毛中的锰量可超过肝脏中的含量。锰为骨骼正常发育所必需，是产生骨胶原蛋白和软骨的几种必需酶的辅因子，锰超氧化物歧化酶与其他抗氧化物的协同作用可减少导致损伤细胞的活性氧积累。锰也是碳水化合物和脂肪代谢有关金属酶和丙酮酸羧化酶的必需成分。

缺锰影响动物的繁殖和胎儿发育，使发情不明显，精子异常，胚胎吸收，产仔体弱、畸形或麻痹，死亡率高。

日粮锰的吸收率约为 1%。锰主要从胆汁排出，几乎不从尿中排泄。

锰过量一般不常见，在日粮锰超过 1000 mg/kg 时动物会出现采食减少、生长减缓、缺铁性贫血，但猪在 500 mg/kg 时即影响生长。

动物主要从植物性饲料中获得锰。不同植物性饲料的含锰量差异较大，青饲料含锰丰富，而禾谷类籽实和块茎饲料的含量较低。例如，牧草含锰 40～200 mg/kg 干物质，米糠约 300 mg/kg 干物质，玉米约 18 mg/kg 干物质。

以植物性饲料为主的动物通常不需要补饲锰盐。

### 6. 锌（zinc）

锌分布于机体所有组织中，以肌肉（60%）、骨骼（30%）、肝脏（5%）、皮毛、眼睛脉络膜等浓度较高。性成熟的雄性动物前列腺背侧部含锌丰富，精液也含锌较多。锌是许多金属酶的组分，如铜 - 锌超氧化物歧化酶、乙醇脱氢酶、羧肽酶、碱性磷酸酶、RNA 聚合酶等，这些酶影响碳水化合物、蛋白质、脂类和核酸代谢。锌也是胸腺素的组分。锌调节钙调蛋白、蛋白激酶 C、甲状腺素结合和磷酸肌醇合成。缺锌影响前列腺素的合成。因此，锌对动物有着广泛的作用。缺锌时动物很快出现采食减少，生长缓慢。长期缺锌则胸腺萎缩，雄性动物睾丸发育不良，精子畸形或生成停止，雌性动物则影响黄体功能和子宫收缩。缺锌还会使动物蹄胶质层变薄，腿、头（特别是鼻子）和脖颈部皮肤角化不全（角蛋白增多）。缺锌或高钙会引起猪上皮表层损伤（角化不全症），大腿内侧皮肤皱缩粗糙，有痂状硬结，皮肤感染，并扩延到全身。家禽严重缺锌时则胚胎发生缺损，尾椎缺少，四肢或全身发育不全，喙和头部发育畸形。荷斯坦牛和黑杂牛有一种遗传性缺锌症，锌的吸收量很低，出生几个月就会出现缺锌症状。锌过量时动物厌食，影响铁、铜的吸收，扰乱瘤胃消化。动物锌的耐受量建议为 300～1000 mg/kg 日粮。

锌的吸收主要在小肠，但牛还包括真胃，禽类还包括腺胃。日粮中的铁、铜、镉、铅和高钙都会抑制锌的吸收，而螯合可增加或减少锌的吸收，即取决于所生成螯合物的溶解性，如植酸可与锌结合形成不溶物，降低锌的可利用性，而半胱氨酸和组氨酸可牢固地与锌结合，提高仔鸡锌的生物利用率。一般动物配合日粮的锌含量为 30～100 mg/kg。

糠麸、油饼和动物性饲料含锌较高，块茎类饲料含锌最贫乏，青饲料每千克干物质含锌约 30 mg。一般常用饲料中的锌含量常超过动物的实际需要量，因此缺锌通常可能与吸收障碍有关。

### 7. 碘 (iodine)

动物体内碘含量很低，常低于 0.6 mg/kg 体重，并且 70%～80% 的碘都集中在甲状腺。碘的生物学作用是通过甲状腺素来实现的。甲状腺利用碘和酪氨酸合成甲状腺素，即作用强而快的三碘甲状腺原氨酸（$T_3$）和作用弱而慢的甲状腺素（$T_4$），甲状腺产生 $T_4$ 的量是 $T_3$ 的 10～20 倍。血液中 80% 的 $T_3$ 是来自 $T_4$ 的转化，而甲状腺直接产生的 $T_3$ 只占全部 $T_3$ 的 20%。$T_3$ 的作用包括调节能量代谢，提高基础代谢率，增加耗氧量，促进生长发育；增强母畜生殖机能，提高受胎率和产仔率；维持神经系统的发育和正常结构。缺碘会造成动物甲状腺增生肥大，基础代谢率下降。幼龄动物缺碘会生长迟缓、骨架短小而形成侏儒，成年动物则发生黏液性水肿，皮肤、被毛和性腺发育不良。胚胎发育期缺碘会引起胚胎早期死亡、胚胎吸收、流产和分娩的仔畜弱小无毛。

日粮的碘吸收率为 80%～90%。在体内没有被甲状腺摄取的碘从尿和乳中排出。乳碘含量 30～300 μg/L。高碘日粮增加乳碘浓度，由于人对碘比奶牛要敏感，高碘乳对某些人会造成致命的甲状腺功能亢进，因此需要限制奶牛日粮的碘含量。

动物日粮的碘供应量为 0.15～0.80 mg/kg，多胎或高产动物的碘需要量较大。

植物性饲料是动物碘的主要来源，谷物饲料含碘 0.05～0.25 mg/kg，饼粕类含碘 0.4～0.8 mg/kg。海洋植物含碘丰富，如某些海藻的碘含量可达 0.6%。鱼粉含碘 0.8 mg/kg。河水和井水含碘 0.05～0.45 μg/L，也是动物碘的来源。

土壤、植物、饮水等的含碘量与距离海洋的远近有关。海洋里的碘在日照下会随水汽升腾到云里，然后随雨水落到地面以补充碘，因此靠近海洋的地区一般不缺碘，而内陆地区由于降水少，原存在于土壤中的碘由于干燥和日晒又被挥发，因此常为缺碘地区，所产植物性饲料含碘量也低。常用碘酸钙或碘酸钾给动物补充碘，而非碘化钾，因为后者易挥发。

缺碘会造成甲状腺代偿性增生肿大，高碘也会刺激甲状腺肿大。新疆奎屯地区过去就曾因地下水是古水而含碘高，造成人甲状腺肿大或功能亢进，20 世纪 70 年代改饮雪山融水后才得以解决。有些饲料如生大豆、甜菜渣、玉米、红薯、白三叶草和犬尾草等，都含有生氰糖苷，食入后产生硫氰酸盐和异硫氰酸盐，影响碘化物转运通过甲状腺滤泡细胞膜，引起甲状腺肿大。十字花科植物（油菜、羽衣甘蓝、卷心菜、萝卜、芥菜等）和洋葱含有前甲状腺肿因子和甲状腺肿因子，也会阻止甲状腺激素的形成，引起甲状腺肿大。

日粮碘含量在 5 mg/kg 以上时，会出现碘中毒症状，包括流鼻涕、流泪、流唾液、咳嗽、产乳下降、体表干燥且呈鳞片状等。

其他微量元素列举如下。

（1）铬（chromium）。无机铬化合物有二价、三价和六价铬三种。三价铬是胰岛素的辅助因子，具有增强胰岛素功能的作用。六价铬具有较强的毒性。一般饲草中含有足量的铬，在动物日粮中不需要添加。

（2）钼（molybdenum）。钼是黄嘌呤氧化酶和硝酸还原酶的组分，瘤胃微生物所含的钼硝酸氧化酶参与硝酸盐的转化，是消化粗纤维所必需的。高钼会影响铜吸收，反刍动物日粮铜钼的适宜比例为（3.5～4.5）：1。一般常用饲料中的钼足够满足动物的需要，不需要添加。

（3）锂（lithium）。锂在动物体内可置换和替代钠。锂能抑制很多神经递质的合成和释放，特别是二苯基乙酸，因此对中枢神经活动有调节作用，能安定情绪。锂有生血刺激作用，可改善造血功能，增加血红蛋白，使中性白细胞增多，吞噬作用增强。但锂可以通过胎盘屏障，引起胎儿畸形，特别是心血管畸形。锂盐是精神抑郁症的传统治疗药物，但在动物营养中尚无应用，也没较深入的研究。

（4）铷（rubidium）。铷具有与钾相似的生物学作用，是牙齿的正常组成成分，对中枢神经系统的结构和功能可能具有重要作用，铷能刺激乙酰胆碱的形成，刺激肾上腺引起血压升高，增强动物的活动行为。老年人脑内的铷含量比新生儿的低 50%。人血液的铷含量为 2～3 μg/mL。口服铷化物对动物的毒性较小。

（5）硅（silicon）。有研究表明，用高度纯化的无硅日粮饲喂雏鸡和大鼠会引起硅缺乏，出现骨形成障碍和生长抑制。自然界的硅主要为二氧化硅，很难被吸收。雄性反刍动物尿结石中常含有硅。

（6）氟（fluorine）。氟具有防治龋齿和骨质疏松的作用，但是在生产中多见氟中毒，而非缺氟。明矾矿和磷矿石多伴生有氟，特别是磷矿石，如果仅经物理性粉碎作为磷添加剂，会使动物体内含氟增加。有些地方地下饮水含氟量较高，长期饮用会引起氟中毒，即骨骼变形，牙齿发黄（氟斑牙）、排列不整。高氟水可通过离子交换树脂吸附降低其氟含量后饮用。硒可以促进体内氟的排出。

（7）镍（nickel）。雏鸡、猪、山羊、大鼠和羔羊都会出现缺镍症，缺镍时肝脏病变，生长缓慢。镍相对无毒，牛最大日粮耐受水平设定为 50 mg/kg。

（8）锡（tin）。锡对于大鼠生长是必需的。无机锡吸收差，当日粮无机锡水平达 150 mg/kg 时也是安全的，但有机锡毒性较大。

（9）钒（vanadium）。钒促进造血，抑制胆固醇合成，具有胰岛素样作用，0.1 mg/kg 日粮的钒水平最适宜大鼠和犊牛生长。

# 第三节　稀 土 元 素

稀土元素（rare earth element）是一组金属元素，包括原子序数从 57 到 71 的 15 种元素 [ 即镧（La）、铈（Ce）、镨（Pr）、钕（Nd）、钷（Pm）、钐（Sm）、铕（Eu）、钆（Gd）、铽（Tb）、镝（Dy）、钬（Ho）、铒（Er）、铥（Tm）、镱（Yb）、镥（Lu）] 及化学性质相近的钪（Sc）和钇（Y），共 17 种元素，通常称为"稀土元素"，简称稀土（rare earth）。稀土在动物和人体内含量很低（<0.01%），所以稀土元素是微量元素，但迄今为止并没有证明是必需微量元素。

稀土属低毒物质。稀土经消化道被吸收的量很少，将混合稀土硝酸盐按 1 g/kg 体重给大鼠一次性灌胃，吸收率仅为 0.066%。进入体内的稀土主要分布在肝脏，其次为肾和脾脏，再者为肌肉和心脏。稀土在实验动物体内的半衰期约为 22 h，灌胃 144 h（6 天）后在各组织中已检测不到稀土。

添喂适量稀土可以提高动物的生产性能。添喂稀土可以提高仔猪日增重和饲料转化率，提高肉鸡的生长性能，提高蛋鸡的产蛋量和饲料利用率，提高肉牛和绵羊日增重，提高奶牛产乳量，促进鱼类生长等。然而，在日粮稀土含量过低或过高条件下，其对动物的生产性能都没有促进作用。一般稀土的添喂量为40～400 mg/kg日粮，视动物的种类、生产性能、日粮类型、饲喂的稀土种类等因素而定。

稀土影响骨的形成和再造，影响免疫，影响DNA的解链、复制和转录。稀土的作用机理是影响了动物细胞钙离子的作用，即稀土可替代钙离子的作用而提高某些酶的活性并促进钙离子进入细胞。稀土可以提高ATP酶、谷胱甘肽过氧化物酶、纤维素酶、胰蛋白酶、糜蛋白酶、脂肪酶等的活性，可以促进细胞和细菌的生长，而在浓度过高时，则抑制酶的活性，抑制细胞和细菌的生长，因此，稀土具有"双刃剑"的作用。

一般用作动物稀土添加剂的有无机稀土（即硝酸稀土、盐酸稀土、碳酸稀土、硫酸稀土）、有机稀土（即维生素C稀土、柠檬酸稀土）和稀土螯合物（即稀土蛋氨酸、稀土赖氨酸、稀土甲壳素）等，而应用较多的是硝酸稀土。

小鼠、大鼠和豚鼠经口稀土的$LD_{50}$为1397～1832 mg/kg。口服高剂量稀土（＞200 mg/kg饲粮）时雄性小鼠精子畸形率增加。吸入和注射稀土时可引起急性和慢性中毒，动物的消化系统、神经系统、呼吸系统、循环系统等均受到影响，出现呼吸困难（肺水肿、纤维化）、扭动（疼痛）、腹膜炎等症状，急性中毒时48～96 h可出现死亡。

# 第四节　毒性元素

毒性元素是指对动物生长代谢具有毒性的元素，包括铅、汞、镉、砷，高剂量的氟和铬也有毒性作用，但有些毒性元素在低剂量时可能是必需微量元素。

### 1. 铅（lead）

铅对各种组织均有毒性，中毒时神经系统、造血系统和血管的病变特别明显。铅具有抑制血红蛋白合成代谢和一定程度的溶血作用，造成动物贫血。动物对铅呈小剂量慢性积累，特别在低钙日粮时吸收增加。

### 2. 汞（mercury）

特别是甲基汞，可与细胞色素氧化酶、琥珀酸氧化酶、过氧化酶、脱氢酶等结合使其失活，破坏细胞的代谢与功能。

### 3. 镉（cadmium）

过量镉影响锌的吸收与代谢，影响含锌酶类和细胞色素氧化酶活性，使铁在动物肝脏大量积累而骨髓中铁量不足，影响血红素的合成，造成动物贫血。

### 4. 砷（arsenic）

砷与硒、碘的作用相拮抗，在动物细胞中可与巯基结合使巯基酶活性降低，影响正常的代谢，造成器官组织功能紊乱和器质性病变。三价砷化合物的毒性较五价砷为强，其中以毒性较大的三氧化二砷（俗称砒霜）中毒多见，人口服0.01～0.05 g即可发生中毒，致死量为60～200 mg（0.76～1.95 mg/kg体重）。如果饮水中含砷过高，可引起地方性砷中毒。动物砷中毒时食欲不振、麻痹和腹泻，出现死亡。然而，小剂量的砷有机化合物可促进雏鸡生长，提高母鸡产蛋率。但由于饲料中砷含量较高（0.4 mg/kg）和作为必需微量元素的需要量可能很低（尚未确定），为防止砷对环境的污染及对肉奶蛋产品质量的可能影响，我国早已禁止将砷制剂作为畜禽添加剂。

# 第五节　矿物质元素的吸收与利用

矿物质元素营养即矿物质的吸收、代谢、利用和在体内的贮存，取决于矿物质元素的物理化学性状、日粮的组成和动物的生理状态等。

矿物质元素的吸收受矿物质种类的影响。一般矿物质的溶解性越高、细度越大，吸收得就越多。特别是矿物质在胃酸中的溶解性是决定矿物质元素吸收率的重要因素。例如，碳酸钙（石灰石）在胃酸作用下容易释放出钙离子，就容易吸收，而硫酸钙即使在胃酸中也不容易释放出钙离子，所以吸收率就会低些。母鸡对硫酸锰、氯化锰的吸收速度相似，但天然碳酸锰和硅酸锰因溶解度低而不易被吸收。碘酸钙的溶解度低，因而其碘的吸收率就不如碘酸钾、碘化钠的高。饼粕饲料中的磷多以植酸磷的形式存在，溶解度低，且不易被分解，因此其中的磷吸收率在单胃动物中就较低。经有机酸等络合的微量元素（如柠檬酸铁、蛋氨酸铜等）一般吸收率都较高。

日粮中的各种成分影响矿物质元素的吸收。首先是各种阴阳离子（基团）之间的作用，如果两种离子可以形成不溶性化合物，则吸收率会降低。例如，钙离子和磷酸根离子，可以形成难溶的磷酸钙，从而影响钙和磷的吸收；相同化合价离子间的吸收会相互影响，如铜的吸收就受日粮中铁、锌、钙等含量的影响；而日粮钙过量则会影响镁的吸收；所以日粮中的各种矿物质元素要维持相对的比例关系。另外，日粮中的某些成分会影响矿物质元素的吸收。例如，脂肪会与钙形成不溶性钙皂而降低钙的吸收率；植酸和草酸都可以与二价阳离子结合形成难溶性物质，降低吸收率；而维生素 C 则可以将三价铁还原成二价铁，有利于铁的吸收。

动物本身也是决定矿物质元素吸收率高低的重要因素。反刍动物由于瘤胃微生物降解植酸，不仅提高了磷的吸收率，还使大多数二价阳离子更易于吸收；但瘤胃微生物可以将铜转变为不溶性的硫化铜，降低铜的吸收率。处于妊娠、哺乳或产蛋期的动物，其钙的吸收率明显提高。缺乏维生素 D 或肝脏病变会影响钙的吸收。寄生虫感染也会影响矿物质元素的吸收。

矿物质元素在动物体内除参与代谢发挥生理作用外，还可以在体内存积下来，以供以后使用，因此动物体内矿物质元素的贮存量，是动物营养状况的重要标志。大部分矿物质元素在体内贮存的器官组织主要是肝脏、骨骼，也包括肌肉、血液等。碘的主要贮存器官是甲状腺。铜贮存于肝脏，铜供应充足时可以供动物连续使用半年之久。而奶牛的骨钙，是泌乳期乳钙的重要来源，在泌乳高峰期或日粮钙不足时，奶牛以骨钙流失为代价，来保证乳钙的含量。在动物体内贮存或滞留的矿物质元素，也是处于动态的进出平衡之中的，外源性元素不断进入机体、而内源性元素则不断离开机体。即使没有外源性元素流入，内源性元素也会不断地流出，但流出速率会变小。

# 第四章

# 维生素营养

维生素的含量可以重量或生物学效价（IU 为国际单位）表示，两者在许多维生素上都是可以互换的，如

1 IU 维生素 A = 0.6 μg β- 胡萝卜素；

或 = 0.344 μg 维生素 A 乙酸盐

= 0.3 μg 结晶维生素 A 醇

= 0.55 μg 维生素 A 棕榈酸盐

1 IU 维生素 D=0.025 μg 结晶维生素 $D_3$

1 IU 维生素 E=1 mg DL-α- 生育酚乙酸酯或 1.49 mg α- 生育酚。

## 第一节　脂溶性维生素

脂溶性维生素包括维生素 A、维生素 D、维生素 E 和维生素 K。

### 1. 维生素 A

维生素 A 包括维生素 $A_1$（视黄醇）和维生素 $A_2$（3- 脱氢视黄醇），其主要功能是构成视紫红质、保持上皮细胞的完整性和参与细胞分化，缺乏维生素 A 会出现夜盲等 50 种以上的症状。视紫红质可提高视网膜对暗弱光线的敏感性，而视紫红质由维生素 A 的醛衍生物与视蛋白结合而成，因此缺乏维生素 A 会减弱动物对弱光刺激的感受，患夜盲症。维生素 A 不足会影响黏多糖的合成，引起上皮组织干燥和过度角化，引起肺炎、下痢、眼干燥症、流产、胎儿畸形、公畜尿道结石等。维生素 A 不足还影响机体的蛋白质合成和骨骼生长。一般动物日粮中的维生素 A 供应量为 500~4000 IU/kg 日粮，过高（即超过代谢剂量的 50～500 倍）时会引起维生素 A 中毒，症状包括精神忧郁、采食减少、被毛粗糙、皮肤增厚和出血、流产、胎儿畸形、骨骼继续增长、生长期动物骨关节过早闭合和死亡等。然而，对于维生素 A 刺激组织生长及分化方面的生化过程，还缺乏了解。

然而，在自然界或生产中，动物并不一定都是从饲草或添加剂中获取维生素 A 的，采食含 β- 胡萝卜素的青绿饲料，可在体内转化为维生素 A。机体从小肠吸收的 β- 胡萝卜素，在小肠壁、肝脏及乳腺内经胡萝卜素酶的作用可迅速转变为有活性的维生素 A。然而，虽然理论上一个 β- 胡萝卜素分子可以转化成两个维生素 A 分子，但由于不能完全吸收，每个 β- 胡萝卜素分子转变成维生素 A 的比例实则不到 50%。并且，不同动物转化 β- 胡萝卜素的效率是不同的。家禽、猪、绵羊、牛和马的转换效率分别为 50.0%、16.3%、17.4%、12.0%

和 16.7%，即家禽较高，牛最低。饲料中的 β- 胡萝卜素有顺式和反式两种异构体，其中反式的转化率较高，而在干燥或青贮过程中常因有反式异构体转化为顺式异构体而降低维生素 A 的转化效率。饲料中多叶幼嫩青饲料和胡萝卜中的 β- 胡萝卜素含量最高。在动物组织脏器中，肝脏维生素 A 含量最高。动物维生素 A 营养的正常标准为：奶牛肝脏维生素 A 含量超过 500 IU/g 鲜肝、生长育肥猪超过 100 IU/g 鲜肝。

β- 胡萝卜素在动物体内除转化为维生素 A 起作用外，还有一些其他维生素 A 所不能替代的作用，特别是在繁殖性能上。例如，给维生素 A 供应充足的奶牛添喂 β- 胡萝卜素，奶牛黄体的孕酮生成量增加；给维生素 A 供应充足的种公牛添喂 β- 胡萝卜素，其繁殖性能提高；给维生素 A 供应充足的母马添喂 β- 胡萝卜素，可促进发情，提高受孕率和降低胚胎死亡率。

### 2. 维生素 D

维生素 D 为类固醇衍生物，对动物有营养作用的主要为维生素 $D_2$ 和维生素 $D_3$。但对于禽类和新大陆猴，维生素 $D_2$ 的活性很低，只有维生素 $D_3$ 的 1/30～1/20。在自然条件下，维生素 $D_2$ 由存在于植物及酵母中的麦角固醇（维生素 $D_2$ 原）经紫外线（日光）照射而成。而维生素 $D_3$ 则是存在于动物皮肤中的 7- 脱氢胆固醇（维生素 $D_3$ 原）经紫外线（日光）照射后的产物。放牧牛皮肤每天能合成 3000～10 000 IU 的维生素 $D_3$，50 kg 的猪经日光照射每天可合成 3000 IU 以上的维生素 $D_3$。在集约化生产条件下，动物主要从饲粮中获得维生素 D，但人工紫外光源照射也可提供部分维生素 D。

维生素 $D_3$ 在动物体内是没有生物活性的，需先在肝脏被氧化成 25- 羟基维生素 $D_3$，然后进入肾脏再进一步氧化成 1, 25- 二羟基维生素 $D_3$，才具有活性。1, 25- 二羟基维生素 $D_3$ 刺激钙结合蛋白的合成以促进钙的吸收，钙结合蛋白将钙从肠上皮细胞顶部运送到基底膜一侧，再由 Ca-Mg ATP 酶将钙从细胞中泵至细胞外液，以维持血钙浓度，促进骨骼矿化。1, 25- 二羟基维生素 $D_3$ 还与甲状腺素协同作用增强肾对肾小球滤液中钙的重吸收。

维生素 D 长期不足可导致动物机体矿物质代谢紊乱，影响生长动物骨骼的正常发育，造成佝偻病，在成年动物中，则引起骨软症或骨质疏松。佝偻病的主要症状是骨干软骨连接处和骨骺部位增大，有机质部位的钙磷含量降低，受压较重的骨骼部位发生变形，四肢成 O 形或 X 形，胸廓凹陷，脊柱弯曲，四肢关节肿胀，步态拘谨。骨软症动物骨质不坚、跛行。产蛋母鸡则出现蛋壳不坚、软壳蛋、产蛋率和孵化率降低。

然而，马和兔的钙代谢并不依赖于 1, 25- 二羟基维生素 D，其肠道不需要活化的维生素 D 即可以吸收日粮中大部分的可利用钙，然后将多余的钙通过尿液排出。

注射或饲喂高剂量维生素 D 会引起维生素 D 中毒，诱发高血钙症和高血磷症，表现为采食量下降、最初多尿而后无尿、粪便干燥，剖检时可见肾、主动脉、皱胃及支气管钙化。马、兔的钙代谢虽然不受 1, 25- 二羟基维生素 D 的调节，但其肠道亦存在 1, 25- 二羟基维生素 D 受体，极易引起维生素 D 中毒。

### 3. 维生素 E

维生素 E 因与动物的生殖机能有关，所以又称为生育酚，是一组具有生物学活性的化学结构相似的酚类化合物，其中 α- 生育酚的活性最高。维生素 E 是细胞膜的主要抗氧化剂，其与其他抗氧化物质或酶共同淬灭自由基以防止其破坏组织，保护细胞膜。维生素 E 可增强机体的体液免疫反应和对细菌感染的抵抗力。动物睾丸和大脑的生育酚含量最低,最易耗尽,因此维生素 E 的不足经常表现为生殖障碍和神经功能障碍。维生素 E 不足会出现以下几种情况。①犊牛、羔羊、猪、兔和家禽肌营养不良或白肌病,骨骼肌变性使后躯运动障碍,甚至不能站立;②家禽出现血管和神经系统病变,雏鸡出现渗出性素质,即毛细血管受损而通透性增强,渗出物大量积累形成皮下水肿和血肿,肉鸡则易患脑软化症,患病初期步态摇摆,随后则完全麻痹,死亡率高;③发生肝坏死,动物突然死亡;④生殖机能紊乱,猪和实验动物出现睾丸上皮变性,胎盘和胚胎血管受损,胚胎死亡和消失,但在反刍动物没有发现上述现象;⑤体脂因过氧化物含量较高而发黄。

维生素 E 在饲料中分布广泛,禾谷类籽实的 α- 生育酚含量为 $10\sim40$ mg/kg 干物质,青饲料中的维生素 E 含量比禾谷类籽实中的还高 10 倍以上(以干物质计)。然而,青饲料在自然干燥时维生素 E 损失可达 90%,而籽实饲料存放 6 个月,维生素 E 也可损失30%$\sim$50%。动物体内 90% 以上的生育酚贮存于肝脏、骨骼肌和脂肪组织。

动物对维生素 E 的需要量与饲粮组成、饲料品质、不饱和脂肪酸和天然抗氧化剂含量等有关。饲喂高能饲料的动物,为防止在脂肪代谢中形成过多的有毒产物,需供给较多的维生素 E。而在反刍家畜,由于瘤胃的不饱和脂肪酸的加氢作用,对维生素 E 的需要量较少。能刺激脂肪过氧化的物质,如四氯化碳、硫酸氢钠、硫酰胺制剂、磷甲苯酚酯、饲料酵母曲等,都是维生素 E 的拮抗物。维生素 E 对动物无毒。

**4. 维生素 K**

维生素 K 的重要功能是促进血液凝固,它是机体合成多种钙结合蛋白所必需的。参与凝血过程的钙结合蛋白包括凝血酶原、凝血因子Ⅶ、凝血因子Ⅸ和凝血因子Ⅹ。维生素 K为各种衍生的萘醌,在自然界主要为两种化合物:维生素 $K_1$ 即植物甲萘醌或叶绿醌,由植物合成;维生素 $K_2$ 即甲萘醌类,由细菌合成。维生素 $K_3$ 为环状甲萘醌,其生物活性较弱,但由于易于规模化生产,故现多用于商业添加剂。

青绿饲料中维生素 $K_1$ 含量较高,在甘蓝叶和苜蓿草粉中的含量可分别达到每千克30 mg 和 $18\sim25$ mg;而其在籽实和块茎饲料中的含量均低于每千克 1 mg;鱼粉中维生素$K_2$ 含量为每千克 $2\sim5$ mg。

笼养家禽由于接触不到粪便有时会出现维生素 K 不足。维生素 K 不足时家禽会出现皮下紫色血斑、胚胎死亡、孵化率低等;但饲养的反刍家畜和猪一般不会发生维生素 K 不足症,主要是由于瘤胃和大肠微生物合成的维生素 $K_2$,可以直接或通过粪便污染在小肠中被吸收利用。饲料中的拮抗物质,如草木樨中的双香豆素、霉变饲料中的真菌毒素等,都会抑制维生素 K 的利用;磺胺类药物和抗生素也都可以抑制肠道微生物维生素 K 的合成;在某些逆境,如球虫病时雏鸡维生素 K 的摄入量减少。在出现以上等情况时均需增加动物的维生素 K 供应量。

高剂量维生素 K 可降低采食量和抑制生长,但维生素 K 中毒并不常见。

# 第二节　水溶性维生素

水溶性维生素包括 B 族维生素和维生素 C。B 族维生素包括硫胺素、核黄素、烟酸、吡哆醇、泛酸、叶酸、生物素、胆碱和维生素 $B_{12}$ 等。B 族维生素主要作为细胞酶的辅酶催化碳水化合物、脂肪和蛋白质代谢中的各种反应（表 4-1）。

表 4-1　水溶性维生素的辅酶（辅基）形式及主要功能

| 维生素 | 作为辅酶等活性形式 | 功能及参与的代谢 |
| --- | --- | --- |
| 维生素 $B_1$（硫胺素） | 硫胺素焦磷酸（TPP） | α- 酮酸脱羧酶、醛基转移酶辅酶，糖代谢 |
| 维生素 $B_2$（核黄素） | 黄素单核苷酸（FMN） | 传递氢，氧化还原酶（黄素蛋白）辅基 |
| | 黄素嘌呤二核苷酸（FAD） | 传递氢，氧化还原酶（黄素蛋白）辅基 |
| 泛酸 | 辅酶 A（CoA） | 酰基转移酶辅酶，糖、脂肪代谢 |
| 维生素 PP（烟酸和烟酰胺） | 烟酰胺腺嘌呤二核苷酸（NAD） | 氢原子（电子）转移，脱氢酶辅酶 |
| | 烟酰胺腺嘌呤二核苷酸磷酸（NADP） | 氢原子（电子）转移，脱氢酶辅酶 |
| 维生素 $B_6$（吡哆醇） | 磷酸吡哆醛、磷酸吡哆胺 | 氨基酸转氨基、脱羧，氨基酸代谢的辅酶 |
| 生物素 | 生物胞素（生物素 - 赖氨酸） | 传递羧基（羧化酶辅基） |
| 叶酸（蝶酰谷氨酸） | 四氢叶酸（辅酶 F） | 传递一碳单位 |
| 维生素 $B_{12}$（氰钴胺素） | 脱氧腺苷钴胺素（辅酶 $B_{12}$）、甲基钴胺素 | 甲基化，氢原子 1、2 交换（重排作用），变位酶脱水酶辅酶，红细胞成熟 |
| 硫辛酸 | 硫辛酸赖氨酸 | 酰基转移，α- 酮酸氧化脱羧，脱氢酶辅基 |
| 维生素 C | — | 羟基化反应辅因子，强还原剂，氧化还原反应，防治坏血病 |

资料来源：王镜岩等，2002。

水溶性维生素很少或几乎不在体内贮存。短期缺乏或不足就会降低体内一些酶的活性，影响相应的代谢过程，从而影响动物的生产力和抗病力。而临床症状仅仅在较长时间维生素 B 供给不足时才表现出来。

反刍动物瘤胃微生物可以合成 B 族维生素，而且超过机体需要量的许多倍，因此除高产动物外，一般不需要从饲料供给。猪、禽后消化道微生物合成的 B 族维生素，大部分随粪排出，可利用的量很少。兔及某些啮齿类动物具有食软粪（即盲肠便）的特性，可从粪便中获得 B 族维生素。

**1. 维生素 $B_1$[ 硫胺素（thiamine）]**

维生素 $B_1$ 含有硫和氨基，故也称硫胺素，在弱酸性条件下十分稳定，但在碱性条件下超过 100℃时即被破坏。维生素 $B_1$ 的活性形式是硫胺素焦磷酸，参与 α- 酮酸（丙酮酸、α- 酮戊二酸）的氧化脱羧反应，维生素 $B_1$ 不足时，丙酮酸不能进入三羧酸循环，积累在血液和组织中，特别是在脑和心肌等代谢强度较高的组织中，且能量供应不足，使神经组织和心肌的代谢及机能严重受损。由于神经组织能量需求较高，因此维生素 $B_1$ 缺乏时以神经症状为主。雏鸡对维生素 $B_1$ 不足很敏感，如果日粮缺乏维生素 $B_1$ 10 天即可出现多发性神经炎，病鸡头向后仰（观星状），羽毛蓬乱，运动器官和肌胃肌肉衰弱或变性。猪维生素 $B_1$ 不足时出现痉挛和共济失调等神经症状，并有厌食、呕吐和腹泻等消化紊乱现象。但猪的维生素 $B_1$ 不足症状在生产中不常见。

猪、禽维生素 $B_1$ 的供给量（需要量）约为 1 mg/kg 饲粮。大多数常用饲料中维生素 $B_1$ 含量丰富，其中谷类饲料中含量高，糠麸和饲用酵母的维生素 $B_1$ 含量可达 7～16 mg/kg，在植物性蛋白质饲料中为 3～9 mg/kg，但块茎饲料的含量较少。

某些植物、微生物和新鲜鱼中存在着维生素 $B_1$ 酶，可以破坏维生素 $B_1$，甚至将维生素 $B_1$ 转化成抗维生素（羟基硫胺素），造成动物维生素 $B_1$ 缺乏。蕨类植物含有维生素 $B_1$ 酶，马、牛误食后会出现与维生素 $B_1$ 不足症相似的症状。

## 2. 维生素 $B_2$[ 核黄素（riboflavin）]

维生素 $B_2$ 在动物体内以黄素单核苷酸（FMN）和黄素腺嘌呤二核苷酸（FAD）的形式存在，是体内一些氧化还原酶（黄酶）的辅基。黄酶参与能量代谢，在氧化呼吸链中传递氢原子。黄酶中的 D- 氨基酸和 L- 氨基酸氧化酶参与蛋白质代谢。脂肪酸的合成与分解也需要黄酶的参与。眼的晶体、视网膜和角膜含有一定量的游离维生素 $B_2$，其与视觉有关。维生素 $B_2$ 不足会影响机体的碳水化合物和蛋白质代谢，表现出多种症状，造成生长停滞、耗料增加、死亡率提高。

猪在维生素 $B_2$ 严重不足时出现脱毛、皮炎，形成痂皮和脓肿；出现眼结膜和角膜炎症，晶体浑浊；肾上腺出血、肾损害；母猪早产，胎儿死亡、畸形，初生仔猪体弱。雏鸡维生素 $B_2$ 不足时足跟关节肿胀，趾内向弯曲呈拳状，走动时跗关节与地面接触，急性缺乏时坐骨神经和臂丛神经损伤，腿部完全麻痹。种鸡产蛋率和孵化率降低，胚胎在孵化的第 2～3 周死亡，出壳雏鸡体弱，死亡率极高。人缺乏维生素 $B_2$ 时出现口角炎、舌炎、唇炎、阴囊皮炎、眼睑炎等。维生素 $B_2$ 缺乏也会造成马的周期性眼炎。

猪、禽维生素 $B_2$ 的供给量（需要量）约为 2 mg/kg 饲粮，繁殖动物则需要更多。各种青绿植物、酵母、真菌和许多细菌都能合成（含有）维生素 $B_2$。苜蓿草粉含维生素 $B_2$ 13.5 mg/kg，植物性蛋白饲料含 3～6 mg/kg，酵母含 27.3 mg/kg，但在块茎类和禾谷类饲料中含量较低，分别低于 1 mg/kg 和 2 mg/kg。

## 3. 泛酸（pantothenic acid）

泛酸是一种由二肽衍生的有机酸，不稳定，因为广泛存在，所以称为泛酸。泛酸是辅酶 A 的组成部分，而辅酶 A 是各种酰化作用的辅酶，主要起传递酰基的作用，参与碳水化合物、脂肪和蛋白质的代谢。泛酸不足影响辅酶 A 的合成，从而影响机体的代谢。

猪泛酸不足时食欲丧失，生长缓慢，出现皮肤病、掉毛，胃肠溃疡从而引起腹泻，肝脏病变，后肢运动呈痉挛性鹅步，新生仔猪畸形。雏鸡泛酸不足时眼分泌物与眼睑黏合在一起，喙角和趾部形成痂皮。种鸡蛋孵化率下降。在生产上泛酸缺乏症一般只发生于家禽。

猪、禽泛酸的供应量（需要量）为 10～12 mg/kg 饲粮。泛酸普遍存在于植物性饲料中，禾谷类饲料的泛酸含量为 6～12 mg/kg，糠麸和植物性蛋白饲料含量为 16～43 mg/kg，而块茎类饲料仅含约 2 mg/kg。因此，猪在利用甜菜或甜菜渣作为主要饲料时可能会出现泛酸不足症。

## 4. 维生素 PP

维生素 PP 包括烟酸和烟酰胺，又称抗癞皮病维生素。在体内烟酰胺与核糖、磷酸、腺嘌呤共同组成脱氢酶的辅酶，即烟酰胺腺嘌呤二核苷酸（$NAD^+$，辅酶 I）和烟酰胺腺嘌呤二核苷酸磷酸（$NADP^+$，辅酶 II），其还原形式分别为 NADH 和 NADPH。烟酰胺辅酶是电子载体，在各种酶促的氧化 - 还原反应中起重要作用。$NAD^+$ 在氧化途径（分解代谢）中是电子受体，而 NADPH 在还原途径（合成代谢）中是电子供体。烟酸不足会影响糖代谢、呼吸链的电子传递和脂肪酸合成等。

烟酸不足时猪会出现增重减缓、呕吐、下痢、皮肤干燥粗糙，结肠和盲肠损害而造成坏死性肠炎，使粪便有恶臭气味。烟酸缺乏的雏鸡口腔和食道上端有深红色炎症。成年家禽则羽毛脱落，产蛋量和孵化率降低。在高产奶牛可能会因烟酸需求不能被满足，诱发脂肪肝和酮病。

猪、禽烟酸的供应量（需要量）为 30～50 mg/kg 饲粮。饲用酵母烟酸含量约 400 mg/kg，小麦麸约 200 mg/kg，大麦约 60 mg/kg，血粉和鱼粉约 60 mg/kg，青绿饲料、花生饼也含量丰富。但谷物籽实中的烟酸多为结合状态（50%～90%），利用率很低，而豆粕中的可被高效利用。猪体内的色氨酸可以转变为烟酰胺，但转化效率只有 1/60。

### 5. 维生素 B$_6$

维生素 B$_6$ 包括吡哆醇、吡哆醛和吡哆胺，三者在动物体内互相转化，活性相同。维生素 B$_6$ 在碱性及中性溶液中经光的作用易于失活。维生素 B$_6$ 在体内以磷酸吡哆醛的形式作为辅酶参与氨基酸代谢，在转氨基、脱羧和氨基酸分解等反应中起重要作用。维生素 B$_6$ 对于将色氨酸转变为 5-羟色胺是必需的，而 5-羟色胺是抑制性神经递质。同时，维生素 B$_6$ 还参与脂肪和碳水化合物代谢。缺乏维生素 B$_6$ 时猪生长缓慢，并且氨基酸代谢紊乱使谷氨酸在脑内积累和 5-羟色胺减少，引起猪癫痫性发病，同时出现肝脏脂肪浸润。雏鸡缺乏维生素 B$_6$ 时同样有神经症状，即兴奋性增强、痉挛发作。缺乏维生素 B$_6$ 时可发生皮肤病，即皮肤炎、脱毛和毛囊出血。在生产中，维生素 B$_6$ 缺乏比较罕见，但可出现于雏鸡。

猪、禽维生素 B$_6$ 的供应量（需要量）一般为 1～3 mg/kg 饲粮。常用饲料一般能满足动物对维生素 B$_6$ 的需要量。维生素 B$_6$ 主要存在于酵母、糠麸和植物性蛋白饲料中，在动物性饲料和块根茎饲料中相对贫乏，在籽实饲料中含量中等，约为 3 mg/kg。

### 6. 维生素 H[ 生物素（biotin）]

生物素是由噻吩环与尿素结合而成的一种双环化合物，生物素作为辅基与羧化酶蛋白质上的赖氨酸残基 ε-氨基共价结合，作为羧基的移动载体起羧化作用，其将羧基转移给碳负离子。只有 D-生物素具有生物活性作用。生物素缺乏时动物被毛粗糙、脱毛，出现鳞状皮炎和灰毛（毛发缺乏色素）。在生产中一般仅见家禽生物素不足症，其喙及足趾部发生皮炎，种蛋孵化率低，胚胎骨骼畸形。实验猪缺乏生物素时出现脱毛、后肢痉挛、蹄裂和皮炎。牛缺乏生物素时蹄生长缓慢、硬度不够。

生物素广泛存在于所有含蛋白质的饲料中，包括青绿饲料。家禽对不同禾谷籽实中生物素的利用率不同，其中对大麦的利用率较低，只有约 1/3。猪、禽饲粮生物素的供给量（需要量）为 50～500 μg/kg，在不同年龄、不同生产用途的动物不尽相同。

鸡蛋蛋清中含有抗生物素蛋白质，可与生物素结合形成不能被机体吸收的化合物。

### 7. 维生素 B$_{12}$[ 氰钴胺素（cyanocobalamin）]

维生素 B$_{12}$ 是含有咕啉环和共价结合钴离子的有机物，钴含量为 4.5%，对氧和热较稳定，但不耐碱、强酸和还原剂，在光作用下逐渐脱色分解。维生素 B$_{12}$ 是某些重要酶（如异构酶、脱氢酶、与蛋氨酸生物合成有关的酶）的辅酶，也是甲基丙二酸单酰 CoA 异构酶辅酶的组分，其主要的辅酶形式为 5′- 脱氧腺苷钴胺素和少量的甲基钴胺素。维生素 $B_{12}$ 参与一碳基团（甲基、甲烯基、甲酰基等）的形成、转移和分解（如从谷氨酸形成 β- 天冬氨酸，琥珀酰 CoA 与甲基丙二酰 CoA 互变），促使叶酸转变为活性形式。维生素 $B_{12}$ 不足会引起人恶性贫血，但在动物不会。生长猪维生素 $B_{12}$ 不足时生长停滞、正常红细胞性贫血、被毛粗乱、皮炎及后肢运动不协调。母猪维生素 $B_{12}$ 不足则受胎率、繁殖率和泌乳量下降。家禽则常发生肌胃黏膜炎症、雏鸡生长不良、种蛋孵化在最后一周时胚胎死亡。反刍动物则消瘦、食欲丧失，后代死亡率高。

维生素 $B_{12}$ 的吸收首先需要与胃黏膜和十二指肠上端黏膜细胞分泌的一种黏蛋白结合，这种黏蛋白称为内在因子。结合维生素 $B_{12}$ 的内在因子进入回肠与钙、镁离子结合，吸附于肠黏膜表面，随后，被肠道分泌的酶将钙、镁离子分离，而维生素 $B_{12}$ 被肠壁吸收。内在因子缺乏引起的吸收障碍往往是人体内缺乏维生素 $B_{12}$ 的原因。

只有异养微生物才能合成维生素 $B_{12}$，土壤、粪便、淤泥和动物性蛋白质饲料中均含有维生素 $B_{12}$，但植物性饲料不含维生素 $B_{12}$。工业活性淤泥中维生素 $B_{12}$ 含量为 22 mg/kg 干物质，鱼粉中维生素 $B_{12}$ 含量为 0.1～0.2 mg/kg 干物质，瘤胃内容物中维生素 $B_{12}$ 含量为 0.13～0.16 mg/kg 干物质。牛每日从粪中排出维生素 $B_{12}$ 2.2 mg，犊牛排出维生素 $B_{12}$ 0.54 mg。鸡舍垫草中也含有较多量的维生素 $B_{12}$（粪便污染所致）。

猪、禽的维生素 $B_{12}$ 供应量（需要量）为 10～20 μg/kg 饲粮。成年反刍动物瘤胃微生物可以合成维生素 $B_{12}$，因此在钴供应充足时不需要额外供应维生素 $B_{12}$。

### 8. 叶酸（folic acid）

叶酸由 2- 氨基 -4- 羟基 -6- 甲基蝶啶、对氨基苯甲酸、L- 谷氨酸三部分组成，其以四氢叶酸形式参与一碳基团的代谢，作为羟甲基和甲酰基的载体，是一碳基团转移酶系统中的辅酶。叶酸参与 DNA 合成所必需的原料——嘌呤和胸腺嘧啶的生成，如缺乏会影响核酸的合成代谢。叶酸缺乏时动物生长停滞、贫血、白细胞减少或全部血细胞减少。家禽羽毛脱色和脊柱麻痹；猪发生皮炎、脱毛，消化、呼吸、泌尿器官的黏膜受损。

叶酸广泛存在于植物和微生物中，动物一般不会出现叶酸缺乏，除非长期使用抗生素或长期患有肠道疾病等。

### 9. 肌醇（inositol）

肌醇具有 9 种可能的立体构型，但只有肌-肌醇具有生物活性。肌醇参与脂肪和糖代谢，具有抗脂肪肝作用，肌醇不足会影响实验动物的生长，使大鼠眼睛周围脱毛而形成"眼镜眼"。

动植物饲料中均含有大量的肌醇，并且动物体内可以以葡萄糖为原料来合成肌醇，故一般不易出现肌醇缺乏症。

### 10. 胆碱（choline）

胆碱作为游离胆碱和乙酰胆碱广泛存在于机体组织中，也是卵磷脂的组成部分。胆碱的作用包括以下几方面：①具有预防脂肪肝的作用；②含有的三个不稳定甲基是代谢中重要的甲基供体；③有利于肠乳糜微粒的形成和转运；④生成的乙酰胆碱具有传递神经冲动的作用；⑤含有胆碱的卵磷脂是组织细胞的组成成分。胆碱不足时会引起脂肪代谢障碍，使脂肪在细胞内沉积，肝脏发生脂肪浸润。家禽胆碱不足时会出现骨短粗病，如同锰和生物素缺乏的症状；在笼养产蛋鸡易产生脂肪肝，产蛋率下降；仔猪生长停滞；大鼠的肾等组织出血。在机体甲基不足时如果缺乏胆碱，体内的蛋氨酸会代谢生成甲基，造成蛋氨酸的浪费，使动物生长变缓，添喂胆碱能使动物节约蛋氨酸，从而促进生长。在生产中一般添加氯化胆碱，然而由于合成氯化胆碱的中间产物——甜菜碱也具有胆碱的作用，并且价格低，常用为替代物。试验表明甜菜碱可以部分（25%）替代氯化胆碱添加。

由于胆碱、甜菜碱和蛋氨酸都是体内代谢时甲基的直接或间接供体，因此三者之间具有一定的可替代性，甜菜碱除上述可以部分替代胆碱添加外，在肉仔鸡饲粮中还可替代60%的蛋氨酸添加，并且添加1份（重量的）甜菜碱相当于2份蛋氨酸的作用。

### 11. 维生素 C[ 抗坏血酸（ascorbic acid）]

维生素 C 又称 L- 抗坏血酸，大多数哺乳动物和家禽体内都能合成 L- 抗坏血酸。L- 抗坏血酸在动物体内的形成过程是：D- 葡萄糖→ D- 葡萄糖醛酸→ L- 古洛糖酸→ L- 古洛糖酸内酯→ 3- 酮 -L- 古洛糖酸 -γ- 内酯→ L- 抗坏血酸。而在人和其他灵长类、豚鼠、印度狐蝠、黑喉红臀鹎、虹鳟鱼、银大麻哈鱼和蚕等，体内则不能合成维生素 C，需要从外界获得。不能合成维生素 C 动物的肝脏缺乏 L- 古洛糖酸内酯氧化酶，不能将 L- 古洛糖酸内酯转化成 3- 酮 -L- 古洛糖酸 -γ- 内酯。

维生素 C 作为还原剂，容易被氧化和还原，在体内既可以为氧化型，也可以为还原型，与许多氧化还原（电子转运）酶直接有关，作为辅因子间接参与多种羟化反应。维生素 C 的生物学作用多种多样，包括以下几方面。①具有还原性，维生素 C 能保护维生素 A、维生素 E 及维生素 B 免遭氧化；促进叶酸转变为有活性的四氢叶酸；保护巯基酶的活性和谷胱甘肽的还原状态，起到解毒作用。维生素 C 在肠道可以将难吸收的三价铁（$Fe^{3+}$）还原为易吸收的二价铁（$Fe^{2+}$），促进铁的吸收。②羟脯氨酸是机体骨骼和组织胶原蛋白的主要组分，在胶原代谢中，羟化酶催化由脯氨酸形成羟脯氨酸和由赖氨酸形成羟基赖氨酸的反应，而维生素 C 则是维持羟化酶活性的必需辅因子之一。然而，羟基化只发生在氨基酸在胶原中形成肽链之后。维生素 C 并不直接参与羟基化反应，但需要它来保持与酶结合的 $Fe^{2+}$ 处于还原状态。③维生素 C 作为辅助物参与 L- 酪氨酸代谢过程，或将酪氨酸转变为尿黑酸，或由酪氨酸产生儿茶酚胺类神经递质（去甲肾上腺素、肾上腺素、多巴胺）。④维生素 C 还与胆固醇的羟基化有关，使胆固醇变成胆酸而排出体外。此外，维生素 C 还具有防止贫血（促进脾脏离子转移）、改善变态反应（防止组胺积累）和刺激免疫系统（防止单核白细胞氧化破坏、提高血清免疫球蛋白水平）的作用。

缺乏维生素 C 会出现坏血病，在成年人出现溃疡、软龈、牙齿松动、伴有皮下出血和水肿的对毛细血管完整性的损伤、关节痛、食欲缺乏和贫血；在儿童则出现触痛、关节肿、运动限制、瘀点性出血、牙齿发育不全、骨骼发育停顿、伤口不易愈合和贫血。由于维生素 C 在体内的贮存较少，不能合成维生素 C 的人或动物需要每天补充维生素 C。猪、牛、羊和家禽体内可由单糖合成足够量的维生素 C，因此多数生产动物依靠自身合成即可满足对维生素 C 的需要，只有在不利环境条件下由于需要量的增加才会不足。而在早期断奶动物，需要补充维生素 C，可按 300 mg/kg 代乳料给予，否则可能会出现肌肉蜡样坏死。在夏季高温、环境应激、运输等逆境条件下，动物机体合成维生素 C 的能力降低或耗量增加，从而需要量增加，需要补充维生素 C，此时可按 50～200 mg/kg 日粮添喂维生素 C。猪虽然可以自身合成维生素 C，但在一定条件下添加维生素 C 可以促进猪的生长。

豚鼠可将维生素 C 代谢成 $CO_2$，而人类只能将维生素 C 代谢成二酮古洛糖酸和草酸。

### 12. 维生素 U[ 氯甲基蛋氨酸（chloromethyl methionine）]

维生素 U 的化学名称为碘甲基甲硫基丁酸，具有预防、治疗胃溃疡和十二指肠溃疡的作用，也具有促生长的作用，但有观点认为其本质上并不属于维生素。维生素 U 主要存在于包心菜（甘蓝）、莴苣、苜蓿等绿色植物中。人工合成品为氯甲基蛋氨酸。

第五章

# 营养需要与动物生长

## 第一节 营养需要

### 一、营养需要概述

在动物生产中，饲养动物有的是为了获得畜产品，如奶、肉、蛋、毛等，也有的是为了获得仔畜，如仔猪、羔羊或雏鸡等，或为了劳役和运动等，而动物产品（或性能）都是由外界物质（即饲料）转化而来的。动物为了生存、生长和生产等要从外界获得不同种类和数量的营养素的需求称为营养需要。满足动物的营养需要，可以保障动物健康、增加畜产品产量和提高质量、节约饲料。

动物的营养需要是客观的，过去曾将营养需要称为"饲养标准"或"供给量"，"饲养标准"似乎有主观决定的因素，而"供给量"也没有突出营养需要的客观性这一特点，因此现多采用"营养需要"一词。

遗传是动物营养需要研究的前提，其实，营养需要都是针对某些特定的动物品种（品系）来考虑的，即假设某同一品种或品系动物的营养需要在个体间差异是比较小的，或是一样的。这种考虑有合理的一面，即大群或经过选育的动物在生长代谢上会有一定的共性；但也有不合理的一面，即使同品种个体间的营养需要仍然存在着差异，任何所制定的"营养需要"并不都能适用于每个个体。因此，在研究或应用动物营养知识时一定不能忘记品种（遗传背景）是动物营养的大背景、个体是动物营养的具体现实这两个基本的前提。在实际工作中则需要加强营养与品种选育间的学科融合。

动物的营养需要，可以分成两个层面：一是维持需要，即动物维持生存所需要的营养；二是生产需要，即生长、繁殖、产奶、产蛋、产毛、劳役等所需要的营养。动物为维持需要所消耗的饲料（营养分）是没有产出的，只是为了维持生命，这在一定意义上是"浪费"，但生产需要只有在动物维持基本生存的前提下才能体现，因此这种浪费也是不得不有的。通过缩短饲养时间以减少或降低整个生产周期动物的维持需要，可以提高生产效率，所以在生产中常常提倡适时出栏和自由采食。从营养素的重要性来看，动物的营养需要是渐进的。首先是维持体温的热量需要，其次是对其他生物能量的需要，再次是对蛋白质和氨基酸的需要，最后是对钙、磷的需要等。在用析因法研究动物营养需要时，常将某营养素的需要量分解成维持需要和生产（生长、产奶、长毛（羽）、运动等）需要等，分别测算后将二者或几者相加，即为整个机体的需要量。

　　根据动物的种类、品种（品系）、年龄、生理状况、生产用途等，可以将动物营养需要分成许多种类。例如，根据不同动物种类，可以有猪的营养需要、鸡的营养需要、牛的营养需要等。而猪又可以根据年龄、生产用途、饲养阶段等，分为仔猪的营养需要、生长猪的营养需要、育肥猪的营养需要、**繁殖**母猪的营养需要、后备母猪的营养需要等。根据动物的生理状况，奶牛可以分为育成母牛营养需要，产奶初期、产奶中期和产奶末期母牛的营养需要，干乳期营养需要等。根据生产用途，家禽可分为产蛋鸡的营养需要和肉鸡的营养需要，牛可以分为肉牛和役用牛的营养需要，羊可以分为肉羊的营养需要和放牧毛用羊的营养需要等。不同品种（品系）的猪、牛、羊和鸡等，由于生长或生产性能不同，营养需要也会有很大不同。因此，在生产上，动物的营养需要有成百上千种。对于不同品种、不同生产用途动物的营养需要含相应的饲料成分表，各国都会定期或不定期地官方发布相关文件或修订文件。

　　营养需要是动物对各种不同营养素需要量的总称。在实际工作中还需要具体细化动物对不同营养素的需要量，因此营养需要还需细分为能量需要、蛋白质需要、矿物质需要、维生素需要等，而以上各种需要还可以再进一步细分为葡萄糖需要、氨基酸需要、钙磷需要、微量元素需要、脂溶性和水溶性维生素需要等。

　　动物的营养需要，大部分是以动物所采食饲料中的含量计算的，即动物在一段时间内需从饲料里采食到什么营养素和采食了多少，但也有以经消化道吸收的营养素量来进行计算的，因为动物采食的营养素和经消化吸收、供给机体代谢利用的营养素在数量上，甚至在种类上都可能是不一样的。例如，能量常常以日粮中的可消化能作为动物能量需要的指标，而不是用饲料的总能，因为饲料中的有些能量可能不被消化利用，而是被排出体外；而磷，在家禽饲养中常用可利用磷而不是总磷来表示家禽磷的营养需要，因为饲料中的某些磷，如植酸磷在家禽的消化率很低，其中的磷几乎不被家禽所利用，所以用日粮的总磷含量来表示家禽的磷需要量或供给量不合适；在反刍动物中，B 族维生素的需要是通过瘤胃微生物发酵来满足的，即使日粮中不含有 B 族维生素，也不一定表示反刍动物就会缺乏，除非是高产动物或幼畜。

　　如果不能满足动物的营养需要，程度较轻时，动物的生产力水平下降，表现为厌食、生长减缓、消瘦、产奶量下降、蛋重降低、胎儿初生重降低、免疫力下降等；程度严重时，动物则出现缺乏症，包括体重极度下降、体格短小、夜盲症、骨软症、皮炎、流产、死胎、不孕、出生后代死亡率高等，直至死亡。而有效地满足动物的营养需要，既可以保证动物的健康和生产能力，也可以节约饲料，降低饲养成本，因此营养需要是动物生产研究和实践的重要方面。

## 二、营养需要的指标与衡量

　　动物的营养需要是一个体系，需要各种各样的营养素，犹如建造房屋，需要各种各样的建筑材料一样。为了完成工程，各种材料要按一定比例供给，有些材料少了不行，多了也会造成浪费；有些材料有时可以互相代替，如混凝土和砖块，而有些材料的作用却不可相互代替，比如玻璃就不能用混凝土去代替。

　　建造房屋需要各种建筑材料，即水泥、石子、钢筋、砖块等，那动物营养需要什么原材料，或选择什么作为营养素指标呢？

第一，要考虑动物消化代谢的是什么物质，特别是动物消化吸收的营养物质，如动物在小肠吸收葡萄糖、氨基酸、钙、磷等，就可以将它们作为营养素指标，或动物在生长代谢过程中需要什么物质（包括能量），如赖氨酸、维生素 A、维生素 $D_3$、碘（合成甲状腺素的必需原料）等，都可以作为营养素指标。

第二，要考虑动物所需要的营养素与饲料供应营养素的一致性，两者在原则上必须匹配，即动物营养需要钙，需要饲料供应的也是钙；动物营养需要磷，需要饲料供应的也是磷；动物营养需要能量，需要饲料供应的也是能量；如果二者指标不匹配，就无法制定饲粮配方。然而，营养素在动物营养和饲料供应间的匹配也不是绝对一致的，如葡萄糖是动物从小肠吸收的重要营养物质，而在绝大多数植物籽实饲料中并没有葡萄糖，而是生成葡萄糖的前体淀粉，但葡萄糖和淀粉都是能量物质，因此可以考虑将能量作为淀粉和葡萄糖的营养素指标；又如纤维素，在植物性饲料里含有，在动物体内却不存在，但纤维素可以在瘤胃或大肠发酵产生可利用的能量物质即挥发性脂肪酸，因此纤维素也可以以能量指标表示，但纤维素还有维持消化道健康等功能，所以有时也需直接作为一个营养素指标来考虑；再如 β- 胡萝卜素，其在体内可以转化为维生素 A，因此可以通过折算后将动物的 β- 胡萝卜素摄取量视为维生素 A 的摄取量。

第三，制定营养需要要考虑营养素测定方法的简易性和营养研究的进展。例如，有机物测定方法简单，但可反映饲料总能的含量，有机物表观消化率可以在一定程度上反映动物从饲料中获得能量的多少，因此常作为营养素的指标之一。又如可（消化）利用磷，由于发现植物性饲料中的植酸磷在单胃动物消化吸收率很低，用饲料总磷来衡量猪禽的磷营养需要不合适，因此就将可利用磷作为猪禽营养的指标。

第四，在考虑动物营养需要时，要考虑动物体内物质的代谢转化过程，如脂肪，动物在生长代谢过程中需要脂肪，但脂肪不仅可以来自于食物，也可以在体内由葡萄糖、挥发性脂肪酸等合成，只要动物能量供应充足，动物就可以自身合成脂肪，因此在大多数情况下，并不将脂肪作为动物的营养素指标之一，而是将可消化能作为营养素指标。

有些在动物体内可以合成的营养素，如维生素 C，或大多数饲料中都含有的，如镁元素，在生产中即配制饲粮时一般都不予考虑，除非是在一些特殊的情况下。

在动物生产中常用的一些营养素指标见表 5-1。因为消化器官构造不同，猪、禽与牛羊的营养素指标也有所不同。就能量而言，禽常以代谢能表示，奶牛常以产奶净能表示。一般认为猪、禽不利用非蛋白氮（不包括氨基酸），只能为反刍动物所利用。由于采食的饲粮氨基酸种类和数量与在小肠消化吸收的是不一样的，特别是在反刍动物，饲粮的氨基酸营养实际上是取决于小肠消化吸收的量，因而出现了小肠可吸收氨基酸指标，且已有较多应用。不过在反刍动物中，小肠吸收的氨基酸量受到过瘤胃饲料蛋白质和瘤胃微生物蛋白质双重因素的影响，对单种饲料的小肠可吸收氨基酸评价较为复杂，因此在评价时，一是研究某种或几种饲料的 UDP（氨基酸）率；二是将一定条件下的瘤胃微生物的蛋白质产量定为常数，以计算某种饲料或饲粮的小肠可吸收氨基酸。

各种营养素或营养物质需要的度量，一般可以用以下几种方法表示。

（1）按照每头每日需要量，即每头动物每天所需要的各种营养物质的量来表示。这种度量方法在生产中实施较为简单易行，但比较粗糙，因为需要对所饲养的动物进行一定的定义，否则会偏差较大，如要设定动物的体重、生产用途、生产性能等。

表 5-1 动物生产中常用的营养素指标

| 序号 | 指标 | 猪、禽 | 牛、羊 | 序号 | 指标 | 猪、禽 | 牛、羊 |
|---|---|---|---|---|---|---|---|
| 1 | 干物质 | + | + | 17 | 泛酸 | + | − |
| 2 | 有机物 | + | + | 18 | 维生素 PP | + | − |
| 3 | 粗蛋白 | + | + | 19 | 维生素 $B_6$ | + | − |
| 4 | 瘤胃非降解蛋白质 | − | + | 20 | 维生素 $B_{12}$ | + | − |
| 5 | 小肠可吸收氨基酸 | + | + | 21 | 胆碱 | + | + |
| 6 | 非蛋白氮 | − | + | 22 | 钠 | + | + |
| 7 | 必需氨基酸（10～12 种） | + | − | 23 | 钙 | + | + |
| 8 | 纤维素① | + | + | 24 | 磷 | + | + |
| 9 | 半纤维素① | + | + | 25 | 可利用磷 | + | + |
| 10 | 消化能或代谢能 | + | + | 26 | 铁 | + | + |
| 11 | 奶牛产奶净能② | − | + | 27 | 铜 | + | + |
| 12 | 维生素 A | + | + | 28 | 锰 | + | + |
| 13 | 维生素 D | + | + | 29 | 锌 | + | + |
| 14 | 维生素 E | + | + | 30 | 钴 | − | + |
| 15 | 维生素 $B_1$ | + | − | 31 | 硒 | + | + |
| 16 | 维生素 $B_2$ | + | − | 32 | 碘 | + | + |

资料来源：东北农学院，1979。

注：①猪、禽饲粮中纤维素、半纤维素一般是限制性指标。

②仅为奶牛。

（2）按照每重量单位日粮的含量来表示，即每重量单位中各种营养素所占的比例或含量，如每千克日粮中粗蛋白的含量（g 或 %）、维生素 A 的含量（μg 或 IU）、可消化能（MJ）等。在饲料加工中和在大型畜牧场经常采用这种表示方法，首先因为饲料厂饲料的生产过程和畜牧场的饲喂过程是相脱离的，用这种表示方法有利于双方生产过程的分离和相互衔接；再次是因为产肉动物一般都是自由采食，即采食量越大，动物生长越快，生产效益越高，所需控制的只是日粮的组成。日粮的重量可以以干物质来表示，也可以以风干物含量来表示，在研究实验中，常用前者，而生产中常用后者。

（3）按照日粮中某些营养物质之间的比例关系来表示。在动物营养中，各种营养素之间有一定的关系或比例，因此它们之间的比例也是表示动物营养需要的一种方法，如能蛋比，即日粮中可消化能与粗蛋白的比例，因为动物为能而食，如果日粮能蛋比过高，就会出现动物能量采食够了，但仍然缺乏蛋白质的现象，影响生产性能，特别是在蛋鸡，能氮比过高会出现蛋重和产蛋量下降；又如钙磷比，如果日粮中钙多磷少，日粮中的磷就会与钙结合成磷酸钙排出体外，造成磷吸收减少。各种必需氨基酸之间，也有一定的比例关系，如果某种氨基酸吸收得过多，就不会被有效利用，而是进行氧化脱氨；如果过少，则影响各种氨基酸的有效利用，所以，配制猪禽饲粮时，经常会设定赖氨酸、蛋氨酸等与其他氨基酸的比例关系。

（4）按动物体重计算营养需要量。有些营养物质的需要量与动物的自然体重成正比（如胡萝卜素），或与代谢体重成比例（如维持能量需要），因此也可根据体重来估算动物对某些营养素的需要量。

（5）按照生产力计算营养需要量。对于奶牛，可以在维持需要的基础上，根据产奶量的高低来推算奶牛的营养需要量；对于繁殖母羊，可以根据母羊年产羔数来确定妊娠母羊的营养需要量；而对于生长动物（肉牛、育肥羊、育肥猪等），还可以根据既定的日增重水平来确定其营养需要量。

动物的营养需要量，最基本和最常用的表征是体重变化，体重不变反映了维持需要。但体重并不能完全反映动物的营养需要，因为动物体重不变，体成分也可能会有相当不同。动物在体内沉积或动员蛋白质和脂肪组织时，所需要或产生的能量或氮量差异会很大。特别是在营养不良时，水分在体内滞留，出现浮肿，动物体重不仅不减，反而增加。而对于种鸡，其营养需要指标不仅是产蛋量，还有孵化率，缺乏维生素 A、维生素 $B_2$、维生素 $B_{12}$、铜、锌等，都会造成孵化率下降。

## 三、蛋白质或氨基酸需要的"理想模型"

动物的营养需要，通常是针对饲粮中供应的营养素水平而言，但同样营养水平的饲粮，饲粮组成或物理化学结构的不一样等因素，使能被消化吸收的营养数量也不一样，而吸收的不一样又造成了饲粮营养利用效率的不一样。因此，所谓的营养需要，就逐渐演变成了饲粮组成成分、消化吸收效率和体内代谢三个水平上的需要。为了精确地满足动物的营养需要，按照体内代谢的实际需求来提供营养素，可能是最经济的，但也是一种理想化的理念，据此考虑而制定的营养需要模型称为"理想模型"。特别是在氨基酸需要量上，往往通过试验（如血管插管灌注试验），获得动物在一定状态下对某种氨基酸的需要量，建立某种氨基酸营养需要的理想模型。再通过测定小肠消化吸收的某种氨基酸比例或数量，将理想模型下的需要量转化为小肠某种氨基酸消化吸收的数据。甚至再通过测定不同饲粮或饲料中某种氨基酸在小肠消化吸收的比例或数量，以转化成以不同饲粮或饲料来表示的数据。这样通过理想模型的建立和再转化为可实际应用的方法，所配制的饲粮会更加符合动物营养需要的实际状况，可以提高饲料利用率。理想氨基酸模型经常以氨基酸的比例来表示，即将某种氨基酸（通常为赖氨酸）的需要量定为100%，其他的氨基酸需要量都用相当于赖氨酸量的百分数来表示。

## 四、影响营养需要的因素

首先，是动物品种和个体的差异。如前所述，在动物生产中，所谓动物的营养需要，都是针对一定品种（甚至品系）而言，如果脱离动物品种，就无从谈及动物的营养需要，因此遗传是决定动物营养需要的首要因素。例如，生长速度快的品种的猪或杂交猪在满足其营养需要时增重较快，而某些地方品种猪生长速度则较慢，对营养素的需要量也低，即使给予再多的营养，地方品种猪的生长速度也不会和育成肉用品种的一样快。荷斯坦牛是乳用品种，在泌乳期给予充分的营养可以提高产奶量，但对于其他品种的牛，如黄牛，即使在泌乳期给予充分的营养，产奶量也不会那么高，其获得的养分很多都会用于增加体重，而非产奶。有些品系的肉鸡对赖氨酸的需要量较低，因而生长较快；而有些品系则对赖氨酸需要量较高，如不能满足则生长较慢。因此，所有的动物营养需要都是针对相应或特定的品种（品系）而言的。

然而，任何群体内都有个体差异，即使在同一品种（品系）内，不同的个体间也存在着差异（或变异），有时甚至会很大。而营养需要，一般都是基于大群研究的平均水平，并不一定适用于每个个体，特别是在大群混养的情况下，由于个体间采食等的竞争，基于平均需要的营养供应水平总会造成一些个体的营养缺乏，这些动物轻则生长减慢，重则营养不良、消瘦、甚至死亡。因此，在大群饲养条件下需要适当提高总体营养水平，或采取有效措施减少采食等竞争，如分群（分栏）饲喂、饲喂颗粒饲料等。

其次，动物的营养需要与动物的生产性能有关，高产动物的营养需要量大，不仅能量、粗蛋白的需要量增加，维生素和微量元素等的需要量也会增加。在一般情况下，动物体内可以合成一些所需要的氨基酸，如丙氨酸、谷氨酸、脯氨酸等，称为非必需氨基酸，但是在高产条件下，动物要合成这些氨基酸，不仅需要额外的原料，还会加剧代谢紧张，从而使得平时为"非必需"的氨基酸变成了"必需"。因此，使日粮直接含有这些氨基酸，会更有利于提高动物的生产性能。

再者，动物的营养需要量一般都是在较好的环境条件下测得的，但不同的环境条件会造成动物营养需要的变化。例如，在低温环境条件下，如果增生热不能充抵低温的影响，动物就会消耗糖和脂肪来产热以维持体温；而在高温环境条件下，动物应激增加，散热机能增强，对维生素C的需要量增加，不仅采食量降低，而且用于生长或生产的养分也会减少。而寄生虫病的感染程度，更会严重影响动物对营养素的有效利用。

另外，生产方式也是决定动物营养需要的重要因素。放牧家畜需要更多的能量用于游走，而笼养畜禽用于运动的能量则会大大减少。

## 五、营养需要的测定方法

动物的营养需要，可以通过不同的方式进行测定或估测，包括饲养试验、平衡试验、屠宰试验、生产性能测定、生物学检测和析因法等。

### 1. 饲养试验

饲养试验就是研究在一定条件下不同剂量的某一营养素或几种营养素（或者抗营养因子）对动物生产性能（体增重、产蛋量、产奶量等）的影响，以确定营养素的作用或最佳剂量。表5-2是一个关于猪日粮适宜食盐含量的饲养试验结果，从表中可见，在日粮不含食盐时，猪的日增重降低，而食盐含量多于0.5%，对日增重和饲料利用率也无积极的作用，因此猪日粮食盐含量占0.2%～0.3%较为合适。

**表5-2 猪日粮适宜食盐含量试验结果**

| 指标 | 日粮食盐含量/% | | | | | | |
| --- | --- | --- | --- | --- | --- | --- | --- |
| | 0 | 0.1 | 0.2 | 0.3 | 0.4 | 0.5 | 1.0 |
| 平均日增重/g | 400 | 630 | 660 | 670 | 670 | 670 | 610 |
| 饲料/增重 | 3.45 | 3.20 | 3.21 | 3.26 | 3.32 | 3.36 | 3.37 |

资料来源：东北农学院，1979。

### 2. 平衡试验

即通过一定时间内动物摄入和排出某一营养素的平衡状态来反映动物的营养状态，如氮平衡，即测定动物食入、粪中排出和尿中排出的氮量，即食入氮、粪氮和尿氮，当食入氮多于粪氮和尿氮的总和时，表明氮在动物体内发生了沉积或蓄积（沉积氮＝食入氮－粪氮－尿氮），称为正氮平衡，反之则为负氮平衡。根据氮平衡状况，可以知道日粮中氮的表观消化率（1－粪氮÷食入氮）、日粮氮的利用率（沉积氮÷食入氮）和消化氮的利用率[沉积氮÷（食入氮－粪氮）]等。对于相同品种、年龄、性别等的动物，给予不同的日粮，如不同的粗蛋白或赖氨酸含量的日粮，根据动物的氮代谢状况，就可以推测出一定条件下动物对粗蛋白或赖氨酸的需要量。钙、磷等矿物质元素也可通过平衡试验测定其需要量或排出量等。维生素、微量元素也可通过氮、钙、磷的平衡试验测定其营养作用或需要量。

然而，热能和碳平衡试验除收集饲粮、粪、尿外，还需收集动物的呼吸气或产生的热能，通过测定动物食入饲粮、排出的粪和尿中的热量及碳量，以及呼吸消耗的氧气和产生的 $CO_2$ 量等，就可推算出动物体内能量代谢和碳沉积的状况。同样，给予不同能量和碳含量的日粮，根据热能和碳平衡就可估测动物的能量与碳的需要量或保留量。

### 3. 屠宰试验

即在一定条件下选取有代表性的动物，以不同营养素种类或含量的饲粮将动物饲养一定时间后进行屠宰，测定其胴体重、屠宰率、胴体瘦肉重、眼肌面积、体成分等，以确定动物对日粮某些营养素的需要量。

### 4. 生产性能测定

对于生长和育肥动物，通过日增重测定，可以推测动物对某些营养素的需要量。而对于产蛋鸡，通过蛋重和产蛋量测定，以及蛋鸡自身体重的变化，可以初步推定既定饲粮是否满足了产蛋鸡的营养需要。

### 5. 生物学检测

通过测定血象、血液某些成分的浓度、动物生长速度、对动物的疗效、营养素防病效能和组织分析等，确定营养素的需要量，常用于维生素和微量元素需要量的测定。例如，雏鸡的核黄素需要，只有在 3.0～3.5 mg/kg 日粮时才能保证其正常生长；妊娠母猪的泛酸需要量，只有在 12 mg/kg 日粮以上时才能保证仔猪的高成活率。这些都是通过生物学测定得出的结论。

### 6. 析因法

即根据动物不同层面的需要，进行叠加计算动物的总需要，即动物的营养需要＝维持需要＋生产需要，比如生长猪的能量需要，一是自身的维持需要，二是生长需要，将两者相加，即为生长猪的能量需要。在产奶牛中，首先也是维持（体重）需要，然后是产奶需要和胎儿生长需要，将三者相加，即为（妊娠）产奶牛的能量需要。

## 第二节　动物生长

## 一、动物生长概述

生长指细胞的增殖、增大和细胞间质增加，整体上表现为体尺的增长和体重的增加。

生长和发育是一体的，但后者更加强调细胞的功能变化。动物体的生长发育过程，先是神经系统，然后依次为骨骼系统、肌肉系统，最后为脂肪组织的沉积。在体成分上，则表现为水分、粗蛋白、粗脂肪、粗灰分等含量的增减和比例的变化。动物的生长发育具有明显的连续性和阶段性。

营养是动物生长的前提，生长在很大程度上就是营养物质在体内的动态积累，因此没有营养素的供应，动物就没有生长。只有满足或充分满足动物生长的营养需要，才能发挥出动物的最大生长（生产）性能。

然而，动物的生长并不完全取决于营养，比营养更重要的因素是动物的年龄。动物体重的增加，特别是肌肉的增加，主要是在幼龄阶段，幼龄动物蛋白质代谢旺盛，蛋白质合成能力强，而成年动物则已减弱了许多，老年动物蛋白质代谢水平则更低。如果错过了适宜的生长年龄，即使给予再充足的营养供应，动物的生长性能也不如之前，此时体重的增加，其成分更多的是脂肪而非蛋白质。所以，动物肉品生产大多是利用幼龄动物进行的，如肉鸡生产，一般在 45 日龄即出栏；肉猪在 180 日龄出栏；肉用羔羊也是 180 日龄出栏；而肉牛一般是在一岁龄以内出栏。

肉用畜禽在出栏前期，通过高营养水平饲养，以加快肌肉或脂肪的沉积、改善肉品质量、缩短饲养期、提高饲养效率，这称为育肥（阶段）。

成年动物生长慢，饲料利用率低，一般不用于产肉，但在实际生产中，仍有不少瘦弱的成年动物被用来产肉，也称为"育肥"，特别是牛羊肉生产。牛羊育肥就是利用补偿生长的原理，即动物在缺乏营养时和恶劣环境条件下体重减轻，而当恢复营养或在较好环境条件时体重迅速增加，大大超过平常增重速度，这时饲喂的牛羊体重增加迅速，饲料利用率高，经济效益较好。在我国牛羊（牧区转到农区的）异地育肥生产方式较为盛行。

## 二、生长内分泌

动物的生长，与动物的**繁殖**一样，也是受内分泌调控的。与生长较为密切的激素包括生长激素（somatotropin 或 growth hormone，GH）和胰岛素样生长因子 1（insulin-like growth factor 1，IGF-1）等。

脑垂体腺体部的嗜酸性细胞产生和分泌生长激素，生长激素是由 191 个氨基酸组成的单肽链（约 22 kDa），是调控动物生长的重要激素。生长激素主要作用于肝脏、脂肪组织和乳腺。生长激素具有很强的种属差异性，而且与进化树一致，即牛生长激素对人类没有生物学作用，而人生长激素对牛、猪、鱼类等却都有生物学作用。生长激素一般为单链，而牛的生长激素为二聚体，约 45 kDa。垂体生长激素的释放呈脉冲性，脉冲波间距 10～20 min，并且在晚上睡眠时释放较多。生长激素在血液中的半衰期很短，为 3～5 min，因此不宜只测定动物在某一时间点的生长激素浓度作为平均值。血液里有生长激素结合蛋白，是从肝细胞脱落的生长激素受体的胞外部分。动物血液中生长激素浓度的参考值为 1～50 ng/mL。生长激素的生物学测定方法是去垂体大鼠的胫骨生长试验。在营养不良或饥饿的动物，其血液生长激素平均浓度会升高。注射或给予外源性生长激素可促进动物生长，提高产奶量，增加瘦肉率，升高血糖浓度，提高老年人的合成代谢率。

然而，生长激素并不直接调控大部分体细胞的代谢与生长，而是通过 IGF-1 起作用的。研究表明在体内，生长激素可以促进骨的生长，但是在体外培养时，生长激素并不能促进成骨细胞的生长，而只有在加入含有 IGF-1 的血清时，成骨细胞才能正常生长，表明生长激素的作用是通过 IGF-1 来介导的。因此，IGF-1 还有另一个名称，即生长介素（somatomedin）。

　　IGF-1 是一种具有 70 个氨基酸残基、3 条二硫键的单链多肽。IGF-1 具有即时的促进生长作用，主要是由于其能促进细胞的合成代谢，如硫化作用，葡萄糖利用，氨基酸转运，DNA、RNA 和蛋白质的合成等，也可能减少蛋白质的降解。而且，IGF-1 还有增殖刺激活性（multiplication-stimulating activity，MSA），对生长具有长期的促进作用，能维持和促进细胞的分化，是一种促有丝分裂因子。动物体内 97% 的 IGF-1 mRNA 都存在于肝脏，表明 IGF-1 由肝细胞产生，但 IGF-1 主要存在于血液（即血清）中。动物血液中 IGF-1 浓度的参考值为 50～400 ng/mL。然而，血液中的游离 IGF-1 比例却很低，不到 1%，大部分 IGF-1 是与其特异性的结合蛋白结合在一起的，因此，IGF-1 可以认为是一个（带电荷的）蛋白质亚基，而非一个完整的（电中性的）蛋白质分子。IGF-1 结合蛋白也由肝脏产生，主要有两类：一类是大结合蛋白，约 150 kDa，其受生长激素的调节；另一类是小结合蛋白，约 30 kDa，受摄入食物的调节。IGF-1 结合蛋白干扰 IGF-1 的放射免疫测定，在测定 IGF-1 前需要除去。

　　动物体格的大小和年龄与血液中 IGF-1 水平的相关程度远远高于生长激素，表明 IGF-1 与生长的关系比生长激素更为密切。对鸡、猪、鱼、鸽子等的研究还表明 IGF-1 基因具有多态性，而且与生长、产蛋、产奶等性状相关，因此可以作为品种选育的指标。

　　动物生长的调控是多层次、多环节的，是一个与生长有直接或密切关系的几种激素、根据各自的功能及相互联系所形成的、调控动物生长的、相对独立的内分泌体系，称为动物生长内分泌轴，其可简单地以图 5-1 来表示。生长内分泌轴较高水平的神经内分泌调节激素为生长激素释放激素和生长激素释放抑制激素，产生于丘脑下部；生长内分泌轴的第二个层次是由脑垂体前叶（腺垂体）产生的生长激素；第三个是由肝脏肝细胞产生的 IGF-1；而第四个层次，也就是常常被我们所忽视的，是组织细胞本身。在生长内分泌轴中存在着各种激素的反馈性调节，是机体保持自我稳定的基本方式之一。与其他调节体系不同的是，营养素的供应是生长内分泌调节的重要因素，它既是组织细胞生长代谢所需要的物质，又具有调节 IGF-1 产生的作用，即 IGF-1 受生长激素和营养素的双重调节。然而，实际的动物生长内分泌调控并不像图示那样简单。例如，松果体可能是更高级的生长调节器官，并且与发育、衰老和年龄有关，而外界自然光线（或季节变化）对松果体的生物学作用起着重要的调节作用。在生长内分泌轴中，不仅各种激素是生长代谢的调节点，而且其相应受体的数量或活性也影响生长代谢的强度。

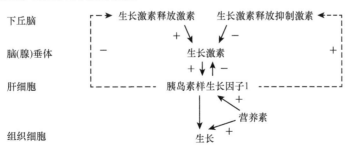

图 5-1　动物体生长内分泌轴示意图

+. 正反馈；−. 负反馈

## 三、动物生长代谢的调控

通过内分泌调控动物的生长是人们一直以来的想法。人类生长激素分泌不足，或肝脏生长激素受体基因突变等，会导致侏儒症；而生长激素分泌过多，则会导致巨人症或肢端肥大症。给猪、牛或羊等动物注射或灌注生长激素，可促进生长或增加产奶量。通过各种方法可以增加动物体内的生长激素水平或作用。例如，每天注射生长激素，在动物皮下埋植缓释放生长激素，通过口腔或鼻腔给药使生长激素吸收入血，给动物添喂巯基乙胺以耗竭生长抑素，从而增加生长激素的分泌量，制备肝脏生长激素受体抗体，以模拟生长激素的作用等。长期灌注外源性 IGF-1 也可促进实验动物大鼠的生长，但由于游离 IGF-1 在血液中半衰期很短，只有几分钟，故一般促生长效果不佳。然而，由于各种原因，通过生长内分泌调控动物生产性能的实际应用仍然较少。过去国外曾给奶牛皮下埋植生长激素，取得较好的提高产奶量的效果，但由于埋植也缩短了奶牛的利用年限，因此早已停用。

但是，转生长激素基因的哺乳动物和鱼类能表现出良好的生产性能，而且如上所述，IGF-1 具有基因多态性且与生产性能相关，这些都可能是调控或促进动物生长的有效手段。

然而，需要指出，任何调控动物生长（或生产）的手段，都伴随（或包含）着营养物质利用量或利用率的增加，畜产品的生产或增加不会是无米之炊，因此，用激素或其他化学物质调控生长或生产时必须要具备满足营养物质需要这一前提。

# 第三节　新生幼畜营养

## 一、初乳

动物产仔后不久的乳较为浓稠，呈淡黄色，称为初乳（colostrum），富含免疫球蛋白。初乳与常乳的成分比较见表 5-3，可见初乳干物质、蛋白质和球蛋白含量都较高，而乳糖较低。重要的是，初乳中含有大量的免疫球蛋白（抗体），其浓度与血液里的基本相仿。奶牛和猪初乳的免疫球蛋白含量分别为 6.0 g/100 mL 和 7.5 g/100 mL，而在常乳中仅分别为 0.06 g/100 mL 和 0.01 g/100 mL。不过，初乳的免疫球蛋白含量在产后 24 h 即已急剧下降。实际上，初乳中免疫球蛋白浓度的变化在产后是以小时计的，2 h 内最高，之后下降较快，因此幼畜吃初乳越早越好。然而，初乳的成分在不同条件下变异很大，因此表 5-3 所列的仅为参考值。

表 5-3　人或动物初乳与常乳的成分比较

| 人或动物 | 乳 | 干物质 /% | 蛋白质 /% | 脂肪 /% | 乳糖 /% | 灰分 /% | 球蛋白 /（g/L） |
|---|---|---|---|---|---|---|---|
| 人 | 初乳 | 15.1 | 6.6 | 1.4 | 6.7 | 0.4 | 18.0 |
| | 常乳 | 12.6 | 1.3 | 4.0 | 7.0 | 0.3 | 1.8 |
| 牛 | 初乳 | 26.7 | 17.6 | 5.1 | 2.2 | 1.0 | 60.5 |
| | 常乳 | 12.7 | 3.3 | 3.7 | 4.8 | 0.7 | 0.6 |
| 猪 | 初乳 | 24.8 | 15.1 | 5.9 | 3.4 | 0.7 | 74.7 |
| | 常乳 | 18.7 | 5.5 | 7.6 | 5.3 | 0.9 | 0.1 |

续表

| 人或动物 | 乳 | 干物质 /% | 蛋白质 /% | 脂肪 /% | 乳糖 /% | 灰分 /% | 球蛋白 / (g/L) |
|---|---|---|---|---|---|---|---|
| 山羊 | 初乳 | 21.3 | 10.2 | 7.7 | 1.9 | 1.6 | 72.0 |
| | 常乳 | 13.4 | 3.3 | 4.1 | 4.7 | 0.8 | 2.4 |
| 绵羊 | 初乳 | 41.2 | 20.1 | 17.7 | 2.2 | 1.0 | 37.1 |
| | 常乳 | 12.3 | 5.5 | 5.3 | 4.6 | 0.9 | 11.7 |
| 马 | 初乳 | 14.9 | 7.2 | 2.4 | 4.7 | 0.6 | 32.2 |
| | 常乳 | 11.0 | 2.7 | 1.6 | 6.1 | 0.5 | 5.5 |

资料来源：东北农学院，1979；等等。

幼畜在出生时体内没有免疫球蛋白，新生幼畜要在接触到微生物后，体内才开始产生抗体（免疫球蛋白），一般需要两周左右。如果幼畜在出生后没有从母乳等处及时获得免疫球蛋白，肠道会因感染细菌而出现腹泻，而细菌如果侵袭进入体内（血液中）则会引起败血症。因此，幼畜出生后必须要吃上初乳，以获得一定量免疫球蛋白，才能保证幼畜健康无恙。

新生幼畜吮吸初乳后，可以把免疫球蛋白完整地转运到血液里去，一是因为新生幼畜的胃呈中性，没有胃酸分泌，也没有消化能力，因此免疫球蛋白可以很容易到达肠道；二是因为幼畜在出生时其肠壁是通透的，任何蛋白质分子都可以完整、自由地通过肠壁进入血液，免疫球蛋白也可以完整地进入血液。但是，这种通透状态只能维持 24 h，如果遇到逆境（如寒冷等），肠道的关闭可能还会更早一些。因此，幼畜出生后在 20 h 内必须要吃上初乳，而且越早越好，否则摄取的免疫球蛋白无法进入血液，从而无法对机体起到保护作用。

在生产上，如果缺乏初乳，可用血清或血清粉替代。鸡蛋清也含有一定量的免疫球蛋白。

## 二、蛋白质的消化吸收

新生幼畜对乳蛋白具有很高的消化率，但对非乳蛋白存在着消化障碍，所以在出生后两周以内的幼畜，一般不宜饲喂非乳源的蛋白质，如大豆粉（蛋白）、鱼粉等，即使经过发酵或酶解等处理，一般效果也不会好。给新生羔羊饲喂鱼粉代乳一个月，其皱胃重量几乎没有增加，提示非乳蛋白对皱胃的生长发育没有刺激作用或有抑制作用。然而，用氨基酸作为代乳料的成分，或许可以绕过新生幼畜非乳蛋白消化障碍问题。

## 三、碳水化合物与脂肪的消化吸收

新生幼畜如仔猪、羔羊、犊牛等，出生时消化道没有淀粉酶和蔗糖酶活性，只能消化吸收乳糖、半乳糖和葡萄糖，而不能消化利用淀粉、蔗糖等其他糖类。新生幼畜的淀粉酶、蔗糖酶是在出生后才逐渐开始发育的。如果给新生幼畜饲喂蔗糖，蔗糖不被消化吸收，使肠道渗透压升高，就会出现腹泻。如上所述，糖类中只有乳糖、半乳糖和葡萄糖可以作为新生幼畜的代乳料成分。

新生幼畜能较好地消化吸收脂肪。牛乳中含有脂肪酶，犊牛的唾液里也含有脂肪酶。往代乳料里添加 3%～8% 的油脂，可增加幼畜的能量供应，并且一般不会引起腹泻。

# 第二篇

# 饲　料

　　饲料就是动物的食物，是动物营养的物质基础。饲料学是一门研究饲料的营养成分、消化性能、营养作用、加工保存方法和资源开发利用等的应用学科。在饲料学研究和应用中，基本上把动物的消化率和饲料的营养价值看作是不变或基本不变的。例如，既定饲料的蛋白质消化率，或消化能值等，基本上都是根据动物种属或品种来确定的。这一方面反映了饲料在某种动物上的基本特性；另一方面也有一定程度的失真，即某种既定饲料对于每头（只）动物的消化性能和营养作用而言并不都是一个数值，而是在一个区间内，甚至还会有某些特例。采食量的多少，也影响饲料的消化率和利用率。因此，在研究饲料时，不仅要考虑到动物群体的共性，也要考虑到个体的差异性和环境等因素的影响。

第六章

# 饲料的分类与营养价值评价

## 第一节 饲料的分类

饲料是对动物营养具有作用或功能的各种外源物质，不仅包括可以提供各种营养素的物质，还包括可以提供容积、减少营养素的氧化、乳化脂肪、提供香味或颜色、改善适口性等的物质。一般根据饲料的主要营养特性进行饲料分类。饲料通常分为青饲料、青贮饲料、块茎饲料、干草、秸秆（蒿秕）、能量饲料、蛋白质饲料、矿物质饲料和添加剂等。表6-1列出的是一些常用饲料的种类。但是，每种饲料不管分类如何，其营养成分一般都是复合的，并不是单纯只含有一种营养素。例如，玉米籽实，属于能量饲料，但其中也含有粗蛋白、脂肪、磷和黄色素等；而大豆饼，不仅含有粗蛋白，也含有能量、磷、胆碱和某些抗营养因子。从动物营养的角度看，没有哪一种饲料单独就可以满足动物所需要的全部营养，但每种饲料都含有动物营养所需要的某些成分。

**表 6-1 常用饲料的种类**

| 序号 | 饲料种类 | 常用饲料 |
|------|----------|----------|
| 1 | 青饲料 | 天然牧草、苜蓿、青饲玉米、青饲高粱、苏丹草、燕麦、象草、大麦、绿树叶、水葫芦、浮萍 |
| 2 | 青贮饲料 | 青贮玉米、青贮高粱、青贮向日葵 |
| 3 | 块茎饲料 | 马铃薯、红薯、南瓜、饲用甜菜 |
| 4 | 干草 | 苜蓿干草、晾晒或烘干牧草、干杂草 |
| 5 | 秸秆、蒿秕饲料 | 玉米秸秆、稻草、麦草、大豆秸、棉籽壳、砻糠、高粱秸秆 |
| 6 | 能量饲料 | 玉米籽实、大麦、小麦、薯干、糠麸 |
| 7 | 蛋白质饲料 | 大豆饼、棉仁粕、菜籽粕、鱼粉、酵母粉 |
| 8 | 矿物质饲料 | 食盐、石粉（碳酸钙）、骨粉、贝壳粉 |
| 9 | 添加剂 | 赖氨酸、维生素 A、磷酸二氢钙、五水硫酸铜、双乙酸钠 |

为了科学分类饲料，每种饲料都有一个标准名称和饲料编号，代表该饲料的特性、成分和营养价值。凡是具有同一标准名称和饲料编号的，其特性、成分和营养价值基本相同或相似。国际饲料分类法（IFN）（哈里士法）和中国饲料编码法（CFN）是常用的饲料编号方法。

国际饲料分类法为六位数，即 000000。该法将饲料分为 8 类，第 1 位表示饲料的分类（表6-2），后面 5 位表示饲料顺序号，如 100023 表示粉碎苜蓿草粉（粗蛋白 17%），属粗饲料，样品编号为 00023；402854 表示粉碎黄玉米粒，属能量饲料，样品编号为 02854；501614 表示棉籽（带棉绒，加热），属蛋白质饲料，样品编号为 01614。

中国饲料编码法是由国际饲料分类法改进而来的，在 8 类饲料的基础上，又将饲料分成 17 个亚类，为七位数，第 1 位也表示饲料的分类，但第 2、3 位表示饲料的亚类（表 6-2），最后 4 位表示饲料的编号。如 1050074：为苜蓿草粉（粗蛋白 19%），属粗饲料类，干草亚类，样品编号为 0074 号；4070278 为玉米（成熟，高蛋白，优质），属能量饲料类，谷物籽实亚类，样品编号为 0278；而 5090127 为大豆（黄大豆，GB 1352-86 2 级），属蛋白质饲料类，豆类籽实亚类，样品编号为 0127。

上述两种分类方法的优劣显而可见，前者分类简明，饲料容量大，理论上可容纳近 80 万种饲料；而后者反映了饲料的特性，更加符合饲料的实际情况和营养特点，实用性强。

**表 6-2　国际饲料分类法和中国饲料编码法比较**

| 分类 | 亚类 | 国际饲料分类法（IFN） | | 中国饲料编码法（CFN） | | |
| --- | --- | --- | --- | --- | --- | --- |
| | | 1 位<br>（分类） | 2～6 位<br>（饲料顺序号） | 1 位<br>（分类） | 2～3 位<br>（亚类） | 4～7 位<br>（饲料顺序号） |
| 粗饲料 | 树叶 | 1 | 00000 | 1 | 02 | 0000 |
| 粗饲料 | 干草（粗纤维≥18%） | 1 | 00000 | 1 | 05 | 0000 |
| 粗饲料 | 秸秆等（粗纤维≥18%） | 1 | 00000 | 1 | 06 | 0000 |
| 粗饲料 | 糠麸（粗纤维≥18%） | 1 | 00000 | 1 | 08 | 0000 |
| 粗饲料 | 饼粕类（粗纤维≥18%） | 1 | 00000 | 1 | 10 | 0000 |
| 粗饲料 | 糟渣类（粗纤维≥18%） | 1 | 00000 | 1 | 11 | 0000 |
| 粗饲料 | 草籽树实（粗纤维≥18%） | 1 | 00000 | 1 | 12 | 0000 |
| 青贮饲料 | 青绿饲料 | 2 | 00000 | 2 | 01 | 0000 |
| 青贮饲料 | 树叶 | 2 | 00000 | 2 | 02 | 0000 |
| 青贮饲料 | 块根茎、瓜果 | 2 | 00000 | 2 | 04 | 0000 |
| 青贮饲料 | 青贮饲料 | 3 | 00000 | 3 | 03 | 0000 |
| 能量饲料 | 干块根茎、瓜果 | 4 | 00000 | 4 | 04 | 0000 |
| 能量饲料 | 干草（粗纤维＜18%） | 4 | 00000 | 4 | 05 | 0000 |
| 能量饲料 | 秕壳等（粗纤维＜18%） | 4 | 00000 | 4 | 06 | 0000 |
| 能量饲料 | 谷物籽实 | 4 | 00000 | 4 | 07 | 0000 |
| 能量饲料 | 糠麸（低蛋白低纤维） | 4 | 00000 | 4 | 08 | 0000 |
| 能量饲料 | 糟渣类（低蛋白低纤维） | 4 | 00000 | 4 | 11 | 0000 |
| 能量饲料 | 草籽树实（粗纤维＜18%） | 4 | 00000 | 4 | 12 | 0000 |
| 能量饲料 | 油脂 | 4 | 00000 | 4 | 17 | 0000 |
| 蛋白质饲料 | 干草（粗蛋白≥20%） | 5 | 00000 | 1 | 05 | 0000 |
| 蛋白质饲料 | 秕壳等（粗蛋白≥20%） | 5 | 00000 | 1 | 06 | 0000 |
| 蛋白质饲料 | 豆类籽实 | 5 | 00000 | 5 | 09 | 0000 |
| 蛋白质饲料 | 糟渣类（粗蛋白≥20%） | 5 | 00000 | 5 | 11 | 0000 |
| 蛋白质饲料 | 草籽树实（粗蛋白≥20%） | 5 | 00000 | 5 | 12 | 0000 |
| 蛋白质饲料 | 动物性饲料 | 5 | 00000 | 5 | 13 | 0000 |
| 矿物质饲料 | 矿物性饲料 | 6 | 00000 | 6 | 14 | 0000 |
| 维生素饲料 | 维生素饲料 | 7 | 00000 | 7 | 15 | 0000 |
| 添加剂 | 添加剂及其他饲料 | 8 | 00000 | 8 | 16 | 0000 |

资料来源：杨诗兴，1989；韩友文，1992；张子仪，1994。

# 第二节　饲料营养价值评价

　　饲料营养价值表示饲料所含营养素的种类及含量，因此饲料营养价值的评价标准是多元的，并不是只有一个打分。在营养特性相似的饲料之间，如在稻草、麦草和玉米秸秆之间，或在大豆饼、棉仁饼、菜籽饼、向日葵饼之间，可以用相同或相似的标准或方法进行评价，从而对它们的营养价值进行排序或比较。然而，在制定饲料原料营养价值表时，饲料营养价值的评定必须是多方面的、绝对的。常用的饲料营养价值评价方法如下。

　　（1）根据饲料的营养素含量评价。例如，作为磷源，小麦麸皮和磷酸二氢钙的含磷量分别为 1.3% 和 22.0%，因此认为后者是更好的磷供给物。稻草、麦草和玉米秸秆中的粗纤维含量分别为 30.4%、41.6% 和 33.7%，提示麦草的干物质消化率和营养价值会比较低。在蛋白质饲料中，大豆饼、棉仁饼、菜籽饼、脱壳向日葵饼的粗蛋白含量分别为 45.8%、50.0%、39.4% 和 46.8%，赖氨酸含量分别为 2.9%、2.1%、2.1% 和 1.7%，因此从粗蛋白的角度评价，棉仁饼的营养价值较高，而菜籽饼的较低，但从赖氨酸含量角度评价，则大豆饼的营养价值较好，而脱壳向日葵饼的较差。

　　（2）根据动物的自由采食量评价。在大多数生产过程中，动物是自由采食的，一般动物的自由采食量越大，获得的营养供应就会越多，生产性能就会越高，因此动物的自由采食量可以作为饲料营养价值评价的方法之一。特别是在粗饲料，能否增加自由采食量是判断粗饲料加工利用效果的重要指标。

　　（3）根据动物的消化吸收率评价。动物采食饲料后，需经口腔、胃肠消化成为能被吸收的营养素，才能被动物利用，而没有被消化吸收的则被排出体外，没有起到营养作用。因此，饲料的消化吸收率直接关系到饲料的营养价值，一般如果饲料的消化率高，提示其营养价值也高，反之则较低。

　　其实，饲料的消化性能主要取决于饲料和动物两个方面的因素，饲料的种类、品种、种植的土地和气候、收获季节等都会影响到饲料的消化吸收，而动物的种类、品种、年龄、营养状态、生产性能等也影响饲料的消化吸收。另外，饲料的加工过程等也影响消化吸收。一般饲料营养价值表中列出的（表观）消化率，可以作为在生产中进行饲粮配方的依据，但可能与实际消化情况还会有较大差异。

　　日粮消化率还与动物的采食量有关，采食量增加时日粮消化率会降低，特别是在采食量增加较大时。

　　能量是动物营养的第一需要，因此在许多饲料中，如粗饲料、能量饲料等，其可消化能是饲料营养价值的基本评价指标。例如，绵羊对玉米籽实的可消化能量为 16.07 MJ/kg 玉米，而对玉米秸秆的可消化能量为 9.79 MJ/kg，因此可以认为玉米籽实的能量价值比玉米秸秆的要高。

　　动物对饲料的表观消化率有时也可能是负值。例如，用米糠喂猪时，米糠中难消化的粗纤维含量较高，吸附了较多消化道中的内源性蛋白质，会使猪的粗蛋白表观消化率为负值。又如，有些植物如酸模、甜菜叶、菠菜等由于草酸含量较高，在饲喂给动物时草酸可以与饲料钙和内源钙结合形成不溶性草酸钙排出体外，也会造成钙的表观消化吸收率呈负值。

　　要测定多种干草的纤维素、半纤维素或粗纤维的有机物消化率，也可以通过瘤胃尼龙袋法测定，即制备瘤胃瘘管牛或羊，将样品置于尼龙袋中投入瘤胃消化，待若干小时后取出尼龙袋冲洗干净，测定其中纤维素等的消失量和消失率。以上试验也可在体外用人工瘤胃进行。用尼龙袋法测定样品中有机物等的消化率，同样也需要通过动物整体消化试验进行验证或校正，并确定各项测定因子，如尼龙袋尺寸、样品重量和粒度大小、在瘤胃环境中的置放时间等。一般用尼龙袋法测定干草、秸秆等粗饲料的有机物、纤维素等的消化率，在瘤胃置放 48 h 的数据与整体消化率数据基本相当。

有些研究用尼龙袋法测定猪对蛋白质饲料的消化率，即将装有样品的尼龙袋从猪胃的前部瘘管放入，从粪便中回收，以测定其中的饲料氮残余。但此方法需假定饲料中溶解的蛋白质都是可消化的蛋白质。

如上所述，用动物活体测定饲料的消化率，需要饲养动物、收集粪便和剩料，或制备瘘管动物等，耗费较大，且影响测定结果的因素较多，如动物个体遗传和年龄的差异、饲养环境温度变化、疾病影响和内源物质干扰等，因此有较多研究采取体外模拟或部分模拟饲料消化程度的方法，以推测饲料的消化率，这些方法很多都比较简单有效，应用较广。

例如，猪对蛋白质饲料的粗蛋白或氨基酸的消化率，可用二步法在体外推算，即首先将样品用胃蛋白酶在酸性条件下进行消化，然后将 pH 调至中性后再用胰蛋白酶进行消化，用蛋白质沉淀剂（如三氯乙酸）处理后，测定上清液中的粗蛋白或游离氨基酸（和小肽）含量，以推测或比较蛋白质饲料的消化（吸收）率。然而，二步法需要活体试验的验证，在两者之间建立相关回归关系，才能确定好二步法中的各个实验条件（因素），如样品用量、酶的用量、反应时间、测定体积等，以较好地反映饲料的实际消化情况。又如，干草对牛、羊的营养价值，可以通过体外人工瘤胃培养测定产气量，从而快速推测或比较不同干草的能量价值和可消化性。

（4）根据动物的利用率评价。即从动物整体代谢的角度来评价饲料的营养价值。例如，给钙供应不足的动物分别添喂等量钙的石粉和贝壳粉，测定动物的采食钙量、粪中和尿中排出的钙量，计算动物体内沉积的钙量，就可以推测作为钙源，石粉和贝壳粉营养价值或利用率的差异。在猪日粮中，按照营养需要配方，有 1/3 的氮分别可由大豆粕或棉仁粕提供，如果分别测定饲喂含两种蛋白质日粮猪的氮保留量，就可评定两种饲料蛋白质营养价值的差异。

饲料可利用能量 [（可）代谢能] 的含量是评价饲料营养价值的重要方面，其表明动物从饲料中能获得多少用于维持和生产的能量（净能），其计算公式如下。

饲料代谢能 = 饲料总能 − 粪能 − 尿能 − 胃肠甲烷气体能

例如，2 岁半的肉牛，每日喂给 4.5 kg 干草和 1.8 kg 燕麦，测得每日动物摄入饲料总能为 98.75 MJ，粪能为 32.75 MJ，尿能为 3.46 MJ，胃肠甲烷气体能 7.87 MJ，则日粮代谢能 =（98.75−32.75−3.46−7.87）÷6.3=8.68 MJ/kg 日粮。

但是，饲料代谢能的测定比较烦琐，尤其是动物试验，人、财、物耗费较大，因此，一般多根据消化能用经验回归公式来进行推算。如前所述，在反刍动物中，代谢能 = 消化能 ×0.82，即牛羊的消化能有 18% 损失为尿能和胃肠甲烷气体能，只有约 82% 的消化能被用于代谢（包括体增热）。而猪的代谢能 =[96% −（0.202%× 粗蛋白百分比）]× 消化能，其中 96% 为代谢能占消化能的基本百分数，随着饲料中粗蛋白含量的增加，尿能损失增多，使代谢能占消化能的百分数随之减少。根据以上公式，一般粗蛋白含量每增加 1%，代谢能占消化能的百分数就约减少 0.202%。例如，燕麦消化能为 12.96 MJ/kg（干物质），粗蛋白含量 12.9%，则代谢能 =[96% −（0.202%×12.9）]×12.96=0.9339×12.96 = 12.10 MJ/kg。

（5）根据动物的生产性能评价。对于产肉动物，可以根据日增重或屠宰试验来评定饲料或日粮的营养价值。例如，在肉鸡生产中，比较或评定大豆粕和棉仁粕的营养价值，可以配制大豆粕或棉仁粕含量相同、其他饲料原料成分也相同的两种饲粮，比较饲喂两种日粮时的日增重和屠宰净膛率，就可比较或评价两种蛋白质饲料的营养价值。同样，在奶牛生产中，分别喂给相同量（干物质计）的苜蓿干草或青贮玉米，根据其产奶量和乳成分，也可以初步评价二者对奶牛产奶效益的差异。

综上所述，饲料的营养价值有多重指标，饲料或饲粮营养价值的评价方法也是多种多样，每一种方法都能揭示饲料的某些特性，但也都有一定的局限性，所以，饲料或饲粮的营养价值应从多个角度进行综合评价。

# 第三节　饲料表观消化率的测定方法

饲料消化率一般指动物对某种饲料或日粮的表观消化率，即饲料在动物体内被消化（和吸收）的程度。尽管动物的饲料消化率在不同个体间有所差异，但在畜牧实际应用中，一般都采用相同品种（或品系）的总体平均值，或在不同年龄、不同生产性能等条件下的总体平均值。饲料消化率数值在动物营养中广泛应用，但测定过程烦琐、费用大，因此有很多模拟或替代的方法，已如上所述。但以整体动物为模型测定的饲料表观消化率，仍然是最基础、最准确、应用最广泛的指标。为了区别消化率研究的来源或方法，一般以整体动物测得的数据称为表观消化率（有时简称为消化率）或活体消化率，而用其他方法测得或进一步推算的消化率则需要标出所用的方法，如体外消化率、小肠消化率、人工瘤胃产气量等。单一饲料的（活体）消化率一般用套算法进行测定。

## 1. 常规方法

可以用消化试验测定动物对某种饲料或日粮的表观消化率（消化代谢试验方法见第四篇）。测定动物饲料（或日粮）的采食量、排粪量及饲料和粪中的某种营养素的含量，就可计算表观消化率：

表观消化率（%）=（摄入营养素 − 粪中营养素）÷ 摄入营养素 ×100

例如，一头猪，平均每天摄入干物质 1200 g，粪中排出 400 g，其干物质表观消化率则为：（1200 − 400）÷1200×100%=66.7%。

动物的采食量影响饲料消化率，自由采食时的消化率可能会低于限饲时的。测定消化率时喂量一般以自由采食量的 80%～90% 为好。一是因为动物的饲喂水平比较适中，特别是饲喂量不会过少；二是因为试验条件比较接近于生产实际。测定时每天的饲喂量要相同，从而使排粪量稳定。

然而，有时测定动物的采食量或排粪量也非易事。例如，放牧绵羊，一直在草地上游走，其自由采食量的测定就较为困难，粪便收集也较困难。奶牛个体大，排粪量也大，特别是不定时排尿，对没有及时收取的粪会造成污染。

在研究中，常常用标记法采取部分粪便进行分析，除测定其营养成分外，还根据粪便中的标记物含量推算排粪总量，以简化全收粪过程，降低工作强度。例如，如果测得部分收取的粪中标记物含量为 80 mg/100 g 干物质，动物每天摄入的标记物量为 500 mg，就可计算出动物每天的总排粪量为 100×500÷80=625 g。能作为消化标记的物质一般要同时具有以下特点：即无毒性、不被消化、不被吸收、不产生、可定量回收与测定、测定方法简单、与被标记的营养素在消化道内同步运动等。标记物根据其来源可分为内源标记物（即饲料中原本具有的物质，如木质素、蜡质、盐酸不溶性灰分等）和外源标记物 [ 即额外加入的物质，如聚乙二醇（PEG）、三氧化铬等 ]。但以酸不溶性灰分作为内源标记物一般结果的可靠性都较差，特别是在放牧条件下，因为饲料或牧草中混入的泥沙等很容易造成较大误差。标记法可用于部分收粪时表观消化率的测定，如放牧绵羊试验、奶牛试验、猪消化试验等。但需注意标记物的溶解性有强弱之分，水溶性标记物随食糜液相运动，而不溶性标记物则随食糜固相运动。在反刍动物应用部分收粪 - 标记法时还需注意标记物给予的方式，一般饲料中的内源标记物会随食糜均匀运动和排出，而一次性给予的外源标记物浓度则随食糜以指数形式变化和排出。

## 2. 套算法（替代测定法）

测定牧草、日粮等的表观消化率可用以上常规方法，但是如果要在日粮中测定某单一饲料各种养分的消化率，则需要进行二次消化试验，即套算法或替代测定法。在套算法的第一次试验中，将日粮作为单一饲料看待（称为基础日粮），测定各养分的消化率。在第二次试验中，以基础日粮占 70%～85%、其余 15%～30% 的基础日粮部分则用待测饲料替代，组成新日粮（称为被测日粮），测定其消化率。根据以下等式推算待测饲料中各养分的消化率（D）。

即

$$B = B_1 + B_2$$

式中，$B$ 为第二次消化试验中被测日粮某养分总消化量；$B_1$ 为第二次消化试验中基础日粮部分某养分消化量；$B_2$ 为第二次消化试验中待测饲料部分某养分消化量。

即

$$F_2 \times D_2 = F_{2a} \times D_1 + F_{2b} \times D$$

式中，$F_2$ 为第二次消化试验中被测日粮饲喂量；$D_2$ 为第二次消化试验中某养分消化率；$F_{2a}$ 为第二次消化试验中基础日粮部分某养分饲喂量；$D_1$ 为第一次消化试验中某养分消化率；$F_{2b}$ 为第二次消化试验中待测饲料部分某养分饲喂量（以上皆为常数）；$D$ 为第二次消化试验中待测饲料某养分消化率（为变量）。

即

$$D = (F_2 \times D_2 - F_{2a} \times D_1) \div F_{2b}$$
$$D = (F_2 \times D_2 - P \times F_1 \times D_1) \div F_{2b}$$

式中，$F_1$ 为第一次消化试验中基础日粮某养分饲喂量；$P$ 为第二次消化试验中基础日粮某养分饲喂量占第一次喂量的比值。

因此

$$D（\%）= (F_2 \times D_2 - P \times F_1 \times D_1) \div F_{2b} \times 100$$

例如，动物试验中，在第一次消化试验中平均每天基础日粮干物质采食量为 1200 g，表观消化率为 55%；在第二次消化试验中被测日粮每天干物质采食量 1200 g，并且其中 80% 为原来的基础日粮，20% 为替代的待测饲料，测得被测日粮干物质表观消化率为 56%，则待测饲料的干物质消化率：

$$D = (F_2 \times D_2 - P \times F_1 \times D_1) \div F_{2b} \times 100$$
$$= (1200 \times 0.56 - 0.8 \times 1200 \times 0.55) \div 240 \times 100$$
$$= (672 - 528) \div 240 \times 100 = 60.0\%$$

即待测饲料的干物质消化率为 60.0%。

在套算法测定中，第一次消化试验日粮的饲喂量以动物自由采食量的 80%～90% 为好，第二次消化试验的每日饲喂量应与第一次的相同或相近。

# 第七章

## 各种饲料的特性

饲料根据其营养成分和消化特性等可分为青饲料、青贮饲料、能量饲料和蛋白质补充饲料等。每种饲料都有其独特的饲料特性和相对稳定的营养含量,这是理解饲料营养价值的基本设定,但是,对于同种饲料,并不是每个具体批次的饲料其营养素含量都是相同的,而是有很大的变异性,因此在实际套用某种饲料已有的营养学数据时,还要通过饲料产地查询、实际含量测定等方法进行修正。例如,光照长的地区所产的大豆,油脂含量较高,而光照短地区的则较低。不仅不同产地或不同加工过程会造成饲料成分的差异,如鱼粉的食盐和蛋白质含量,而且动植物原料品种的不同也会造成饲料营养价值的差异。例如,鱼粉有红鱼粉和白鱼粉之分,白鱼粉多以冷水鱼为原料,其必需氨基酸含量较高、质量较好。表 7-1 为 18 种裸燕麦和 14 种高粱籽实的某些氨基酸平均含量和变异范围,其中裸燕麦蛋氨酸的最低和最高含量相差近五倍,而高粱蛋氨酸的最高和最低含量也相差一倍以上,可见其变异程度之大,因此在作为饲料时不得不考虑它们营养价值的差异。

表 7-1  不同品种裸燕麦、高粱籽实的某些氨基酸平均含量和变异范围

| 氨基酸 | 裸燕麦 | | 高粱 | |
| --- | --- | --- | --- | --- |
| | 平均含量 /（g/100 g 风干物） | 变异范围 | 平均含量 /（g/100 g 风干物） | 变异范围 |
| 赖氨酸 | 0.76 | 0.56～0.91 | 0.24 | 0.20～0.28 |
| 蛋氨酸 | 0.45 | 0.17～0.83 | 0.13 | 0.07～0.19 |
| 色氨酸 | 0.27 | 0.17～0.33 | 0.13 | — |
| 精氨酸 | 1.29 | 0.93～1.57 | 0.44 | 0.34～0.48 |
| 组氨酸 | 0.41 | 0.30～0.53 | 0.24 | 0.19～0.30 |
| 谷氨酸 | 3.91 | 2.03～5.02 | 2.57 | 1.93～3.24 |
| 总氨基酸 | 17.47 | 13.24～21.62 | 11.78 | 5.67～12.78 |

资料来源:陈淑荣,1986;赵素珍等,1994;等等。

## 第一节  青饲料、青贮饲料、块根块茎与瓜类饲料

### 一、青饲料

青饲料包括天然草地或栽培的新鲜牧草,蔬菜类饲料,作物的茎叶、枝叶和水生植物等。青饲料一般水分含量高,为 75%～90%,而水生植物的则约为 95%。青饲料的消化能为 1.26～2.51 MJ/kg 鲜重。按干物质计,青饲料粗纤维含量为 18%～30%,消化能为

8.37～12.55 MJ/kg，且粗蛋白含量较高，即在禾本科牧草和蔬菜类饲料为 13%～15%，而在豆科青饲料粗蛋白含量则可达 18%～24%。由于青饲料都是植物体的营养器官，一般赖氨酸含量都较高。此外，青饲料还是维生素的优良来源，特别是胡萝卜素，为 50～80 mg/kg 鲜重，在家畜正常采食青饲料的情况下，它们所获得的胡萝卜素可以超过自身营养需要量的百倍，而且青饲料也是 B 族维生素的良好来源。如青苜蓿，其硫胺素、核黄素和烟酸的含量分别为 1.5 mg/kg 鲜重、4.6 mg/kg 鲜重和 18 mg/kg 鲜重。然而，青饲料不含维生素 D，只含有麦角固醇，但经阳光（紫外线）照射后可转变为维生素 $D_2$。青饲料中的矿物质含量与青饲料的种类、土壤和施肥等有关，但一般青饲料钙含量适中，钙磷比例适宜。

青饲料中的粗蛋白、维生素、消化能等营养物质的含量与青饲料的种类、生长阶段、土壤、气候等因素有关，变异较大。尤其是青饲料的生长阶段，对其营养价值影响更大。

天然草地的牧草属青饲料，在我国北方天然草地生长的牧草主要有禾本科、豆科、菊科和莎草科四大类，这四类鲜牧草干物质的无氮浸出物含量为 40%～50%；粗蛋白含量在豆科牧草中为 15%～20%，在莎草科牧草中为 13%～20%，在菊科和禾本科中为 10%～15%；粗纤维含量在禾本科牧草中约为 30%，而在其他牧草中约为 25%。天然牧草的利用多在牧草生长的旺盛时期，此时牧草粗蛋白含量高，粗纤维或木质素含量低，富有营养，易于消化，但采食鲜嫩牧草有时会出现亚硝酸盐中毒。

栽培牧草和青饲作物也是青饲料的重要来源。紫花苜蓿、紫云英、蚕豆苗、大豆苗等都是优良的豆科青饲料。特别是紫花苜蓿，在幼嫩阶段营养价值高，适口性较好，粗蛋白含量可达 26% 以上，钙、镁含量分别为 1.21% 和 0.28%，消化率高达 78%，消化能在牛和猪中分别为 12.01 MJ/kg 干物质和 11.51 MJ/kg 干物质。但苜蓿中含有皂素，牛羊采食大量新鲜苜蓿后会出现瘤胃鼓气（鼓胀病），严重时导致死亡，因此要控制喂量。然而，苜蓿在生长过程中茎的木质化速度较快，在现蕾前后期粗纤维、木质素含量急剧增加，而粗蛋白含量急剧降低。

禾本科青饲作物包括青饲玉米、青饲高粱、苏丹草、象草、燕麦、大麦草等，主要也是用于饲喂草食动物，只在很幼嫩阶段才喂给杂食动物或某些鱼类。禾本科青饲料的可溶性碳水化合物含量较高，适口性较好，粗蛋白含量为 8%～10%（干物质计），粗纤维含量随生长阶段增加，但增速较缓。表 7-2 显示不同生长阶段青饲玉米的营养特点，可见在不同生长阶段营养素的变化相对比较缓慢。高粱和苏丹草在幼嫩阶段含有氢氰酸，牛羊采食后有时会出现氢氰酸中毒现象。

表 7-2　不同生长阶段青饲玉米的营养特点（干物质计）

| 生长阶段 | 粗纤维 /% | 粗蛋白 /% | 无氮浸出物 /% | 对牛的可消化能 /（MJ/kg） |
|---|---|---|---|---|
| 蜡熟期 | 21.1 | 7.7 | 64.0 | 12.22 |
| 乳熟期 | 22.9 | 8.4 | 61.3 | 12.34 |
| 成熟期 | 24.1 | 7.6 | 61.5 | 13.97 |
| 开花末期 | 26.9 | 11.8 | 52.1 | 12.72 |
| 盛花期 | 28.3 | 9.6 | 52.3 | 12.18 |

资料来源：东北农学院，1979。

茎叶类青饲料包括甘蓝（即包心菜）、白菜、油菜、竹叶菜、甜菜茎叶、牛皮菜、甘薯藤、胡萝卜茎叶等，按干物质计，茎叶类青饲料对猪的营养价值见表 7-3。但是新鲜样品的含水量较高,因而能量价值一般较低。

**表 7-3  茎叶类青饲料对猪的营养价值**(干物质计)

| 饲料名称 | 消化能 /(MJ/kg) | | 粗蛋白 /% | 可消化粗蛋白 /(g/kg) | 粗纤维 /% | 钙 /% | 磷 /% |
|---|---|---|---|---|---|---|---|
| | 鲜样中 | 干物质中 | | | | | |
| 甘蓝叶 | 1.13 | 11.33 | 16.0 | 99.0 | 15.0 | 0.70 | 0.40 |
| 白菜叶 | 1.07 | 10.70 | 22.0 | 130.1 | 18.0 | 1.95 | 0.35 |
| 甘薯藤 | 1.24 | 9.91 | 16.0 | 120.0 | 20.0 | 1.60 | 0.40 |
| 胡萝卜缨 | 1.03 | 9.53 | 13.9 | 63.9 | 13.9 | 1.48 | 0.24 |
| 马铃薯秧 | 1.28 | 8.53 | 16.6 | 83.0 | 33.3 | 2.40 | 1.36 |
| 牛皮菜 | 0.77 | 9.69 | 16.4 | 73.4 | 12.6 | 1.01 | 0.52 |
| 菊芋叶 | 1.16 | 8.49 | 19.7 | 102.1 | 11.7 | 1.97 | 0.28 |
| 聚合草 | 1.34 | 12.43 | 29.1 | 217.2 | 12.7 | 2.10 | 0.56 |
| 南瓜藤 | 1.09 | 7.91 | 16.8 | 82.5 | 19.0 | 3.10 | 0.29 |

资料来源:东北农学院,1979。

有些茎叶类青饲料含有有毒物质或抗营养因子。例如,许多种甘蓝都含有大量的致甲状腺肿物质;有些青饲料中硝酸盐含量较高,在瘤胃里可被还原成亚硝酸盐造成牛羊中毒;甜菜叶、酸模和牛皮菜中的草酸含量较高,会影响钙的消化与吸收,甚至造成钙代谢负平衡;聚合草中含有吡咯里西啶,被认为是致癌物质。茎蔓较多的青饲料,由于其粗纤维含量较高,因而营养价值略低。

青饲料还包括水生饲料、树叶饲料、野草野菜等。水生饲料包括水浮莲、水葫芦等,与茎叶类青饲料相比,其含水量更高,粗纤维和钙含量也高,消化能和粗蛋白含量较低,属于下等青饲料。饲喂水生饲料还容易带来寄生虫病,如蛔虫、姜片虫、肝片吸虫等。树叶饲料包括槐树、桑树、榆树、柳树、梨树、杏树等的青绿树叶,一般干物质含量在 22%以上,粗蛋白含量在 25%以上,在猪消化能可达 10 MJ/kg 干物质,但有时单宁含量较高,超过 2%。松针含有大量的胡萝卜素和其他黄色素,是很好的植物色素来源,但纤维素类物质含量也较高。野草野菜包括灰菜、旋花菜、车前草、蒲公英等,在幼嫩阶段可作为青饲料,其蛋白质营养价值较高,但水分含量较多,一般在 80%以上,并且干物质中消化能含量较低。

青饲料主要作为牛羊等草食动物能量和氮的来源,但青饲料的含水量过高,采食量大时尿多。在猪、禽中,青饲料主要作为维生素、天然色素和钙的来源,以满足动物维生素和钙的需要,改善产品质量,但较少作为动物能量的主要来源,一是因为青饲料含水量较高,二是因为青饲料中纤维素类物质含量也较高,不利于猪的快速生长、禽的采食和能量供应。但是,在非集约化生产条件下,青饲料也可以作为猪、禽的能量来源,只是动物的生长速度会低些,但肉品质会有改善。

## 二、青贮饲料

青饲料含有较多的营养物质,特别是胡萝卜素和维生素,但其水分含量高,不易保存。因此在牛羊生产中,为常年供应青饲料,常采用青贮的方法保存青饲料。保存条件良好的青贮饲料保存期可以长达十几年甚至几十年。

青贮，就是在厌氧条件下，利用乳酸菌发酵产生乳酸及少量乙酸等挥发性脂肪酸，使青贮物中的酸度不断上升，当 pH 达到 3.8～4.2 时，产生的乳酸会抑制所有微生物的生长与繁殖，而在 pH 3.8 以下时，乳酸菌自身的生长繁殖也被抑制，使青贮物中的所有生物和化学过程都完全停止或极大地减缓下来，从而达到保存青饲料的目的。在乳酸发酵过程中，乳酸的产量可以达到青贮饲料干物质量的 7%～8%。

用于青贮的青饲料包括玉米、高粱、黑麦草、向日葵、甘薯藤等，一般在茎叶营养比较丰富、产量也较高的生长阶段收获，如玉米，要求在蜡熟期收获。用于青贮的青饲料原料要求水分要控制在 70%～75%，否则不利于青贮的制作与保存。因此，如果原料含水量较大，可以在收获后适度晾晒脱水，或加入一些吸水的基质如草粉、粉碎秸秆等。而且，为了有利于发酵，青贮原料应含有一定量的可发酵糖类物质，如淀粉、葡萄糖等，如果原料含可发酵物质较少，则可添加麸皮、玉米粉等以增加可发酵糖量。制作青贮饲料时食盐可加可不加，添加时则以 1 kg/t 青贮为宜。

制作青贮时一般要先把原料切短，用青贮窖或塑料布打包贮存，但无论怎样贮存都必须要彻底压实，完全密封没有空气，否则饲料就会腐败变质。制作青贮一般不需要添加乳酸菌种，因为自然界中有天然的乳酸菌存在。

为了快速提高酸度，在制作青贮饲料的时候也有添加外源酸的实例，如添加甲酸、盐酸、磷酸等，使 pH 先降到 4.2～4.6，再继续发酵。这样可使青贮物的 pH 从一开始就降到所需要的程度。

将青饲料原料风干至含水 40%～55% 时压实密封保存，这样保存的青饲料称为半干贮青饲料。此时半干植物细胞质的渗透压达到 55～60 Pa，大多数细菌，包括丁酸菌、腐败菌，甚至乳酸菌等均接近生理干燥状态，其生命活动受到抑制，可使饲料得以长期保存。因此，青饲料半干贮时饲料的糖分或乳酸含量、pH 等均显得不重要。采用半干青贮方法，可使不宜青贮的豆科牧草等得以顺利青贮。半干青贮时厌氧微生物不能生长繁殖，但有些好氧微生物特别是霉菌，仍然可以生长繁殖，其在样品含水量为 17% 以下时才能停止，因此半干贮青饲料也要严格密封厌氧保存。

青饲料经过青贮后，其概略养分含量和消化能与原来的基本相似，但蛋白质氮减少，氨态氮增加，乳酸和乙酸增加，造成氮的营养价值降低，而酸度升高会影响动物对青贮饲料的采食量。因此，尽管青贮饲料粗蛋白的消化率与同源干草相近，但动物体内氮素的沉积效率则往往较低。一般绵羊对青贮饲料的自由采食量比同源干草的平均要低 33%。然而，青贮饲料可以保存原料中的大部分胡萝卜素，这是人们一直青睐青贮方法的重要原因。

在生产实际中，应该将青贮饲料作为动物日粮的一部分（5%～20%）饲喂，而不宜将青贮饲料作为动物日粮的主要组分。

新鲜收获的玉米籽实等饲料，水分含量较高，如无法及时干燥，也可以用青贮的方法保存。

## 三、块根块茎与瓜类饲料

块根块茎类饲料包括甘薯、木薯、马铃薯、胡萝卜、饲用甜菜、芜菁甘蓝（俗称灰萝卜）、菊芋（俗称洋姜）块茎等，瓜类饲料主要指南瓜及番瓜。块茎与瓜类饲料含水量高（75%～90%），与青饲料相似。但以干物质计，块茎饲料和瓜类饲料含有大量无氮浸出物，即易消化的淀粉或糖分（67.5%～88.1%），消化能高（一般13.8～15.8 MJ/kg），粗纤维含量低（0.4%～2.2%），因此干制成粉后常作为能量饲料。此类饲料的粗蛋白含量低（0.5%～2.2%），且相当大的部分为非蛋白氮，矿物质和某些B族维生素的含量也较低，但南瓜的核黄素含量较高（13.1 mg/kg），胡萝卜的胡萝卜素含量较高（430 mg/kg）。块根块茎类饲料富含钾盐。表7-4是块茎饲料和南瓜的营养成分表。

表7-4 块茎饲料和南瓜的营养成分（干物质计）

| 养分 | 胡萝卜 | 芜菁 | 饲用甜菜 | 甘薯 | 木薯 | 马铃薯 | 菊芋 | 去籽南瓜 |
|---|---|---|---|---|---|---|---|---|
| 鲜样含水 /% | 89.0 | 90.3 | 88.8 | 75.4 | 70.0 | 78.0 | 75.0 | 93.5 |
| 粗蛋白 /% | 11.0 | 11.4 | 13.4 | 4.5 | 3.3 | 9.1 | 11.2 | 13.9 |
| 粗脂肪 /% | 1.8 | 1.5 | – | 0.81 | 0.80 | 0.45 | – | 1.53 |
| 粗纤维 /% | 10.0 | 11.1 | 12.5 | 3.24 | 2.6 | 2.73 | 8.0 | 10.71 |
| 无氮浸出物 /% | 47.5 | 67.4 | – | 88.2 | 91.26 | 82.7 | – | 67.7 |
| 钙 /% | 0.45 | 0.56 | – | 0.24 | 0.29 | 0.05 | 0.20 | 0.46 |
| 磷 /% | 0.36 | 0.29 | – | 0.28 | 0.10 | 0.24 | 0.16 | 0.28 |
| 消化能（牛）/（MJ/kg） | 15.15 | 15.82 | 14.6 | 14.02 | 11.59 | 14.02 | 14.31 | 16.53 |
| 消化能（羊）/（MJ/kg） | 16.11 | 15.1 | 15.1 | 15.69 | 14.38 | 15.19 | 14.81 | 18.45 |
| 消化能（猪）/（MJ/kg） | 13.85 | 14.02 | 10.84 | 14.94 | 15.82 | 14.27 | 14.48 | 14.81 |
| 核黄素 /（mg/kg） | 4.2 | 8.2 | 3.9 | – | 2.0 | – | – | 13.1 |
| 硫胺素 /（mg/kg） | 5.1 | 4.7 | 2.4 | – | 3.4 | – | – | 6.0 |
| 胡萝卜素 /（mg/kg） | 254.5 | – | – | 52.9 | 0.5 | – | – | 3.7 |

资料来源：东北农学院，1979；等等。

在生产中常将块根块茎饲料或南瓜直接或煮熟后喂给动物。对于猪，将块根块茎饲料煮熟饲喂时，饲料中易消化糖类的主要消化部位是胃的上部（唾液淀粉酶作用）和十二指肠，产生的葡萄糖在小肠中被吸收，而生喂时则相当一部分是在大肠经微生物消化，产生挥发性脂肪酸经肠壁吸收。

用生甘薯、马铃薯、胡萝卜等饲喂牛羊时，要切片饲喂，否则有些块茎会因形状大小，在动物抢食囫囵吞下时而造成食道阻塞。

不同的块根块茎饲料具有不同的营养特点或抗营养因子，在饲喂中需要注意。例如，胡萝卜含有较大量的胡萝卜素（13～173 mg/kg），是维生素A前体和植物黄色素的重要来源；南瓜的植物黄色素和核黄素含量都较高；块根块茎饲料含钾高。然而，芜菁甘蓝含有致甲状腺肿物质，会导致动物甲状腺肿大；饲喂染有黑斑病的甘薯可导致牛患喘气病；马铃薯在保存时会产生龙葵素，使表皮发绿，动物食后易引起胃肠炎；而木薯含有氢氰酸，有时也会引起中毒。

胡萝卜虽可列为能量饲料，但一般都作为多汁饲料和胡萝卜素来源使用。甘薯和木薯消化能高，但粗蛋白和钙含量较低。

如上所述，用甘薯等块根、块茎饲料饲喂牛羊时要先切片；染有黑斑病的甘薯不宜饲喂牛；饲喂木薯时要防止氢氰酸中毒，可将木薯浸泡煮沸晒干，或干热到70～80℃减毒。

甜菜有许多品种，饲用甜菜主要用于饲喂牛羊，特别是冬季时常让越冬的放牧牛羊直接啃食甜菜块根。而甜菜叶一般不喂给动物，因为叶中草酸含量较高，影响钙代谢。

# 第二节 干草与蒿秕饲料

## 一、干草

青草或其他青绿饲料在未结实以前，刈割下来经晒干或以其他方法干燥制成的饲料称为干草，由于干制后仍带有一定程度的绿色，因此又称为青干草。表 7-5 列举了一些干草的营养特性。干草的粗蛋白含量一般为 9%～18%，（牛羊）消化能约 10 MJ/kg 干物质，其纤维素类物质含量较高，而粗脂肪含量低。

粗纤维含量在 18% 及以上的饲料统称为粗饲料，包括干草和蒿秕饲料。但干草的营养价值远比蒿秕饲料的高得多，因此粗饲料有优劣之分，消化能和粗蛋白等含量较高的青干草称为优质粗饲料。

**表 7-5 干草的营养特性**（干物质计）

| 干草 | 粗蛋白 /% | 粗脂肪 /% | 纤维素 /% | 半纤维素 /% | 木质素 /% | 消化能 /（MJ/kg） 牛 | 消化能 /（MJ/kg） 羊 | 钙 /% | 磷 /% |
|---|---|---|---|---|---|---|---|---|---|
| 开花早期苜蓿 | 18.0 | 2.5 | 14.2 | 8.8 | 7.6 | 10.88 | 10.33 | 1.41 | 0.22 |
| 盛花期苜蓿 | 15.0 | − | 28.0 | − | 10.0 | − | 9.79 | 1.25 | 0.22 |
| 百慕大草 | 16.5 | 2.7 | 22.2 | 36.5 | 8.1 | 9.83 | 9.96 | 0.54 | 0.28 |
| 燕麦草 | 9.3 | 2.2 | 21.4 | 21.6 | 8.5 | 10.29 | 9.79 | 0.24 | 0.22 |
| 苏丹草 | 9.4 | 2.3 | 25.3 | 24.8 | 6.0 | 10.00 | 10.33 | 0.84 | 0.28 |
| 冷季未成熟牧草 | 18.0 | 3.3 | 18.3 | 18.2 | 3.9 | 9.29 | − | − | − |
| 冷季成熟牧草 | 10.8 | 2.0 | 28.7 | 27.5 | 5.9 | 10.38 | − | − | − |
| 成熟豆科牧草 | 17.8 | 1.6 | 23.0 | 11.4 | 7.3 | 10.50 | − | − | − |

资料来源：NRC（Sheep），1985；NRC（Dairy cattle），2001。

表 7-6 为某些干草和玉米青贮中各种氨基酸的含量，可见牧草中氨基酸约占牧草粗蛋白含量的 1/3；虽然干草中赖氨酸占总氨基酸的比例较高，但由于总氨基酸含量较低，牧草的赖氨酸含量仍较低。

**表 7-6 某些干草和玉米青贮中各种氨基酸的含量**（占粗蛋白的百分比）

| | 苜蓿干草 | 头茬百慕大干草 | 玉米青贮 | 中熟混合干牧草 | 冷季干草 |
|---|---|---|---|---|---|
| 饲料 CP/% | 17.0 | 10.4 | 8.8 | 17.4 | 10.6 |
| 精氨酸 /% | 4.14 | 3.88 | 1.97 | 4.20 | 3.83 |
| 组氨酸 /% | 2.16 | 1.63 | 1.79 | 1.71 | 1.63 |
| 异亮氨酸 /% | 3.98 | 3.32 | 3.34 | 3.55 | 3.32 |
| 亮氨酸 /% | 7.11 | 6.22 | 8.59 | 6.51 | 6.22 |
| 赖氨酸 /% | 4.34 | 3.49 | 2.51 | 3.89 | 3.48 |
| 蛋氨酸 /% | 1.46 | 1.30 | 1.53 | 1.37 | 1.30 |
| 胱氨酸 /% | 1.08 | 1.16 | 1.34 | 1.23 | 1.17 |
| 苯丙氨酸 /% | 4.89 | 3.92 | 3.83 | 4.13 | 3.92 |
| 鸟氨酸 /% | 4.10 | 3.60 | 3.19 | 3.80 | 3.60 |

续表

| | 苜蓿干草 | 头茬百慕大干草 | 玉米青贮 | 中熟混合干牧草 | 冷季干草 |
|---|---|---|---|---|---|
| 色氨酸 /% | 1.39 | 1.24 | 0.44 | 1.31 | 1.24 |
| 缬氨酸 /% | 5.03 | 4.51 | 4.47 | 4.69 | 4.51 |
| 总 AA 占 CP/% | 38.60 | 33.05 | 31.64 | 35.16 | 33.05 |

资料来源：NRC（Dairy cattle），2001。

　　然而，干草的营养价值受较多因素的影响。首先是牧草生长阶段的影响，不同生长期牧草的营养价值可以相差很大，即使在同一地方种植的同样牧草，一般在生长早期（开花前期）牧草的营养价值较高，之后则逐渐降低。所以，用作猪、鸡日粮添加的草粉或制备叶蛋白时，都宜收获在生长早期的牧草，此时牧草的蛋白质含量较高，而纤维素类物质含量较低。其次是牧草种类和品种的影响，一般豆科植物营养价值较高，而禾本科的则相对较低，特别是某些植物，由于含水量太高（可达90%以上），不宜用于制作干草。再者是干制的加工方法也影响干草的质量。靠日晒制作干草所需时间较长，会由于植物的呼吸作用和蒸腾作用损失一些水溶性碳水化合物等营养物质，并且易受天气的影响，夜间雨露可使干草品质下降、发霉。日晒时牧草中的胡萝卜素等氧化损失严重，但日晒使干草含有了维生素 $D_2$。收获的牧草可以置于地面晒制，也可以置于架子上晒制，但用后一种方法晒制的干草营养价值较高。短时烘干方法经常用于规模化牧草生产，可较好地保存饲料的绿色和胡萝卜素等，但烘干的牧草不含维生素 $D_2$，且维生素 C 可能会被高温破坏。最后，保存条件与时间也影响干草的营养价值，特别是在水分含量较高的干草或在南方湿热地区，干草容易霉烂；而置于露天保存，由于日晒雨淋，更容易变质，随着贮存时间的延长，或是因为氧化，或是因为光照，干草里的营养成分含量逐渐降低。

## 二、蒿秕饲料

　　蒿秕饲料包括蒿秆和秕壳。蒿秆是农作物籽实收获后的茎秆枯叶部分，主要分禾本科和豆科两大类。禾本科的蒿秆包括玉米秸秆、稻草、麦秸、大麦秸、高粱秸、粟秸、燕麦秸和苏丹草秆等，豆科的包括大豆秸、蚕豆秸、豌豆秸、收籽后的苜蓿等，另外还有甘蔗渣、棉花秸秆、向日葵秆（盘）等。在农作物收获脱粒时，除蒿秆外，还分离出许多包被籽实的颖壳、荚皮与外皮等部分，统称为秕壳。蒿秕饲料属于粗饲料，但其营养价值远远低于同为粗饲料的干草，其粗纤维含量为33%～45%，消化能多在8.4 MJ/kg以下，而粗蛋白、钙、磷含量也较低或很低。蒿秕饲料的木质素和硅类含量高，因此消化率低，在牛羊中一般低于50%。一般秕壳饲料的能量价值略高于同一作物的蒿秆。某些常见蒿秕饲料的营养成分见表 7-7。

表 7-7　蒿秕饲料的营养成分（干物质计）

| 蒿秕饲料 | 消化能 /（MJ/kg） | 消化能（猪）/（MJ/kg） | 粗蛋白 /% | 粗纤维 /% | 木质素 /% | 灰分 /% | 钙 /% | 磷 /% |
|---|---|---|---|---|---|---|---|---|
| 稻草 | 8.33（牛） | 5.06 | 4.7 | 35.1 | 5.2 | 17.0 | 0.21 | 0.08 |
| 稻谷壳 | 2.01（牛） | 0.91 | | 44.5 | 21.4 | 19.9 | 0.09 | 0.08 |
| 玉米秸秆 | 10.63（牛） | 2.16 | 5.7 | 34.3 | 4.6 | 6.9 | 0.6 | 0.1 |
| 玉米蕊 | 9.66（牛） | 2.68 | 3.2 | 35.5 | | 1.8 | 0.12 | 0.04 |
| 小麦秸 | 9.00（牛） | | 4.1 | 43.6 | 7.9 | 7.2 | 0.16 | 0.08 |

| 蒿秕饲料 | 消化能/（MJ/kg） | 消化能（猪）/（MJ/kg） | 粗蛋白/% | 粗纤维/% | 木质素/% | 灰分/% | 钙/% | 磷/% |
|---|---|---|---|---|---|---|---|---|
| 大麦秸 | 8.12（牛） | 2.33 | 4.3 | 42.0 | 11.0 | 6.9 | 0.35 | 0.10 |
| 大豆秸 | 7.78（牛） | 3.92 | 5.2 | 44.3 | 16.0 | 6.4 | 1.59 | 0.06 |
| 大豆荚皮 | 10.84（牛） | | | 33.7 | | 9.4 | 0.99 | 0.20 |
| 豌豆秸 | 10.42（牛） | 2.78 | | 39.5 | | 6.5 | | |
| 豌豆荚 | 12.51（牛） | | | 35.6 | 0.6 | 5.3 | | |
| 花生秧 | 8.57（绵羊） | | 9.27 | 20.8 | 8.15 | 11.15 | 1.56 | 0.25 |
| 棉花秸秆 | 10.28（绵羊） | | 6.5 | 42.5 | 10.3 | 4.4 | 0.54 | 0.10 |
| 棉籽壳（无仁） | 6.37（绵羊） | | 4.4 | 33.9 | 17.3 | 3.2 | 0.40 | 0.36 |
| 花生壳 | 3.68（绵羊） | | 7.8 | 62.9 | 23.0 | | 0.26 | 0.07 |
| 甘蔗渣 | | | 2.2 | | 13.5 | 9.6 | | |

资料来源：东北农学院，1979；等等。

　　蒿秕饲料具有如下营养特点。①可以作为牛羊能量的饲料来源，但单位重量所提供的能量较少；而蒿秕饲料作为猪、禽的能量饲料则不合适，因为所含消化能更低。②饲喂蒿秕饲料影响动物的蛋白质表观消化率。在用稻草、稻谷壳等饲喂猪时，所测得的粗蛋白表观消化率往往是负值，因为蒿秕饲料中的纤维类物质具有吸附作用，可将内源的含氮物带出体外。即使在反刍动物中，牛羊对棉籽壳、棉花秸秆、稻谷壳、玉米芯的粗蛋白表观消化率有时也会出现负值。③蒿秕粗饲料具有填充作用，使动物的胃肠充盈，产生饱感。特别是在调节动物皮下脂肪厚度时，往往通过添喂粗饲料来降低能量摄入，而又不至于让动物感到饥饿。④粗饲料具有刺激胃肠蠕动的作用，以保证动物的正常消化功能。特别是奶牛，如果饲喂粗饲料不足，或饲喂的日粮粉碎过细，对瘤胃壁刺激不够，则会出现瘤胃运动迟缓。⑤蒿秕饲料不同部位的营养价值是不相同的。一般枯叶的营养价值高于茎秆，细茎的营养价值高于粗茎，上部的营养价值高于下部，因此，采用蒿秕饲料的不同部位饲喂牛羊，有利于改善动物营养。例如，大豆秸秆平均木质素含量为16.0%，粗蛋白为5.2%，有机物消化率低，但如果仅用大豆秸秆的上半部分和枯叶饲喂奶牛，则木质素的含量会降低，粗蛋白含量升高，营养效果会明显改善。而棉籽壳的营养价值，则在一定程度上取决于混入棉仁的比例。

　　现代农业种植中多使用塑料地膜，故有时收获的秸秆含有较多量的残留塑料地膜，在饲喂牛羊或粉碎处理时必须要将其全部捡拾干净。已有实例表明，绵羊长期采食混入塑料地膜的秸秆，会在瘤胃中滞留大量的地膜，导致其瘤胃阻塞、营养不良从而掉毛、卧地不起，最后死亡。

# 第三节　能量饲料

　　一般认为消化能在 10.46 MJ/kg 干物质以上的饲料为能量饲料，其中在 12.55 MJ/kg 干物质以上的饲料称为高能量饲料，而低于 10.46 MJ/kg 干物质的称为低能量饲料。美国 NRC 则依据粗纤维的含量进行定义，即粗纤维含量在 18% 以上的为粗饲料，而在 18% 以下的则称为能量饲料。能量饲料主要包括谷实类籽实及其加工副产品、块根块茎类饲料及其加工副产品两类。豆类与油料作物籽实及其加工副产品的消化能也较高，但由于其蛋白质含量也较高，故一般作为蛋白质饲料考虑。植物和动物油脂能量的含量较高，也属于能量饲料。

## 一、谷实类籽实及其加工副产品

谷实类籽实的营养成分见表 7-8。此类饲料的营养特点有以下几点。

表 7-8　谷实类籽实营养成分表（干物质计）

| | 稻谷 | 大麦 | 燕麦 | 小麦 | 粟谷 | 玉米 | 高粱 | 荞麦 |
|---|---|---|---|---|---|---|---|---|
| 粗蛋白 /% | 7.1 | 12.9 | 13.2 | 14.6 | 12.2 | 8.9 | 9.4 | 16.6 |
| 粗脂肪 /% | 2.3 | 2.1 | 4.4 | 2.3 | 3.9 | 4.4 | 4.5 | 1.8 |
| 粗纤维 /% | 9.43 | 5.6 | 10.9 | 2.4 | 10.1 | 1.3 | 2.7 | 6.7 |
| 无氮浸出物 /% | 74.3 | 77.5 | 67.6 | 78.7 | 74.3 | 83.7 | 81.6 | 71.2 |
| 钙 /% | 0.09 | 0.03 | 0.07 | 0.06 | 0.03 | 0.02 | 0.05 | 0.1 |
| 磷 /% | 0.09 | 0.4 | 0.3 | 0.35 | 0.3 | 0.31 | 0.34 | 0.36 |
| 维生素 $B_1$/ppm[①] | 3.1 | 2.1 | 6.7 | 5.5 | 7.3 | 3.9 | 3.5 | 4.5 |
| 维生素 $B_2$/ppm | 1.0 | 2.0 | 1.2 | 1.2 | 1.8 | 1.1 | 1.5 | 6.2 |
| 消化能（猪）/（MJ/kg） | 15.4 | 14.69 | 12.84 | 16.99 | 14.31 | 14.39 | 16.69 | 14.31 |
| 消化能（牛）/（MJ/kg） | 14.31 | 14.9 | 13.76 | 16.23 | 12.34 | 16.40 | 15.44 | 14.9 |
| 消化能（羊）/（MJ/kg） | 14.69 | 15.31 | 14.14 | 16.23 | 11.38 | 17.66 | 15.82 | 13.05 |
| 代谢能（鸡）/（MJ/kg） | 14.05 | 12.41 | 11.99 | 14.67 | 13.47 | 15.75 | 15.81 | 12.65 |

资料来源：东北农学院，1979；等等。

注：① 1 ppm=1 g/kg。

（1）其粗蛋白含量较低，一般为 8.9%～13.5%（干物质计）。而一般牛羊日粮粗蛋白含量要求大于 12%，鸡、猪的大于 14%，因而单一的谷实类籽实都难以满足。

（2）谷实类籽实含有一定量的粗脂肪，且多为不饱和脂肪，其主要的脂肪酸为油酸和亚油酸。这些脂肪主要存在于胚中。例如，加工大米过程中生产出来的米糠（稻谷种皮糊粉层和胚的混合物）含油量较高，可达 14.4%。粉碎的籽实由于不饱和脂肪酸含量较高，接触空气后容易氧化，因此不宜长期保存，在生产中最好现用现粉碎。

（3）谷类饲料钙特别缺乏，一般低于 0.1%，而磷的含量为 0.31%～0.45%，因此其钙磷比对于任何畜禽都不太适宜。而且籽实中的磷有相当一部分是植酸磷（肌醇六磷酸盐），不利于鸡、猪的消化吸收。因此饲喂谷类饲料时需要补充钙，也需要补充磷。

（4）籽实饲料中维生素 A 和维生素 D 的含量均很低，胡萝卜素含量也低，虽然 B 族维生素含量较高，但核黄素（维生素 $B_2$）含量较低（1.0～2.2 mg/kg），不能满足猪、禽生长与繁殖的需要。B 族维生素大都存在于谷类籽实的糊粉层和胚质中，故糠麸类饲料的 B 族维生素含量较丰富。

（5）籽实饲料容重大，消化能含量高。例如，一升小麦容重为 765 g，消化能为 11.3 MJ。大量饲喂籽实类饲料容易使畜禽采食过多，造成饲料浪费和动物过度肥胖。

（6）谷实类籽实饲料的必需氨基酸含量较低（表 7-9），特别是赖氨酸和蛋氨酸含量不足，其分别为 0.24%～0.58% 和 0.16%～0.24%，一般不能满足生长动物，甚至是产蛋鸡的氨基酸需要。

表 7-9　谷实类籽实的氨基酸含量（g/100 g 饲料，干物质计）

| 氨基酸 | 稻谷 | 大麦（裸） | 小麦 | 玉米 | 高粱 | 裸燕麦（莜麦） |
|---|---|---|---|---|---|---|
| 精氨酸 | 0.66 | 0.74 | 0.70 | 0.50 | 0.38 | 1.09 |
| 组氨酸 | 0.17 | 0.18 | 0.34 | 0.34 | 0.23 | 0.34 |
| 异亮氨酸 | 0.37 | 0.49 | 0.52 | 0.31 | 0.39 | 0.55 |
| 亮氨酸 | 0.67 | 1.00 | 1.01 | 0.86 | 1.22 | 1.14 |
| 赖氨酸 | 0.33 | 0.51 | 0.38 | 0.42 | 0.24 | 0.58 |
| 蛋氨酸 | 0.22 | 0.16 | 0.24 | 0.17 | 0.17 | 0.24 |
| 胱氨酸 | 0.19 | 0.29 | 0.34 | 0.21 | 0.17 | 0.33 |
| 苯丙氨酸 | 0.46 | 0.78 | 0.69 | 0.43 | 0.47 | 0.91 |
| 酪氨酸 | 0.43 | 0.46 | 0.42 | 0.33 | 0.41 | 0.52 |
| 苏氨酸 | 0.29 | 0.49 | 0.43 | 0.35 | 0.32 | 0.52 |
| 色氨酸 | 0.11 | 0.18 | 0.17 | 0.09 | 0.10 | 0.16 |
| 缬氨酸 | 0.54 | 0.72 | 0.64 | 0.53 | 0.48 | 0.78 |
| 谷氨酸 | 1.41 | 2.22 | 4.20 | 1.71 | 2.31 | 3.44 |

资料来源：中国饲料数据库，2018。

　　玉米是最常用的能量饲料。一般饲用的为黄玉米，含有较多的必需脂肪酸，因此饲喂黄玉米时畜禽的必需脂肪酸营养问题无须再予考虑。而白玉米的必需脂肪酸含量较低，一般不用作饲料。玉米的粗蛋白含量较低，赖氨酸、蛋氨酸和色氨酸的含量也较低，而脂肪含量较高（4.4%），且不饱和脂肪酸含量较高，粉碎后易酸败变质，因此不宜长久贮存。

　　与玉米不同，大麦的粗蛋白含量较高，赖氨酸含量也较高（＞0.51%），而脂肪含量较低。大麦籽实的外面有一层质地坚实、粗纤维含量很高的种子外壳称颖苞，整粒饲喂家畜（猪、牛等）时许多不被消化的籽粒会随粪便排出造成浪费，因此在饲喂前应磨碎或压扁。

　　燕麦籽实容重小，与玉米比消化能含量较低，但粗蛋白含量较高。燕麦的色氨酸含量较高，常作为赛马的"标配"饲料。

　　虽然小麦是消化能和粗蛋白含量均较高的饲料，但一般仅用小麦加工的副产品麦麸（麸皮）作为饲料。麦麸由小麦的种皮、糊粉层与少量的胚和胚乳组成，其中种皮和糊粉层的粗纤维含量较高（8.5%～12%），消化能较低（牛为 12.93 MJ/kg、猪为 11.17 MJ/kg）。在小麦的加工过程中，麸皮的产量为 19%～30%，依加工面粉的质量而定。麸皮的粗蛋白含量为 12.5%～17.0%，赖氨酸含量较高（0.67%），蛋氨酸含量较低（0.11%）。麸皮的 B 族维生素含量较高，其中核黄素 3.5 mg/kg、硫胺素 8.9 mg/kg。麸皮磷含量 1.31%，是重要的磷来源，但主要是植酸磷。麸皮钙含量为 0.16%，钙磷比例极不适宜，因此饲喂麸皮时要注意补充钙。麸皮容重轻，而且还具有轻泻作用，因此具有较好的消化道调理作用。但麸皮的吸水性强，如果较大量地干饲会造成便秘。

　　稻谷与燕麦籽实相似，也有一层粗硬的种子外壳。如果用砻去外壳分出的糙米部分，则粗纤维含量可降低至 1%，而消化能升高到 16.86 MJ/kg，属于高能量饲料。稻谷一般也是将在加工白米时产生的米糠作为饲料。米糠是糙米加工时分离出的种皮、糊粉层和胚的混合物，一般每百千克糙米的出糠量为 6～8 kg。米糠干物质中粗灰分和粗纤维的含量分别为 11.9% 和 13.7%，粗蛋白和粗脂肪含量分别为 13.8% 和 14.4%，赖氨酸和核黄素含量则分别为 0.55% 和 2.6 mg/kg，而钙、磷含量分别为 0.08% 和 1.77%，消化能为 11.92 MJ/kg（牛）

或 13.68 MJ/kg（猪）。以上营养含量表明米糠具有一定的可消化能量，含有较多的脂肪和粗蛋白，赖氨酸、核黄素和磷含量较高，但粗纤维含量也较高，并且钙含量较低。

## 二、加工的块根块茎类及瓜类饲料

块根块茎类及瓜类饲料由于以干物质计时消化能高，因此干制成粉后也常作为能量饲料。马铃薯淀粉含量占其干物质的 70%，脱水后可作为高能饲料。

除饲用甜菜外，在我国北方多将糖用甜菜在制糖后的副产品（甜菜渣和甜菜糖蜜）作为饲料。甜菜渣和甜菜糖蜜的主要营养成分见表 7-10。甜菜渣是甜菜块根经过清洗、压榨提取糖液后的残渣。甜菜渣的粗纤维含量较高，但其中主要是易消化的半纤维素，因此其粗纤维的消化率较高（80%），并且甜菜渣还含有较多的无氮浸出物，故消化能也较高，就干物质而言仍为能量饲料。甜菜渣中含有甜菜碱，其具有促进畜禽生长的作用。然而，由于甜菜渣含水量较高、吸水性强，不宜干燥，并且甜菜渣中含有大量的钾离子（5.5%，干物质计）和有机酸，因此动物采食量较大时会出现粪便稀软、不成形和腹泻。许多糖厂将甜菜渣烘干，压制成颗粒（俗称甜菜颗粒粕），作为牛羊饲料，特别是作为优良的奶牛饲料，其易于运输、保存和饲喂。但是，无论是用甜菜渣还是甜菜颗粒饲喂牛羊，饲喂量均以在日粮的 20% 以内为宜。干制甜菜渣的吸水性很强，干喂会引起胃肠膨胀，因此喂前需用 2～3 倍重量的水浸泡。糖蜜则是甜菜糖液中不能结晶的残余部分，除可结晶的蔗糖外，块根中可溶于热水的其他物质都在其中，其粗蛋白和无氮浸出物含量较高，而几乎没有粗纤维和粗脂肪，因此糖蜜属于高能量饲料。

表 7-10 甜菜渣和甜菜糖蜜的主要营养成分（干物质计）

| 饲料 | 鲜样水分 /% | 粗蛋白 /% | 粗脂肪 /% | 粗纤维 /% | 无氮浸出物 /% | 消化能 /（MJ/kg） | | | 钙 /% | 磷 /% |
| --- | --- | --- | --- | --- | --- | --- | --- | --- | --- | --- |
| | | | | | | 牛 | 羊 | 猪 | | |
| 甜菜渣 | 88.7 | 11.7 | 2.1 | 30.1 | 51.4 | 11.76 | 13.47 | 13.85 | 0.91 | 0.16 |
| 甜菜糖蜜 | 21.3 | 9.9 | 0.16 | — | 78.9 | 15.4 | 14.9 | 13.51 | 0.46 | 0.03 |

资料来源：东北农学院，1979；等等。

## 三、油脂

油脂含有较高的消化能（表 7-11），为玉米的 2 倍多，但由于价格较高，较少作为饲料使用，但对于配制高能日粮，或高能低纤维日粮，或作为代乳成分等，仍需要添加。添加量一般为 0.5%～8.0%。在正常日粮中是否需要添加油脂，取决于饲料原料价格和营养价值等。然而在高产奶牛日粮和肉仔鸡日粮中，经常会添加油脂。

表 7-11 几种油脂的消化能（鸡为代谢能，MJ/kg）

| 油脂 | 猪 | 牛 | 羊 | 鸡 |
| --- | --- | --- | --- | --- |
| 棉籽油 | 35.98 | 31.90 | 37.25 | 37.87 |
| 棕榈油 | 33.51 | 24.77 | 24.10 | 24.27 |
| 大豆油 | 36.61 | 35.33 | 34.69 | 35.02 |
| 葵花油 | 36.65 | 40.73 | 39.63 | 40.42 |

| 油脂 | 猪 | 牛 | 羊 | 鸡 |
|------|------|------|------|------|
| 菜籽油 | 36.65 | 38.83 | 37.33 | 38.53 |
| 猪油 | 34.69 | 37.69 | 35.60 | 38.11 |
| 牛油 | 33.47 | 32.89 | 31.86 | 32.55 |
| 鸡油 | 35.65 | 38.45 | 36.30 | 39.16 |

资料来源：中国饲料数据库，2018。

注：油脂的干物质含量99%，粗脂肪含量98%。

## 四、能量饲料的加工

虽然能量饲料一般适口性较好，消化率高，但有些籽实具有种皮、颖壳、糊粉层等细胞壁成分，或具有淀粉粒，或具有某些抗营养物质等，仍然影响其营养物质的消化利用，因此也需要一定的加工。

### 1. 机械加工

大麦、燕麦、水稻等籽实饲料除种皮之外还包被有一层硬壳（颖壳），不宜透水，如果动物不加咀嚼咽下则整粒籽实会随粪排出，因此需要破碎，如磨碎、压扁、粉碎后制成颗粒等。

（1）磨碎、压扁与制成颗粒：饲料磨碎后可提高消化率。例如，将整粒、粗磨和细磨的大麦喂猪，其消化率分别为67%、79%和85%。但对于一般动物饲料不可磨得太细，否则会降低适口性，特别是谷蛋白含量较高的小麦粉，容易糊口，而且可在胃肠内形成黏性面团状物不利于消化。喂猪的籽实饲料一般可磨碎到1 mm以下，喂牛羊的1～2 mm，但牛羊在喂量较大时应以压扁或破碎为主，以防止饲料在瘤胃发酵太快而引起急性或慢性酸中毒。饲料磨碎后，其中的脂肪容易氧化，因此磨碎后的籽实饲料不宜长期保存，最好现磨现用。

动物采食粉状饲料时，细粉较多，既不方便又浪费，因此常将饲粮制成颗粒饲料后饲喂动物。而膨化颗粒饲料密度较低，常用于水产养殖。

（2）湿润与浸泡：湿润一般用于粉尘多的饲料，而浸泡多用于籽实或油饼类饲料使其软化，或溶去有毒物质。用粉料饲喂雏鸡时，雏鸡采食困难，经常是刚吃一口料，就去喝一口水，既不利于采食，浪费也很多，因此在粉料中拌些水是必要的。用含玉米55%的日粮饲喂绵羊，玉米以整粒、整粒并浸泡6～72 h和粉碎三种形式喂给，绵羊日粮干物质表观消化率分别为57.9%、66.4%和62.6%，而自由采食量则分别为1566.9 g/日、1466.1 g/日和1579.6 g/日，但日粮干物质的消化量却分别为907.5 g/日、989.3 g/日和953.4g/日，表明浸泡整粒玉米日粮的消化性能优于没有浸泡玉米和粉碎玉米的。

然而，浸软硬质饲料的时间不宜过长，以防发馊，特别是在夏天；但也不宜过短，否则不能浸透。如果通过浸泡去毒，流走水分后饲料的有毒物质减少，但营养素的损失也会较大。

液体饲料，又称稀粥料，是将饲料与水的比例调整到约1：2.5，然后喂给动物，特别是用于肉猪的大群育肥生产。液体饲料对猪生长有良好的效应，但对饲粮的表观消化率无显著影响。其主要优势在于：①便于机械化管道饲喂，减少人工成本和降低管理强度；②可以充分利用青绿饲料等含水量较高的饲料，降低饲料成本，改善动物营养，扩大饲料来源；③可以结合发酵工艺，改善饲粮的营养作用。发酵液体饲料是指乳酸菌和酵母发酵，一般于 30～35℃发酵 72 h，使液体饲料的乳酸浓度高于 100 mmol/L，pH＜4.5。但液体饲料喂猪的机理或作用环节，仍需进一步探究。

（3）蒸煮与焙炒：蒸煮或高压蒸煮可提高精料的适口性，可以提高大豆、马铃薯、豌豆的消化率，但对大麦却没有明显的作用。

焙炒或膨化处理饲料可使部分淀粉转化为糊精，产生香味，可作为诱食饲料。

高温处理可以除去或减少饲料中的某些抗营养因子，但不能增加营养素含量，并且高温还会引起蛋白质变性（褐变）或氨基酸旋光性的变化而降低其生物学价值，因此饲料是否需要经过高温处理，以及处理的时间和温度等，需要综合考虑。

### 2. 发芽与糖化

籽实经过发芽，其中一部分蛋白质分解成氨化物，糖分、维生素（维生素 A 原、B 族和维生素 C）及各种酶增加，纤维素也增加，而无氮浸出物减少，从而使发芽饲料具有一定的青饲料性质，可以给动物提供维生素、消化酶等，以均衡营养，提高生产性能。

籽实发芽有长芽与短芽之分，长芽（6～8 cm）以提供维生素为主；短芽主要含有各种酶，以制作糖化饲料或用以增加动物食欲。

糖化就是利用糖化酶（葡萄糖淀粉酶）将淀粉降解成葡萄糖。一般将高淀粉饲料在适当水分条件下，在 60～65℃时用糖化酶处理 2～4 h，从而转化为糖化饲料。麦芽具有较高的糖化酶活性。

### 3. 发酵精饲料

发酵能量精饲料的目的是通过微生物发酵来获得新的饲料特性。发酵精饲料具有较多的 B 族维生素，有各种酶、酸、醇等能改善消化和产生芳香刺激性的物质，可以补充营养，改善动物营养状况，可应用于乳牛、哺乳母猪、育肥后期肉猪、病畜或消化不良的仔畜。精饲料发酵后有机物可损失 11%～25%，所以在一般生产状况下没有必要进行精饲料的发酵处理。

精饲料的发酵方法：在每百千克磨过或细磨的粉碎籽实中，加面包酵母或酿酒酵母 0.5～1.0 kg。先用 30～40℃的温水将酵母稀释化开，再将 150～200 kg 温水倒入发酵箱中，加入稀释酵母混匀，再加入 100 kg 饲料混匀，然后每 30 min 搅拌一次，6～9 h 后即完成发酵。

酵母菌为兼性菌，但以好氧为主，因此发酵时饲料厚度不宜超过 30 cm，且要注意通气。发酵的环境温度为 20～27℃。

# 第四节　蛋白质补充料

有些能量饲料不仅消化能高，而且蛋白质含量也高，这种干物质中粗蛋白含量达 20% 及以上的饲料，称为蛋白质补充料。这种饲料具有能量饲料的特性，即粗纤维含量较低，易消化有机物较多，单位重量所含消化能很高，容重大，但还有蛋白质含量特别高和无氮浸出物含量低的特点。由于蛋白质和无氮浸出物的消化能差异不大，故在能量价值方面二者的差别也不大。但在其他营养素如维生素、矿物质等含量上，各种饲料间均有不同。

蛋白质补充料是以粗蛋白含量 20% 为界限来划分的，主要是考虑到一般的动物日粮粗蛋白含量都不会超过 20%，凡超过这个界限的饲料都有可能将其多余的蛋白质补充到其他缺少蛋白质的饲料中，以组成平衡的日粮。

# 一、植物性蛋白质补充料

植物性蛋白质补充料包括豆科（大豆、蚕豆、豌豆等）和油料类植物（油菜、花生、芝麻、棉花、亚麻、向日葵等）的籽实及其加工副产品（油饼类饲料），以及某些谷物籽实的加工副产品（面筋、酒糟等）。

## 1. 豆科和油料类植物籽实

如表 7-12 所示，大豆、蚕豆、豌豆、花生仁、油菜籽、棉籽、葵花籽等都是较好的植物蛋白质补充料，其粗蛋白含量较高（一般 20%～40%），其中油料类植物籽实（大豆、花生、油菜籽、棉籽）的粗脂肪含量较高，故能量价值也较高。各种饲料粗蛋白等营养成分的实际含量受产地、气候、水肥条件、收获时间等因素的影响，因此在生产中宜实际测定。很多豆科或油料籽实饲料同时也是人类的食物，因此是否用作动物饲料，需要根据籽实及其加工副产品的营养、价值比，以及用于生产的必要性等酌情决定。

表 7-12　豆科和油料作物籽实的营养成分（干物质计）

| | | 大豆 | 蚕豆 | 豌豆 | 棉籽 | 油菜籽[①] | 花生仁 |
|---|---|---|---|---|---|---|---|
| 营养成分 | 粗蛋白 /% | 41.7 | 29.2 | 26.5 | 24.9 | 27.5 | 23.9 |
| | 粗纤维 /% | 5.8 | 8.8 | 6.1 | 18.2 | 7.4 | 8.8 |
| | 粗脂肪 /% | 19.2 | 1.5 | 1.4 | 24.7 | 40.1 | 53.3 |
| | 无氮浸出物 /% | 27.9 | 56.5 | 62.8 | 28.4 | 20.0 | 8.8 |
| | 钙 /% | 0.27 | 0.15 | 0.13 | 0.15 | 0.51 | 1.71 |
| | 磷 /% | 0.63 | 0.62 | 0.47 | 0.73 | 0.82 | 0.31 |
| | 灰分 /% | 5.4 | 4.0 | 3.1 | 3.8 | 5.0 | 2.5 |
| 消化能 | 牛 /（MJ/kg） | 16.86 | 14.52 | 16.11 | 14.85 | | |
| | 羊 /（MJ/kg） | 17.32 | 16.02 | 15.31 | 18.07 | | |
| | 猪 /（MJ/kg） | 18.57 | 16.32 | 17.20 | | | |
| | 鸡代谢能 /（MJ/kg） | 15.59 | | 11.95 | | | |

资料来源：东北农学院，1979；等等。

注：①低硫苷低芥酸品种。

一般植物籽实都含有抗营养因子。大豆含有抗胰蛋白酶、致甲状腺肿物质、皂素和血球凝集素等，会影响动物的适口性，造成消化不良，影响机体的生理代谢过程。油菜籽含有硫苷（硫代葡萄糖苷）。棉籽含有游离棉酚，是维生素 A 的拮抗剂，可造成上皮组织的损害，引起失明、不育等。植物籽实中的磷含量一般都高于钙，但大多以植酸磷的形式存在，不利于磷的消化吸收，特别是对于幼畜和家禽。大豆一般要先经过热处理（110℃，3 min）再喂给动物，可以消除某些抗营养因子（如抗胰蛋白酶）的作用。但有些有毒物质用热处理仍不能去除，如游离棉酚等。通过作物育种，可以生产低毒性的籽实饲料，如低

（棉）酚棉花、双低（低芥酸、低硫苷）油菜等。

籽实饲料根据是否脱壳有籽、仁之分，带壳的称为籽，脱壳的称为仁，前者如棉籽、向日葵籽，后者如棉仁、向日葵仁等。籽类饲料的粗纤维含量高，粗蛋白含量低；而仁类饲料则相反，它们的饲料性质有很大的不同。一般棉籽原料中壳占约45%，仁占约55%；向日葵籽原料中壳占约47%，仁占约53%。需要指出的是，所谓的仁并不是完全无壳的，在生产中为了提高出油率或工艺要求，各种籽仁在压榨或浸提时往往需要回填一定比例的壳，为5%～10%。

与动物蛋白相比，一般植物蛋白中最缺的是赖氨酸，因此赖氨酸含量是评价蛋白质补充料品质的重要指标，而蛋氨酸和色氨酸等必需氨基酸含量也是评价的指标。评价饲料蛋白质品质时，不仅要看饲料中蛋白质的赖氨酸比例，更要看饲料中的赖氨酸含量，即根据单位饲料中的赖氨酸总量来判定。表7-13是以饲料干物质为单位表示的某些豆科和油料作物籽实的氨基酸含量，可见大豆、油菜籽和蚕豆均是较好的赖氨酸来源，而向日葵仁的赖氨酸含量则较低。

**表 7-13　豆科和油料作物籽实的氨基酸含量**（g/100 g 饲料，干物质计）

| 氨基酸 | 大豆 | 蚕豆 | 豌豆 | 油菜籽[①] | 向日葵仁 | 棉仁 | 花生仁 |
|---|---|---|---|---|---|---|---|
| 精氨酸 | 2.95 | 2.99 | 1.67 | 2.09 | 2.04 | 3.68 | 2.81 |
| 组氨酸 | 0.68 | 0.89 | 0.52 | 0.88 | 0.55 | 0.89 | 0.58 |
| 异亮氨酸 | 1.47 | 1.18 | 0.92 | 1.25 | 0.98 | 1.13 | 0.82 |
| 亮氨酸 | 3.12 | 2.08 | 1.63 | 2.30 | 1.46 | 2.00 | 1.59 |
| 赖氨酸 | 2.52 | 1.91 | 1.70 | 1.96 | 0.81 | 1.33 | 1.01 |
| 蛋氨酸 | 0.64 | 0.15 | 0.11 | 0.54 | 0.37 | 0.14 | 0.18 |
| 胱氨酸 | 0.80 | 0.20 | 0.17 | 0.59 | 0.42 | 0.33 | 0.36 |
| 苯丙氨酸 | 1.63 | 1.21 | 1.07 | 1.34 | 1.17 | 1.80 | 1.28 |
| 酪氨酸 | 0.73 | 0.82 | 0.54 | 1.03 | 0.58 | 0.88 | 0.88 |
| 苏氨酸 | 1.62 | 1.06 | 0.83 | 1.50 | 0.83 | 1.16 | 0.68 |
| 色氨酸 | 0.52 | 0.11 | 0.24 | 0.32 | 0.82 | 0.38 | 0.19 |
| 缬氨酸 | 1.72 | 1.38 | 1.04 | 1.63 | 1.12 | 1.56 | 1.00 |

资料来源：季道藩等，1985；石太渊等，2017；中国饲料数据库，2018；张欢欢等，2019；等等。

注：①低硫苷低芥酸品种。

**2. 油饼类饲料**

油饼类饲料是油类籽实经提取大部分油脂后残留的部分，包括大豆饼粕、棉籽饼粕、向日葵饼粕等。油料籽实的油脂和蛋白质含量一般都比谷物类籽实高，而无氮浸出物含量较低，但提取油脂后残余的油饼蛋白质和无氮浸出物含量均升高。油料籽实油脂的提取主要有炒熟压榨和有机溶剂提取两种方法：前者的残留物称为饼，如大豆饼、棉籽饼、棉仁饼等；而后者的残留物称为粕，如大豆粕、棉仁粕等。一般饼类残留油脂多，消化能略高，而粕类消化能较低，但其中的脂溶性有毒有害物质，如游离棉酚等的含量会较低。加热过程可以使油饼类饲料中的抗胰蛋白酶因子（一种蛋白质）、芥子硫苷酶、亚麻苦苷酶等失去活性，从而使得大豆饼、菜籽饼和亚麻饼能够较为安全地饲喂给动物。棉籽饼由于游离棉酚会随油脂被压榨出一部分，其毒性也会有所降低。因此经过高温高压榨取的油饼类饲料比原料的安全性大有提高。但是高温高压也会使某些蛋白质变性，出现蛋白质褐变反应，损害氨基酸，特别是碱性氨基酸，如赖氨酸、精氨酸，降低它们的消化率和生物学价值。

　　亚麻仁饼中含有一种黏性胶质，可以吸取大量水分而膨胀，能对胃肠黏膜起保护作用，防止机械损伤和便秘，并且可以延长饲料在瘤胃中的停留时间以利于消化。

　　表 7-14 所示为某些油饼类饲料的营养成分参考含量。此类饲料的蛋白质含量高、可消化能高，而粗脂肪和粗纤维的含量则与生产工艺有关。一般规模化工厂生产的油饼类饲料质量比较稳定，而油料加工作坊生产的则变异较大。

表 7-14　某些油饼类饲料的营养成分参考含量（干物质计）

| | | 大豆粕 | 棉籽饼 | 棉仁粕 | 向日葵仁饼[①] | 菜籽粕 | 花生仁粕 | 亚麻仁粕 |
|---|---|---|---|---|---|---|---|---|
| 营养成分 | 粗蛋白 /% | 49.66 | 41.25 | 52.22 | 41.78 | 43.86 | 50.80 | 36.59 |
| | 粗脂肪 /% | 2.13 | 8.41 | 0.55 | 1.14 | 1.59 | 8.18 | 8.86 |
| | 粗纤维 /% | 6.63 | 14.20 | 11.33 | 11.93 | 13.41 | 6.71 | 8.86 |
| | 无氮浸出物 /% | 31.80 | 29.66 | 29.22 | 39.09 | 32.84 | 28.52 | 38.64 |
| | 钙 /% | 0.37 | 0.24 | 0.28 | 0.30 | 0.74 | 0.28 | 0.44 |
| | 磷 /% | 0.70 | 0.94 | 1.22 | 1.28 | 1.16 | 0.60 | 1.00 |
| | 灰分 /% | 6.85 | 6.48 | 6.67 | 6.36 | 8.29 | 5.80 | 7.00 |
| 消化能 | 牛 /（MJ/kg） | 17.85 | 14.97 | 15.03 | 13.19 | 14.34 | 16.11 | 13.35 |
| | 羊 /（MJ/kg） | 16.03 | 15.02 | 14.50 | 12.08 | 12.03 | 14.65 | 13.78 |
| | 猪 /（MJ/kg） | 16.02 | 11.27 | 10.45 | 13.22 | 13.69 | 16.35 | 15.80 |
| | 鸡代谢能 /（MJ/kg） | 11.24 | 10.27 | 8.64 | 11.03 | 9.27 | 13.22 | 11.13 |

资料来源：中国饲料数据库，2018；等等。
注：①壳仁比为 16%：84%。

　　表 7-15 为常见油饼类饲料的必需氨基酸含量，其中大豆粕和棉仁粕的赖氨酸含量都较高，是较好的蛋白质补充料。

表 7-15　常见油饼类饲料的必需氨基酸含量（g/100 g 饲料，干物质计）

| 氨基酸 | 大豆粕 | 棉籽饼 | 棉仁粕 | 菜籽粕 | 向日葵仁粕[①] | 花生仁饼 | 亚麻仁饼 |
|---|---|---|---|---|---|---|---|
| 精氨酸 | 3.80 | 4.48 | 6.18 | 2.08 | 3.60 | 5.23 | 2.67 |
| 组氨酸 | 1.31 | 1.02 | 1.45 | 0.98 | 0.92 | 0.94 | 0.58 |
| 异亮氨酸 | 2.24 | 1.32 | 1.60 | 1.47 | 1.72 | 1.34 | 1.31 |
| 亮氨酸 | 3.76 | 2.35 | 2.95 | 2.66 | 2.56 | 2.68 | 1.84 |
| 赖氨酸 | 3.01 | 1.59 | 2.42 | 1.48 | 1.39 | 1.50 | 0.83 |
| 蛋氨酸 | 0.66 | 0.46 | 0.74 | 0.72 | 0.82 | 0.44 | 0.52 |
| 胱氨酸 | 0.73 | 0.80 | 0.85 | 0.99 | 0.70 | 0.43 | 0.54 |
| 苯丙氨酸 | 2.48 | 2.14 | 2.81 | 1.65 | 1.77 | 2.06 | 1.50 |
| 酪氨酸 | 1.65 | 1.08 | 1.66 | 1.10 | 1.12 | 1.49 | 1.57 |
| 苏氨酸 | 1.92 | 1.30 | 1.63 | 1.69 | 1.42 | 1.19 | 1.14 |
| 色氨酸 | 0.64 | 0.44 | 0.65 | 0.49 | 0.53 | 0.48 | 0.54 |
| 缬氨酸 | 2.35 | 1.72 | 2.25 | 1.98 | 1.95 | 1.45 | 1.64 |

资料来源：中国饲料数据库，2018；等等。
注：①壳仁比为 16%：84%。

花生仁饼适口性好，但脂肪含量高，不宜贮藏，并特别容易生长黄曲霉菌，产生的黄曲霉毒素 $B_1$ 为强致癌剂，可以诱发肝癌，并且可以通过乳品等食物链传至人类。故花生仁饼宜新鲜饲喂，不宜久存，特别是在夏季潮热的南方地区。黄曲霉毒素 $B_1$ 只有在 280℃ 时才能降解，但不耐碱性环境。

鸡、猪日粮中纤维素类物质含量如果过高会降低日粮的消化率和利用率，因此一般都将其分别控制在 3% 和 5% 以下。但有些植物蛋白质补充料的粗纤维含量较高，如棉籽饼、向日葵饼，甚至是棉仁粕。如前所述，为了提高出油率往往会回填一部分棉籽壳，如果作为鸡、猪饲料，往往会由于纤维含量较高而降低日粮消化率，影响生产性能。对此可以将这些饼粕饲料粉碎后过筛，筛去纤维部分后再用，则可大大改善鸡、猪的消化率和生长性能。

### 3. 某些谷物籽实的加工副产品

一些谷物的加工副产品、糟、渣等，如玉米面筋、各种酒糟、豆腐渣和酱渣等，其粗纤维、粗蛋白和粗脂肪含量均比原料大有提高，每千克粗蛋白含量为 22%～50%，所以也被列为蛋白质补充料。但由于在加工或发酵过程中淀粉类物质减少较多，消化能较低，一般在 13.8 MJ/kg 干物质左右，故属于中等能量饲料。许多糟渣类饲料含水量高，有的甚至在 90% 以上，很容易变质，贮藏时需特别注意。表 7-16 列的是 4 种糟、渣类蛋白质补充料的营养成分。

**表 7-16　糟、渣类蛋白质补充料的营养成分表**（干物质计）

| | | 玉米蛋白粉 | 玉米酒糟 | 大麦啤酒糟 | 豆腐渣 |
|---|---|---|---|---|---|
| 营养成分 | 粗蛋白 /% | 49.28 | 30.83 | 27.61 | 29.8 |
| | 粗脂肪 % | 6.67 | 11.32 | 6.02 | 8.80 |
| | 粗纤维 /% | 1.78 | 7.40 | 15.22 | 21.90 |
| | 无氮浸出物 /% | 41.27 | 44.73 | 46.36 | 34.20 |
| | 钙 /% | 0.13 | 0.07 | 0.36 | 0.97 |
| | 磷 /% | 0.55 | 0.80 | 0.48 | 0.40 |
| | 灰分 /% | 1.00 | 5.72 | 4.77 | 4.35 |
| | 赖氨酸 /% | 0.79 | 0.69 | 0.82 | 0.95 |
| | 蛋氨酸 /% | 1.16 | 0.56 | 0.59 | 0.12 |
| | 维生素 $B_1$/（mg/kg） | 2.20 | 3.92 | 0.68 | 6.20 |
| | 维生素 $B_2$/（mg/kg） | 1.67 | 9.64 | 1.70 | 1.50 |
| 消化能 | 猪 /（MJ/kg） | 17.36 | 16.09 | 10.69 | 15.86 |
| | 牛 /（MJ/kg） | 16.41 | 17.25 | 13.31 | |
| | 羊 /（MJ/kg） | 16.57 | 16.41 | 12.27 | 13.17 |
| | 鸡代谢能 /（MJ/kg） | 15.87 | 10.31 | 11.27 | |

资料来源：东北农学院，1979；中国饲料数据库，2018；等等。

玉米蛋白粉，又称为玉米面筋，是玉米淀粉或玉米油生产中的副产品。由于生产工艺条件不同，其粗蛋白和粗纤维含量差异均较大，其蛋白质含量，低的约 25%，高的则超过

60%。玉米蛋白质的主要成分为玉米的醇溶蛋白和谷蛋白，其赖氨酸和色氨酸含量严重不足，但蛋氨酸、胱氨酸、亮氨酸含量较高（表 7-17）。由于在淀粉生产中经多次水洗，其水溶性维生素等含量不多，但因仍含有很高的类胡萝卜素而呈橘黄色。

表 7-17　糟、渣类蛋白质补充料的氨基酸含量（g/100 g 饲料，干物质计）

| 氨基酸 | 玉米蛋白粉 | 玉米酒糟 | 大麦啤酒糟 | 豆腐渣 |
|---|---|---|---|---|
| 精氨酸 | 1.46 | 1.26 | 1.11 | 1.11 |
| 组氨酸 | 0.87 | 0.84 | 0.58 | 0.78 |
| 异亮氨酸 | 1.81 | 1.09 | 1.34 | 0.95 |
| 亮氨酸 | 7.88 | 3.51 | 1.23 | 1.82 |
| 赖氨酸 | 0.79 | 0.80 | 0.82 | 1.44 |
| 蛋氨酸 | 1.16 | 0.64 | 0.59 | 0.18 |
| 胱氨酸 | 0.72 | 0.61 | 0.40 | 0.26 |
| 苯丙氨酸 | 2.90 | 1.43 | 2.67 | 1.30 |
| 酪氨酸 | 2.26 | 1.22 | 1.33 | 0.59 |
| 苏氨酸 | 1.54 | 1.11 | 0.92 | 1.03 |
| 色氨酸 | 0.23 | 0.22 | 0.32 | |
| 缬氨酸 | 2.05 | 1.48 | 1.89 | 1.40 |

资料来源：中国饲料数据库，2018；等等。

酒糟在出厂时含水量较高（64%～76%），一般可直接饲喂，或干燥保存，或密封发酵贮存。由于酒糟原料中大量可溶性碳水化合物已被发酵提取，无氮浸出物降到 50% 以下，而粗蛋白、粗纤维、粗脂肪和粗灰分等则相应提高。酒糟的干物质能量价值比原料降低不多，仍属于能量精饲料，但由于在发酵过程中可能掺入了一定比例的稻壳等以利于通气，其营养价值（消化能）会大大降低。原料经发酵后菌体增加，故酒糟蛋白质的氨基酸组成与原料的也大不相同，并且限制性氨基酸含量较低（表 7-17）。发酵过的酒糟一般 B 族维生素含量较高，特别是在糟水中，其含量比酒糟中还要高 3～6 倍。

豆腐渣、酱渣与某些豆制品的粉渣粗蛋白含量较高（19%～30%），粗纤维含量较高，但消化能也较高。此类饲料的营养成分与加工工艺和环境条件有关，冷季豆浆吊浆时间长，其中粗纤维含量高；夏季吊浆时间短，因此其易溶性营养物质含量高。豆腐渣饲喂动物时需要加热，以去除原来所含有毒有害物质的作用。

## 二、动物性蛋白质补充料

动物性蛋白质饲料属于能量精料，但一般不以能量精料的特性用于动物生产：一是因为此类饲料价格很高，二是因为其蛋白质特性，即某些必需氨基酸含量较高而显得对于动物生产而言十分宝贵。因而使用它们主要是为了补充其他饲料必需氨基酸的不足。表 7-18 为几种动物性蛋白质补充料的营养成分，可见其粗蛋白含量都较高，消化能也较高，几乎不含粗纤维。

**表 7-18　动物性蛋白质补充料的营养成分和消化能**（干物质计）

| | | 秘鲁鱼粉 | 国产鱼粉 | 肉骨粉 | 血粉 | 羽毛粉 | 牛奶粉 | 蚯蚓粉 | 蝇蛆粉 |
|---|---|---|---|---|---|---|---|---|---|
| 营养成分 | 粗蛋白 /% | 72.51 | 59.44 | 53.76 | 94.09 | 88.52 | 27.8 | 65.99 | 59.39 |
| | 粗脂肪 /% | 9.09 | 11.11 | 9.14 | 0.45 | 2.50 | 28.5 | 8.74 | 20.57 |
| | 粗纤维 /% | 0.22 | 0.89 | 3.01 | 0 | 0.80 | 0 | | |
| | 无氮浸出物 /% | 0.43 | 5.44 | 0 | 1.82 | 1.59 | 37.9 | | |
| | 钙 /% | 4.94 | 6.53 | 9.89 | 0.33 | 0.23 | 0.93 | 2.52 | 0.50 |
| | 磷 /% | 3.12 | 3.55 | 5.05 | 0.35 | 0.77 | 0.75 | 0.79 | 0.89 |
| | 灰分 /% | 17.75 | 23.11 | 34.09 | 3.64 | 6.59 | 5.8 | 16.01 | 12.74 |
| | 维生素 $B_1$/（mg/kg） | 3.03 | 0.44 | 0.22 | 0.45 | 0.11 | 2.4 | | |
| | 维生素 $B_2$/（mg/kg） | 6.28 | 9.78 | 5.59 | 1.82 | 2.27 | 13.4 | | |
| 消化能 | 猪 /（MJ/kg） | 14.58 | 14.37 | 12.73 | 12.98 | 13.17 | 22.93 | | |
| | 牛 /（MJ/kg） | 17.40 | 13.12 | 12.46 | 12.41 | 12.40 | 23.68 | | |
| | 羊 /（MJ/kg） | 13.99 | 14.60 | 12.46 | 11.41 | 12.08 | 22.68 | | |
| | 鸡代谢能 /（MJ/kg） | 14.04 | 13.48 | 10.71 | 11.69 | 12.98 | | | |

资料来源：中国饲料数据库，2018；等等。

　　表 7-19 为几种动物性蛋白质补充料的氨基酸含量，可见血粉、蚯蚓粉和鱼粉的赖氨酸含量均较高，血粉和羽毛粉的亮氨酸含量较高。而从前三种限制性氨基酸即赖氨酸、蛋氨酸和色氨酸的含量综合看，鱼粉是较好的蛋白质补充料。

**表 7-19　几种动物性蛋白质补充料的氨基酸含量**（g/100 g 饲料，干物质计）

| 氨基酸 | 秘鲁鱼粉 | 国产鱼粉 | 肉骨粉 | 血粉 | 羽毛粉 | 脱脂奶粉 | 蚯蚓粉 | 蝇蛆粉 |
|---|---|---|---|---|---|---|---|---|
| 精氨酸 | 4.25 | 3.60 | 3.60 | 3.4 | 6.02 | 1.29 | 3.40 | 2.42 |
| 组氨酸 | 2.18 | 1.43 | 1.03 | 5.00 | 0.66 | 1.09 | 4.08 | 1.22 |
| 异亮氨酸 | 2.82 | 2.56 | 1.83 | 0.85 | 4.78 | 1.95 | 5.07 | 1.46 |
| 亮氨酸 | 5.35 | 4.78 | 3.44 | 9.52 | 7.70 | 3.82 | 4.49 | 3.04 |
| 赖氨酸 | 5.38 | 4.30 | 2.80 | 7.58 | 1.88 | 2.98 | 5.57 | 3.34 |
| 蛋氨酸 | 2.01 | 1.54 | 0.72 | 0.84 | 0.67 | 0.96 | 0.92 | 1.02 |
| 胱氨酸 | 0.65 | 0.54 | 0.35 | 1.11 | 3.33 | 0.31 | 0.56 | 0.29 |
| 苯丙氨酸 | 2.82 | 2.47 | 1.83 | 5.94 | 4.06 | 1.85 | 1.86 | 2.84 |
| 酪氨酸 | 2.13 | 1.89 | 1.35 | 2.90 | 2.03 | 1.95 | 1.68 | 2.15 |
| 苏氨酸 | 2.97 | 2.79 | 1.75 | 3.25 | 3.99 | 1.69 | 2.41 | 1.86 |
| 色氨酸 | 0.83 | 0.67 | 0.28 | 1.26 | 0.45 | 0.53 | | |
| 缬氨酸 | 3.37 | 3.08 | 2.42 | 6.91 | 6.88 | 2.39 | 2.85 | 2.21 |

资料来源：中国饲料数据库，2018；等等。

　　鱼粉蛋白质含量高，其中的赖氨酸、蛋氨酸和色氨酸的含量也高，因此营养品质好，且鱼粉资源量大，是最常用的动物性蛋白质饲料补充料之一。然而，鱼粉的质量受较多因素的影响，如鱼的种类、产地、加工方法等。例如，鱼粉的蛋白质含量，有的高达 70% 以上，有的却低于 50%，差异较大。鱼粉中质量较好的是白鱼粉，即由鳕鱼、鲽鱼等白肉鱼种全鱼或下脚料制成的低脂鱼粉，主要用于鳗鱼和甲鱼饲料。自然晾晒鱼粉的质量易受天气状况的影响，其腐败程度一般要比及时烘干的鱼粉高。有的鱼粉食盐含量较高，有时甚至可达 5% 以上，饲喂时对动物生长甚至存活都会产生不良影响。另外，加工贮存不好的鱼粉易受沙门氏菌的污染，饲喂后易引起动物发病。

血粉在我国以猪血粉为主。血粉蛋白的亮氨酸含量较高，接近 10%，并且赖氨酸和色氨酸含量也较高，是较好的蛋白质来源。血粉的消化率不高，特别是白蛋白不易消化，但在瘤胃里的降解程度也较低。因此有的血粉在制备过程中进行了酸解或酶解处理，以提高其营养价值。从动物血清制备的血清蛋白粉，具有很高的免疫球蛋白含量，可以作为新生幼畜的初乳替代物，或喂给幼畜以预防或治疗肠道细菌感染。

羽毛粉的消化率较低，其赖氨酸、蛋氨酸和色氨酸的含量也较低，因此其营养价值较低。为了提高羽毛粉的消化性，也可以进行酸解、酶解或超高温处理。

牛奶粉或牛乳是饲喂幼畜常用的代乳品，其消化率高（约 90%），必需氨基酸和各种营养成分均比较平衡，能够满足幼畜的生长需要。但饲喂给新生羔羊时需用福尔马林预处理（见第三篇）。

蚯蚓粉蛋白质含量高，赖氨酸含量高，易于胃蛋白酶消化（>90%），是优质的蛋白质补充料。蝇蛆粉的蛋白质含量也较高，且还含有甲壳素。蚯蚓粉和蝇蛆粉都可以猪、牛、羊、禽等的粪便为原料进行生产，有利于粪便处理，保护环境，实现循环经济，提高养殖场效益。

## 三、微生物蛋白质补充料

培养或发酵非致病、非产毒的酵母、细菌、真菌、蓝藻、小球藻等生产微生物蛋白质（或称单细胞蛋白）是获取蛋白质资源的重要途径，此类饲料蛋白质含量高，B 族维生素含量高。有些微生物蛋白质饲料的胡萝卜素、类胡萝卜素含量也较高，具有抗氧化作用，且含有植物雌激素类物质，因此，此类饲料有时主要作为补充维生素或胡萝卜素等生物活性物质的来源使用，而不仅是作为蛋白质补充料。微生物蛋白质补充料的名称、营养价值等与所用菌种、基质和生产过程等有关。工厂化生产时，主要过程包括原料灭菌、培养、分离、干燥等步骤。许多资源，如废渣废水、农副产品、湖泊水库等，都可能用来生产微生物蛋白质饲料。例如，用棉仁饼（约占原料 50%）发酵生产饲用酵母，可使产品的赖氨酸含量有所提高，B 族维生素显著增加。螺旋藻是在自然湖泊水域生长的藻类，其氨基酸含量占干重的 60% 以上，植物色素占 4%。蛋白核小球藻（一种单细胞绿藻）富含蛋白质、维生素和植物色素，在异养条件下每 20 h 可增殖 4 倍，可作为优质饲料补充料。用正烷烃生产的石油酵母，纯蛋白质含量在 60% 以上，粗脂肪在 10% 以上，也是优质的蛋白质补充料。早期工艺以轻油或重质轻油生产的石油酵母，含有微量的 3, 4- 苯并芘（<4.1 ppb[①]）（联合国卫生组织标准是 <5 ppb），但现在分离和精制后的正烷烃已不含多环芳香族物质，用其生产的石油酵母也不再含 3, 4- 苯并芘。酵母饲料有苦味，喂量大时会影响动物的自由采食量。分离于兔子肠道的厌氧乙醇梭菌可以利用 CO、$CO_2$ 和氨作为主要基质生长，已有经干燥的菌体产品生产，其粗蛋白含量达 80% 以上。

表 7-20 和表 7-21 列举了几种微生物蛋白质补充料的营养成分和氨基酸含量，但所得数据均为参考值，因为不同样品之间的某些营养素含量会有较大差别，如螺旋藻，因不同地区、光照、水温、盐度、营养供应、收获时间等因素的影响，赖氨酸含量为（1.2～4.2）g/100 g 干物质，精氨酸则为（3.1～5.1）g/100 g 干物质。

---

① 1 ppb = 1 μg/kg。

表 7-20　微生物蛋白质补充料的营养成分（干物质计）

| | | 啤酒酵母 | 石油酵母 | 棉仁粕酵母 | 钝顶螺旋藻 | 小球藻 |
|---|---|---|---|---|---|---|
| 营养成分 | 粗蛋白 /% | 57.14 | 67.36 | 43.46 | 64.24 | 65.10 |
| | 粗脂肪 /% | 0.44 | 12.36 | 3.67 | 12.50 | 3.23 |
| | 粗纤维 /% | 0.65 | <1.3 | | 5.98 | 2.29 |
| | 无氮浸出物 /% | 36.64 | <1.3 | | | 14.58 |
| | 钙 /% | 0.65 | 0.14 | 1.06 | 0.12 | 0.98 |
| | 磷 /% | 1.11 | 2.63 | 0.41 | 0.94 | 0.24 |
| | 灰分 /% | 5.13 | 6.10 | 6.33 | 4.89 | 5.32 |
| | 维生素 $B_1$/（mg/kg） | 6.5 | 2.84 | | 55 | 20.00 |
| | 维生素 $B_2$/（mg/kg） | 68 | 126.31 | | 40 | 55.00 |
| 消化能 | 猪 /（MJ/kg） | 16.15 | 13.08 | | | |
| | 牛 /（MJ/kg） | 14.93 | | | | |
| | 羊 /（MJ/kg） | 14.65 | | | | |
| | 鸡代谢能 /（MJ/kg） | 11.49 | | | | |

资料来源：吴龙，1994；冯莉，2011；中国饲料数据库，2018；等等。

表 7-21　微生物蛋白质补充料的氨基酸含量（g/100 g 饲料，干物质计）

| 氨基酸 | 啤酒酵母 | 石油酵母 | 棉仁粕酵母 | 钝顶螺旋藻 | 小球藻 |
|---|---|---|---|---|---|
| 精氨酸 | 2.91 | 2.91 | 3.41 | 3.16 | 3.28 |
| 组氨酸 | 1.21 | 1.18 | 1.08 | 0.76 | 1.31 |
| 异亮氨酸 | 3.11 | 2.71 | 1.49 | 2.95 | 2.55 |
| 亮氨酸 | 5.19 | 4.61 | 3.59 | 4.48 | 5.34 |
| 赖氨酸 | 3.68 | 4.54 | 1.66 | 3.00 | 3.62 |
| 蛋氨酸 | 0.91 | 0.75 | 0.23 | 1.43 | 1.02 |
| 胱氨酸 | 0.55 | 0.53 | 0.36 | 0.25 | 0.41 |
| 苯丙氨酸 | 4.44 | 2.75 | 2.25 | 2.80 | 3.22 |
| 酪氨酸 | 0.13 | 2.32 | 0.92 | 2.34 | 1.82 |
| 苏氨酸 | 2.54 | 3.08 | 2.10 | 2.44 | 2.46 |
| 色氨酸 | 0.23 | 0.82 | | 0.51 | 1.58 |
| 缬氨酸 | 3.71 | 3.21 | 1.78 | 3.26 | 3.55 |

资料来源：吴龙，1994；冯莉，2011；中国饲料数据库，2018；等等。

## 四、非蛋白质氮饲料

　　非蛋白质氮饲料简称非蛋白质氮（non-protein nitrogen，NPN），主要指尿素、双缩脲、氢氧化氨（氨水）、硫酸铵、氯化铵等含氮物，NPN 广义上也包括氨基酸、核苷酸等，而在本章节主要指前者。一般认为，动物本身并不能直接有效地利用 NPN，其主要是通过消化道微生物的作用而间接利用 NPN。反刍动物瘤胃微生物可以将某些 NPN 分解为 $NH_4^+$，作为合成瘤胃微生物蛋白质的原料，而到达后消化道的微生物蛋白质可以被消化为氨基酸后吸收进入体内发挥营养作用。以 NPN 为唯一氮源的牛羊可以维持生命和一定的生产力

（长毛、体增重、产奶）水平，但不能维持高产。而成年兔和麝香鼠可以通过食软粪，获得大肠微生物利用氨等合成的微生物蛋白质。一般认为，猪、禽没有有效利用 NPN 的能力，但有研究表明禽类可以利用 NPN，特别是在低蛋白质日粮条件下，并且可能与肠道微生物有关。常用的 NPN 见表 7-22，其中在生产中最常用的 NPN 为尿素。

**表 7-22 常用的非蛋白质氮（NPN）**

| NPN | 分子式 | 分子量 | 含氮量 /% | 粗蛋白含量 /% |
|---|---|---|---|---|
| 尿素 | $CH_4N_2O$ | 60.06 | 46.67 | 291.69 |
| 氨水 | $NH_3 \cdot H_2O$ | 35.045 | 15～18 | 93.75～112.5 |
| 羟甲基脲 | $CH_3NHCONH_2$ | 74.08 | 18.90 | 118.12 |
| 缩二脲 | $C_2H_5N_3O_2$ | 103.08 | 40.74 | 254.62 |
| 硫酸铵 | $(NH_4)_2SO_4$ | 132.14 | 21.19 | 132.43 |
| 磷酸二铵 | $(NH_4)_2HPO_4$ | 132.05 | 21.20 | 132.50 |
| 氯化铵 | $NH_4Cl$ | 53.49 | 26.17 | 163.56 |

瘤胃内容物具有很高的尿素酶活性，其主要来源于瘤胃细菌，一般每 100 g 瘤胃内容物在 1 h 内足以完全分解 100 mg 尿素，即对于含尿素 1% 的日粮，其中的尿素只需 10 min 就可以降解 50%。而瘤胃微生物利用尿素的速度则比尿素降解的速度慢，为其 1/5～1/3，不仅造成了尿素氮利用率降低，而且大量的氨进入体内还会造成急性或慢性氨中毒。瘤胃中大量的 $NH_4^+$ 通过瘤胃壁进入血液时，如果肝脏不能将 $NH_4^+$ 全部及时地合成尿素，血液中尚存的 $NH_4^+$ 就会刺激呼吸中枢，使通气过度，$CO_2$ 分压降低，此时血红蛋白就会给 $HCO_3^-$ 提供 $H^+$，生成 $H_2CO_3$ 以产生 $CO_2$，结果使更多的 $CO_2$ 被排出，从而导致碱中毒 [ 血液 pH＞7.45（人体）]；而与 $NH_4^+$ 同时进入血液的 $HCO_3^-$ 或 $OH^-$ 可提高血液 pH，也是导致碱中毒的原因之一。碱中毒时氧与血红蛋白的亲和力增强，造成动物组织的供氧不足，可致多器官功能损伤：轻者出现肝脏肿大，生产力降低；重者则出现神经症状，造成死亡。因此，减缓 NPN 的降解速率和提高瘤胃微生物的 NPN 利用效率，是 NPN 利用的关注焦点，具体如下。

### 1. 降低 NPN 在瘤胃里的降解速度

第一，添喂双缩脲、三缩脲、甲醛尿素等分解相对缓慢的含氮物，可以延缓氨的释放。但不可添喂在瘤胃环境中不降解或降解率低的 NPN，如甲醛尿素，如果在制备过程中使用的甲醛比例过大，生产的甲醛尿素就会在瘤胃甚至在整个消化道内都不降解，最后随粪排出。第二，使用尿素酶抑制剂，如乙酰羟肟酸、3- 羟基 -3-（2- 羟基 -5- 氯苯基）丙酰氧肟酸、染料木素、金霉素、铜、钴等，都可以抑制尿素酶活性，但以上试剂实用价值不高，较少应用。第三，采取物理包被的办法减缓 NPN 的降解。第四，最实用方法，即将 NPN 溶于水后，喷洒在粗饲料，如玉米秸秆上，由于粗饲料的采食时间较长，NPN 是陆续进入瘤胃的，从而减缓瘤胃氨态氮升高的速率和降低峰值。第五，限制每天 NPN 的添喂总量。

### 2. 提高瘤胃微生物的合成速率

瘤胃微生物利用氨合成微生物蛋白质，是反刍动物 NPN 利用的主要或唯一途径。但氨的利用程度或蛋白质合成效率受较多因素影响，特别是瘤胃微生物的营养条件（见第一篇）。因此，要给动物提供营养较为全面，特别是易消化淀粉类物质含量较高的日粮。在仅仅饲喂作物秸秆时，牛羊 NPN 的利用效率会很低。有研究表明，饲喂玉米秸秆（含尿素 8g/kg 秸秆）时，如果添喂 11.4% 的玉米淀粉，绵羊的氮保留量则可以翻倍，提示了淀粉对 NPN 利用的作用除日粮的营养品质外，日粮的供应量（采食量）也是瘤胃微生物营养的重要因素。

提高瘤胃内容物周转率，是提高瘤胃微生物合成速率的重要方面。相同条件下，周转率高，则瘤胃环境更有利于微生物的生长，同时也加大了瘤胃微生物（蛋白质）的后送量。

### 3. NPN 添喂量

一般认为牛羊 NPN 添喂的上限为每日粗蛋白需要量的 1/3。例如，绵羊每天需要 120 g 粗蛋白，则尿素的最大添喂量为 $120 \div 3 \div 6.25 \div 0.47 \approx 13.6g$。如果添喂尿素过量，不仅无益于生产，易出现急性或慢性氨中毒，而且屠宰的肉品或生产的牛乳会有氨味，影响质量。在生产中，一般尿素添喂量为日粮含量的 1%，最高为 1.2%，但为保险起见，推荐量以 0.6% 为宜。

需要强调的是，每天的 NPN 饲喂量绝不能一次性地喂给牛羊，必须分次喂给，最好能均匀地掺在颗粒饲料里或喷在粗饲料上使 NPN 能陆续进入瘤胃。

# 第五节　常量元素矿物质饲料

常量元素矿物质饲料主要指能给动物补充钠、氯、钙、磷、硫的饲料。本节内容不包括镁和钾，因为常规饲料都含有大量的镁和钾，动物一般不会出现缺乏镁或钾的现象，除非是在青草抽搐症，或在仅仅饲喂秸秆粗饲料时或疾病等情况下。

## 一、食盐

植物性饲料含钾丰富，但含钠和氯较少，为满足动物的营养需要，一般都要补充食盐（氯化钠）。食盐是动物的调味剂，可增加食欲，并且其中的氯离子是产生胃酸的重要原料。但食盐也不宜喂给太多，否则会出现食盐中毒，特别是在没有足够饮水的情况下。绝大多数动物饲粮的食盐含量以 0.4%～0.6% 为宜。

为预防地方性甲状腺肿大，我国曾法定推行加碘盐，甚至有的地方在畜牧业上也强行推广，但现在已取消。

## 二、硫酸钠

硫酸钠（芒硝）含有钠和硫，也是矿物质饲料，可以给动物补充钠，还可以补充硫，特别是对于牛羊。硫是瘤胃微生物生长代谢所必需的，尤其在 NPN 的利用中，硫也是蛋氨酸合成的原料。但硫酸钠不含氯，完全替代氯化钠会造成动物胃酸缺乏。

## 三、含钙的饲料

### 1.石粉

石粉即石灰石粉，主要成分为碳酸钙，约含钙38%，是最廉价易得的常用钙源。石粉被动物摄入后在胃酸的作用下释放出游离的钙离子，可被进一步吸收利用。另外，一般石粉还含有镁，也是动物营养所需要的。在实际生产中，不要将石英石（花岗岩）用作石粉，因为其主要成分是氧化硅，不含钙。

### 2.蛋壳和贝壳粉

蛋壳含钙24.2%～26.5%，贝壳粉含钙38.6%，均是较好的钙源。但是蛋壳含有蛋白质，容易腐败，并且容易传播疾病，需要先高温或消毒处理后粉碎使用。同样，贝壳粉也需要处理。

## 四、含磷的饲料

含磷的饲料主要是磷酸盐类。植物类饲料磷含量相对较低，而且多为植酸磷，不易消化，补磷的性价比不如磷酸盐，因此在饲料生产中一般较少将麦麸等用作补磷饲料。很多磷酸盐饲料为钙盐，因此在补磷的同时也补了钙。常用的含磷饲料见表7-23。

表 7-23　常用的含磷饲料

| 磷酸盐饲料 | 分子式 | 含磷 /% | 含钙 /% | 备注 |
|---|---|---|---|---|
| 磷酸氢二钠 | $Na_2HPO_4$ | 21.80 | − | |
| 磷酸氢钠 | $NaH_2PO_4$ | 25.8 | − | |
| 磷酸氢钙 | $CaHPO_4 \cdot 2H_2O$ | 19.0 | 15.0 | 添加剂国标Ⅱ类 |
| 过磷酸钙 | $Ca(H_2PO_4)_2$ | 22.0 | 13.0 | 分子量 234.05 |

磷酸盐来自磷矿石（羟磷灰石），而一般磷矿石含氟量较高，不宜直接粉碎作为添加剂使用。饲用磷酸盐都是要经过酸处理脱氟的。因此，在饲料检测中，常检验磷酸类饲料的含氟量是否超标。

## 五、骨粉

骨粉含有磷和钙，由于处理方法不同，其中的磷、钙含量分别为11%～16%和24%～34%，即钙含量高于磷含量。骨粉中的磷主要为羟磷灰石。骨粉作为动物饲料需注意两个问题：一是骨头含有蛋白质、脂肪等，容易腐败和传播疾病，一般需要脱脂、消毒等处理；二是动物骨中的氟含量可能较高，有时需要脱氟处理。一般要求矿物质饲料的氟含量不超过 1000 ppm，但有的骨粉氟含量可达 3500 ppm 以上，因此在实际生产中，需要检测骨粉的氟含量。

# 第八章

# 饲料添加剂

无论是生产还是使用饲料添加剂，都要遵循国家的有关法律规定：禁止使用农业农村部公布禁用的物质及对人体有直接或潜在危害的其他物质；禁止在反刍动物饲料中添加乳和乳制品以外的动物源性成分（控制疯牛病传播）；禁止使用无产品标签、无产品质量标准、无产品质量检验合格证的饲料添加剂（俗称三无添加剂）。自行配制饲料的，应遵守相关使用规范，并不可对外提供。

国家对添加剂的使用，会不定期地发布相关规定，应注意及时收集有关资料，以增减饲料添加剂使用的种类和剂量等。本章所列的添加剂，包括正在使用的、已经禁用的和将来可能应用的物质。

## 第一节　营养物质添加剂

营养物质添加剂主要包括维生素、微量元素和氨基酸等三类，一般添加量较少。维生素、氨基酸、微量元素等添加剂多为人工合成或工厂化生产，价格较低。

### 一、维生素

脂溶性维生素添加剂包括维生素 A、维生素 $D_3$、维生素 E、维生素 $K_3$（亚硫酸氢钠甲萘醌）等，水溶性维生素包括维生素 $B_1$（硫胺素）、维生素 $B_2$（核黄素）、维生素 $B_6$（吡哆醇）、维生素 $B_{12}$、氯化胆碱、烟酸（维生素 PP）、泛酸钙、叶酸、生物素、维生素 C 等。添加量除根据营养需要规定外，还需要考虑日粮的组成、饲养方式和环境温度等。特别是在工业化生产的条件下，由于逆境影响较大和养分来源单一，有时需要量会比规定的高许多。

脂溶性维生素易氧化，作为添加剂使用前须经过微囊化处理。维生素 A、维生素 $D_3$、维生素 E、维生素 $K_3$ 均为人工合成品，一般商品化的维生素 A 和维生素 D 含量均为 50 万 IU/g 非自然界提取物，维生素 E 和维生素 $K_3$ 含量分别为 50% 和 98%。

水溶性维生素添加剂也多为人工合成，包括硫胺素硝酸盐（含量为 96%）、右旋异构体 D- 泛酸钙、维生素 $B_{12}$（氰钴胺）制剂、盐酸吡哆醇、氯化胆碱等。氯化胆碱吸湿性强，不稳定，一般需要加入硅酸、硬脂酸钙等疏水物质，因此有效含量为 50%。

### 二、微量元素

微量元素添加剂常用种类及其有效含量见表 8-1。由于微量元素添加剂用量较少，因此混匀程度很重要，否则会影响饲喂效果，甚至引起中毒。一般采取预混料添加，即将微量元素添加剂预先混成 0.1%～2.0% 的比例，再逐级放大添加到饲粮里面去。

　　动物微量元素的需要量会因动物的种属、品种、生产性能和营养环境等有较大不同，并且某种动物的营养需要剂量，可能是另一种动物的中毒剂量。例如，猪对高铜有较强的耐受性，甚至高铜对猪生长有促进作用，而绵羊对铜的耐受性较低，但多羔母羊的铜需要量又较多。用猪的日粮喂绵羊，可能会出现铜中毒，用羔羊饲粮喂多羔母羊，可能会出现母羊铜缺乏，而用多羔母羊饲粮饲喂羔羊，则会出现铜中毒。又如，对产奶牛的碘添加量，则需控制添加上限以保证奶品质量。在实际应用中，需要根据生产反馈的情况对各种微量元素的用量进行调整。动物补碘曾多用碘化钾或碘化钠，但其中的碘易挥发，因此现多用碘酸钙或碘酸钾。

表 8-1　微量元素添加剂常用种类及其有效含量

| 序号 | 添加剂名称 | 分子式 | 所含微量元素 | 有效含量 /% | 生长育肥猪饲粮含量 /（mg/kg） |
| --- | --- | --- | --- | --- | --- |
| 1 | 五水硫酸铜 | $CuSO_4 \cdot 5H_2O$ | 铜 | 25.4 | 4～5 |
| 2 | 七水硫酸钴 | $CoSO_4 \cdot 7H_2O$ | 钴 | 20.9 | 0.5～0.75 |
| 3 | 氯化钴 | $CoCl_2$ | 钴 | 45.3 | |
| 4 | 一水硫酸锌 | $ZnSO_4 \cdot H_2O$ | 锌 | 36.4 | 50～100 |
| 5 | 七水硫酸亚铁 | $FeSO_4 \cdot 7H_2O$ | 铁 | 20.0 | 50～70 |
| 6 | 亚硒酸钠 | $Na_2SeO_3$ | 硒 | 45.6 | 0.14～0.30 |
| 7 | 碘酸钙 | $Ca(IO_3)_2$ | 碘 | 65.0 | 0.14 |

## 三、氨基酸

　　赖氨酸和蛋氨酸是常用的氨基酸添加剂，赖氨酸多用玉米为原料生产，而蛋氨酸为化学合成。此外，还有色氨酸、苏氨酸、精氨酸、亮氨酸、异亮氨酸、缬氨酸、胱氨酸、牛磺酸等氨基酸添加剂。微生物法生产的氨基酸为 L- 氨基酸，化学合成的为 DL- 氨基酸（消旋氨基酸），故一般前者生产的效价比后者高一倍（除甘氨酸、蛋氨酸外）。

　　蛋氨酸是一类特殊的氨基酸，其 D 型和 L 型对动物营养而言是等价的。并且工业合成的羟基蛋氨酸（MHA）（生产蛋氨酸的前体）或其钙盐，其价格低于蛋氨酸，可部分取代蛋氨酸添加，但其生物学效价仅为蛋氨酸的 62%～72%。MHA 的分子式为

$$CH_3—S—CH_3—CH_2—CH—COOH$$
$$|$$
$$OH$$

# 第二节　促生长添加剂

## 一、抗生素或抗菌药物

　　抗生素（antibiotics）又称抗菌素，主要包括大环内酯类、含磷多糖类、聚醚类、四环素类、氨基糖苷类、抗菌肽和化学合成类，具有抗菌作用。在卫生条件较差的牧场，使用

抗生素对于保障畜禽健康具有较好的作用。然而，人们发现低剂量的抗生素（通常为抗菌治疗剂量的 1/10）具有促进家畜生长的作用，因此作为促生长剂用于畜牧生产。合成的磺胺和硝基呋喃类抗菌药物也具有促生长的作用。

虽然抗生素促生长的确切机制一直没有阐明，但有关的现象包括以下几点：①抗生素对无菌动物没有促生长作用，提示抗生素的促生长作用可能与促进或抑制了某些特定细菌的生长或代谢有关。②饲喂抗生素家畜的肠壁变薄，这可能更有利于肠壁的血液供应和养分的吸收。肠壁变薄的原因不清，可能与肠组织代谢速率降低或减少了微生物对肠壁的刺激有关。③饲喂抗生素的畜禽，短则几天，长则几周，自由采食量会显著增加，提示抗生素可能促进动物胃肠消化酶活性的增加。因此，抗生素的促生长作用可能与其抑制了消化道细菌的生长代谢，从而减少了营养物质的损失和有害物质的产生及其毒副作用有关。

但是，添加抗生素对肉品或奶品安全可能会带来不良影响，所以过去使用抗生素时要遵守一定的规定：一是要规定抗生素使用的剂量和停药期，即在动物屠宰前，或在产蛋、产奶期间，不能添加某些抗生素；二是主要使用在胃肠道不被消化吸收的抗生素作为动物生产使用的专门药物，如黄霉素（flavomycin）。

然而，现代生物学研究发现，细菌具有抗药性，因为细菌携带了抗药因子（即带有某种抗药基因的质粒）。在动物生产和人类疾病治疗中广泛使用抗生素，使得没有抗药性的细菌越来越少，而具有抗药因子的细菌则越来越多，结果导致很多细菌对抗生素的不敏感性，这造成了现在在人类疾病治疗方面，抗生素的效果越来越差的现象，甚至出现了"超级细菌"，即对任何抗生素都不敏感的细菌。所以，现在许多国家或地区在动物生产上已全面"禁抗"，即不准将抗生素作为畜禽促生长剂进行使用。例如，欧盟从 1999 年起开始部分限制使用抗生素类的生长促进剂，2006 年起所有的饲用药物促生长剂都已全部禁用。我国从2020 年起也全面禁止将抗生素、磺胺类和硝基呋喃类抗菌药物作为促生长的饲料添加剂使用，但抗菌肽并没有包括在内。然而，也有不同观点认为在动物生产中完全"禁抗"不太可能，也没必要。

要研发替代抗生素的促生长剂，关键是要搞清楚抗生素促生长作用的机理，从而找到替代的方法或物质。仅从抗生素的抗菌作用来解释抗生素的促生长作用可能还是不够的，尚缺乏对中间环节的描述，因此需要进行更加详细的过程（机制）研究。

## 二、中草药或天然植物提取物

中草药添加剂在生产中使用较多，特别是在用中草药替代抗生素的作用上。所用中草药包括黄芪、女贞子、五味子、细辛、麻黄、甘草、杜仲等，特别是复合制剂，还有大蒜素、苜蓿提取物、植物多糖、大豆黄酮、辣椒素等。较多实验都显示了其具有较好的生产效果，但是其作用机理或有效成分总体来说仍不甚清楚，适用的条件也不明确，对是否有残留或抗药性仍需较多研究，并且其在生产应用中可能还存在着成本过高的问题。

## 三、激素

激素类物质作为饲料添加剂必须要经过国家许可，因为此类物质在畜产品中的残留可能会对人类健康形成危害。目前，许多国家已经禁止激素类物质在畜牧生产中使用。

### 1. 甾醇类激素（sterol hormone）

甾醇类激素主要为性激素及其类似物，具有维持性征和影响物质代谢的双重作用，而且不同的人工合成物其作用的侧重点不同。雄激素类物质可促进机体蛋白质合成，促进钙磷沉积，增强基础代谢，促进红细胞生成等。雌激素类物质可减少蛋白质合成，促进骨钙沉积和骨成熟，增加水潴留等。在肉牛生产中，过去常用三十碳烯雌激素耳内埋植（25～70 mg），使体重增加约 16%，但现已禁用。

### 2. 甲状腺素（thyroxine）和抗甲状腺素

甲状腺素具有促进代谢的作用。在动物生产中常用碘化酪蛋白，即碘与酪蛋白作用的产物，其具有与甲状腺素相似的作用。碘化酪蛋白过去曾多用于短期刺激产奶，在奶牛升乳期过后 2～3 个月，可提高产奶量 10%～25%，但饲料消耗也增加。添加碘化酪蛋白可提高鱼的基础代谢率，从而促进生长。

人工合成的抗甲状腺制剂（如硫尿嘧啶），在育肥后期日粮中添加 0.2% 可提高育肥效果或饲喂效率，但添加过量或饲喂过久时均效果较差。以上制剂在动物生产中已禁止使用。

### 3. 生长激素（somatotropin）

生长激素属于肽类，为基因工程产品，在胃肠内易被消化灭活，故一般通过注射或埋植来应用。在动物生产中应用较多的主要为牛生长激素，可提高家畜的生长性能和奶牛产奶量。但现在在奶牛上已较少应用，主要是因为生长激素虽然提高了产奶量，但缩短了奶牛的利用年限。

### 4. 褪黑激素（melatonin）

褪黑激素产生于松果体，具有促进内源性甲状腺素产生的作用。外源性褪黑激素可经口服吸收。目前已有较多褪黑激素促生长的研究。

## 四、肾上腺素能 $\beta_2$- 受体激动剂

肾上腺素能 $\beta_2$- 受体激动剂，如盐酸克伦特罗（clenbuterol）、西马特罗（cimaterol）等，可大幅提高动物的产肉性能。但由于其对人类健康具有较大危害，我国和许多国家都已经禁用或限制使用。肾上腺素能 $\beta_2$- 受体激动剂的特点如下。

（1）$\beta_2$- 受体激动剂具有抑制肌肉蛋白质降解的作用，可大幅增加肌肉产量，减少体脂含量，还可减少胃肠蛋白质含量，抑制毛发生长。

（2）$\beta_2$- 受体激动剂的促生长作用具有明显的种属差异性。例如，克伦特罗对牛羊作用较强，西马特罗对猪作用较强，而 $\beta_2$- 受体激动剂对禽类几乎不起作用，但克伦特罗可促进鸭的胸肌生长。

（3）$\beta_2$- 受体激动剂在动物内脏中残留量较高，在眼睛巩膜色素部分中的残留量更高，是检测残留的首选组织。对于活动物，一般采取毛发样品进行检测。

（4）$\beta_2$- 受体激动剂在动物生产中的滥用已经造成了对人类的临床危害（心悸、恶心、昏迷和死亡），因此在绝大多数国家（包括中国）早已禁用。

（5）如前所述，$\beta_2$- 受体激动剂具有种属差异性，特别是莱克多巴胺，其在人类起作用的剂量要比在动物中的高约 50 倍，相对安全，因此美国等 27 国仍允许用于动物生产。

（6）尽管 $\beta_2$- 受体激动剂在许多国家法律上禁用于动物生产，但由于促生长效果好，其机理仍需要继续研究，以期找到具有相同作用但对人类健康无害的替代品或替代方法。例如，将肾上腺素能 $\beta_2$- 受体作为抗原产生功能性抗体的研究，以产生的抗体来模拟 $\beta_2$- 受体激动剂的作用，可以刺激 $\beta_2$- 受体的活性，但是没有残留问题。也有研究报道 $\alpha$- 酮戊二酸抑制 $\beta_2$- 受体的降解，促进肌蛋白的沉积和肌肉肥大。

## 五、其他生长促进剂

（1）有机砷制剂，如阿散酸（48～99 mg/kg 饲粮）和 4-羟-3-硝基苯砷酸（11～33 mg/kg 饲粮），可以促进幼龄猪和禽的生长，但现已禁用。

（2）铜，特别是高铜（125～200 mg/kg 饲粮），可促使生长猪增重提高 20%，但对于其他动物作用不明显，甚至有毒。由于可能影响人类健康，现对猪饲料的铜含量已有限制。

# 第三节　非营养性添加剂

非营养性添加剂不是动物的营养成分，但对于保证饲粮的品质或提高饲料利用效率等，具有不可或缺的作用。有时在营养需要配方里没有反映出来，但在生产实际中却经常使用到。非营养性添加剂主要包括以下几类。

## 一、抗氧化剂

饲料里的油脂与空气接触，在自然条件下会被氧化，放置长久时会使饲料变质。饲粮里的维生素也会由于被氧化而减弱或失去其生物学作用。因此畜禽日粮中常加入抗氧化剂以保证饲料的质量，或延长保质期。

常用的饲料抗氧化剂包括乙氧基喹啉（6- 乙氧基 -2，2，4- 三甲基 -1，2- 二氢喹啉，简称山道喹）、丁基化羟基甲苯（BHT）、丁基化羟基甲氧基苯（BHA）、丙基五倍子酸盐、五倍子酸、维生素 C、维生素 E 等。抗氧化剂的添加量一般为饲料的 0.01%～0.05%。

## 二、防霉剂

防霉剂可以抑制霉菌生长，减少饲料在贮存期间的养分损失，防止饲料发霉变质和延长饲料的贮存时间。湿热气候易使饲料滋生霉菌，特别是在南方梅雨季节。其中黄曲霉菌产生的黄曲霉毒素 $B_1$ 危害尤为巨大，可诱发畜禽和人得癌症，特别是在鸭子中极易诱发，其可作为黄曲霉毒素诱发肝癌的试验模型。肉、蛋和奶中的黄曲霉毒素含量是食品安全特别关注的检测项目。所以，饲料防霉具有重要的意义。

饲料防霉剂分单方防霉剂和复方防霉剂两种。常用的防霉剂包括丙酸钠（用量 0.1%～0.3%）、双乙酸钠（用量 0.2%～0.3%）、甲酸钙（用量 0.3%～0.5%）、山梨酸（用量 0.05%～0.15%）、富马酸二甲酯（用量 0.2%）、苯甲酸钠（用量 0.1%）、柠檬酸、大蒜素等。

除粉碎玉米、花生饼等精饲料易被霉菌污染变质外，粗饲料和青贮饲料等也会因被霉菌污染而变质，特别在饲料的水分含量较高时，需要先用防霉剂对压实草料堆的表层和周边进行处理，再行密封。

## 三、酸化剂

酸化剂的主要作用是提高胃的酸度，从而提高饲料的消化性，并且通过提高消化道酸度防止细菌繁殖或感染，以减少腹泻，因此主要用于幼畜、雏鸡等胃酸相对不足的新生动物，以及由于生长速度较快而显得消化性能相对不足的猪禽。胃肠道酸度的提高可能也会有利于微量元素等营养物质的吸收。

常用的酸化剂有延胡索酸、苹果酸、乳酸、丙酸、甲酸、柠檬酸、乙酸、磷酸等，其中某些有机酸是动物体内能量代谢过程中的中间产物，因此添加量较大（一般 1%～2%）时可能具有促进体内代谢的作用。

研究表明：添加 0.9%～1.5% 甲酸钙可减少仔猪腹泻，提高日增重 3%～5%；给新生羔羊、雏鸡或仔猪添加 1.5%～2.0% 柠檬酸，可减少腹泻率，提高日增重。综上可见有些物质既有酸化剂的作用，也有饲料防霉剂的作用，可能只是添加量有所不同，因此在生产实际中可综合考虑。山楂等天然酸性果品也具有酸化和促进消化的作用。

## 四、消化酶

饲粮中添加的消化酶大多为微生物发酵产品，添加的目的在于提高畜禽消化性能。蛋白酶、脂肪酶、淀粉酶等都可添加在饲粮中。然而，是否添加，添加多少，取决于添加效果和成本。一般添加时需考虑该酶在消化道内是否缺乏或相对不足，是否有适宜的 pH 场所，食糜在该场所停留的时间是否足够长，所添加酶的活性是否足够等因素。例如，植酸酶最适 pH 约为 5.2，但在胃肠道内几乎没有 pH 5.2 且食糜停留较长时间的场所，植酸酶是诱导酶，除幼畜外，动物肠道都具有较高的植酸酶活性，因此在一般饲料里添加时作用并不明显。同样，给动物（包括反刍动物）添喂纤维素酶类时，也需要考虑上述问题。

酶是蛋白质，在饲料制粒时产生的高温会使活酶失活，是颗粒饲料酶添加时需考虑的问题。

## 五、益生菌

益生菌是添加在饲料中的活细菌，以防控肠道感染和提高营养素的利用率，包括地衣芽孢杆菌、枯草芽孢杆菌、粪肠球菌、乳酸杆菌和酵母菌等。乳酸杆菌和枯草芽孢杆菌产生抗菌肽，经常作为活菌制剂添喂给动物，主要为了调节消化道菌群，保证动物健康，影响环境微生物，减少疾病。乳酸杆菌可防控家禽沙门氏菌病。嗜酸乳杆菌可减少牛 O157：H7 大肠杆菌病的发病率。假双歧杆菌＋嗜酸乳杆菌可减少猪死亡率和促进生长。喷洒或添喂枯草芽孢杆菌可控制环境和维持畜禽健康。也有将酵母作为益生菌进行添加的，具有促进消化的作用，但酵母菌在瘤胃环境里不定植，对瘤胃消化只起一过性的作用。

## 六、色素

添加色素的主要目的是提高产品的颜色感观，主要包括黄色、金黄色和红色色素等。肉鸡皮肤颜色、蛋的颜色，甚至牛奶的颜色都是消费者关注的热点。色泽好的畜产品外观好，流通快，售价高。

添加的色素主要包括人工合成色素和天然色素两类。人工合成色素对食品质量可能会有影响，要根据有关法律规定进行添加和控制添加量。常用的人工合成色素包括苋菜红、胭脂红、斑蝥黄、柠檬黄、日落黄等。

天然色素包括红花黄色素、辣椒红素、红曲米、姜黄、类胡萝卜素等。在生产中常添加色素含量较高的植物产品以提高饲料的色素含量，如松针粉，含有较多的类胡萝卜素；嫩苜蓿干草粉，含有较多的植物色素；辣椒粉，按 1.5% 添加可提高蛋黄色度等。

## 七、吸附剂

吸附剂主要用于吸附胃肠道里的有毒有害物质，以减少对动物的危害。常用丝兰属提取物吸附有害气体，降低畜舍氨气浓度；用膨润土（0.5%～2.0%）吸附饲粮中的霉菌毒素（如黄曲霉毒素 $B_1$），可以减少毒素的吸收量。活性炭、纤维类物质也具有吸附作用。但是吸附剂在减少有毒有害物质吸收的同时，也会减少微量元素、维生素等营养物质的吸收。

## 八、磁处理水

将普通水置于磁场中处理，使水的物理性质（如表面张力、分子簇大小、导电性等）发生变化，称为磁处理水或磁化水。磁化水可促进鸡、猪、牛、羊的生长，增加奶牛产奶量和改善蛋鸡生产性能。饮用磁化水牛羊瘤胃液的原虫数量减少，总细菌数增加。为保证磁化水的应用效果，处理容器内的磁场强度应大于 1300 Gs[①]（如用磁铁，磁铁的磁场强度应大于5000 Gs），处理时间 8 h 以上。磁化处理对水质没有严格的要求，普通自来水或井水均可。

表 8-2 是饮用磁化水对 240 日龄羔羊屠宰性能等的影响。测定表明：饮用磁化水的羔羊肌肉、肝脏、胃肠等鲜样组织 DM、OM 和 CP 等的含量没有显著变化。

**表 8-2　饮用磁化水对 240 日龄羔羊屠宰性能等的影响**（每组均 $n=6$）

| | 试验一 | | | 试验二 | | |
|---|---|---|---|---|---|---|
| | 分组 | | 增加 /% | 分组 | | 增加 /% |
| | 对照组 | 试验组 | | 对照组 | 试验组 | |
| 30 日龄活重 /kg | 5.5±0.4 | 5.6±0.4 | | 8.1±0.6 | 8.2±0.5 | |
| 240 日龄活重 /kg | 37.1±4.6 | 52.2±5.9 | 40.8 | 42.9±2.8 | 53.4±5.6 | 24.5 |
| 胴体重 /kg | 16.0±1.9 | 24.3±3.2 | 52.4 | 20.2±1.8 | 25.9±3.5 | 28.3 |
| 屠宰率 /% | 43.1±1.0 | 46.9±1.0 | 8.8 | 47.0±1.5 | 48.4±1.7 | 3.0 |
| 胴体净肉重 /kg | 11.6±1.4 | 19.3±3.1 | 66.2 | 15.6±1.6 | 21.1±2.9 | 35.7 |
| 净肉率 /% | 72.7±1.0 | 79.1±3.0 | 8.8 | 77.2±5.0 | 81.6±2.5 | 5.7 |
| 胴体瘦肉重 /kg | 10.4±1.1 | 17.2±2.7 | 66.2 | 12.6±1.2 | 16.7±3.0 | 32.6 |

---

① 1 Gs = $10^{-4}$ T。

续表

| | 试验一 | | | 试验二 | | |
|---|---|---|---|---|---|---|
| | 分组 | | 增加 /% | 分组 | | 增加 /% |
| | 对照组 | 试验组 | | 对照组 | 试验组 | |
| 瘦肉率 /% | 64.9±1.5 | 70.5±2.0 | 8.6 | 50.6±1.4 | 52.7±4.6 | 4.2 |
| 胴体肥肉重 /kg | 1.3±0.3 | 2.1±0.4 | 66.1 | 3.1±0.8 | 4.5±0.4 | 48.3 |
| 胴体骨重 /kg | 3.9±0.4 | 4.9±0.6 | 25.8 | 4.5±0.2 | 4.8±0.4 | 7.3 |
| 90～102 日龄耗料 | 845.6 | 1061.1 | 25.5 | 821.6 | 1054.7 | 28.4 |
| 210～218 日龄耗料 | 1133.2 | 1306.3 | 15.3 | 1243.3 | 1565.8 | 25.9 |
| 30～240 日龄耗料 | | | | 1144.3 | 1407.0 | 23.0 |

资料来源：程志泽等，2016；Xie et al.，2020。

注：耗料为测定期的平均值，即 g 干物质 /（羔·日）。

## 九、其他

除以上各类添加剂外，为保证饲粮的品质，提高饲粮营养价值或可利用性，还有各种其他添加剂。

例如，在饲喂游离棉酚含量较高的棉籽饼饲粮时，需添加脱毒剂硫酸亚铁以螯合游离棉酚，从而减少游离棉酚的吸收量。一般所用的七水硫酸亚铁（$FeSO_4 \cdot 7H_2O$）可按游离棉酚的 5 倍量加入。在缺乏游离棉酚测定条件时，棉籽饼的游离棉酚含量可按 0.1% 估算。

多聚糖（polysaccharide）类物质包括黄芪多糖、香菇多糖、酵母细胞壁多糖、紫花苜蓿多糖等，主要在大肠降解。较多研究表明添喂多聚糖可调节动物的免疫机能，提高抗氧化应激能力，但对生产性能的影响程度视情况而定。

阴离子表面活性剂如多库酯（一种治疗老年人便秘的润滑药物）、聚丙烯酰胺（自来水净化剂）影响食糜的表面张力，可影响瘤胃消化，其作用效果与添加量有关。适宜的添加量可减少原虫数量，调节瘤胃微生物区系，提高消化和生产性能。

有的饲粮里添加了低剂量驱虫药，如阿苯达唑（7.5 g/t 饲粮），以防控寄生虫感染，但使用低剂量驱虫药不利于抗药性的控制，因此不提倡。

# 第九章

## 饲料加工与配合饲料

饲料加工主要指饲喂动物前在体外对饲料的加工处理，主要包括机械性加工、加热、包裹处理、化学处理、生物处理等，但不包括在体内可能起作用的一些其他改善消化或营养的措施，如口服消化酶、添加瘤胃调控剂、添喂酸化剂等。

## 第一节　饲料加工

### 一、机械性加工

饲喂畜禽的精饲料，如玉米（占饲粮的 50%～80%）一般都要经过粉碎处理，以提高饲料的可消化性和混合均匀度。但也不可粉碎得太细，否则会导致饲粮流动性差和易引发动物胃溃疡。一般饲料粉碎可用孔径 3～5 mm 的网筛，使粉碎出的饲料平均粒度直径为 0.3～1.3 mm（育肥猪 0.6 mm，奶牛 1.0 mm，肉鸡 0.3 mm，蛋鸡 1.3 mm，绵羊 0.8 mm）。但对于牛羊，饲喂压碎玉米可能更好，有利于迟缓在瘤胃中的消化，增加到达后消化道的淀粉量。如前所述，小规模饲养牛羊在缺乏粉（压）碎机械时，可用水在常温条件下将玉米粒浸泡（60～70 h）后喂给动物，以替代粉（压）碎的作用。

其他大块的饲料原料，如棉仁粕、菜籽饼等，也要经过预粉碎后使用。

牛羊粗饲料加工利用最简单有效的方法是切短或粉碎，有利于动物采食和消化。一般饲喂牛的粗饲料长度为 3～6 cm，而羊为 1～2 cm。用机械还可将粗饲料，特别是坚硬的棉花秆、高粱秆等，进行"揉制"，揉制后秸秆破裂严重，有利于牛羊采食和瘤胃消化。但是，仅用水浸泡秸秆不能提高绵羊对粗饲料的自由采食量和消化率。

全价日粮制备颗粒是常用的饲粮加工方法。饲喂颗粒饲料的优点包括：①提高畜禽自由采食量 10%～35%；从而提高动物的生产性能；②保证大群饲喂时每头动物都能均匀地采食到各种营养物质，从而避免了动物之间因优势序列而造成的采食不均，出现"强者恒强、弱者恒弱"的现象；③有利于保存和减少饲料的浪费；④有利于工厂化饲养；⑤促使饲料加工业与动物饲养业分离，从而促进饲料工业的发展。但是，颗粒饲料的加工环节较多，成本也高于粉状饲料。另外，在颗粒饲料的加工过程中，不可避免地要经过挤压、升温，可使饲料细胞壁破裂，或破坏淀粉粒，释放养分，有利于消化；也可以杀灭细菌和寄生虫卵，减少疾病；但对其中的维生素等不耐热的营养物质，也有破坏作用。目前在家禽生产和养猪生产中已大规模使用全价颗粒日粮，但在反刍动物生产中仍较少使用。主要是由于将粗饲料（青贮饲料）作为颗粒日粮一部分的加工机械（工艺）不成熟：①对压颗粒秸秆的物料性状要求高，必须要经过细粉碎，而一般切短或粉碎的秸秆不能用于压颗粒；②缺乏秸秆预处理—精粗料混合—压颗粒一体化的压秸秆颗粒设备，操作流程长；③缺乏大功率规模化生产设备，班产量低；④较多设备的可靠性或稳定性不高，缺乏冷却系统和危险自动制动装置。

## 二、加热

加热是某些饲料利用的必需步骤，主要是为了除去饲料原料中的有毒有害物质、灭活细菌等。豆类，特别是大豆，利用前一定要经过加热处理，以灭活其中的抗胰蛋白酶因子（一种蛋白质）。灭活的方式有炒熟、膨化等，或在油脂浸提、制备颗粒过程中经过高温处理。用没有经过高温处理的大豆或大豆粕饲喂猪禽，会导致蛋白质消化率降低和腹泻。在生产中，对大豆抗胰蛋白酶活性的检测常用尿素酶活性来表示，因为尿素酶活性的测定方法比较简单。一般认为如果大豆里的尿素酶活性消失了，其中的抗胰蛋白酶活性也就消失了。但饲料原料中的某些抗营养因子，如甲状腺肿物质、植酸、游离棉酚等，是不能通过加热来破坏的。

加热使蛋白质凝固，溶解性降低，在瘤胃中的降解程度减弱，因此加热也是降低蛋白质饲料瘤胃降解率的方法之一。

然而，加热处理也有副作用，除破坏了某些营养素外，高温还促使蛋白质氨基酸（特别是赖氨酸）中的氨基与还原糖羧基反应产生褐色物质（称美拉德反应），导致蛋白质生物学效价降低。因此，饲料原料的加热也不宜过度，在饲料制备颗粒时要注意控制加工的温度和受热时间。

## 三、包裹处理

包裹处理就是给某些饲料或其他物质（如淀粉、酪蛋白、微量元素、酸化剂、益生菌、药物、消化酶等）表面包裹一些不易被瘤胃微生物、胃部蛋白酶、小肠消化酶等降解破坏的物质，以降低其在通过期间被消化或降解的程度或速度，增加到达后消化道的量。常用的抗胃蛋白酶（肠溶）的包被物质包括丙烯酸树脂、聚乙烯醇乙酸苯二甲酸酯（PVAP）、羟丙基甲基纤维素酞酸酯、多聚糖等。抗瘤胃消化的包被物包括棕榈酸、血清蛋白，以及微珠化（氨基酸保护）技术、淀粉糊化包埋技术等。

## 四、化学处理

用化学方法处理饲料的目的主要是提高或降低饲料在消化道或某些部位的消化性。

### 1. 粗饲料处理

处理玉米秸秆、稻草、麦草、甘蔗梢、棉花秆等粗饲料是为了提高牛羊对粗饲料的自由采食量或消化率。秸秆最早期的处理方法是碱化，即用 1%～5% NaOH 溶液浸泡秸秆，再用水将秸秆冲洗至中性后饲喂给牛羊，此种方法能提高粗饲料的自由采食量和消化率，但是成本高，耗水量大，对环境污染严重，早已不采用。

氨化是近几十年来较为常用的粗饲料处理方法，在早期主要是用氨水在密闭条件下将粗饲料封存一段时间（一般 3～5 周），然后开封散去大部分氨味后喂给动物。秸秆氨化提高消化性的原理是 $NH_4^+$ 可将纤维素与木质素之间的酯键打开，破坏纤维素 - 木质素的共价结合结构，以利于消化。后来为了方便起见，使用尿素进行氨化，即往秸秆中加入尿素，在天然存在或添加生大豆粉中的尿素酶作用下，尿素降解成 $NH_4^+$，对秸秆起氨化作用，可使秸秆自由采食量提高 7%～21%，秸秆日粮消化率提高 10%～15%。秸秆氨化中尿素的常用剂量为 2%～6% 即 20～60 kg/t 秸秆，用水溶解后泼洒。

氨化秸秆（稻草等）的处理和饲喂要点包括：①秸秆氨化前要粉碎，氨化时要压紧、密封。秸秆含水量要控制在 50%～70%，即以手攥时手心潮湿，但攥不出水滴为宜；②秸秆氨化后要将氨气散尽后再饲喂牛羊，否则动物可能拒食，或发生氨中毒；③动物不宜只喂给氨化秸秆，一般可占日粮的 30%～70%，否则不仅不能满足动物的营养需要，而且出现氨中毒的可能性增大；④采用低剂量尿素（＜5 kg/t 秸秆）氨化时，可将氨化后的秸秆直接喂给牛羊，尽管氨化效果会差一些，但不会出现氨中毒，并可将其中的氨作为非蛋白氮提供给牛羊（每千克处理秸秆可提供 14 g 粗蛋白，占一般日粮粗蛋白含量的 11.6%）。

然而，秸秆氨化技术在应用上需要注意：①氨化秸秆对动物的营养作用只限于能量供应（低尿素剂量氨化直接饲喂时还可提供一些非蛋白氮），而不能直接提供其他营养物，如蛋白质（氨基酸）、钙、磷、维生素等，在实际生产中仍需补充；②对氨化秸秆效果评定的科学指标只能是牛羊对秸秆的自由采食量和消化率，而体增重、产奶量等指标只能作为参考；③氨化秸秆方法应用的前提是要考虑氨化成本与其他能量饲料原料的比价，只有在单位价格内氨化所能提供的消化能高于其他能量饲料的消化能时才有实际应用意义。

### 2. 牛羊优质蛋白质饲料处理

饲料蛋白质在瘤胃环境里的降解率一般为 50%～80%，最后一部分形成氨，造成蛋白质，特别是优质蛋白质的浪费。为了提高饲料的 UDP 率，常用甲醛（福尔马林）等在体外处理蛋白质饲料，以降低饲料蛋白质在瘤胃里的溶解性和消化性，使其能较多地到达后消化道（过瘤胃保护蛋白），在皱胃和小肠中继续消化成氨基酸后吸收，增加动物的氨基酸供应量，提高饲料蛋白质的利用性。处理蛋白质饲料的福尔马林用量一般为 0.35～0.58 g/100 g 饲料粗蛋白，或 1.5～2.0 g/kg 饲料干物质。如果用量过大（保护过度），饲料蛋白质非但在瘤胃里不降解，即使到达后消化道后也不能被消化；蛋白质的利用效率不仅不能提高，还可能降低。目前几乎没有关于饲喂甲醛处理的蛋白质饲料时动物体内或奶中甲醛残留的研究报道。

## 五、生物处理

饲料的生物处理主要是用微生物或各种酶在体外处理（发酵），改善饲料的性状，增加饲料里的益生菌数量或消化酶活性等。饲料青贮在严格意义上讲也属于生物处理。生物处理时一般要求饲料要含有一定的水分（一般为 40%～70%），因此如果不湿喂，则需要干燥，需耗费人力物力。

利用天然或人工培养的益生菌处理饲料，是常用的方法。在精饲料处理上，常用益生菌（含酵母）等进行发酵，或加入淀粉酶，使淀粉降解、糖化，使饲料在进入动物消化道前即已部分消化。在秸秆处理上，常加入培养的纤维素分解菌或纤维素酶。加入

1%～2% 纤维素酶制剂，可以显著提高牛羊的秸秆利用率，但成本较高。加入纤维素分解菌或复合菌处理粗饲料，俗称"微贮"，大部分研究表明微贮可使牛羊日粮自由采食量增加8%～10%，消化率提高 10%～26%，但也有使自由采食量减少的报道。

# 第二节 配合饲料

## 一、营养需要

营养需要是在一定生产水平条件下，一头（只）动物所需要的各种营养物质的数量。这种营养需要，根据畜禽的不同种类、年龄、性别、体重，生产目的与水平，以及生产实践中积累的经验，结合能量与物质代谢试验和饲养代谢试验结果，科学地规定了一头（只）畜禽每天应该给予的能量和各种营养物质的数量。营养需要过去称为饲养标准，但鉴于"饲养标准"一词的人为主观因素较强，后改为营养需要，以强调动物营养（需要）的客观性。

如前所述，动物的营养需要有成百上千种，不同种（品系）的动物营养需要不同，不同年龄（生长阶段）动物的营养需要不同，不同生产目的动物的营养需要不同，不同生产性能动物的营养需要不同，甚至不同环境下相同动物的营养需要也不同。大多数基本的动物营养需要是既定的，已经经过了多年的应用和验证，是畜牧生产中畜禽营养需要的基本参考数据，尤其是 NRC（National Research Council，USA，美国国家科学研究委员会）标准。但在生产中，还需要根据生产的实际情况不断进行校正。例如，在缺硒地区饲养动物，其饲粮硒的供给量有时需要翻倍；笼养鸡因被粪便污染的机会较少，需供给较多的维生素 $B_{12}$；北方冬天低温，在保温条件不理想时，奶牛或肉猪的日粮能量水平都有必要提高。但不同的营养需要也有一些共同点，如需要量都随生产性能（日增重、产奶量等）的提高而增加，不同营养需要动物的钙磷比都基本相当等。

在实际生产中动物往往是以群饲喂的，因此群内个体间的采食量甚至采食成分都会有所不同，而营养需要一般是基于整个群体或某些个体研究所得的数据，因此按营养需要供给可能会造成某些弱势个体的营养缺乏。对此可以通过适当增加供给量或饲喂颗粒饲料等方法解决。

需要指出的是，动物的营养需要并没有完全反映出动物的营养或消化特点。例如，奶牛为满足能量需要饲喂大量的淀粉类饲料，会造成慢性酸中毒或代谢疾病，因此需改喂较多的易消化纤维类饲料；而对于肉鸡或肉猪，如果日粮中的粗纤维含量高于 5%，日粮消化率会显著降低，这在有的营养需要（表格）里可能并没有反映出来。

## 二、配合日粮

为了满足动物的营养需要，可以将不同的饲料配合在一起，在营养成分上取长补短，配成"全价日粮"，即能全面满足动物生长或生产需要的日粮，然后按规定量喂给动物。配合日粮的作用是巨大的。例如，单独用玉米喂猪时，饲粮蛋白质的生物学效价为 51%，单独用肉骨粉喂猪时，饲粮蛋白质的生物学效价为 42%。而将两份玉米、一份肉骨粉混合饲喂时，饲粮的生物学效价则为 61%，即其生物学效价提高了 35.6%。过去养鸡有句俗语"斗米斤鸡"，即养鸡每增加 1 斤体重，需要喂给 1 斗米，而现在肉用鸡每千克体增重消耗的配合饲料不到 2.2 kg，饲料效率相差 5 倍以上。

在进行日粮配合（俗称饲料配方）时，需遵循以下三个原则，即：①充分满足动物的营养需要，要完全根据既定的营养需要要求进行配制，不可"缺斤少两"，并在后来的实践中不断进行调整；②保证所配出的日粮在满足动物营养需要的前提下价格最低；③要充分利用当地的饲料资源，或来源广泛、丰富的饲料资源，以在经济的前提下替代外来饲料原料。

进行饲料配方时需要三个基本条件（数据）的支撑。①动物营养需要（标准）。在配制时可通过查阅已有的动物营养需要表来获得数据。每种不同生产性能的动物营养需要都有相应的表格数据可查。许多国家都有自己的动物营养需要标准，但国际上较为通行的是 NRC 标准。然而，由于品种、地域等的差异性，专业化饲料厂或饲养场的动物营养需要标准一般要根据生产实际进行一定的校正。②饲料成分表。要根据饲料的成分和动物的营养需要量配制饲粮，所以每种饲料的营养成分是必不可少的基本数据。一般的饲料成分都可通过查阅有关文献资料来获得，所得数据一般与实际的同类饲料相差不大，但有时也差异较大。因此对于大批量饲料或新来源饲料的营养成分最好还是进行相应的测定，以保证所用饲料成分数据的准确性。③要有饲料的价格信息。只有知道了饲料原料的价格，才能进行比较，在满足动物营养需要的前提下，配出的饲粮价格最低。饲料原料价格是经常变动的，所以在实际生产中，饲粮配方要经常进行调整。

配制饲粮的指标见表 5-1，但在实际配制时经常会忽略微量元素和维生素含量，而是在最后通过直接添加额外的微量元素和维生素来解决。

由于饲料工业的发展，饲料生产和畜禽养殖两个环节经常是分离的，饲料厂对饲喂状况有时也不甚清楚，而肉用动物的饲喂大多为自由采食，并且尽量使动物能够多采食。因此，饲粮的配方多用饲料组成即百分比（%）来表示，而较少用每头（只）来表示。

饲粮的配方方法包括人工配方法和计算机线性规划法。人工配方法是先用十字法确定主要饲料原料的大致用量，然后用替代、试商的方法逐步完善配方。由于计算复杂，营养需要指标的选取相对较少，饲粮的成本较难做到最低，而且耗时。而计算机线性规划法是采用线性规划方程，通过计算机自动运算或试商，以取得既满足营养需要又价格最低的配方，其所选的营养指标较多，给出的饲粮成本基本可以达到最低，运算效率高、时间短。市场上的许多商用配方软件，均是以线性规划法为基本原理设计的。

动物的营养需要都是以干物质基础来表示的，而饲料原料或饲料多为风干物，因此在计算营养含量时需要根据情况进行换算，并且要记录或表示清楚。一般在动物营养研究中（特别是在发表论文时）多用干物质表示，而在生产中多用风干物表示。但在计算饲粮营养百分比时，可以假定各种大宗原料的含水量相似，因此可以不考虑含水量问题。在没有原料含水量数据时，可以将风干原料的含水量假定为 10%～13%。

## （一）饲粮的人工配方法（以 5 周龄以上肉仔鸡配方为例）

### 1. 第一步　查 5 周龄以上肉仔鸡的营养需要量表

如上所述，进行饲粮配方时需先提供 5 周龄以上肉仔鸡的营养需要。表 9-1 是从 NRC 查到的 5 周龄以上肉仔鸡代谢能、粗蛋白、氨基酸、钙、磷、食盐等的需要量，但表中尚未包括微量元素和维生素，这两者需要额外添加。

表 9-1　5 周龄以上肉用仔鸡代谢能、粗蛋白、氨基酸、钙、磷、食盐等的需要量（干物质计）

| 序号 | 营养素 | 需要量 | 序号 | 营养素 | 需要量 |
|---|---|---|---|---|---|
| 1 | 代谢能 /（MJ/kg） | 12.55 | 11 | 色氨酸 /% | 0.21 |
| 2 | 粗蛋白 /% | 19.0 | 12 | 精氨酸 /% | 1.31 |
| 3 | 蛋白能量比 /（g/MJ） | 15 | 13 | 亮氨酸 /% | 1.22 |
| 4 | 钙 /% | 0.9 | 14 | 异亮氨酸 /% | 0.73 |
| 5 | 总磷 /% | 0.65 | 15 | 苯丙氨酸 /% | 0.65 |
| 6 | 有效磷 /% | 0.40 | 16 | （苯丙氨酸 + 酪氨酸）/% | 1.21 |
| 7 | 食盐 /% | 0.35 | 17 | 苏氨酸 /% | 0.73 |
| 8 | 蛋氨酸 /% | 0.45 | 18 | 缬氨酸 /% | 0.74 |
| 9 | （蛋氨酸 + 胱氨酸）/% | 0.84 | 19 | 组氨酸 /% | 0.32 |
| 10 | 赖氨酸 /% | 1.09 | 20 | （甘氨酸 + 丝氨酸）/% | 1.36 |

资料来源：NRC（Poultry），1994。

## 2. 第二步　列出所用饲料原料的营养成分和价格表

列出现有肉仔鸡饲料原料的营养成分和价格（表 9-2），所列的项目要与上述的需要量表（表 9-1）一致（注意食盐和蛋白质能量比不需列入）。一般动物营养需要资料都会附有饲料原料成分表，可以作为参照。饲料原料价格则需要向市场或厂家询价和验货。

表 9-2　肉仔鸡饲料原料营养成分及价格（干物质计）

| 序号 | 饲料原料 | 玉米 | 大豆粕 | 棉仁粕 | 菜籽粕 | 鱼粉 | 膨化大豆 | 麸皮 |
|---|---|---|---|---|---|---|---|---|
| 1 | 代谢能 /（MJ/kg） | 15.75 | 11.13 | 8.64 | 9.27 | 13.48 | 15.59 | 6.54 |
| 2 | 粗蛋白 /% | 8.9 | 50.08 | 52.22 | 43.86 | 59.44 | 41.7 | 17.84 |
| 3 | 钙 /% | 0.02 | 0.35 | 0.28 | 0.74 | 6.53 | 0.27 | 0.13 |
| 4 | 总磷 /% | 0.31 | 0.67 | 1.22 | 1.28 | 3.55 | 0.63 | 0.92 |
| 5 | 有效磷 /% | 0.09 | 0.21 | 0.37 | 0.39 | 3.55 | 0.18 | 0.32 |
| 6 | 蛋氨酸 /% | 0.17 | 0.66 | 0.74 | 0.72 | 2.01 | 0.46 | 0.26 |
| 7 | （蛋氨酸 + 胱氨酸）/% | 0.38 | 1.39 | 1.59 | 1.71 | 2.55 | 1.09 | 0.63 |
| 8 | 赖氨酸 /% | 0.42 | 3.01 | 2.42 | 1.48 | 4.30 | 2.16 | 0.72 |
| 9 | 色氨酸 /% | 0.09 | 0.64 | 0.65 | 0.49 | 0.67 | 0.56 | 0.29 |
| 10 | 精氨酸 /% | 0.50 | 3.80 | 6.18 | 2.08 | 3.60 | 2.10 | 1.15 |
| 11 | 亮氨酸 /% | 0.86 | 3.76 | 2.95 | 2.66 | 4.78 | 2.65 | 1.10 |
| 12 | 异亮氨酸 /% | 0.31 | 2.24 | 1.60 | 1.47 | 2.56 | 1.44 | 0.59 |
| 13 | 苯丙氨酸 /% | 0.43 | 2.48 | 2.81 | 1.65 | 2.47 | 1.69 | 0.71 |
| 14 | （苯丙氨酸 + 酪氨酸）/% | 0.76 | 3.36 | 4.47 | 2.75 | 4.36 | 2.79 | 1.20 |
| 15 | 苏氨酸 /% | 0.35 | 1.92 | 1.63 | 1.69 | 2.79 | 1.37 | 0.57 |
| 16 | 缬氨酸 /% | 0.53 | 2.35 | 2.25 | 1.98 | 3.08 | 1.36 | 0.82 |
| 17 | 组氨酸 /% | 0.34 | 1.31 | 1.45 | 0.98 | 1.43 | 0.68 | 0.47 |
| 18 | （甘氨酸 + 丝氨酸）/% | 0.72 | 4.41 | 4.26 | 4.08 | 6.55 | 4.17 | 1.67 |
| | 价格 /（元 /kg） | 2.10 | 3.30 | 3.10 | 2.80 | 6.00 | 3.60 | 1.50 |

资料来源：NRC（Poultry），1994；等等。

另外，还需要列出其他单项添加剂的有效含量和价格，如石粉（Ca：35%，0.25 元 /kg）；磷酸氢钙（Ⅱ型）[P：19%（有效磷），Ca：15%，2.0 元 /kg]；赖氨酸（70%，4.3 元 /kg）；蛋氨酸（98%，19 元 /kg）。

### 3. 第三步 分步配平各种营养素

（1）选择主要的饲料原料：根据饲料来源的难易程度和价格先选择两种主要的饲料原料进行配合。可选择玉米＋大豆粕或玉米＋鱼粉等，但每种选择都需要重新配制，最后对形成的几种饲粮进行价格比较。此处根据原料来源、预计饲粮价格（较低）和以往经验，先选择玉米＋大豆粕进行配合。

（2）代谢能和粗蛋白：根据表 9-2，按照图 9-1 所示，将玉米和大豆粕的代谢能数据放在左边上、下方，将所需玉米和大豆粕未知比例的数据放在右边上、下方，将代谢能需要量数据放在中间，采用十字法，将左上方的数据减去中间的数据即为所需大豆粕的份额（3.2），写于右下方；将左下方的数据减去中间的数据（取绝对值）即为所需玉米的份额（1.42），写于右上方，即得出所需玉米与大豆粕的比例（1.42：3.2）。

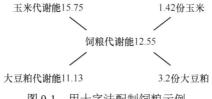

图 9-1 用十字法配制饲粮示例

将以上结果转化成以 % 表示，即玉米 30.74%，大豆粕 69.26%，就能满足动物的能量需要。根据表 9-2，上述饲粮的粗蛋白为 8.9×30.74% + 50.08×69.26%=37.42%，也足以满足需要。但是该配方粗蛋白含量过高，且大豆粕价格高于玉米，而玉米代谢能较高，所以可以尝试降低大豆粕比例，而增加玉米用量。采取试商的方法，将大豆粕用量减到 30%，而玉米增到 70%，饲粮的代谢能和粗蛋白分别为 14.36 MJ/kg 和 21.25%，但仍均高于营养需要，故加入麸皮，以降低能量和蛋白质含量，从而降低价格，经试商后最终确定玉米、大豆粕和麸皮的比例为 6.0：2.2：1.8，代谢能和粗蛋白分别为 13.07 MJ/kg 和 19.57%，蛋白能量比为 15（表 9-3，饲粮 1）。

**表 9-3 三种肉仔鸡预配饲粮与肉仔鸡营养需要量的比较**

| 序号 | 营养素 | 需要量 | 饲粮 | | |
| --- | --- | --- | --- | --- | --- |
| | | | 玉米：大豆粕：麸皮 =6.0：2.2：1.8 | 玉米：膨化大豆：麸皮：鱼粉 =4.4：2.2：3.0：0.4 | 玉米：棉仁粕：菜籽粕 =5.8：3.2：1.0 |
| 1 | 代谢能 /（MJ/kg） | 12.55 | 13.07 | 12.86 | 12.55 |
| 2 | 粗蛋白 /% | 19.0 | 19.57 | 20.82 | 23.65 |
| 3 | 蛋白能量比 /（g/MJ） | 15 | 15.0 | 16.2 | 18.8 |
| 4 | 钙 /% | 0.9 | 0.112 | 0.368 | 0.114 |
| 5 | 总磷 /% | 0.65 | 0.499 | 0.693 | 0.662 |
| 6 | 有效磷 /% | 0.40 | 0.158 | 0.317 | 0.202 |
| 7 | 蛋氨酸 /% | 0.45 | 0.29 | 0.33 | 0.36 |
| 8 | （蛋氨酸＋胱氨酸）/% | 0.84 | 0.60 | 0.70 | 0.79 |

续表

| 序号 | 营养素 | 需要量 | 饲粮 | | |
|---|---|---|---|---|---|
| | | | 玉米：大豆粕：麸皮<br>=6.0：2.2：1.8 | 玉米：膨化大豆：麸皮：鱼<br>粉=4.4：2.2：3.0：0.4 | 玉米：棉仁粕：菜籽<br>粕=5.8：3.2：1.0 |
| 9 | 赖氨酸 /% | 1.09 | 1.04 | 1.05 | 1.09 |
| 10 | 色氨酸 /% | 0.21 | 0.25 | 0.27 | 0.29 |
| 11 | 精氨酸 /% | 1.31 | 1.34 | 1.17 | 2.38 |
| 12 | 亮氨酸 /% | 1.22 | 1.54 | 1.48 | 1.55 |
| 13 | 异亮氨酸 /% | 0.73 | 0.78 | 0.73 | 0.75 |
| 14 | 苯丙氨酸 /% | 0.65 | 0.93 | 0.87 | 1.22 |
| 15 | （苯丙氨酸＋酪氨酸）/% | 1.21 | 1.41 | 1.48 | 1.99 |
| 16 | 苏氨酸 /% | 0.73 | 0.73 | 0.74 | 0.78 |
| 17 | 缬氨酸 /% | 0.74 | 0.98 | 0.90 | 1.11 |
| 18 | 组氨酸 /% | 0.32 | 0.57 | 0.50 | 0.71 |
| 19 | （甘氨酸＋丝氨酸）/% | 1.36 | 1.70 | 1.99 | 1.95 |
| | 预配料价格（元 /t 风干物） | | 2256 | 2406 | 2490 |
| 1 | 蛋氨酸 /% | | 0.24 | 0.14 | 0.09 |
| 2 | 赖氨酸 /% | | 0.05 | 0.04 | 0 |
| 3 | 磷酸氢钙 /% | | 1.27 | 0.44 | 1.04 |
| 4 | 石粉 /% | | 1.71 | 1.33 | 1.80 |
| 5 | 食盐 /% | | 0.35 | 0.35 | 0.35 |
| 6 | 微量元素与维生素添加剂 | | 0.50 | 0.50 | 0.50 |
| | 添加成分价格[①]/（元 /t 预配料） | | 196 | 86 | 140 |
| | 配合饲料价格[①]/（元 /t） | | 2452 | 2492 | 2630 |

注：①不包括食盐、微量元素和维生素费用。

（3）氨基酸的配平：计算后由表 9-3 可知，仅由玉米、大豆粕和麸皮配合的饲粮，除蛋氨酸、蛋氨酸＋胱氨酸和赖氨酸外，其他氨基酸都能满足肉仔鸡的营养需要，故饲粮中需添加蛋氨酸和赖氨酸来补足（表 9-3）。

（4）钙磷的配平：根据营养需要和既定的饲粮含量，磷缺乏 0.151%，有效磷缺乏 0.242%，故按照高限的有效磷进行计算补足，磷酸氢钙添加量为（0.40−0.158）÷19= 1.27%。钙缺乏 0.788%，但磷酸氢钙已加钙 0.191%，故还需添加石粉（0.9−0.112−0.191）÷ 35=1.71%。

（5）微量元素与维生素：在饲粮配方时，一般将饲料原料里的微量元素与维生素含量视为零，然后按照营养需要表足量添加，具体成分见表 12-1。

（6）其他：不要忘记添加食盐。在配平饲粮各营养成分后，可能还需要添加其他成分，如防霉剂、酸化剂、抗氧化剂等。

由于加入氨基酸、石粉等，饲粮的含量已超过 100%，在实际应用时，可以仍按照原有比例配合，也可以按照一共 100% 重新计算。

表 9-3 是人工配制的三个肉仔鸡的日粮配方，其价格分别为 2452 元 /t、2492 元 /t 和 2630 元 /t（不含食盐、微量元素和维生素费用），作为研习的实例。在肉仔鸡日粮中，一般玉米是主要的能量饲料，大豆粕也是肉鸡日粮的常用饲料，鱼粉是满足氨基酸需要的重要

原料，而（脱壳）棉仁粕则是棉区肉鸡生产的重要蛋白质补充料资源。

## （二）饲粮的计算机线性规划法（以 5 周龄肉仔鸡配方为例）

获得动物营养需要量表和饲料原料营养成分及价格表后，也可以利用 Excel 软件进行饲粮配方优化计算。配方的操作步骤包括：设置 Excel 软件、输入数据和约束条件、填写公式说明各种函数关系及相应数据所在的位置、进行规划求解等。

### 1. 设置 Excel 软件

进行饲料配方计算需要用到 Excel 软件的线性规划功能。打开 Excel 软件后，点击菜单栏“数据”，再找到“模拟分析”项点击开（图 9-2 上部项目列表），即可见到“规划求解”加载项。如果没有“规划求解”的加载项，需要自行添加安装：点击菜单栏中的“文件”→“选项”→“加载项”→“规划求解加载项”，点击“转到”按钮，在弹出的“加载宏”对话框中，在“规划求解加载项”前的检查框中点击，然后点击“确定”按钮，即可添加到“Excel 加载项”中，然后就可以在“数据”选项下的“模拟分析”中，看到“规划求解”项了。

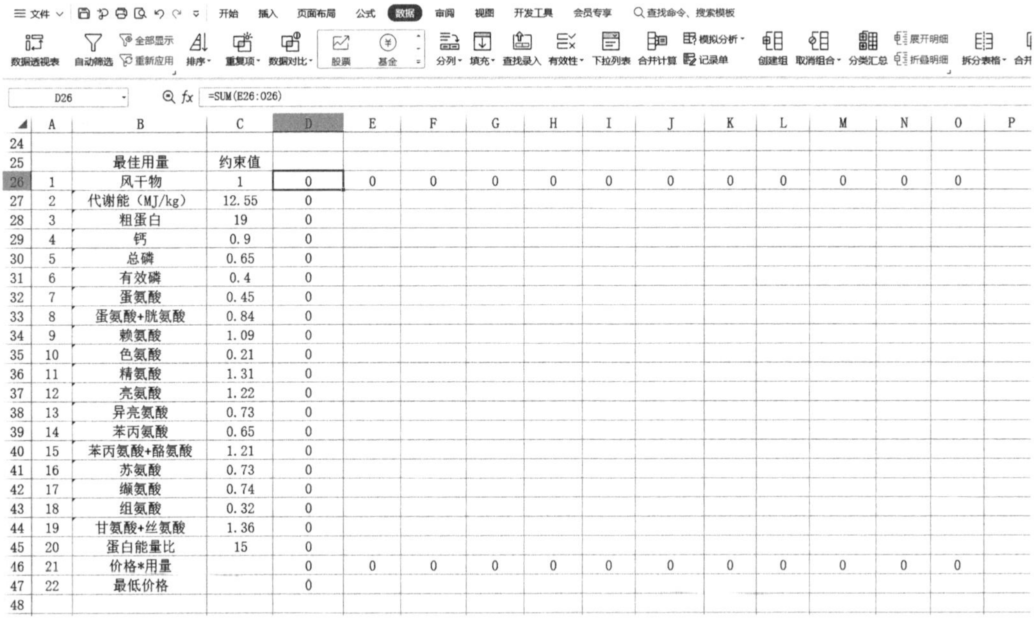


| | A | B | C | D | E | F | G | H | I | J | K | L | M | N | O | P |
|---|---|---|---|---|---|---|---|---|---|---|---|---|---|---|---|---|
| 24 | | | | | | | | | | | | | | | | |
| 25 | | 最佳用量 | 约束值 | | | | | | | | | | | | | |
| 26 | 1 | 风干物 | 1 | 0 | 0 | 0 | 0 | 0 | 0 | 0 | 0 | 0 | 0 | 0 | 0 | |
| 27 | 2 | 代谢能（MJ/kg） | 12.55 | 0 | | | | | | | | | | | | |
| 28 | 3 | 粗蛋白 | 19 | 0 | | | | | | | | | | | | |
| 29 | 4 | 钙 | 0.9 | 0 | | | | | | | | | | | | |
| 30 | 5 | 总磷 | 0.65 | 0 | | | | | | | | | | | | |
| 31 | 6 | 有效磷 | 0.4 | 0 | | | | | | | | | | | | |
| 32 | 7 | 蛋氨酸 | 0.45 | 0 | | | | | | | | | | | | |
| 33 | 8 | 蛋氨酸+胱氨酸 | 0.84 | 0 | | | | | | | | | | | | |
| 34 | 9 | 赖氨酸 | 1.09 | 0 | | | | | | | | | | | | |
| 35 | 10 | 色氨酸 | 0.21 | 0 | | | | | | | | | | | | |
| 36 | 11 | 精氨酸 | 1.31 | 0 | | | | | | | | | | | | |
| 37 | 12 | 亮氨酸 | 1.22 | 0 | | | | | | | | | | | | |
| 38 | 13 | 异亮氨酸 | 0.73 | 0 | | | | | | | | | | | | |
| 39 | 14 | 苯丙氨酸 | 0.65 | 0 | | | | | | | | | | | | |
| 40 | 15 | 苯丙氨酸+酪氨酸 | 1.21 | 0 | | | | | | | | | | | | |
| 41 | 16 | 苏氨酸 | 0.73 | 0 | | | | | | | | | | | | |
| 42 | 17 | 缬氨酸 | 0.74 | 0 | | | | | | | | | | | | |
| 43 | 18 | 组氨酸 | 0.32 | 0 | | | | | | | | | | | | |
| 44 | 19 | 甘氨酸+丝氨酸 | 1.36 | 0 | | | | | | | | | | | | |
| 45 | 20 | 蛋白能量比 | 15 | 0 | | | | | | | | | | | | |
| 46 | 21 | 价格*用量 | | 0 | 0 | 0 | 0 | 0 | 0 | 0 | 0 | 0 | 0 | 0 | 0 | |
| 47 | 22 | 最低价格 | | 0 | | | | | | | | | | | | |
| 48 | | | | | | | | | | | | | | | | |

图 9-2　计算公式布局截屏

需要计算的未知数据格都先填为 0，之后键入公式

### 2. 输入数据和约束条件

如图 9-3 所示，首先输入饲料配方所需要的营养素，我们将营养素指标放在 B 列，原则上营养素指标可以有许多个，没有限制，但第一个指标应该是风干物（或干物质）。在图 9-3 中 C 列输入饲料配方中各类营养素的约束值，D 列为营养素的约束条件，即饲料配方里要求该营养素多于、少于还是等于设定的约束值。而之后的各列则为饲料配方中各单一

饲料成分里各类营养素的含量，在图 9-3 中，依次为玉米、大豆粕、棉仁粕等 11 种。每种饲料，特别是添加剂的营养成分要填全，不可留有空格，不含的营养素填为 0。例如，赖氨酸在风干物一格中要填 1（100%），在粗蛋白一栏要填 120，在钙、磷和其他氨基酸栏要填为 0，而在赖氨酸一格需根据产品的实际含量填入（在图 9-3 中填 70）。蛋白能量比的约束条件为"≥"。为了简单不致混淆起见，一般一个文件只用于一个营养需要（配方）为好。图 9-3 为输入数据后的表格形式（第 1～22 行）。

| | B | 约束值 | 约束条件"=" | 玉米 | 大豆粕 | 棉仁粕 | 菜籽粕 | 鱼粉 | 膨化大豆 | 麸皮 | 石粉 | 磷酸氢钙 | 赖氨酸 | 蛋氨酸 |
|---|---|---|---|---|---|---|---|---|---|---|---|---|---|---|
| 1 | 风干物 | 1 | "=" | 1 | 1 | 1 | 1 | 1 | 1 | 1 | 1 | 1 | 1 | 1 |
| 2 | 代谢能（MJ/kg） | 12.55 | ≥ | 15.75 | 11.13 | 8.64 | 9.27 | 13.48 | 15.59 | 6.54 | 0 | 0 | 0 | 0 |
| 3 | 粗蛋白 % | 19 | ≥ | 8.9 | 50.08 | 52.22 | 43.86 | 59.44 | 41.7 | 17.84 | 0 | 0 | 120 | 58.7 |
| 4 | 钙 % | 0.9 | ≥ | 0.02 | 0.35 | 0.28 | 0.74 | 6.53 | 0.27 | 0.13 | 38 | 15 | 0 | 0 |
| 5 | 总磷 % | 0.65 | ≥ | 0.31 | 0.67 | 1.22 | 1.28 | 3.55 | 0.63 | 0.92 | 0 | 19 | 0 | 0 |
| 6 | 有效磷 % | 0.4 | ≥ | 0.09 | 0.21 | 0.37 | 0.39 | 3.55 | 0.18 | 0.32 | 0 | 19 | 0 | 0 |
| 7 | 蛋氨酸 % | 0.45 | ≥ | 0.17 | 0.66 | 0.74 | 0.72 | 2.01 | 0.46 | 0.26 | 0 | 0 | 0 | 98 |
| 8 | 蛋氨酸+胱氨酸 % | 0.84 | ≥ | 0.38 | 1.39 | 1.59 | 1.71 | 2.55 | 1.09 | 0.63 | 0 | 0 | 0 | 98 |
| 9 | 赖氨酸 % | 1.09 | ≥ | 0.42 | 3.01 | 2.42 | 1.48 | 4.3 | 2.16 | 0.72 | 0 | 0 | 70 | 0 |
| 10 | 色氨酸 % | 0.21 | ≥ | 0.09 | 0.64 | 0.65 | 0.49 | 0.67 | 0.54 | 0.29 | 0 | 0 | 0 | 0 |
| 11 | 精氨酸 % | 1.31 | ≥ | 0.5 | 3.8 | 6.18 | 2.08 | 3.6 | 2.1 | 1.15 | 0 | 0 | 0 | 0 |
| 12 | 亮氨酸 % | 1.22 | ≥ | 0.86 | 3.76 | 2.95 | 2.66 | 4.78 | 2.65 | 1.1 | 0 | 0 | 0 | 0 |
| 13 | 异亮氨酸 % | 0.73 | ≥ | 0.31 | 2.24 | 1.6 | 1.47 | 2.56 | 1.44 | 0.59 | 0 | 0 | 0 | 0 |
| 14 | 苯丙氨酸 % | 0.65 | ≥ | 0.43 | 2.48 | 2.81 | 1.65 | 2.47 | 1.69 | 0.71 | 0 | 0 | 0 | 0 |
| 15 | 苯丙氨酸+酪氨酸 % | 1.21 | ≥ | 0.76 | 3.36 | 4.47 | 2.75 | 4.36 | 2.79 | 1.2 | 0 | 0 | 0 | 0 |
| 16 | 苏氨酸 % | 0.73 | ≥ | 0.35 | 1.92 | 1.63 | 1.69 | 2.79 | 1.37 | 0.57 | 0 | 0 | 0 | 0 |
| 17 | 缬氨酸 % | 0.74 | ≥ | 0.53 | 2.35 | 2.25 | 1.98 | 3.08 | 1.36 | 0.82 | 0 | 0 | 0 | 0 |
| 18 | 组氨酸 % | 0.32 | ≥ | 0.34 | 1.31 | 1.45 | 0.98 | 1.43 | 0.68 | 0.47 | 0 | 0 | 0 | 0 |
| 19 | 甘氨酸+丝氨酸 % | 1.36 | ≥ | 0.72 | 4.41 | 4.26 | 4.08 | 6.55 | 4.17 | 1.67 | 0 | 0 | 0 | 0 |
| 20 | 蛋白能量比 | 15 | ≥ | 5.65 | 45 | 60.44 | 47.31 | 44.09 | 26.75 | 27.28 | 0 | 0 | 0 | 0 |
| 21 | 价格（元/kg） | | 最低 | 2.1 | 3.3 | 3.1 | 2.8 | 6 | 3.6 | 1.5 | 0.25 | 2 | 4.3 | 19 |

图 9-3 输入饲料原料营养数据截屏

B 列 . 营养素名称；C 列 . 约束值；D 列 . 约束条件；第 1 行 E～O 列为原料名称，最后一行为原料价格

### 3. 填写公式说明各种函数关系及相应数据所在的位置

将数据和约束条件设定好之后，使用线性规划法来求得满足约束条件时，在最经济条件下，每种单一饲料的最佳用量或日粮百分比及配合饲料的最低价格。为此，我们在数据表的下方，再构建三个数值区域（图 9-2，第 25～47 行）。

第一个区域是各种单一饲料原料的最佳用量（第 26 行），并将各单元格初值赋值为 0（因为现在还不知道用量是多少，之后计算机会自动填入计算结果），将 D26 也赋值为 0（作为合计）并在 D26 格的公式栏（fx 栏）键入公式"=SUM（E26：O26）"（意思是从 E 到 O 的 11 种饲料用量的合计），详见图 9-2 中的第 26 行。

第二个区域是饲粮各营养素的最佳供给量，即各营养素在饲料配方中的百分比，并计算出最佳供给量时，所用每种单一饲料的花费（图 9-2，第 46 行），另需将 D 列赋值为 0（作为各营养素的合计）。计算最佳供给量时，要用到 SUMPRODUCT（）函数，该函数的功能是计算单元格相应的区域或数组乘积的和。以图 9-2 求营养素中的代谢能最佳供给量为例，需要计算每一种单一饲料中风干物的含量和最佳供给量乘积的和，即 SUMPRODUCT（各单一饲料风干物含量所在的数据区域，最佳供给量所在的数据区域）。如图 9-2 中，在 D27 单元格的公式栏（fx 栏）填入"=SUMPRODUCT（E3：O3，E26：O26）"，意思是

将第3行各饲料的代谢能值分别乘各自的供给量（%），再合计。而其他各营养素的最佳供给量可依次向下自动填充公式，即在D28单元格（粗蛋白）的公式栏（fx栏）填入"=SUMPRODUCT（E4：O4，E26：O26）"，直到在D45计算单元格（蛋白能量比）填入"=SUMPRODUCT（E21：O21，E26：O26）"。同时计算最佳用量时的费用，即每种单一饲料的投入费用之和，也就是每种饲料"价格×用量"的合计。如图9-2中，玉米的投入费用，在E46单元格"fx"公式栏填入公式"=E22*E26"，也就是玉米的单价乘以最佳供给量，而其余各类单一饲料的投入费用可依次向右自动填充公式，即在F46单元格填入公式"=F22*F26"，在G46单元格"fx"公式栏填入公式"=G22*G26"等，这些数值作为中间量，后面会用到。

第三个区域是饲料配方的最低价格，即对上述各类单一饲料的投入费用进行求和。这里要用到"SUM（）"函数，该函数为计算单元格某一区域中数字、逻辑值及数字的文本表达式之和。例如，图9-2中，我们在D46和D47单元格的公式栏（fx栏）中均分别填入"=SUM（E46：O46）"，即等于各种原料花费的总和（最低价格）。

### 4. 进行规划求解

点击菜单栏"数据"，再找到"模拟分析"项点击开，即可见到"规划求解"加载项，将"规划求解"对话框打开后，输入规划求解的各参数所在的数据区域。"设置目标"参数；输入所求的最低价格数值所在的单元格，可使用单元格绝对引用格式，也可点击输入框右侧的图标在工作簿中拖曳出数据区域。在"最小值"前的选择框中点击，确定该单元格需要最小值。图9-4中，该参数为"$D$46"（价格或最低价所在格）。

通过"更改可变单元格"参数，输入最佳用量数值所在的数据区域，可使用单元格绝对引用格式，也可点击输入框右侧的图标在工作簿中拖曳出数据区域。图9-4中，该参数为$E$26：$O$26（26行E到O列为各种饲料原料的可变比例格）。

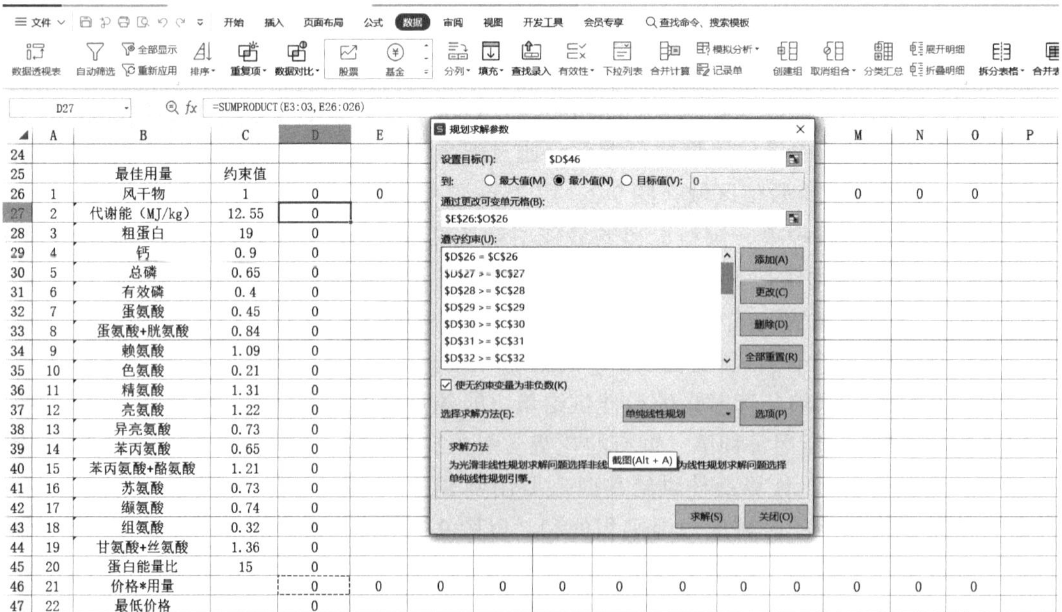

图9-4　规划求解参数的填入，包括目标格、可变格、约束条件等

在“遵守约束”参数，输入原料比例和约束值所在的单元格及根据约束条件形成的布尔表达式。可使用单元格绝对引用格式，如“风干物”的遵守约束参数，输入 $D$26=$C$26，再依次填入其他各营养素，直到第 45 行“蛋白能量比”。注意“干物质”项用“=”，其他项用“>=”。

选择“规划求解参数”，这里我们选择“单纯线性规划”，并选择“使无约束变量为非负数（K）”（图 9-4）。

点击“求解”按钮，即可得到答案。如果找不到最优解，可以参阅“可行性报告”工作簿，考虑改变约束条件后再求解。图 9-5 是规划求解的结果，主要看两个值：①全价饲粮中各种原料的比例，在第 26 行 E 到 O 列 [ 合计为 1（100%）]；②全价饲粮的价格或最低价格，在 D46 或 D47 格。

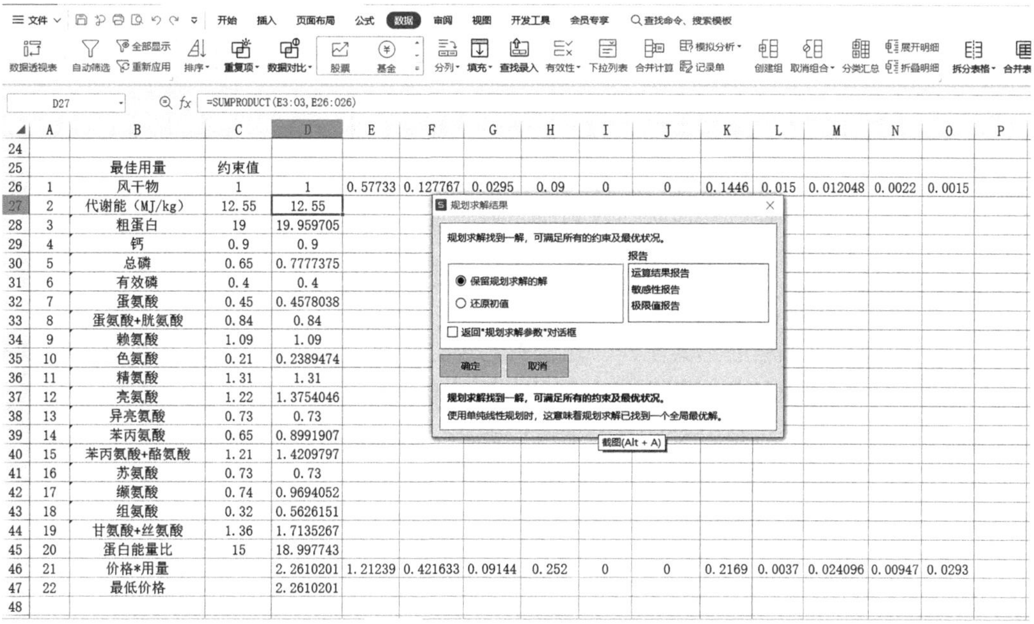


| | A | B | C | D | E | F | G | H | I | J | K | L | M | N | O | P |
|---|---|---|---|---|---|---|---|---|---|---|---|---|---|---|---|---|
| 24 | | | | | | | | | | | | | | | | |
| 25 | | 最佳用量 | 约束值 | | | | | | | | | | | | | |
| 26 | 1 | 风干物 | 1 | 1 | 0.57733 | 0.127767 | 0.0295 | 0.09 | 0 | 0 | 0.1446 | 0.015 | 0.012048 | 0.0022 | 0.0015 | |
| 27 | 2 | 代谢能（MJ/kg） | 12.55 | 12.55 | | | | | | | | | | | | |
| 28 | 3 | 粗蛋白 | 19 | 19.959705 | | | | | | | | | | | | |
| 29 | 4 | 钙 | 0.9 | 0.9 | | | | | | | | | | | | |
| 30 | 5 | 总磷 | 0.65 | 0.7777375 | | | | | | | | | | | | |
| 31 | 6 | 有效磷 | 0.4 | 0.4 | | | | | | | | | | | | |
| 32 | 7 | 蛋氨酸 | 0.45 | 0.4578038 | | | | | | | | | | | | |
| 33 | 8 | 蛋氨酸+胱氨酸 | 0.84 | 0.84 | | | | | | | | | | | | |
| 34 | 9 | 赖氨酸 | 1.09 | 1.09 | | | | | | | | | | | | |
| 35 | 10 | 色氨酸 | 0.21 | 0.2389474 | | | | | | | | | | | | |
| 36 | 11 | 精氨酸 | 1.31 | 1.31 | | | | | | | | | | | | |
| 37 | 12 | 亮氨酸 | 1.22 | 1.3754046 | | | | | | | | | | | | |
| 38 | 13 | 异亮氨酸 | 0.73 | 0.73 | | | | | | | | | | | | |
| 39 | 14 | 苯丙氨酸 | 0.65 | 0.8991907 | | | | | | | | | | | | |
| 40 | 15 | 苯丙氨酸+酪氨酸 | 1.21 | 1.4209797 | | | | | | | | | | | | |
| 41 | 16 | 苏氨酸 | 0.73 | 0.73 | | | | | | | | | | | | |
| 42 | 17 | 缬氨酸 | 0.74 | 0.9694052 | | | | | | | | | | | | |
| 43 | 18 | 组氨酸 | 0.32 | 0.5626151 | | | | | | | | | | | | |
| 44 | 19 | 甘氨酸+丝氨酸 | 1.36 | 1.7135267 | | | | | | | | | | | | |
| 45 | 20 | 蛋白能量比 | 15 | 18.997743 | | | | | | | | | | | | |
| 46 | 21 | 价格*用量 | | 2.2610201 | 1.21239 | 0.421633 | 0.09144 | 0.252 | 0 | 0 | 0.2169 | 0.0037 | 0.024096 | 0.00947 | 0.0293 | |
| 47 | 22 | 最低价格 | | 2.2610201 | | | | | | | | | | | | |
| 48 | | | | | | | | | | | | | | | | |

图 9-5　规划求解的结果

在本例中，如图 9-5 所示，用计算机“规划求解”求得的 5 周龄肉仔鸡饲粮配方为：玉米（57.73%）、大豆粕（12.78%）、棉仁粕（2.95%）、菜籽粕（9.00%）、鱼粉（0%）、膨化大豆（0%）、麸皮（14.46%）、石粉（1.50%）、磷酸氢钙（1.20%）、赖氨酸（0.22%）、蛋氨酸（0.15%）；配合日粮价格为 2261 元 /t（不含食盐、微量元素和维生素费用）。与人工配制的日粮（2452 元 /t）比较（表 9-3），价格低 7.8%。

保存 Excel 文件，之后在动物营养需要、饲料种类和成分不变的情况下，如果原料价格有变化，只需将价格修订后再行求解，结果即会自动显示。而且所保存的文件可以扩展使用，如改变动物营养需要项、增减原料的种类或营养素含量等。

在利用 Excel 完成饲粮配方后，还要进一步修订配方，以备实用。例如，在本配方演示中，没有考虑食盐、微量元素和维生素，所以还需添加 0.35% 食盐、各种微量元素和维生素；另外，饲粮中还要添加一些防霉剂，如二乙酸钠等；为了保证消化率和防止拉稀，可添喂柠檬酸等；为了增加鸡皮的色度，还需添加一些色素物质，如胡萝卜、青绿干草粉、松针粉、橘皮粉等。

## 三、配合饲料生产

根据饲粮配方生产配合饲料的主要环节包括粉碎、混合（搅拌）、压颗粒、包装贮存等。生产的配合饲料种类有全价料、浓缩料等。全价料用于直接饲喂给动物，浓缩料则按不同比例或用途，需要与其他成分混合后喂给动物，如 1% 微量元素 + 维生素预混料，就是按照 1% 的比例混入其他饲料中，再喂给动物，以提供微量元素和维生素营养；4% 微量元素 + 维生素 + 钙磷浓缩料，就是按照 4% 的比例混入其他饲料中，再喂给动物，以提供微量元素、维生素和钙磷成分；而某些 40% 的预混料，经常是缺少除粉碎玉米外的全价料，只要再混入 60% 玉米即可喂给猪或禽，这种预混料主要是为了减少运输成本，或充分利用养殖方自有的玉米饲料资源。

在牛羊养殖中，还有精料预混料，即将除粗饲料部分外的饲粮混合，然后由农户或养殖场自行粉碎、混入粗饲料，这样可以减少运输费用，有效利用养殖方的粗饲料，也降低了生产方的成本。

配合饲料的生产过程需遵循逐级放大的原则，即首先要把用量（饲粮占比）最小的饲料成分，如微量元素、维生素等，分别与少量玉米粉或麸皮混合在一起，然后再与少部分精料混合，再加入其他精料如鱼粉、豆粕等混合，最后再加入用量最大的玉米粉等进行混合。牛羊全价料还要再加入粉碎的粗饲料。通过逐级放大的方法，可以保证小比例的营养成分尽可能地混合均匀。

配合饲料经常以颗粒的形式生产，这样有利于包装运输和动物采食，但生产颗粒饲料对物料的物理性状要求较高，还需要专门的制颗粒机（分环模和平模两种），而且在制备过程中会发热，可能会对维生素等营养素造成破坏。粉状饲料生产相对简单，而且对于出壳雏鸡、仔猪（诱食）开食料等，还必须使用粉料，但粉料不利于包装（体积大）和饲喂，且浪费较大。膨化颗粒饲料具有较大浮力，主要用于淡水产养殖。

# 第三篇

# 各种畜禽的营养与饲养

本篇主要论述几种畜禽在其主要生产阶段的营养需要。考虑到实际应用，一是给出了各种畜禽生产阶段主要的营养需要或标准，这样结合第二篇有关饲料的内容，即可尝试初步的生产实践；二是对各种畜禽生产的主要饲养管理要点或特点进行了点评，以利于读者较为快速地进入饲养管理者的角色。

饲养和营养的定义或内容有所不同，营养侧重于畜禽饲粮中营养素的供应、动物体内的营养过程和营养需要量，而饲养则是在营养的基础上，还包括各种畜禽养殖管理的措施或条件等，即生产环境对动物生产的影响，因为环境对动物生产的影响程度也是巨大的。

# 第十章

# 畜禽营养与饲养管理概述

## 第一节　畜禽营养需要

动物的营养需要，首先是能量需要，之后是蛋白质需要和氨基酸需要，再是常量元素需要、微量元素需要和维生素需要等，最后则是一些特殊的需要，如 NDF 需要等，这也是考虑动物营养各种需要的顺序。因此，本篇在进行各种动物营养需要的研究或分析时，也是按照这个顺序进行的，但重点是能量和蛋白质需要。

研究畜禽营养需要的主要目的是提高畜产品的生产效率，因此畜禽营养需要多从畜产品产量或质量的角度来考虑。例如，生产 1 kg 奶或肉，动物需要何种营养、各需要多少；生产一枚鸡蛋需要多少营养；生产一窝断奶仔猪需要多少营养等。

动物营养需要的研究思路如下。①析因法，即根据其体内积累的营养物质或奶、蛋等产品，计算所含营养素的含量，再根据其从饲粮中转化而来时的效率，测算动物对某种营养素的需要量。在析因法中，必须考虑动物的维持需要（即无效而必需的支出），不可遗漏。②综合法，即确定不同生理状态下动物总的能量和营养物质的需要，不区分维持需要和生产需要，而是通过拟合曲线或回归方程来确定总需要量。本篇使用的主要是析因法，因为其影响营养需要的因子比较清楚，逻辑性较强，但与生产实际的拟合度可能比综合法的效果要差些，因此需要在生产中不断进行校正。

如前所述，营养需要研究或实际应用的首要前提是动物品种的一致性，但在实际中，在不同品种或遗传背景条件下，甚至在同种、同品种（品系）或不同动物个体间的营养需要会有很大的差异。然而在研究动物营养需要时，我们常常假定相同品种（品系）动物的消化代谢或生产性能是一致的。再者，饲养环境对营养需要的影响也是巨大的，而在研究动物营养需要时，常常假定饲养动物的环境是"理想"的和稳定的，即在"理想"的环境条件下研究和得出结论，而这与实际情况有时也会有较大差异。

每种畜禽的营养需要都是多种多样的。例如，猪有母猪、后备母猪、断奶仔猪、生长育肥猪、种公猪等的营养需要；而在奶牛，有产奶前期奶牛、产奶高峰期奶牛、产奶后期奶牛、干奶期奶牛、后备奶牛、育成牛、种公牛等的营养需要。它们的生产性能不同，营养需要也不同，本书选取一些重要的或主要的生产环节中动物的营养需要和饲养管理来进行介绍，其余可参见有关的专门书籍。

满足动物的营养需要，或制定适宜的日粮配方，需要知道各种饲料所能提供的营养素，特别是各种营养素的消化率。同样的饲料原料，尽管其营养素含量相同，但在不同动物的消化能、有效磷、纤维素类消化率等是不同的。如果套用，会产生一定的误差或错误。所以，各种动物的营养需要和饲料营养价值（表）是配套的，缺一不可，对于同一种饲料，在不同种动物中，其营养价值如消化能或营养指标都可能是不同的。各种正式的动物营养需要版本，都会附有相应的常用饲料营养价值表。

各种畜禽营养需要在具有强有力的指导意义的同时，与生产间的差距有时也是巨大的。很多理论、研究或计算方法、需要量数据等，只是反映了现有的认知程度，在生产实践中都会有一定的偏差，甚至错误。因此，在生产实际中，有关动物营养需要量的知识或数值，需要灵活应用，不管参照何种营养需要标准，都需要不断地验证和完善。

特别是关于动物的生长性能，受制约的因素是动物的采食量和消化能力，还是机体的生长能力，是一个值得探讨的问题。从生产实际看，似乎增加采食量或消化量就可以提高（幼畜的）生长性能，但是如果营养能无限供应，在不大量增加体脂含量的前提下动物的生长潜能有多大呢？尽管目前尚未有确切的看法，但从已有的相关试验看，幼年动物的生长潜能估计在 40% 以上。

# 第二节　畜禽饲养管理

人类饲养畜禽的方式从狩猎开始，经历了放牧、散养、圈养，直至集约化养殖的发展过程，畜禽养殖效率不断提高。畜禽生产不仅围绕着选择什么动物、生产什么产品、饲喂什么饲粮等问题，还围绕在什么环境（温度、湿度、光照、通风等）条件下饲养，怎样设计生产流程，如何进行疫病防控，甚至如何调配人力资源等问题。而后者，则构成了畜禽管理的主要内容。营养和饲养管理是畜禽生产过程中不可分割的两个重要方面，同等重要，缺一不可。

例如，奶牛生产，过去有些牛舍为水泥地面，地面坚硬，奶牛跪卧不适，不透水，造成地面和牛舍潮湿，粪便污染严重；不保温，冷季卧地时奶牛散热严重，因此会造成奶牛生产性能的下降。而现代牛舍，有松软、保温、洁净的奶牛卧床和随时自动工作的清粪机械，使牛舍的环境卫生条件和奶牛生活的舒适度大为改观，对于保证奶牛健康和提高产奶性能，起了非常大的作用。

又如现代蛋鸡生产，已经实现了工厂化，在近乎全自动的生产管理条件下进行。鸡舍内的温度、湿度、照度和通风等全年自动控制，进料、饮水、饲喂、粪便收集处理、蛋品收集等实现了无人运行。今后甚至连死淘鸡都可通过无人机等进行自动检测、收集和处理。

在较为粗放的放牧生产中，畜群管理也是重要的一环。在放牧绵羊生产中，从全年生产看，羊群冷季要在较为温暖和预留有较多牧草的"冬窝子"（逆温带）过冬，春季羊群则要迁徙数百或上千千米"转场"，在暖季则在高山草场放牧"抓膘"；从一天看，要出牧、放牧、收牧、补饲、饮水、防狼等。而以草定畜，实现牧民定居和暖圈养畜，则是改进现有放牧生产方式，提高生产效率的重要举措。

以上例子提示，畜禽管理在动物生产中是一个不能忽略的重要环节。管理水平高，可以大大提高饲料利用率和生产效率，而管理不善，给予再好的营养条件，其饲料利用率和生产效率也要大打折扣。

随着社会动物保护意识和生产力水平的提高，动物福利已逐渐成为养殖业必须考虑的基本原则之一，因此在畜禽管理中有关动物福利的规定会逐渐建立完善起来，如养殖密度（活动空间）、饲养环境温度等。

营养或饲养管理不善，不仅会降低动物的生产性能，还会导致疾病特别是营养代谢病。因此，本篇收入了某些畜禽的常见营养代谢病内容，供读者学习。然而，需要特别指出的是，对于此类疾病的重点是预防，而不是治疗。

## 第三节　生产方式的选择

生产方式就是对生产过程、生产手段、生产产品等的选择。在实际生产中采取何种生产方式，取决于效益和资源利用的最大化，并不是越"先进"越好。在当今，奶牛、生猪、肉鸡、蛋鸡生产已进入了现代化畜牧业行列，通过集约化养殖可取得最大的经济效益，但肉羊生产尚没有完全集约化，而由于母羊繁育性能和肉羊产肉性能的相对低下，以及为了利用草地资源，肉羊的集约化养殖目前并不能作为主要的生产方式。因此，具体到不同的生产实际情况，切不可将模式化的生产方式刻板化应用，要因地制宜，灵活变通。

例如，有些奶牛场，有自己的草地，则可有限地放牧奶牛，以提供青绿饲料营养，降低饲料成本，促进奶牛运动，并可把发酵过的牛粪便施还草地。而对于肉羊生产，我国多有"异地育肥"的模式，即将饲草料条件较差牧区的羊（俗称架子羊），转运到农区或靠近市场的地区，短期内（50～60天）通过给予高营养饲粮快速增加体重，这是一种经济效益较高的实用型生产方式。利用草地、山地散养肉鸡，不仅节约鸡舍投资，而且有利于鸡只运动，采食较多青绿饲料，所生产的鸡肉肉质紧实、皮脂呈黄色，被称为"土鸡"，售价较高，也是养殖者增收的生产方式之一。

有时生产方式的选择可以决定产业的兴衰。例如，在（非放牧的）肉牛业，仅靠自繁自养，生产的效益就会较低。因为母牛繁育（饲草料）成本较高，效益（犊牛价格）较低，且繁育时间较长，而与奶牛业耦合，即利用奶牛所产公牛犊进行育肥，其生产效益则可大大提高。在绒山羊生产中，仅靠抓绒效益也较低，如果全舍饲则可能亏损，但是通过饲养繁育母绒山羊而不是公绒山羊，不仅每年可以获得抓绒，还可获得供以育肥的羔羊，并且繁育羔羊的收益甚至会大大高于抓绒收益，既有利于绒山羊业，也有利于肉羊业。养殖以浮游生物为食的鱼类，如鲢鱼、匙吻鲟等，可以用处理过的畜禽粪便作为营养源，而非市售鱼饲料，从而可大大降低养殖成本。另外，与其他某些鱼类混养，也是较好的生产方式。

## 第四节　饲养投入产出的核算

在畜禽生产中，经常用料重比（耗料/体增重）或料肉比，即生产每单位活重或肉品所消耗的饲粮重量来衡量产肉效率，产蛋和产奶效率也如此，即生产每千克蛋或奶所消耗的饲粮重量。但仅以料重比来衡量投入产出或生产效率，会引起一定的误导，因为这不但缺少圈舍折旧、人工、水电等费用的计入，对整个畜禽生产循环成本的计入也不全，如仔猪成本、后备牛成本等。用母畜单位来衡量整个生产过程的投入产出比或经济效益，如母猪单位、母羊单位、母兔单位等，比较客观。

# 第十一章

# 猪的饲养管理

## 第一节　猪饲养管理概述

规模化猪场生产一般为分阶段饲养，即：母猪配种妊娠至母猪产仔阶段、仔猪哺育至断奶阶段（至体重约 10 kg）、生长猪饲养阶段（至体重 20～27 kg）、育肥猪饲养阶段（至90～120 kg 出栏）等。与以上生产环节配套的，还包括种公猪和后备母猪的饲养等。

无论是现代化猪场还是简易猪场，均需考虑环境条件对养猪生产的影响。养猪首先需要合适的温度，生长育肥猪的最适温度为 22℃，过高或过低都会影响猪的舒适度和生产效率，而湿度则影响动物对温度的体感。仔猪哺育需要较高的室温，生长育肥猪在冷季需给予暖气。通风有利于保持猪舍空气新鲜、干燥、减少污浊气体。

保证猪的饮水是至关重要的，甚至重于饲喂。缺水不仅影响猪的生存福利，而且严重影响生产性能，甚至引起死亡。使用自动饮水设施时，一定要经常检查供水情况，以防意外。

为了饲喂简单方便，充分利用含水量高的饲料原料或对饲粮进行发酵处理，可采用液体饲料喂猪，业主一般反映较好，但相关研究尚不足。液体饲料的供应模式包括管道式集中供料和食槽内就地给水冲料等。

## 第二节　仔猪的饲养管理

仔猪出生时体重约为 1.3 kg，视品种和个体而异。仔猪出生时消化功能发育不完善，胃肠道的重量和容积都相对较小，且消化酶分泌不足，消化吸收的功能不完善。初生仔猪的胃重仅 6～8 g，容积为 20～30 mL；20 日龄时胃重 35 g，容积为 100～140 mL；60 日龄时胃重 150 g，容积为 570～800 mL。小肠长度和容积分别只有哺乳末期的 20% 和 2%。仔猪在 30～35 日龄时才具有胃蛋白酶，自此具有消化能力。新生仔猪的体温调节中枢发育不全，并缺乏褐脂，能提供能量的脂肪、糖原储备少，因此极度不耐低温环境，产后6 h 内的最适温度为 35℃。并且与其他新生幼畜一样，仔猪体内缺乏免疫球蛋白，需靠初乳提供。

然而，仔猪出生后生长发育很快，10 日龄时即可达出生体重的 2 倍，30 日龄时达 5～7 倍，60 日龄时则达 10～15 倍（体重达 10～15 kg）。

仔猪在 21 日龄前应以母猪乳为主要食物，之后则可以母猪乳＋补饲料饲养至 28 日龄断奶。一般仔猪对补饲料的采食量必须要达到 400～600 g 时才能断奶，并且断奶后两周内需饲喂相同的饲料。仔猪每增加 1 kg 体重需要 21.74 MJ 净能，相当于 4.3 kg 母乳。五周龄仔猪体重可达 8.5 kg（初生重 1.3 kg）。

不宜过早地给仔猪补饲，一般应在 21 日龄之后，并且补饲的饲料中不应含有抗原性物质（如经过处理的大豆蛋白等），以免产生抗体，否则易导致断奶后饲喂豆饼饲料时出现经常性腹泻和生长停滞。参考的补饲料组成见表 11-1，补饲料的蛋白质含量、消化能、钙和磷含量分别为 20.0%、14.01 MJ/kg、0.95% 和 0.76%，但此补饲料中含有大豆饼，可能具有抗原性。

**表 11-1　仔猪补饲料的组成**

| 原料 | 比例 /% | 原料 | 比例 /% | 原料 | 比例 /% |
|---|---|---|---|---|---|
| 小麦 | 25.0 | 鱼粉 | 6.4 | 矿物质维生素预混剂 | 1.5 |
| 大麦 | 15.8 | 乳清粉 | 10.0 | | |
| 燕麦粒 | 25.8 | 碘盐 | 0.4 | 赖氨酸 | 1.2 |
| 牛羊脂 | 3.0 | 磷酸钙 | 1.0 | 盐酸蛋氨酸 | 0.25 |
| 大豆饼 | 11.0 | 石灰石 | 0.65 | | |

资料来源：加拿大阿尔伯特农业局畜牧处等（刘海良译），1998。

母猪乳营养丰富，但不能满足仔猪对铁的需要，因此在出生的第一天即需给仔猪颈部肌肉内注射含 200 mg $Fe^{2+}$ 的铁制剂。

5～20 kg 仔猪维持代谢能的计算公式为

$$ME_m = (754 - 5.9\,W + 0.025\,W^2)\,W^{0.75}$$

即每日每千克代谢体重需维持代谢能 725～645 kJ。

体重（$W$）在 20 kg 以下仔猪的代谢能摄入量应为

$$ME 摄入量（kJ/日）= -3.278 + 1.322 \times W - 0.024 \times W^2$$

表 11-2 为不同体重仔猪在不同日增重时的维持代谢能需要量。仔猪日粮的能量浓度不可过低，否则会限制其他养分的摄入。

**表 11-2　不同体重仔猪在不同日增重时的维持代谢能（MJ/日）**

| 日增重 /g | 体重 / kg | | | |
|---|---|---|---|---|
| | 5～10 | 10～15 | 15～20 | 20～25 |
| 100 | 2.6 | | | |
| 200 | 4.3 | 5.2 | 6.0 | |
| 300 | 6.0 | 7.1 | 8.0 | 9.0 |
| 400 | | 8.9 | 10.0 | 11.2 |
| 500 | | | 12.0 | 13.1 |
| 600 | | | | 15.5 |

资料来源：Kirchgessner，2004。

5～20 kg 仔猪维持的蛋白质需要量为每千克代谢体重 320 mg 氮或 2 g 蛋白质。生长蛋白质需要量为每千克增重约 350 g 饲料蛋白质，计算依据为：仔猪体成分蛋白质含量为 15%～16%，饲料蛋白质消化率为 75%～90%（取 83%），生物学效价为 55%，因此每千克增重所需饲料蛋白质量 =0.16÷0.83÷0.55×1000=350（g）。不同日增重的 5～25 kg 仔猪粗蛋白需要量见表 11-3。

表 11-3 不同日增重的 5~25 kg 仔猪粗蛋白需要量（g/日）

| 日增重 /g | 体重 /kg | | | |
|---|---|---|---|---|
| | 5～10 | 10～15 | 15～20 | 20～25 |
| 100 | 46 | | | |
| 200 | 75 | 86 | 96 | |
| 300 | 105 | 117 | 128 | 136 |
| 400 | | 148 | 160 | 168 |
| 500 | | | 192 | 201 |
| 600 | | | | 233 |

资料来源：Kirchgessner，2004。

仔猪饲粮蛋白质的氨基酸组成要适宜，即赖氨酸≥5.3%、含硫氨基酸≥3.2%、苏氨酸≥3.5%、异亮氨酸≥4.2% 和色氨酸≥1.3%。仔猪饲粮的蛋白质能量比（蛋能比）要求 15～18 g 蛋白质 /MJ 代谢能。仔猪的赖氨酸需要量与仔猪体重（$W$）有关，需要量随体重的增加而降低，即

$$仔猪赖氨酸需要量（占日粮 \%）= 1.871 - 0.22 \times \ln W$$

表 11-4 为推荐的 5～20 kg 仔猪的各种营养素需要量。

表 11-4 5~20 kg 仔猪的各种营养素需要量（以干物质 90% 计，自由采食）

| 指标 | 体重 /kg | | |
|---|---|---|---|
| | 3～5 | 5～10 | 10～20 |
| 平均体重 /kg | 4 | 7.5 | 15 |
| 估计采食量 /（kg/ 日） | 0.25 | 0.50 | 1.00 |
| 消化能 /（MJ/kg） | 14.22 | 14.22 | 14.22 |
| 代谢能 /（MJ/kg） | 13.66 | 13.66 | 13.66 |
| 粗蛋白[1]/% | 26.0 | 23.7 | 20.9 |
| 精氨酸[2]/% | 0.59 | 0.54 | 0.46 |
| 组氨酸 /% | 0.48 | 0.43 | 0.36 |
| 异亮氨酸 /% | 0.83 | 0.73 | 0.63 |
| 亮氨酸 /% | 1.50 | 1.32 | 1.12 |
| 赖氨酸 /% | 1.50 | 1.35 | 1.15 |
| 蛋氨酸 /% | 0.40 | 0.35 | 0.30 |
| （蛋氨酸 + 胱氨酸）/% | 0.86 | 0.76 | 0.65 |
| 苯丙氨酸 /% | 0.90 | 0.80 | 0.68 |
| （苯丙氨酸 + 酪氨酸）/% | 1.41 | 1.25 | 1.06 |
| 苏氨酸 /% | 0.98 | 0.86 | 0.74 |
| 色氨酸 /% | 0.27 | 0.24 | 0.21 |
| 缬氨酸 /% | 1.04 | 0.92 | 0.79 |
| 亚油酸 /% | 0.10 | 0.10 | 0.10 |
| 钙 /% | 0.90 | 0.80 | 0.70 |
| 总磷 /% | 0.70 | 0.65 | 0.60 |
| 有效磷 /% | 0.55 | 0.40 | 0.32 |

| 指标 | 体重 /kg | | |
|---|---|---|---|
| | 3～5 | 5～10 | 10～20 |
| 钠 /% | 0.25 | 0.20 | 0.15 |
| 氯 /% | 0.25 | 0.20 | 0.15 |
| 镁 /% | 0.04 | 0.04 | 0.04 |
| 钾 /% | 0.30 | 0.28 | 0.26 |
| 铜 /（mg/kg） | 6.00 | 6.00 | 5.00 |
| 碘 /（mg/kg） | 0.14 | 0.14 | 0.14 |
| 铁 /（mg/kg） | 100 | 100 | 80 |
| 锰 /（mg/kg） | 4.00 | 4.00 | 3.00 |
| 硒 /（mg/kg） | 0.30 | 0.30 | 0.25 |
| 锌 /（mg/kg） | 100 | 100 | 80 |
| 维生素 A/（IU/kg）[3] | 2200 | 2200 | 1750 |
| 维生素 $D_3$/（IU/kg） | 220 | 220 | 200 |
| 维生素 E/（IU/kg） | 16 | 16 | 11 |
| 维生素 K（甲基萘醌）/（mg/kg） | 0.50 | 0.50 | 0.50 |
| 生物素 /（mg/kg） | 0.08 | 0.05 | 0.05 |
| 胆碱 /（g/kg） | 0.60 | 0.50 | 0.40 |
| 叶酸 /（mg/kg） | 0.30 | 0.30 | 0.30 |
| 可利用烟酸[4]/（mg/kg） | 20.00 | 15.00 | 12.50 |
| 泛酸 /（mg/kg） | 12.00 | 10.00 | 9.00 |
| 核黄素 /（mg/kg） | 4.00 | 3.50 | 3.00 |
| 硫胺素 /（mg/kg） | 1.50 | 1.00 | 1.00 |
| 维生素 $B_6$/（mg/kg） | 2.00 | 1.50 | 1.50 |
| 维生素 $B_{12}$/（μg/kg） | 20.00 | 17.50 | 15.00 |

资料来源：RNC，1998。

注：①为玉米 - 大豆饼型日粮粗蛋白水平。3～10 kg 仔猪添喂血浆粉或干奶制品时，饲粮粗蛋白含量需比表中的低 2%～3%。

②氨基酸需要量基于玉米 - 大豆饼型日粮，并且 3～5 kg 仔猪饲粮含 5% 血浆粉和 25%～50% 干奶制品，5～10 kg 仔猪饲粮含 5%～25% 干奶制品。

③单位转换：1 IU 维生素 A=0.344 μg 乙酸视黄基（纯维生素 A 乙酸盐）；1 IU 维生素 $D_3$=0.025 μg 胆沉钙固醇（维生素 $D_3$）；1 IU 维生素 E=0.67 mg D-α- 生育酚或 1 mg DL-α- 乙酸生育酚。

④玉米、高粱、小麦、大麦中的烟酸不可利用，谷物副产品中的烟酸可利用性也很低，除非经过发酵或湿磨加工。

# 第三节 生长育肥猪的饲养管理

生长育肥动物的能量需要（ME）可以分为维持（$ME_m$）、蛋白质沉积（$NE_p$）和脂肪沉积（$NE_f$）需要三部分，即

$$ME = ME_m + NE_p/k_p + NE_f/k_f$$

式中，$k_p$ 和 $k_f$ 分别为代谢能用于蛋白质和脂肪沉积的转化效率。

表 11-5 为不同体重和日增重育肥猪的蛋白质与脂肪沉积量，再按照每克体蛋白和体脂肪的净能量分别为 23.64 kJ 和 39.33 kJ，代谢能的转化效率 $k_p$ 和 $k_f$ 分别为 50% 和 70% 计，则可以估算生长育肥猪的代谢能需要量。例如，对于 50 kg 体重、500 g 日增重的生长育肥猪，查表 11-5 可知维持代谢能需要量为 9.30 MJ/ 日，日沉积蛋白质 109 g、脂肪 137 g，则代谢能需要量为

ME（MJ/ 日）$=ME_m + NE_p/k_p + NE_f/k_f$

$\qquad\qquad$ =9.30+（109×23.64÷0.5+137×39.33÷0.7）÷1000=22.15

如果按照消化能计算，则约为 23.56 MJ/ 日（猪的消化能一般为代谢能的 93%～96%）。

**表 11-5　不同体重和日增重育肥猪的蛋白质与脂肪沉积量（g/ 日）**

| 日增重 /g | 日沉积物 | 体重 /kg | | | | | | | |
|---|---|---|---|---|---|---|---|---|---|
| | | 30 | 40 | 50 | 60 | 70 | 80 | 90 | 100 |
| | | 维持所需能量 MJ/ 日 | | | | | | | |
| | | 6.74 | 8.08 | 9.30 | 10.43 | 11.50 | 12.50 | 13.47 | 14.39 |
| 400 | 蛋白质 | 93 | 97 | | | | | | |
| | 脂肪 | 55 | 81 | | | | | | |
| 500 | 蛋白质 | 104 | 108 | 109 | 108 | | | | |
| | 脂肪 | 84 | 110 | 137 | 163 | | | | |
| 600 | 蛋白质 | 115 | 119 | 120 | 119 | 116 | 111 | 104 | |
| | 脂肪 | 113 | 140 | 166 | 193 | 219 | 245 | 272 | |
| 700 | 蛋白质 | 126 | 130 | 131 | 130 | 127 | 122 | 115 | 107 |
| | 脂肪 | 142 | 169 | 195 | 222 | 248 | 275 | 301 | 328 |
| 800 | 蛋白质 | | 141 | 142 | 141 | 138 | 133 | 126 | 118 |
| | 脂肪 | | 198 | 225 | 251 | 277 | 304 | 330 | 356 |
| 900 | 蛋白质 | | | 153 | 152 | 149 | 144 | 137 | 129 |
| | 脂肪 | | | 254 | 280 | 307 | 333 | 360 | 386 |
| 1000 | 蛋白质 | | | | | 160 | 155 | 148 | |
| | 脂肪 | | | | | 336 | 362 | 389 | |

资料来源：Kirchgessner，2004。

20～100 kg 生长育肥猪的维持氮需要量为每千克代谢体重 275～155 mg N，蛋白质的生物学效价为 55%～40%，消化率为 80%。其粗蛋白需要量包括维持和生长两部分，可参照每千克增重蛋白质的沉积量估算生长蛋白质需要量。不同日增重的 20～100 kg 生长育肥猪的粗蛋白需要量见表 11-6。

我国猪饲养标准（GB/T 39235—2020）将瘦肉型仔猪和生长育肥猪分为 3～8 kg、8～25 kg、25～50 kg、50～75 kg、75～100 kg 和 100～120 kg 6 个体重阶段。每个阶段饲粮（88% 干物质基础）粗蛋白含量分别为 21.0%、18.5%、16.0%、15.0%、13.5% 和 11.3%；赖氨酸含量分别为 1.58%、1.37%、1.02%、0.92%、0.79% 和 0.69%。

表 11-6　不同日增重的 20～100 kg 生长育肥猪的粗蛋白需要量（g/日）

| 日增重/g | 体重/kg | | | |
| --- | --- | --- | --- | --- |
| | 20～40 | 40～60 | 60～80 | 80～100 |
| 400 | 195 | | | |
| 500 | 226 | 252 | | |
| 600 | 260 | 280 | 297 | 290 |
| 700 | 290 | 307 | 332 | 320 |
| 800 | | 348 | 364 | 344 |
| 900 | | 383 | 398 | 386 |
| 1000 | | | 442 | 431 |

资料来源：Kirchgessner，2004。

　　猪的氨基酸营养需要现常用回肠标准可消化率（SID）来表示，即根据猪小肠赖氨酸的消化吸收率或量来确定猪的赖氨酸需要量，并根据赖氨酸 SID 占总氨基酸 SID 的比例，确定其他氨基酸的 SID，这样动物氨基酸的供应会更加精准（因为此法以小肠吸收的氨基酸为准，解决了某些饲料尽管氨基酸含量相同，但因消化率不同而能给动物提供的氨基酸量不同的问题），但每种饲料的赖氨酸 SID 均需要专门的测定（需使用十二指肠瘘管和回肠瘘管猪）和一定的重复数量，并且饲料的可消化率还会受动物的年龄、品种、生理状态、饲养背景、饲喂量等的影响，因此只有相关数据积累到一定程度后才能较好地应用。表 11-7 是某些常用饲料的氨基酸 SID 数据，可以结合动物的氨基酸 SID 需要进行日粮配合。

表 11-7　常用饲料的氨基酸 SID 数据（以风干物计）

| | 黄玉米，88.3 | | 浸提大豆粕，88.8 | | 压榨大豆粕，93.8 | | 棉仁粕，90.7 | | 鱼粉，93.7 | |
| --- | --- | --- | --- | --- | --- | --- | --- | --- | --- | --- |
| | 饲料中/% | 可消化/% | 饲料中/% | 可消化/% | 饲料中/% | 可消化/% | 饲料中/% | 可消化/% | 饲料中/% | 可消化/% |
| 粗蛋白 | 8.24 | 6.59 | 43.90 | 37.31 | 44.56 | 39.66 | 39.22 | 30.20 | 63.28 | 53.79 |
| 精氨酸 | 0.37 | 0.32 | 3.17 | 2.92 | 3.13 | 3.00 | 4.04 | 3.56 | 3.84 | 3.30 |
| 组氨酸 | 0.24 | 0.20 | 1.26 | 1.08 | 1.17 | 1.06 | 1.11 | 0.82 | 1.44 | 1.21 |
| 异亮氨酸 | 0.28 | 0.23 | 1.96 | 1.72 | 1.97 | 1.79 | 1.21 | 0.85 | 2.56 | 2.12 |
| 亮氨酸 | 0.96 | 0.84 | 3.43 | 2.95 | 3.29 | 2.93 | 2.18 | 1.59 | 4.47 | 3.71 |
| 赖氨酸 | 0.25 | 0.19 | 2.76 | 2.43 | 2.85 | 2.57 | 1.50 | 0.95 | 4.56 | 3.92 |
| 蛋氨酸 | 0.18 | 0.15 | 0.60 | 0.53 | 0.56 | 0.51 | 0.51 | 0.37 | 1.73 | 1.51 |
| 苯丙氨酸 | 0.39 | 0.33 | 2.26 | 1.97 | 2.19 | 1.97 | 1.98 | 1.60 | 2.47 | 2.03 |
| 苏氨酸 | 0.28 | 0.22 | 1.76 | 1.46 | 1.73 | 1.47 | 1.36 | 0.92 | 2.58 | 2.09 |
| 色氨酸 | 0.06 | 0.05 | 0.59 | 0.53 | 0.67 | 0.60 | 0.53 | 0.38 | 0.63 | 0.49 |
| 缬氨酸 | 0.38 | 0.31 | 1.93 | 1.62 | 2.06 | 1.81 | 1.86 | 1.36 | 3.06 | 2.54 |
| 丙氨酸 | 0.60 | 0.49 | 1.92 | 1.65 | 1.89 | 1.66 | 1.51 | 1.06 | 3.93 | 3.14 |
| 天冬氨酸 | 0.54 | 0.43 | 4.88 | 4.20 | 4.84 | 4.26 | 3.28 | 2.49 | 5.41 | 3.95 |
| 半胱氨酸 | 0.19 | 0.15 | 0.68 | 0.57 | 0.70 | 0.58 | 0.82 | 0.62 | 0.61 | 0.39 |
| 谷氨酸 | 1.48 | 1.24 | 7.87 | 6.93 | 7.56 | 6.80 | 6.93 | 5.82 | 7.88 | 6.30 |
| 甘氨酸 | 0.31 | 0.26 | 1.89 | 1.57 | 1.89 | 1.59 | 1.58 | 1.22 | 4.71 | 3.53 |
| 脯氨酸 | 0.71 | 0.66 | 2.43 | 2.38 | 2.16 | 2.40 | 1.50 | 1.26 | 2.89 | 2.49 |
| 丝氨酸 | 0.38 | 0.31 | 2.14 | 1.90 | 2.11 | 1.88 | 1.80 | 1.35 | 2.43 | 1.82 |
| 酪氨酸 | 0.26 | 0.21 | 1.55 | 1.33 | 1.50 | 1.34 | 0.98 | 0.74 | 1.88 | 1.39 |

续表

| | 浸提双低油菜籽粕，91.3 | | 浸提去壳葵花籽粕，90.4 | | 亚麻籽粕，90.2 | | 浸提花生粕，91.8 | | 浸提棕榈仁粕 | |
|---|---|---|---|---|---|---|---|---|---|---|
| | 饲料中/% | 可消化/% | 饲料中/% | 可消化/% | 饲料中/% | 可消化/% | 饲料中/% | 可消化/% | 饲料中/% | 可消化/% |
| 粗蛋白 | 37.50 | 27.75 | 39.86 | 32.29 | 33.28 | 25.96 | 45.03 | 39.18 | 14.39 | 9.07 |
| 精氨酸 | 2.28 | 1.94 | 3.32 | 3.09 | 3.00 | 2.46 | 5.27 | 4.90 | 1.41 | 1.18 |
| 组氨酸 | 1.07 | 0.83 | 0.93 | 0.79 | 0.67 | 0.50 | 0.98 | 0.79 | 0.26 | 0.17 |
| 异亮氨酸 | 1.42 | 1.08 | 1.54 | 1.23 | 1.33 | 1.05 | 1.42 | 1.15 | 0.55 | 0.35 |
| 亮氨酸 | 2.45 | 1.91 | 2.47 | 1.98 | 1.91 | 1.49 | 2.61 | 2.11 | 0.90 | 0.66 |
| 赖氨酸 | 2.07 | 1.53 | 1.45 | 1.13 | 1.19 | 0.92 | 1.44 | 1.09 | 0.36 | 0.17 |
| 蛋氨酸 | 0.71 | 0.60 | 0.78 | 0.69 | 0.77 | 0.63 | 0.50 | 0.41 | 0.19 | 0.13 |
| 苯丙氨酸 | 1.48 | 1.14 | 1.63 | 1.32 | 1.49 | 1.18 | 1.97 | 1.73 | 0.56 | 0.42 |
| 苏氨酸 | 1.55 | 1.09 | 1.37 | 1.05 | 1.13 | 0.84 | 1.26 | 0.93 | 0.47 | 0.32 |
| 色氨酸 | 0.43 | 0.30 | 0.48 | 0.38 | 0.51 | 0.40 | 0.40 | 0.30 | 0.11 | 0.06 |
| 缬氨酸 | 1.78 | 1.31 | 1.76 | 1.39 | 1.55 | 1.16 | 1.58 | 1.23 | 0.83 | 0.58 |
| 丙氨酸 | 1.61 | 1.24 | 1.63 | 1.17 | 1.45 | 1.09 | 1.87 | 1.57 | 0.60 | 0.41 |
| 天冬氨酸 | 2.56 | 1.95 | 3.55 | 2.73 | 2.82 | 2.12 | 4.49 | 3.90 | 1.22 | 0.79 |
| 半胱氨酸 | 0.86 | 0.64 | 0.48 | 0.39 | 0.59 | 0.45 | 0.54 | 0.44 | 0.18 | 0.08 |
| 谷氨酸 | 6.35 | 5.33 | 8.25 | 7.10 | 6.15 | 4.61 | 7.51 | 6.68 | 2.69 | 1.80 |
| 甘氨酸 | 1.80 | 1.40 | 2.09 | 1.46 | 1.84 | 1.42 | 2.73 | 2.07 | 0.65 | 0.42 |
| 脯氨酸 | 2.02 | 1.86 | 2.01 | 1.63 | 1.45 | 1.09 | 1.52 | 1.40 | 0.39 | 0.25 |
| 丝氨酸 | 1.49 | 1.12 | 1.66 | 1.26 | 1.39 | 1.06 | 2.13 | 1.83 | 0.85 | 0.55 |
| 酪氨酸 | 1.06 | 0.82 | 0.81 | 0.68 | 0.72 | 0.56 | 1.42 | 1.31 | 0.34 | 0.19 |

| | 啤酒糟，92.0 | | 玉米酒糟及其可溶物，89.3 | | 玉米蛋白粉，90.0 | | 小麦麸，87.4 | | 小麦次粉，87.9 | |
|---|---|---|---|---|---|---|---|---|---|---|
| | 饲料中/% | 可消化/% | 饲料中/% | 可消化/% | 饲料中/% | 可消化/% | 饲料中/% | 可消化/% | 饲料中/% | 可消化/% |
| 粗蛋白 | 26.50 | | 27.36 | 20.25 | 58.25 | 43.69 | 15.08 | 11.76 | 16.76 | 10.39 |
| 精氨酸 | 1.53 | 1.42 | 1.23 | 1.00 | 1.66 | 1.51 | 0.77 | 0.693 | 1.07 | 0.94 |
| 组氨酸 | 0.53 | 0.44 | 0.74 | 0.58 | 1.32 | 1.15 | 0.39 | 0.30 | 0.42 | 0.35 |
| 异亮氨酸 | 1.02 | 0.89 | 1.06 | 0.81 | 2.23 | 2.07 | 0.47 | 0.35 | 0.53 | 0.43 |
| 亮氨酸 | 2.08 | 1.79 | 3.25 | 2.73 | 9.82 | 9.43 | 0.80 | 0.58 | 0.97 | 0.81 |
| 赖氨酸 | 1.08 | 0.86 | 0.90 | 0.55 | 0.93 | 0.75 | 0.52 | 0.38 | 0.59 | 0.45 |
| 蛋氨酸 | 0.45 | 0.39 | 0.57 | 0.47 | 1.21 | 1.13 | 0.22 | 0.16 | 0.27 | 0.23 |
| 苯丙氨酸 | 1.22 | 1.10 | 1.37 | 1.11 | 3.25 | 3.06 | 0.49 | 0.41 | 0.62 | 0.52 |
| 苏氨酸 | 0.95 | 0.76 | 0.99 | 0.70 | 1.81 | 1.57 | 0.60 | 0.38 | 0.51 | 0.39 |
| 色氨酸 | 0.26 | 0.21 | 0.20 | 0.14 | 0.27 | 0.21 | 0.22 | 0.16 | 0.22 | 0.18 |
| 缬氨酸 | 1.26 | 1.06 | 1.39 | 1.04 | 2.42 | 2.20 | 0.66 | 0.52 | 0.76 | 0.62 |
| 丙氨酸 | 1.43 | 1.06 | 2.13 | 1.68 | 4.33 | 4.03 | 1.79 | 1.04 | 0.91 | 0.67 |
| 天冬氨酸 | 1.94 | 1.44 | 2.01 | 1.39 | 2.97 | 2.64 | 3.38 | 2.23 | 1.11 | 0.81 |
| 半胱氨酸 | 0.49 | 0.37 | 0.44 | 0.32 | 1.01 | 0.89 | 0.74 | 0.57 | 0.43 | 0.35 |
| 谷氨酸 | 5.13 | 3.80 | 5.35 | 4.33 | 11.20 | 10.52 | 5.03 | 4.23 | 3.07 | 2.73 |
| 甘氨酸 | 1.10 | 0.81 | 1.13 | 0.72 | 1.28 | 1.14 | 1.44 | 0.96 | 0.83 | 0.66 |
| 脯氨酸 | 2.36 | 1.75 | 2.36 | 1.75 | 4.93 | 4.24 | | | | |
| 丝氨酸 | 1.20 | 0.89 | 1.40 | 1.08 | 2.29 | 2.13 | 1.52 | 1.11 | 0.63 | 0.47 |
| 酪氨酸 | 0.88 | 0.82 | 1.22 | 0.99 | 2.86 | 2.69 | 0.69 | 0.39 | 0.26 | 0.22 |

续表

| | 酵母单细胞蛋白, 93.3 | | 肉骨粉, 95.2 | | 血粉, 93.2 | | 甜菜糖蜜, 72.2 | | 米糠, 91.6 | |
|---|---|---|---|---|---|---|---|---|---|---|
| | 饲料中 /% | 可消化 /% | 饲料中 /% | 可消化 /% | 饲料中 /% | 可消化 /% | 饲料中 /% | 可消化 /% | 饲料中 /% | 可消化 /% |
| 粗蛋白 | 36.25 | 25.01 | 50.05 | 36.04 | 88.65 | 78.90 | 10.00 | | 15.11 | |
| 精氨酸 | 1.45 | 1.09 | 3.53 | 2.93 | 3.83 | 3.52 | 0.06 | 0.06 | 1.24 | 1.10 |
| 组氨酸 | 0.71 | 0.47 | 0.91 | 0.651 | 5.39 | 4.90 | 0.04 | 0.04 | 0.42 | 0.36 |
| 异亮氨酸 | 1.36 | 0.80 | 1.47 | 1.07 | 0.97 | 0.71 | 0.24 | 0.21 | 0.51 | 0.35 |
| 亮氨酸 | 1.81 | 1.10 | 3.06 | 2.33 | 11.45 | 10.65 | 0.24 | 0.21 | 1.04 | 0.73 |
| 赖氨酸 | 2.58 | 1.91 | 2.59 | 1.89 | 8.6 | 8.00 | 0.10 | 0.09 | 0.67 | 0.52 |
| 蛋氨酸 | 0.84 | 0.74 | 0.69 | 0.58 | 1.18 | 0.09 | 0.03 | 0.03 | 0.30 | 0.23 |
| 苯丙氨酸 | 1.18 | 0.63 | 1.65 | 1.30 | 6.15 | 5.66 | 0.06 | 0.05 | 0.65 | 0.47 |
| 苏氨酸 | 1.42 | 0.77 | 1.63 | 1.12 | 4.36 | 3.79 | 0.08 | 0.07 | 0.56 | 0.40 |
| 色氨酸 | | | 0.30 | 0.19 | 1.34 | 1.22 | 0.05 | 0.04 | 0.19 | 0.14 |
| 缬氨酸 | 1.53 | 0.89 | 2.19 | 1.66 | 7.96 | 7.32 | 0.15 | 0.13 | 0.78 | 0.54 |
| 丙氨酸 | 1.45 | 0.75 | 3.87 | 3.06 | 7.29 | 6.56 | 0.23 | 0.22 | 0.89 | 0.59 |
| 天冬氨酸 | 2.30 | 1.27 | 3.74 | 2.43 | 7.78 | 6.85 | 0.62 | 0.59 | 1.23 | 0.79 |
| 半胱氨酸 | | | 0.46 | 0.26 | 1.26 | 1.08 | 0.05 | 0.04 | 0.27 | 0.18 |
| 谷氨酸 | 3.56 | 2.21 | 6.09 | 4.57 | 7.18 | 6.25 | 4.75 | 4.51 | 1.95 | 1.38 |
| 甘氨酸 | 1.31 | 0.73 | 7.06 | 5.51 | 3.69 | 3.25 | 0.20 | 0.19 | 0.81 | 0.48 |
| 脯氨酸 | 1.10 | 0.72 | 4.38 | 3.55 | 5.03 | 4.43 | 0.10 | 0.10 | 0.69 | 0.46 |
| 丝氨酸 | 1.26 | 0.756 | 1.89 | 1.34 | 4.64 | 4.13 | 0.21 | 0.20 | 0.69 | 0.48 |
| 酪氨酸 | 0.61 | | 1.08 | 0.73 | 2.66 | 2.34 | 0.24 | 0.22 | 0.40 | 0.32 |

| | 全脂双低油菜籽 94.6 | | 大豆, 92.4 | | 蚕豆, 88.1 | | 鹰嘴豆, 89.7 | | 羽扇豆, 91.1 | |
|---|---|---|---|---|---|---|---|---|---|---|
| | 饲料中 /% | 可消化 /% | 饲料中 /% | 可消化 /% | 饲料中 /% | 可消化 /% | 饲料中 /% | 可消化 /% | 饲料中 /% | 可消化 /% |
| 粗蛋白 | 22.06 | 14.12 | 37.56 | 29.67 | 27.16 | 21.46 | 20.33 | 16.26 | 32.44 | 27.90 |
| 精氨酸 | 1.00 | 0.84 | 2.45 | 2.13 | 2.43 | 2.19 | 2.25 | 2.02 | 3.61 | 3.36 |
| 组氨酸 | 0.60 | 0.48 | 0.88 | 0.71 | 0.72 | 0.57 | 0.84 | 0.69 | 0.92 | 0.79 |
| 异亮氨酸 | 0.60 | 0.44 | 1.60 | 1.25 | 1.13 | 0.92 | 0.91 | 0.74 | 1.39 | 1.18 |
| 亮氨酸 | 1.14 | 0.87 | 2.67 | 2.08 | 1.94 | 1.59 | 1.61 | 1.30 | 2.31 | 1.96 |
| 赖氨酸 | 1.01 | 0.74 | 2.23 | 1.81 | 1.65 | 1.40 | 1.41 | 1.20 | 1.58 | 1.34 |
| 蛋氨酸 | 0.38 | 0.31 | 0.55 | 0.44 | 0.19 | 0.14 | 0.30 | 0.23 | 0.21 | 0.17 |
| 苯丙氨酸 | 0.73 | 0.56 | 1.74 | 1.37 | 1.19 | 0.95 | 1.23 | 0.98 | 1.34 | 1.13 |
| 苏氨酸 | 0.83 | 0.58 | 1.42 | 1.08 | 0.91 | 0.71 | 0.91 | 0.69 | 1.20 | 0.984 |
| 色氨酸 | 0.23 | 0.16 | 0.49 | 0.40 | 0.22 | 0.14 | | | 0.26 | 0.21 |
| 缬氨酸 | 0.83 | 0.59 | 1.73 | 1.33 | 1.22 | 0.95 | 1.02 | 0.80 | 1.32 | 1.07 |
| 丙氨酸 | 0.84 | 0.61 | 1.59 | 1.26 | 1.05 | 0.82 | 0.59 | 0.45 | 1.14 | 0.89 |
| 天冬氨酸 | 1.48 | 1.05 | 3.89 | 3.11 | 2.80 | 2.38 | 2.50 | 2.05 | 3.26 | 2.771 |
| 半胱氨酸 | 0.46 | 0.32 | 0.59 | 0.45 | 0.34 | 0.21 | 0.44 | 0.30 | 0.46 | 0.38 |
| 谷氨酸 | 3.66 | 3.07 | 6.05 | 5.08 | 4.40 | 3.87 | 3.12 | 2.68 | 7.00 | 6.16 |
| 甘氨酸 | 0.74 | 0.54 | 1.52 | 1.23 | 1.09 | 0.83 | 0.99 | 0.78 | 1.38 | 1.10 |
| 脯氨酸 | 0.60 | 0.47 | 1.65 | 1.65 | 0.99 | 0.86 | | | 1.37 | 1.27 |
| 丝氨酸 | 0.85 | 0.65 | 1.67 | 1.32 | 1.22 | 1.01 | 1.06 | 0.84 | 1.61 | 1.35 |
| 酪氨酸 | 0.55 | 0.41 | 1.20 | 0.97 | 0.84 | 0.69 | 0.82 | 0.64 | 1.16 | 0.95 |

续表

| | 甜菜渣，87.6 | | 苜蓿粉，92.3 | | 大麦，89.9 | | 高粱，89.4 | | 燕麦，89.9 | |
|---|---|---|---|---|---|---|---|---|---|---|
| | 饲料中/% | 可消化/% | 饲料中/% | 可消化/% | 饲料中/% | 可消化/% | 饲料中/% | 可消化/% | 饲料中/% | 可消化/% |
| 粗蛋白 | 9.10 | | 16.25 | 0 | 11.33 | 8.95 | 9.36 | 7.21 | 11.16 | |
| 精氨酸 | 0.32 | 0.18 | 0.71 | 0.53 | 0.53 | 0.45 | 0.36 | 0.29 | 0.73 | 0.657 |
| 组氨酸 | 0.23 | 0.13 | 0.37 | 0.22 | 0.27 | 0.22 | 0.21 | 0.16 | 0.24 | 0.204 |
| 异亮氨酸 | 0.31 | 0.17 | 0.68 | 0.46 | 0.37 | 0.29 | 0.36 | 0.28 | 0.41 | 0.33 |
| 亮氨酸 | 0.53 | 0.29 | 1.21 | 0.86 | 0.72 | 0.58 | 1.21 | 1.00 | 0.79 | 0.66 |
| 赖氨酸 | 0.52 | 0.28 | 0.74 | 0.41 | 0.40 | 0.3 | 0.20 | 0.15 | 0.49 | 0.37 |
| 蛋氨酸 | 0.07 | 0.04 | 0.25 | 0.18 | 0.20 | 0.16 | 0.16 | 0.13 | 0.68 | 0.56 |
| 苯丙氨酸 | 0.30 | 0.15 | 0.84 | 0.59 | 0.53 | 0.43 | 0.48 | 0.40 | 0.52 | 0.44 |
| 苏氨酸 | 0.38 | 0.11 | 0.70 | 0.44 | 0.36 | 0.27 | 0.30 | 0.23 | 0.42 | 0.30 |
| 色氨酸 | 0.10 | 0.05 | 0.24 | 0.11 | 0.13 | 0.11 | 0.07 | 0.05 | 0.14 | 0.105 |
| 缬氨酸 | 0.45 | 0.19 | 0.86 | 0.55 | 0.52 | 0.42 | 0.46 | 0.35 | 0.63 | 0.504 |
| 丙氨酸 | 0.43 | 0.20 | 0.87 | 0.51 | 0.44 | 0.32 | 0.84 | 0.66 | 0.46 | 0.35 |
| 天冬氨酸 | 0.73 | 0.19 | 1.93 | 1.31 | 0.65 | 0.49 | 0.60 | 0.47 | 0.81 | 0.62 |
| 半胱氨酸 | 0.06 | 0.03 | 0.18 | 0.07 | 0.26 | 0.21 | 0.18 | 0.12 | 0.36 | 0.27 |
| 谷氨酸 | 0.89 | 0.53 | 1.61 | 0.93 | 2.50 | 2.18 | 1.84 | 1.49 | 2.14 | 1.80 |
| 甘氨酸 | 0.38 | 0.17 | 0.81 | 0.41 | 0.45 | 0.37 | 0.31 | 0.21 | 0.48 | 0.37 |
| 脯氨酸 | 0.41 | 0.19 | 0.89 | 0.66 | 1.11 | 0.98 | 0.74 | 0.55 | 0.54 | 0.46 |
| 丝氨酸 | 0.44 | 0.15 | 0.73 | 0.43 | 0.45 | 0.36 | 0.39 | 0.32 | 0.47 | 0.38 |
| 酪氨酸 | 0.40 | 0.21 | 0.55 | 0.36 | 0.28 | 0.22 | 0.32 | 0.24 | 0.41 | 0.34 |

资料来源：NRC（印遇龙等译），2014。

注：饲料名称后面的数字为样品干物质含量（%）。

生长育肥猪的营养需要见表 11-8（NRC，1994）和表 11-9《猪营养需要量》（GB/T 39235—2020）。

**表 11-8　生长育肥猪的营养需要**（饲粮按干物质 90% 计，自由采食）[①]

| 指标 | 体重 /kg | | | | | |
|---|---|---|---|---|---|---|
| | 3～5 | 5～10 | 10～20 | 20～50 | 50～80 | 80～120 |
| 平均体重 /kg | 4 | 7.5 | 15 | 35 | 65 | 100 |
| 估计采食量 /（g/日） | 250 | 500 | 1000 | 1855 | 2575 | 3075 |
| 消化能 /（MJ/kg） | 14.22 | 14.22 | 14.22 | 14.22 | 14.22 | 14.22 |
| 代谢能 /（MJ/kg） | 13.66 | 13.66 | 13.66 | 13.66 | 13.66 | 13.66 |
| 粗蛋白[②] /% | 26.0 | 23.7 | 20.9 | 18.0 | 15.5 | 13.2 |
| 饲粮总氨基酸基础 | | | | | | |
| 精氨酸[③] /% | 0.59 | 0.54 | 0.46 | 0.37 | 0.27 | 0.19 |
| 组氨酸 /% | 0.48 | 0.43 | 0.36 | 0.30 | 0.24 | 0.19 |
| 异亮氨酸 /% | 0.83 | 0.73 | 0.63 | 0.51 | 0.42 | 0.33 |
| 亮氨酸 /% | 1.50 | 1.32 | 1.12 | 0.90 | 0.71 | 0.54 |
| 赖氨酸 /% | 1.50 | 1.35 | 1.15 | 0.95 | 0.75 | 0.60 |
| 蛋氨酸 /% | 0.40 | 0.35 | 0.30 | 0.25 | 0.20 | 0.16 |
| （蛋氨酸＋胱氨酸）/% | 0.86 | 0.76 | 0.65 | 0.54 | 0.44 | 0.35 |

| 指标 | 体重 /kg | | | | | |
|---|---|---|---|---|---|---|
| | 3～5 | 5～10 | 10～20 | 20～50 | 50～80 | 80～120 |
| 苯丙氨酸 /% | 0.90 | 0.80 | 0.68 | 0.55 | 0.44 | 0.34 |
| （苯丙氨酸＋酪氨酸）/% | 1.41 | 1.25 | 1.06 | 0.87 | 0.70 | 0.55 |
| 苏氨酸 /% | 0.98 | 0.86 | 0.74 | 0.61 | 0.51 | 0.41 |
| 色氨酸 /% | 0.27 | 0.24 | 0.21 | 0.17 | 0.14 | 0.11 |
| 缬氨酸 /% | 1.04 | 0.92 | 0.79 | 0.64 | 0.52 | 0.40 |
| 标准回肠可消化氨基酸基础 | | | | | | |
| 精氨酸 /% | 0.54 | 0.49 | 0.42 | 0.33 | 0.24 | 0.16 |
| 组氨酸 /% | 0.43 | 0.38 | 0.32 | 0.26 | 0.21 | 0.16 |
| 异亮氨酸 /% | 0.73 | 0.65 | 0.55 | 0.45 | 0.37 | 0.29 |
| 亮氨酸 /% | 1.35 | 1.20 | 1.02 | 0.83 | 0.67 | 0.51 |
| 赖氨酸 /% | 1.34 | 1.19 | 1.01 | 0.83 | 0.66 | 0.52 |
| 蛋氨酸 /% | 0.36 | 0.32 | 0.27 | 0.22 | 0.18 | 0.14 |
| （蛋氨酸＋胱氨酸）/% | 0.76 | 0.68 | 0.58 | 0.47 | 0.39 | 0.31 |
| 苯丙氨酸 /% | 0.80 | 0.71 | 0.61 | 0.49 | 0.40 | 0.31 |
| （苯丙氨酸＋酪氨酸）/% | 1.26 | 1.12 | 0.95 | 0.78 | 0.63 | 0.49 |
| 苏氨酸 /% | 0.84 | 0.74 | 0.63 | 0.52 | 0.43 | 0.34 |
| 色氨酸 /% | 0.24 | 0.22 | 0.18 | 0.15 | 0.12 | 0.10 |
| 缬氨酸 /% | 0.91 | 0.81 | 0.69 | 0.56 | 0.45 | 0.35 |
| 亚油酸 /% | 0.10 | 0.10 | 0.10 | 0.10 | 0.10 | 0.10 |
| 钙[④] /% | 0.90 | 0.80 | 0.70 | 0.60 | 0.50 | 0.45 |
| 总磷 /% | 0.70 | 0.65 | 0.60 | 0.50 | 0.45 | 0.40 |
| 有效磷 /% | 0.55 | 0.40 | 0.32 | 0.23 | 0.19 | 0.15 |
| 钠 /% | 0.25 | 0.20 | 0.15 | 0.10 | 0.10 | 0.10 |
| 氯 /% | 0.25 | 0.20 | 0.15 | 0.08 | 0.08 | 0.08 |
| 镁 /% | 0.04 | 0.04 | 0.04 | 0.04 | 0.04 | 0.04 |
| 钾 /% | 0.30 | 0.28 | 0.26 | 0.23 | 0.19 | 0.17 |
| 铜 /（mg/kg） | 6.00 | 6.00 | 5.00 | 4.00 | 3.50 | 3.00 |
| 碘 /（mg/kg） | 0.14 | 0.14 | 0.14 | 0.14 | 0.14 | 0.14 |
| 铁 /（mg/kg） | 100 | 100 | 80 | 60 | 50 | 40 |
| 锰 /（mg/kg） | 4.00 | 4.00 | 3.00 | 2.00 | 2.00 | 2.00 |
| 硒 /（mg/kg） | 0.30 | 0.30 | 0.25 | 0.15 | 0.15 | 0.15 |
| 锌 /（mg/kg） | 100 | 100 | 80 | 60 | 50 | 50 |
| 维生素 A/（IU/kg）[⑤] | 2200 | 2200 | 1750 | 1300 | 1300 | 1300 |
| 维生素 $D_3$/（IU/kg） | 220 | 220 | 200 | 150 | 150 | 150 |
| 维生素 E/（IU/kg） | 16 | 16 | 11 | 11 | 11 | 11 |
| 维生素 K（甲基萘醌）/（mg/kg） | 0.50 | 0.50 | 0.50 | 0.50 | 0.50 | 0.50 |
| 生物素 /（mg/kg） | 0.08 | 0.05 | 0.05 | 0.05 | 0.05 | 0.05 |
| 胆碱 /（g/kg） | 0.60 | 0.50 | 0.40 | 0.30 | 0.30 | 0.30 |
| 叶酸 /（mg/kg） | 0.30 | 0.30 | 0.30 | 0.30 | 0.30 | 0.30 |
| 可利用烟酸[⑥] /（mg/kg） | 20.00 | 15.00 | 12.50 | 10.00 | 7.00 | 7.00 |

续表

| 指标 | 体重 /kg | | | | | |
|---|---|---|---|---|---|---|
| | 3～5 | 5～10 | 10～20 | 20～50 | 50～80 | 80～120 |
| 泛酸 /（mg/kg） | 12.00 | 10.00 | 9.00 | 8.00 | 7.00 | 7.00 |
| 核黄素 /（mg/kg） | 4.00 | 3.50 | 3.00 | 2.50 | 2.00 | 2.00 |
| 硫胺素 /（mg/kg） | 1.50 | 1.00 | 1.00 | 1.00 | 1.00 | 1.00 |
| 维生素 $B_6$/（mg/kg） | 2.00 | 1.50 | 1.50 | 1.00 | 1.00 | 1.00 |
| 维生素 $B_{12}$/（μg/kg） | 20.00 | 17.50 | 15.00 | 10.00 | 5.00 | 5.00 |

资料来源：RNC，1998。

注：① 20～120 kg 体重猪（公母平均）无脂肪瘦肉生长率 325 g/ 日。
② 玉米 - 大豆饼型日粮粗蛋白水平。
③ 氨基酸需要量基于玉米 - 大豆饼型日粮。
④ 50～120 kg 后备公猪和母猪饲粮钙、磷、有效磷需增加 0.05%～0.10%。
⑤ 单位转换：1 IU 维生素 A=0.344 μg 乙酸视黄基（纯维生素 A 乙酸盐）；1 IU 维生素 $D_3$=0.025 μg 胆沉钙固醇（维生素 $D_3$）；1 IU 维生素 E=0.67 mg D-α- 生育酚或 1 mg DL-α- 乙酸生育酚。
⑥ 玉米、高粱、小麦、大麦中的烟酸不可利用，谷物副产品中的烟酸可利用性也很低，除非经过发酵或湿磨加工。

**表 11-9　瘦肉型仔猪和生长育肥猪的营养需要**（饲粮按干物质 88% 计，自由采食）①

| 指标 | 体重 /kg | | | | | |
|---|---|---|---|---|---|---|
| | 3～8 | 8～25 | 25～50 | 50～75 | 75～100 | 100～120 |
| 估计采食饲粮量 /（g/ 日） | 290 | 835 | 1600 | 2250 | 2710 | 2900 |
| 消化能 /（MJ/kg） | 14.95 | 14.43 | 14.20 | 14.12 | 14.02 | 13.81 |
| 代谢能 /（MJ/kg） | 14.35 | 13.85 | 13.65 | 13.55 | 13.46 | 13.27 |
| 粗蛋白 /% | 21.0 | 18.5 | 16.0 | 15.0 | 13.5 | 11.3 |
| 饲粮总氨基酸基础 | | | | | | |
| 精氨酸 /% | 0.70 | 0.61 | 0.47 | 0.42 | 0.36 | 0.32 |
| 组氨酸 /% | 0.54 | 0.47 | 0.35 | 0.32 | 0.27 | 0.23 |
| 异亮氨酸 /% | 0.82 | 0.72 | 0.54 | 0.49 | 0.42 | 0.37 |
| 亮氨酸 /% | 1.60 | 1.39 | 1.04 | 0.93 | 0.80 | 0.70 |
| 赖氨酸 /% | 1.58 | 1.38 | 1.03 | 0.92 | 0.79 | 0.68 |
| 蛋氨酸 /% | 0.46 | 0.40 | 0.31 | 0.27 | 0.23 | 0.20 |
| （蛋氨酸 + 胱氨酸）/% | 0.89 | 0.77 | 0.59 | 0.53 | 0.45 | 0.40 |
| 苯丙氨酸 /% | 0.93 | 0.81 | 0.61 | 0.55 | 0.47 | 0.42 |
| （苯丙氨酸 + 酪氨酸）/% | 1.49 | 1.29 | 0.96 | 0.87 | 0.75 | 0.66 |
| 苏氨酸 /% | 0.98 | 0.85 | 0.64 | 0.58 | 0.51 | 0.44 |
| 色氨酸 /% | 0.27 | 0.23 | 0.19 | 0.16 | 0.13 | 0.12 |
| 缬氨酸 /% | 1.03 | 0.89 | 0.69 | 0.62 | 0.55 | 0.48 |
| 标准回肠可消化氨基酸基础 | | | | | | |
| 精氨酸 /% | 0.64 | 0.55 | 0.45 | 0.37 | 0.32 | 0.28 |
| 组氨酸 /% | 0.48 | 0.41 | 0.33 | 0.28 | 0.24 | 0.20 |
| 异亮氨酸 /% | 0.72 | 0.63 | 0.5 | 0.43 | 0.37 | 0.32 |
| 亮氨酸 /% | 1.42 | 1.22 | 0.98 | 0.82 | 0.71 | 0.61 |
| 赖氨酸 /% | 1.42 | 1.22 | 0.97 | 0.81 | 0.70 | 0.60 |
| 蛋氨酸 /% | 0.41 | 0.35 | 0.29 | 0.23 | 0.20 | 0.17 |
| （蛋氨酸 + 胱氨酸）/% | 0.78 | 0.67 | 0.55 | 0.47 | 0.40 | 0.35 |

续表

| 指标 | 体重 /kg | | | | | |
|---|---|---|---|---|---|---|
| | 3～8 | 8～25 | 25～50 | 50～75 | 75～100 | 100～120 |
| 苯丙氨酸 /% | 0.84 | 0.72 | 0.57 | 0.49 | 0.42 | 0.37 |
| （苯丙氨酸 + 酪氨酸）/% | 1.32 | 1.13 | 0.90 | 0.73 | 0.67 | 0.58 |
| 苏氨酸 /% | 0.84 | 0.92 | 0.60 | 0.51 | 0.45 | 0.38 |
| 色氨酸 /% | 0.24 | 0.21 | 0.17 | 0.14 | 0.12 | 0.10 |
| 缬氨酸 /% | 0.89 | 0.77 | 0.65 | 0.54 | 0.49 | 0.42 |
| 亚油酸 /% | 0.15 | 0.12 | 0.10 | 0.10 | 0.10 | 0.10 |
| 钙 /% | 0.90 | 0.74 | 0.63 | 0.59 | 0.56 | 0.54 |
| 总磷 /% | 0.75 | 0.62 | 0.53 | 0.47 | 0.43 | 0.40 |
| 有效磷 /% | 0.57 | 0.37 | 0.27 | 0.22 | 0.19 | 0.17 |
| 钠 /% | 0.25 | 0.15 | 0.12 | 0.10 | 0.10 | 0.10 |
| 氯 /% | 0.25 | 0.15 | 0.12 | 0.10 | 0.10 | 0.10 |
| 镁 /% | 0.04 | 0.04 | 0.04 | 0.04 | 0.04 | 0.04 |
| 钾 /% | 0.30 | 0.26 | 0.24 | 0.21 | 0.18 | 0.17 |
| 铜 /（mg/kg） | 6.00 | 6.00 | 4.50 | 4.00 | 3.50 | 3.00 |
| 碘 /（mg/kg） | 0.14 | 0.14 | 0.14 | 0.14 | 0.14 | 0.14 |
| 铁 /（mg/kg） | 100 | 90 | 70 | 60 | 50 | 40 |
| 锰 /（mg/kg） | 4.00 | 4.00 | 3.00 | 2.00 | 2.00 | 2.00 |
| 硒 /（mg/kg） | 0.30 | 0.30 | 0.30 | 0.25 | 0.20 | 0.20 |
| 锌 /（mg/kg） | 100 | 90 | 70 | 60 | 50 | 50 |
| 维生素 A/（IU/kg） | 2550 | 2050 | 1550 | 1450 | 1350 | 1350 |
| 维生素 D$_3$/（IU/kg） | 250 | 220 | 190 | 170 | 170 | 160 |
| 维生素 E/（IU/kg） | 22 | 20 | 18 | 16 | 14 | 14 |
| 维生素 K（甲基萘醌）/（mg/kg） | 0.60 | 0.60 | 0.50 | 0.50 | 0.50 | 0.50 |
| 生物素 /（mg/kg） | 0.1 | 0.09 | 0.08 | 0.08 | 0.07 | 0.07 |
| 胆碱 /（g/kg） | 0.60 | 0.55 | 0.50 | 0.45 | 0.40 | 0.40 |
| 叶酸 /（mg/kg） | 0.50 | 0.45 | 0.40 | 0.35 | 0.30 | 0.30 |
| 泛酸 /（mg/kg） | 16.00 | 13.00 | 10.00 | 9.00 | 8.00 | 8.00 |
| 核黄素 /（mg/kg） | 5.00 | 4.00 | 3.00 | 2.50 | 2.00 | 2.00 |
| 硫胺素 /（mg/kg） | 2.00 | 1.80 | 1.60 | 1.50 | 1.50 | 1.50 |
| 维生素 B$_6$/（mg/kg） | 2.50 | 2.00 | 1.50 | 1.20 | 1.00 | 1.00 |
| 维生素 B$_{12}$/（μg/kg） | 25.00 | 20.00 | 15.00 | 10.00 | 6.00 | 6.00 |

资料来源：国家市场监督管理总局和中国国家标准化管理委员会，2020。

注：①饲粮为玉米 - 大豆饼型日粮。

## 第四节　繁殖母猪的饲养管理

可繁母猪的饲养一般分为妊娠和哺乳两个时段。集约化猪场母猪圈的温湿度和通风等均自动控制，单栏饲喂，自由饮水。母猪栏（含保育栏）的面积为 1.8 m×2.1 m，其中中间的产床长宽高分别为 0.8 m（可调节至 1.8 m）×0.7 m×1.0 m，市售的母猪产床常为双体产床，即可同时容纳两头母猪及其猪仔。

**1. 能量需要**

妊娠母猪的能量需要包括维持、妊娠产物（胎儿＋胎盘等）和母体增重需要。母猪维持的代谢能需要为 0.44 MJ $W^{0.75}$；妊娠前期（1～84 日）妊娠产物增重需要代谢能 22 MJ/kg，妊娠后期（85～114 日）则需要 14 MJ/kg；母体增重代谢能需要可参照母体自身增重（$G_s$）进行估算，其中脂肪组织 $F=G_s×0.638-9.08$；瘦肉组织 $L=G_s-F$。脂肪组织含脂肪 90%（含水量 10%），瘦肉组织含蛋白质 23%（含水量 77%）。妊娠母猪每沉积 1 g 脂肪和蛋白质分别需要 52.3 kJ 与 44.4 kJ 代谢能。

我国猪饲养标准《猪营养需要量》（GB/T 39235—2020）将妊娠猪分为妊娠前期（<90天）和妊娠后期（≥90天），要求饲粮（88% 干物质基础）的代谢能含量分别为 13.39 MJ/kg（前期）和 13.81 MJ/kg（后期）。

哺乳母猪的能量需要包括维持、产奶和体重变化三部分，即

$$ME（MJ/日）= ME_m + NE_g/k_f + NE_L/k_l$$

式中，ME 为代谢能总需要量；$ME_m$ 为维持代谢能；$NE_g$ 和 $NE_L$ 分别表示生长净能和产奶的净能需要量；$k_f$ 和 $k_l$ 分别表示各部分代谢能的转化效率。

（1）维持：20℃室温条件下母猪的维持代谢能为每千克代谢体重 443.5 kJ/日。

（2）产奶：母猪乳含能 5.1 MJ/kg。代谢能转化为产奶净能的效率（$k_l$）为 0.72，所以 1 kg 母猪乳含代谢能 7.3 MJ。

母猪产奶量 4～9 kg/日，随品种、年龄、仔猪个体数和日龄等不同，产奶量高峰约在产后第四周。母猪产奶代谢能需要量通常以哺乳仔猪数（$n$）和每头仔猪日增重（ADG，g/日）来估算，即

$$产奶代谢能需要量（MJ/日）= n（0.028\,59×ADG - 0.522\,99）$$

（3）母猪体重变化的能量需要可根据日体重损失（G）估算，母体蛋白质日净降解量 $Pr=0.0942\,G+1.47$；脂肪降解量 $F=0.9（G-Pr/0.23）$。分解 1 g 蛋白质或脂肪可分别提供能量 23.43 kJ 和 39.33 kJ。体组织降解转化为产奶净能的效率（$k_f$）为 0.88。代谢能转化为产奶净能的效率（$k_l$）为 0.72。因此，体重减轻时代谢能产量的计算公式为

$$NE_g（MJ/日）=（蛋白质热能 × 蛋白质降解量 + 脂肪热能 × 脂肪降解量）×k_f÷k_l÷1000$$
$$=（23.43× 蛋白质降解量 + 39.33× 脂肪降解量）×0.88÷0.72÷1000$$
$$= 0.028\,64× 蛋白质降解量 + 0.048\,07× 脂肪降解量$$

以上公式的思路是把体重减轻产生的能量先以产奶净能计（即 ×0.88），再根据产奶净能是代谢能的 0.72 倍，将产奶净能推算回代谢能。在日粮需要量计算时需将此部分代谢能减去（即由体重减轻来提供）。

举例：175 kg 体重（$W^{0.75}$=48.11 kg）、带仔猪 10 头、仔猪平均日增重 200 g 的母猪，平均每天体重减轻 400 g，求母猪每日代谢能需要量（ME）。

$$ME（MJ/日）= 维持需要 + 产奶需要 - 体重减轻提供$$
$$= 维持需要 + 产奶需要 -（0.028\,64× 蛋白质降解量 + 0.048\,07× 脂肪降解量）$$
$$=（0.4435×48.11）+10×（0.028\,59×ADG - 0.522\,99）-（0.028\,64$$
$$× 蛋白质降解量 + 0.048\,07× 脂肪降解量）$$

式中，蛋白质降解量 = $(0.0942\,G + 1.47) = (0.0942 \times 400 + 1.47) = 39.15$ g；脂肪降解量 = $0.9 \times (G - Pr/0.23) = 0.9 \times (400 - 39.15/0.23) = 206.8$ g。因此，

$$ME（MJ/ 日） = (0.443\,5 \times 48.11) + (0.285\,9 \times 200 - 5.229\,9)$$
$$- (0.028\,64 \times 39.15 + 0.048\,07 \times 206.8$$
$$= 21.33 + 51.95 - (1.12 + 9.94)$$
$$= 62.23$$

即母猪每日的代谢能需要量为 62.23 MJ。母猪体重降低而造成的每日维持需要的减少量可忽略不计。

我国猪饲养标准中瘦肉型泌乳母猪代谢能平均需要量确定为 13.25 MJ/kg 饲粮，此条件下泌乳期间母猪体重下降 0~10 kg。

**2. 蛋白质和赖氨酸需要**

与能量需要一样，妊娠母猪的蛋白质和氨基酸需要也分为维持、妊娠产物增重和体重变化三部分。母猪维持的粗蛋白需要量为 $2.5$ g $W^{0.75}$。母猪妊娠前期饲粮粗蛋白与赖氨酸需要量分别为 250 g/（头·日）和 11 g/（头·日），妊娠后期分别为 300 g/（头·日）和 13 g/（头·日）。我国妊娠母猪的饲养标准将维持和妊娠合并在一起，日粮粗蛋白和赖氨酸含量根据妊娠时期划分，前期分别确定为 12%~13% 和 0.46%~0.53%，后期分别为 12%~14% 和 0.48%~0.53%。

泌乳母猪的蛋白质和氨基酸需要分为维持、产乳和体重变化三部分。泌乳母猪粗蛋白和赖氨酸的维持需要与妊娠母猪的相同（见上段）。产乳的粗蛋白和赖氨酸需要量依据乳中含量和转化效率计算。1 kg 猪乳含有 50 g 粗蛋白，饲粮粗蛋白的消化率为 80%，粗蛋白用于产乳的生物效价为 65%，因此，产生 1 kg 猪乳需要饲粮粗蛋白 96 g。1 kg 猪乳含有 3.8 g 赖氨酸，采食的赖氨酸转化为乳中赖氨酸的效率为 0.65，故产生 1 kg 猪乳需饲粮赖氨酸 5.8 g。而仔猪体重增长 1 kg 需要 4.3 kg 母乳，需 413 g 饲粮粗蛋白或 331 g 可消化粗蛋白和 25 g 饲粮赖氨酸。而仔猪在 5 周的泌乳期中，体重从 1.3 kg 增加到 8.5 kg（净生长 7.2 kg）。据此即可计算培育 10 头仔猪的母猪产乳的粗蛋白需要量为 $96 \times 4.3 \times 7.2 \times 10 \div 35 = 849.2$ g/（头·日），赖氨酸需要为 $5.8 \times 4.3 \times 7.2 \times 10 \div 35 = 51.3$ g/（头·日）。母体的蛋白质降解率根据体重（$G$）变化的计算公式为：$Pr = 0.0942\,G + 1.47$。从肌肉组织的氨基酸代谢看，肌肉蛋白质降解时并不产生赖氨酸，因此乳中的赖氨酸可能只能来源于饲粮。

在母猪体重不变的情况下，也可以从回肠真可消化赖氨酸需要量估计母猪粗蛋白和赖氨酸的需要量，其中维持的回肠真可消化赖氨酸需要量为 0.036 g/（kg 代谢体重·日）；产奶的回肠真可消化赖氨酸（g/ 日）计算公式为 $0.0231 \times$ 日窝增重（g/ 日）$+ 0.22 \times$ 采食量（kg/ 日）$- 6.7095$；将以上两项相加即为母猪的每日需要量，再除以饲料赖氨酸消化率（0.85），即为饲粮的赖氨酸需要量（g/ 日）。泌乳母猪的饲粮赖氨酸需要量为粗蛋白需要量的 5.05%，据此可以估算饲粮的粗蛋白含量。母猪体重增减时，可根据体重变化（$G$）估算母体净蛋白质分解量（Pr）：$Pr = 0.0942 \times G + 1.47$，此时母猪饲粮粗蛋白需要量（g/ 日）为：体重不变时估算的粗蛋白需要量（g/ 日）+Pr（体重减轻时取负值）$\times 0.75$；其中，0.75 为估算的体组织蛋白质用于奶蛋白合成的效率。而日粮赖氨酸需要量（g/ 日）不变。

　　我国《猪饲养标准》（NY/T 65—2004）规定了瘦肉型泌乳母猪粗蛋白和赖氨酸标准，根据体重分别为每千克饲粮（风干物计）17.5%～18.5% 和 0.88%～0.94%；而在《猪营养需要量》（GB/T 39235-2020）分别为 16.5%～18.0% 和 0.87%～1.01%。

　　妊娠与泌乳母猪的营养需要见表 11-10。

表 11-10　妊娠与泌乳母猪的营养需要（以干物质含量 90% 计，自由采食）

| | 妊娠母猪[①] | | 泌乳母猪[②] |
|---|---|---|---|
| | 妊娠＜90 日 | 妊娠＞90 日 | |
| 估计采食量 /（kg/ 日） | 2.06 | 2.60 | 4.71 |
| 消化能 /（MJ/kg） | 13.93 | 14.37 | 15.27 |
| 代谢能 /（MJ/kg） | 13.39 | 13.81 | 14.64 |
| 粗蛋白[③] /% | 13.1 | 16.0 | 17.0 |
| 精氨酸[③] /% | 0.34 | 0.45 | 0.52 |
| 组氨酸 /% | 0.23 | 0.29 | 0.40 |
| 异亮氨酸 /% | 0.38 | 0.46 | 0.56 |
| 亮氨酸 /% | 0.58 | 0.80 | 1.13 |
| 赖氨酸 /% | 0.65 | 0.86 | 0.94 |
| 蛋氨酸 /% | 0.19 | 0.25 | 0.27 |
| （蛋氨酸 + 胱氨酸）/% | 0.43 | 0.58 | 0.54 |
| 苯丙氨酸 /% | 0.36 | 0.47 | 0.54 |
| （苯丙氨酸 + 酪氨酸）/% | 0.65 | 0.85 | 1.14 |
| 苏氨酸 /% | 0.49 | 0.62 | 0.67 |
| 色氨酸 /% | 0.12 | 0.16 | 0.19 |
| 缬氨酸 /% | 0.48 | 0.62 | 0.86 |
| 亚油酸 /% | 0.10 | 0.10 | 0.10 |
| 钙[④] /% | 0.63 | 0.78 | 0.74 |
| 总磷 /% | 0.51 | 0.59 | 0.65 |
| 有效磷 /% | 0.28 | 0.34 | 0.37 |
| 钠 /% | 0.23 | 0.23 | 0.30 |
| 氯 /% | 0.18 | 0.18 | 0.24 |
| 镁 /% | 0.06 | 0.06 | 0.06 |
| 钾 /% | 0.20 | 0.20 | 0.20 |
| 铜 /（mg/kg） | 5 | 5 | 5 |
| 碘 /（mg/kg） | 0.37 | 0.37 | 0.37 |
| 铁 /（mg/kg） | 80 | 80 | 80 |
| 锰 /（mg/kg） | 23 | 23 | 23 |
| 硒 /（mg/kg） | 0.15 | 0.15 | 0.15 |
| 锌 /（mg/kg） | 45 | 45 | 50 |
| 维生素 A/（IU/kg）[④] | 4000 | 4000 | 2150 |
| 维生素 D$_3$/（IU/kg） | 800 | 800 | 800 |
| 维生素 E/（IU/kg） | 44 | 44 | 44 |

续表

| | 妊娠母猪[①] | | 泌乳母猪[②] |
|---|---|---|---|
| | 妊娠＜90 日 | 妊娠＞90 日 | |
| 维生素 K（甲基萘醌）/（mg/kg） | 0.30 | 0.30 | 0.30 |
| 生物素 /（mg/kg） | 0.21 | 0.21 | 0.21 |
| 胆碱 /（g/kg） | 1.23 | 1.23 | 1.10 |
| 叶酸 /（mg/kg） | 1.37 | 1.37 | 1.37 |
| 可利用烟酸[⑤] /（mg/kg） | 11 | 11 | 11 |
| 泛酸 /（mg/kg） | 13 | 13 | 13 |
| 核黄素 /（mg/kg） | 3.75 | 3.75 | 3.75 |
| 硫胺素 /（mg/kg） | 1.00 | 1.00 | 1.00 |
| 维生素 $B_6$/（mg/kg） | 1.25 | 1.25 | 1.25 |
| 维生素 $B_{12}$/（μg/kg） | 16 | 16 | 16 |

资料来源：RNC，1998，2012；国家市场监督管理总局和中国国家标准化管理委员会，2020。

注：①妊娠母猪配种体重 175 kg，第一胎，预期产仔数 12 头。

②产后体重 175 kg，预期泌乳期体重变化为 0，仔猪日增重 220 g。

③粗蛋白和氨基酸需要量基于玉米 - 大豆饼型日粮。

④单位转换：1 IU 维生素 A=0.344 μg 乙酸视黄基（纯维生素 A 乙酸盐）；1 IU 维生素 $D_3$=0.025 μg 胆沉钙固醇（维生素 $D_3$）；1 IU 维生素 E=0.67 mg D-α- 生育酚或 1 mg DL-α- 乙酸生育酚。

⑤玉米、高粱、小麦、大麦中的烟酸不可利用，谷物副产品中的烟酸可利用性也很低，除非经过发酵或湿磨加工。

### 3. 母猪便秘

便秘即粪便干结、排粪困难，是繁育母猪的常见病症之一。食物在空肠、回肠消化吸收后，残渣随肠蠕动至结肠，在进一步吸收水分和电解质后，逐渐形成粪便，运送至乙状结肠、直肠。粪便使直肠黏膜充盈扩张，产生机械性刺激经盆腔神经等传入大脑皮层，再经传出神经将冲动传至直肠，使直肠肌收缩、肛门括约肌松弛，同时腹肌和膈肌同时收缩，将粪便经肛门排出体外，即为排便反射过程。而这一过程任一环节的障碍，均可导致便秘。母猪便秘造成排便困难、消化障碍、采食减少、体温升高、机体不适、生产性能降低，甚至死亡。

繁育母猪便秘的直接或间接原因包括：①饲粮中的粗纤维含量过低，不能形成一定量的粪便，对肠壁的刺激性不足，使传入大脑皮层的冲动不足或减弱；②饲粮粗纤维含量不足同时造成粪便的保水能力降低，使粪便干结；③由于各种原因大肠菌群失调或功能弱化，大肠发酵程度降低，产生的小分子物质减少，使粪便的保水性（渗透压）降低；④母猪运动量不足，造成肠道蠕动缓慢；⑤妊娠后期腹腔内仔猪占据了较大空间，腹腔空间有限，限制了母猪的采食量，导致采食不足；⑥有些母猪的年龄较大，直肠壁弹性减弱，牵张感受器的应激性降低，则更容易发生便秘等。

预防繁育母猪便秘最基本的措施是保证饲粮纤维素类物质的含量，一般繁育母猪饲粮中常通过添喂小麦麸、苜蓿草粉、甜菜渣和大豆荚壳等以预防或减轻便秘，添喂量为5%～20%。但大量添喂可能会降低母猪的消化能采食量。母猪临产前可用小麦麸替代原饲粮的一半，分娩前 10～12 h 停饲不停水，分娩后要防止给料太快。有条件时母猪的运动也是必要的。母猪便秘的治疗可见有关兽医书籍。

# 第十二章

# 家禽的饲养管理

家禽具有很高的动物蛋白质生产能力，6 周龄公、母肉仔鸡活体重可分别达到 2.09 kg 和 1.74 kg，耗料增重比分别为 1.78 和 1.85；肉仔鸡的全净膛率可达 75%；而产蛋鸡每只每年可产蛋 18 kg，耗料蛋重比为 1.6～2.4。家禽的种类包括鸡、火鸡、鸭、番鸭、鹅、鸽子、鹌鹑等。现代化的家禽生产以鸡为代表，在饲喂、清粪、饮水、捡蛋、环境温湿度控制等方面都已经实现了工业化或自动化。其他禽类的工业化生产方式也在不断进步。另外，也有较多散养或生态型的生产模式，以提高肉品或蛋品质量，或充分利用当地资源。

## 第一节　雏鸡的饲养管理

雏鸡出壳后，两天内不需要喂食，因孵出时体内带有足够的营养（卵黄），只需供给饮水（约 25℃ 温开水）。在 3～4 日龄需给予少量煮熟的碎蛋黄，之后可喂给蛋黄和雏鸡饲料的混合物，最后喂给雏鸡饲料。雏鸡饲料中需添喂消毒过的鸡砂或土壤，以帮助消化。

出壳雏鸡需保温，适宜的环境温度为 32～34℃，然后每 5 天降低 1～2℃，可根据雏鸡的行为表现进行温度调节，直至室温（21℃）。环境温度过低时，雏鸡容易扎堆，造成挤压死亡。在雏鸡出壳的头三天要求环境湿度 80%～85%，然后逐渐降低。1～3 日龄雏鸡需保持全天 24 h 光照，4～7 日龄每天光照 22～20 h。雏鸡养殖密度为 1～10 日龄 50～60 只 /m²，10～20 日龄 30～40 只 /m²。

## 第二节　肉鸡的饲养管理

肉鸡生长的能量需要：肉鸡生长育肥的代谢能需要采用析因法，可剖分为维持、蛋白质沉积、脂肪沉积三部分。肉鸡维持代谢能需要（$ME_m$）的计算公式为：$ME_m$（kJ/日）= $418\,W^{0.75}$；合成 1 g 蛋白质或脂肪分别需要 55 kJ 和 42 kJ 代谢能（代谢能用于合成蛋白质或脂肪的能量效率分别为 44% 和 94%）。由于肉鸡增重时体成分的变化，增重（蛋白质和脂肪的加权平均）的转化效率会随日龄从 73% 下降到 61%，增重的代谢能需要不断增加。肉雏鸡早期每增重 1 g 约需 10 kJ 氮校正代谢能，到育肥末期则需要 19 kJ 氮校正代谢能。

我国《鸡饲养标准》（NY/T 33—2004）将肉鸡饲养分为三个阶段，0～3 周龄、4～6 周龄和 7 周龄以上，其饲粮的代谢能需要量分别为 12.45 MJ/kg、12.96 MJ/kg 和 13.17 MJ/kg。

肉鸡生长的蛋白质需要：肉鸡生长育肥的蛋白质需要包括维持、增重和羽毛生长三部分。肉鸡维持的粗蛋白需要量为 1.6 g/kg 体重。肉鸡体组织的蛋白质含量在 40～600 g、600～1300 g 和 1300～1600 g 体重阶段分别为 17%、20% 和 25%。羽毛蛋白质含量为 82%，羽毛生长量在 0～3 周龄和 4～7 周龄分别为增重的 4% 和 7%。而用于维持和蛋白质沉积的效率均为 60%。因此，

肉鸡的蛋白质需要（g/ 日）＝（0.0016×W + a×ΔW + b×ΔW×82%）÷60%

式中，W 为肉鸡的活体重（g）；ΔW 为日增重（g/ 日）；系数 a 为体组织变化（17%～25%）；系数 b 为羽毛增重变化（4%～7%）。

然而，肉鸡对蛋白质的需要，更重要的是体现在对限制性氨基酸的需要上。对于 0～3 周龄和 4～6 周龄肉鸡，赖氨酸、蛋氨酸、蛋氨酸 + 胱氨酸、色氨酸的含量分别为 0.96 g/MJ 代谢能、0.40 g/MJ 代谢能、0.72 g/MJ 代谢能和 0.17 g/MJ 代谢能，以及 0.80 g/MJ 代谢能、0.36 g/MJ 代谢能、0.64 g/MJ 代谢能和 0.16 g/MJ 代谢能。

我国《鸡饲养标准》（NY/T 33—2004）将肉鸡（即肉仔鸡）生长分为三期，即 0～3 周龄、4～6 周龄和 7 周龄以上，饲粮的粗蛋白需要量分别为 21.5%、20.00% 和 18.00%，而赖氨酸的需要量则分别为 1.15%、1.00% 和 0.87%。肉仔鸡的营养需要量见表 12-1。

表 12-1　肉仔鸡的营养需要量 [ 风干物（干物质 90%）计 ]

| 营养素 | 周龄 | | |
| --- | --- | --- | --- |
| | 0～3 | 4～6 | 7～8 |
| 氮校正代谢能 /（MJ/kg） | 13.39 | 13.39 | 13.39 |
| 粗蛋白 /% | 23.00 | 20.00 | 18.00 |
| 精氨酸 /% | 1.25 | 1.10 | 1.00 |
| （甘氨酸 + 丝氨酸）/% | 1.25 | 1.14 | 0.97 |
| 组氨酸 /% | 0.35 | 0.32 | 0.27 |
| 异亮氨酸 /% | 0.80 | 0.73 | 0.62 |
| 亮氨酸 /% | 1.20 | 1.09 | 0.93 |
| 赖氨酸 /% | 1.10 | 1.00 | 0.85 |
| 蛋氨酸 /% | 0.50 | 0.38 | 0.32 |
| （蛋氨酸 + 胱氨酸）/% | 0.90 | 0.72 | 0.60 |
| 苯丙氨酸 /% | 0.72 | 0.65 | 0.56 |
| （苯丙氨酸 + 酪氨酸）/% | 1.34 | 1.22 | 1.04 |
| 脯氨酸 /% | 0.60 | 0.55 | 0.46 |
| 苏氨酸 /% | 0.80 | 0.74 | 0.68 |
| 色氨酸 /% | 0.20 | 0.18 | 0.16 |
| 缬氨酸 /% | 0.90 | 0.82 | 0.70 |
| 亚油酸 /% | 1.00 | 1.00 | 1.00 |
| 钙 /% | 1.00 | 0.90 | 0.80 |
| 氯 /% | 0.20 | 0.15 | 0.12 |
| 镁 /（mg/kg） | 600 | 600 | 600 |
| 非植酸磷 /% | 0.45 | 0.35 | 0.30 |
| 钾 /% | 0.30 | 0.30 | 0.30 |
| 钠 /% | 0.20 | 0.15 | 0.12 |
| 铜 /（mg/kg） | 8 | 8 | 8 |

续表

| 营养素 | 周龄 | | |
|---|---|---|---|
| | 0～3 | 4～6 | 7～8 |
| 碘 / (mg/kg) | 0.35 | 0.35 | 0.35 |
| 铁 / (mg/kg) | 80 | 80 | 80 |
| 锰 / (mg/kg) | 60 | 60 | 60 |
| 硒 / (mg/kg) | 0.15 | 0.15 | 0.15 |
| 锌 / (mg/kg) | 40 | 40 | 40 |
| 维生素 A/ (IU/kg) | 1500 | 1500 | 1500 |
| 维生素 $D_3$/ (IU/kg) | 200 | 200 | 200 |
| 维生素 E/ (IU/kg) | 10 | 10 | 10 |
| 维生素 K/ (mg/kg) | 0.5 | 0.5 | 0.5 |
| 维生素 $B_{12}$/ (mg/kg) | 0.01 | 0.01 | 0.007 |
| 生物素 / (mg/kg) | 0.15 | 0.15 | 0.12 |
| 胆碱 / (mg/kg) | 1300 | 1000 | 750 |
| 叶酸 / (mg/kg) | 0.55 | 0.55 | 0.50 |
| 烟酸 / (mg/kg) | 35 | 30 | 25 |
| 泛酸 / (mg/kg) | 10 | 10 | 10 |
| 吡哆醇 / (mg/kg) | 3.5 | 3.5 | 3.0 |
| 核黄素 / (mg/kg) | 3.6 | 3.6 | 3.0 |
| 硫胺素 / (mg/kg) | 1.8 | 1.8 | 1.8 |

资料来源：NRC，1994。

　　家禽没有牙齿，采食时对食物一吞而下，先在嗉囊和肌胃中消化，再将食糜后送。在散养条件下，鸡只可以自行觅食沙砾，通过沙砾在嗉囊和肌胃中与饲料的摩擦，帮助或提高鸡的消化率。而在室内养殖时，特别是在集约化笼养条件下，鸡只没有机会觅食沙砾，因此会出现消化率下降或消化不良等现象。所以，在鸡饲料中需要添加一定量的沙砾，或提供沙砾堆，供鸡只啄食。一般沙砾要求直径为2～5 mm。集约化饲喂条件下沙砾的添喂量为饲粮的3%～8%。在生产中，一般认为肉鸡和产蛋鸡饲粮的沙砾添加量在8%时效果最好。

　　营养缺乏的临床表象常与正常生物学过程中所需的某些特定养分的缺乏相生相伴，根据动物的临床表象可以初步判定是否为营养缺乏或某种营养素缺乏。表12-2列举了生长家禽营养素缺乏的各种临床表象，以供在生产中参考。

表 12-2　生长家禽营养素缺乏的各种临床表象

| 家禽种类 | 缺乏表象 | 具体描述 | 相关的营养素 |
|---|---|---|---|
| 雏鸡、幼禽 | 皮肤损伤 | 在眼和喙周围形成硬壳或痂皮；脚底粗糙、麻木、出血性开裂 | 生物素、泛酸 |
| 雏鸡 | | 脚部鳞片化 | 锌、烟酸 |
| 雏鸡、幼禽 | | 眼周围损伤，眼睑粘在一起 | 维生素 A |
| 雏鸡、幼禽 | | 嘴，口腔黏膜炎症（家禽黑舌症） | 烟酸 |
| 雏鸡、幼禽 | 羽毛异常 | 羽毛生长不匀称，初级羽毛异长（chang），羽毛倒伏不顺溜 | 蛋白质，氨基酸不平衡 |

续表

| 家禽种类 | 缺乏表象 | 具体描述 | 相关的营养素 |
|---|---|---|---|
| 雏鸡、幼禽 | | 羽毛卷曲、粗糙 | 锌、烟酸、泛酸、叶酸、赖氨酸 |
| 雏鸡 | | 红褐羽毛品种黑色素化 | 维生素 D |
| 雏鸡、幼禽 | | 羽毛褪色 | 铜、铁、叶酸 |
| 雏鸡、鸽 | 神经性疾病 | 头部角弓反张状抽搐 | 维生素 $B_1$ |
| 雏鸡、幼禽、小鸭 | | 过度兴奋性抽搐 | 吡哆醇 |
| 雏鸡、幼禽、小鸭 | | 应激性亢进 | 镁、氯化钠 |
| 雏鸡 | | 强直性痉挛的惊吓反应特质 | 氯 |
| 幼禽 | | 痉挛性颈部麻痹，伸脖下垂 | 叶酸 |
| 雏鸡 | | 脚趾卷曲瘫痪，髓鞘质变性致坐骨神经和臂神经肿大 | 核黄素 |
| 雏鸡 | | 脑软化，头部角弓反张，强直性痉挛，小脑出血性损伤 | 维生素 E |
| 所有禽类 | 血液和血管系统 | 巨红细胞性贫血 | 维生素 $B_{12}$ |
| | | 巨红细胞性深色性贫血 | 叶酸 |
| | | 巨红细胞性低血色素性贫血 | 铁、铜 |
| | | 小红细胞性贫血 | 吡哆醇 |
| 雏鸡、幼禽 | | 肌内出血，皮下出血，主动脉破裂内出血 | 维生素 K、铜 |
| 雏鸡、幼禽 | | 渗出性素质 | 硒、维生素 E |
| 雏鸡、幼禽 | | 心脏肥大 | 铜 |
| 雏鸡、鸭、幼禽 | 肌肉 | 肌营养不良，骨骼肌变性型白斑 | 维生素 E、硒 |
| 幼禽 | | 心肌病，肌胃病 | 维生素 E、硒 |
| 所有禽类 | 骨骼疾病 | 骨、喙软而易折（佝偻病） | 维生素 D，钙磷缺乏或不平衡 |
| 幼禽、雏鸡、小鹅、小鸭 | | 跗关节肿大 | 烟酸、锌 |
| 雏鸡、幼禽 | | 骨短粗病 | 生物素、胆碱、维生素 $B_{12}$、锰、锌、叶酸 |
| 鸭 | | 屈膝腿 | 烟酸 |
| 雏鸡 | | 腿骨变短变厚 | 锌、锰 |
| 雏鸡 | | 脚趾卷曲 | 核黄素 |
| 雏鸡、鸭、幼禽 | 腹泻 | | 烟酸、核黄素、生物素 |

资料来源：NRC，1994。

注：生长缓慢和缺乏活力一般与营养不良有关。此表所列表象是某些特定营养素缺乏时更特异性的指征。

# 第三节　蛋鸡的饲养管理

商品代蛋鸡年产蛋一般在 300 枚以上，产蛋量 18 kg，是体重的 10 倍以上。蛋禽的营养供应直接影响到产蛋性能和种用蛋的质量。各种禽蛋的成分见表 12-3，可见禽蛋去蛋壳部分的蛋白质含量约 50%（干物质计），而蛋壳中的钙含量约占 1/3。

表 12-3　各种禽蛋的成分

| | 鸡蛋 | 鸭蛋 | 鹅蛋 | 火鸡蛋 | 鹌鹑蛋 |
|---|---|---|---|---|---|
| 蛋重 /g | 58 | 70 | 150 | 75 | 12.3 |
| 蛋壳 /% | 12.3 | 12.0 | 12.4 | 12.8 | 14.6 |
| 蛋清 /% | 55.8 | 52.6 | 52.6 | 55.9 | 61.5 |
| 蛋黄 /% | 31.9 | 35.4 | 35.0 | 32.3 | 23.9 |
| 水分[①] /% | 73.6 | 69.7 | 70.6 | 73.7 | 73.3 |
| 蛋白质[①] /% | 12.8 | 13.7 | 14.0 | 13.7 | 12.8 |
| 脂类[①] /% | 11.8 | 14.4 | 13.0 | 11.7 | 10.8 |
| 糖类[①] /% | 1.0 | 1.2 | 1.2 | 0.7 | 2.1 |
| 灰分[①] /% | 0.8 | 1.0 | 1.2 | 0.8 | 1.0 |
| 能量[①] / (kJ/100g) | 615 | 753 | 820 | 675 | 670 |
| 蛋壳钙[②] /% | 33.1 | 34.0 | 39.0 | | 30.7 |
| 蛋壳磷[②] /% | 0.13 | 0.16 | 0.10 | | 0.40 |

资料来源：杨凤，2000；等等。

注：①为去蛋壳成分。

②为蛋壳成分。

产蛋禽的能量需要（ME）包括维持（$ME_m$）、产蛋（$ME_e$）和体增重（$ME_o$）三部分，即 $ME = ME_m + ME_e + ME_o$。根据实验，含有总能 16.7 MJ/kg 的饲粮，有 72.5% 的能量（12.1 MJ/kg）可以转化为代谢能，约 57.5% 的总能（9.6 MJ/kg）可用于蛋鸡的维持、生长和产蛋的需要。

维持代谢能可根据 $ME_m = K_1 W^{0.75}$ 计算。式中，$K_1$ 为每千克代谢体重的代谢能需要，为 460（300～550）kJ，$W^{0.75}$ 为代谢体重。

一枚重 50～60 g 蛋含能值 293～377 kJ，每克蛋重含净能约 6.7 kJ。ME 用于产蛋的效率 $k_e$ 为 0.8（0.70～0.86），即一枚 56 g 鸡蛋约需代谢能 469 kJ。产蛋能量需要可根据下式计算。

$$ME_e = K_2 W_0 E_0 / k_e$$

式中，$K_2$ 为产蛋率；$W_0$ 为每枚蛋的总重量（g）；$E_0$ 为蛋的能量含量（6.7 kJ/g）。

蛋鸡体增重（$\Delta W$）内容按蛋白质 18%、脂肪 15% 计，沉积在蛋白质中的能量（kJ）为 $0.18 \times 16.7 \times \Delta W$ 或 $3.00 \times \Delta W$，沉积在脂肪中的能量（kJ）为 $0.15 \times 37.6 \times \Delta W$ 或 $5.63 \times \Delta W$。以上 16.7 和 37.6 分别为蛋白质和脂肪的能值（kJ/g）。代谢能用于增重的效率约为 0.72。

例如，体重 1.8 kg（代谢体重 1.554 kg）、日增重 7 g、平均产蛋重 56 g、产蛋率 85% 的蛋鸡每日的代谢能需要量为

$$ME = 维持需要 + 产蛋需要 + 体增重$$
$$= K_1 W^{0.75} + K_2 W_0 E_0 / k_e + ME_o$$
$$= 460 \times 1.554 + 0.85 \times 56 \times 6.7/0.8 + （3 \times 7 + 5.63 \times 7）/0.72$$
$$= 714.84 + 398.65 + 83.90$$
$$= 1197.39（kJ/ 日）$$

家禽有根据日粮能量浓度调节采食量的能力，因此可以根据正常的采食量确定日粮适宜的能量浓度，一般为 11.5～12.1 MJ/kg。

产蛋禽的蛋白质需要包括维持、产蛋、体组织及羽毛生长三部分。

$$维持蛋白质需要（g/日）= 6.25 KW^{0.75}/k_j$$

式中，$K$ 为每千克代谢体重内源氮的排泄量（g/kg 代谢体重），成年鸡为 0.201 g/kg 代谢体重；$k_j$ 为饲料粗蛋白转化为体蛋白质的效率，约为 0.55。

$$产蛋的蛋白质需要（g/日）= W_e C_i k_m/k_n$$

式中，$W_e$ 为每枚蛋的重量（g）；$C_i$ 为蛋中蛋白质含量（为 11.6%），一枚 56 g 重的鸡蛋含蛋白质 6.5 g；$k_m$ 为产蛋率；$k_n$ 为饲料蛋白质在蛋中的沉积效率，以 0.5 计。

$$体组织及羽毛生长的蛋白质需要（g/日）= G \times C/k_p$$

式中，$G$ 为日增重（g/日）；$C$ 为体组织中的蛋白质含量，为 18%；$k_p$ 为饲料蛋白质在体组织中的沉积效率，以 0.5 计。

例如，体重 1.8 kg（代谢体重 1.554 kg）、日增重 7 g、平均产蛋重 56 g、产蛋率 85% 的蛋鸡每日蛋白质总需要量为

产蛋鸡蛋白质需要量 = 维持需要 + 产蛋需要 + 体沉积需要

$$= 6.25 KW^{0.75}/k_j + W_e C_i k_m/k_n + G \times C/k_p$$

$$= 6.25 \times 0.201 \times 1.554/0.55 + 56 \times 0.116 \times 0.85/0.5 + 7 \times 0.18/0.5$$

$$= 3.55 + 11.04 + 2.52$$

$$= 17.11[g/日]$$

此时，蛋鸡日粮的蛋白质能量比（g/MJ）为 17.11÷1.197 39=14.3

产蛋家禽的必需氨基酸包括蛋氨酸、赖氨酸、色氨酸、精氨酸、组氨酸、异亮氨酸、亮氨酸、苯丙氨酸、缬氨酸和苏氨酸。饲料氨基酸用于产蛋的效率为 0.55～0.88，在实际生产中常用 0.85 为系数。蛋氨酸通常为第一限制性氨基酸，可根据以下经验公式估算蛋鸡的蛋氨酸需要量：

$$蛋鸡蛋氨酸需要量（mg/日）= 5 E + 50 W + 6.2 \Delta W$$

式中，$E$ 为产蛋量（g/日）；$W$ 为体重（kg）；$\Delta W$ 为日增重（g/日）。

例如，体重 1.8 kg、产蛋 56 g/日、日增重 7 g 的产蛋鸡，其饲粮蛋氨酸的需要量为 5×56 + 50×1.8 + 6.2×7 = 280 + 90 + 43.4=413.4 mg/日。

表 12-4 为育成白壳蛋鸡的营养需要量。而育成褐壳蛋鸡的营养需要量略低于白壳蛋鸡的。

**表 12-4　育成白壳蛋鸡的营养需要量** [ 风干物（干物质 90%）计 ]

| | 周龄 | | | |
|---|---|---|---|---|
| | 0～6 | 6～12 | 12～18 | 18～开产 |
| 周龄末体重 /g | 450 | 980 | 1375 | 1475 |
| 氮校正代谢能 /（MJ/kg） | 11.9 | 11.9 | 12.1 | 12.1 |
| 粗蛋白 /% | 18.00 | 16.00 | 15.00 | 17.00 |
| 精氨酸 /% | 1.00 | 0.83 | 0.67 | 0.75 |
| （甘氨酸＋丝氨酸）/% | 0.70 | 0.58 | 0.47 | 0.53 |
| 组氨酸 /% | 0.26 | 0.22 | 0.17 | 0.20 |
| 异亮氨酸 /% | 0.60 | 0.50 | 0.40 | 0.45 |
| 亮氨酸 /% | 1.10 | 0.85 | 0.70 | 0.80 |
| 赖氨酸 /% | 0.85 | 0.60 | 0.45 | 0.52 |

续表

| | 周龄 | | | |
|---|---|---|---|---|
| | 0～6 | 6～12 | 12～18 | 18～开产 |
| 蛋氨酸 /% | 0.30 | 0.25 | 0.20 | 0.22 |
| （蛋氨酸＋胱氨酸）/% | 0.62 | 0.52 | 0.42 | 0.47 |
| 苯丙氨酸 /% | 0.54 | 0.45 | 0.36 | 0.40 |
| （苯丙氨酸＋酪氨酸）/% | 1.00 | 0.83 | 0.67 | 0.75 |
| 苏氨酸 /% | 0.68 | 0.57 | 0.37 | 0.47 |
| 色氨酸 /% | 0.17 | 0.14 | 0.11 | 0.12 |
| 缬氨酸 /% | 0.62 | 0.52 | 0.41 | 0.46 |
| 亚油酸 /% | 1.00 | 1.00 | 1.00 | 1.00 |
| 钙 /% | 0.90 | 0.80 | 0.80 | 2.00 |
| 非植酸磷 /% | 0.40 | 0.35 | 0.30 | 0.32 |
| 钾 /% | 0.25 | 0.25 | 0.25 | 0.25 |
| 钠 /% | 0.15 | 0.15 | 0.15 | 0.15 |
| 氯 /% | 0.15 | 0.12 | 0.12 | 0.15 |
| 镁 /（mg/kg） | 600 | 500 | 400 | 400 |
| 锰 /（mg/kg） | 60.0 | 30.0 | 30.0 | 30.0 |
| 锌 /（mg/kg） | 40.0 | 35.0 | 35.0 | 35.0 |
| 铁 /（mg/kg） | 80.0 | 60.0 | 60.0 | 60.0 |
| 铜 /（mg/kg） | 5.0 | 4.0 | 4.0 | 4.0 |
| 碘 /（mg/kg） | 0.35 | 0.35 | 0.35 | 0.35 |
| 硒 /（mg/kg） | 0.15 | 0.10 | 0.10 | 0.10 |
| 维生素 A/（IU/kg） | 1500 | 1500 | 1500 | 1500 |
| 维生素 $D_3$/（IU/kg） | 200 | 200 | 200 | 300 |
| 维生素 E/（IU/kg） | 10.0 | 5.0 | 5.0 | 5.0 |
| 维生素 K/（mg/kg） | 0.5 | 0.5 | 0.5 | 0.5 |
| 核黄素 /（mg/kg） | 3.6 | 1.8 | 1.8 | 2.2 |
| 泛酸 /（mg/kg） | 10.0 | 10.0 | 10.0 | 10.0 |
| 烟酸 /（mg/kg） | 27.0 | 11.0 | 11.0 | 1.0 |
| 维生素 $B_{12}$/（mg/kg） | 0.009 | 0.003 | 0.003 | 0.004 |
| 胆碱 /（mg/kg） | 1300 | 900 | 500 | 500 |
| 生物素 /（mg/kg） | 0.15 | 0.10 | 0.10 | 0.10 |
| 叶酸 /（mg/kg） | 0.55 | 0.25 | 0.25 | 0.25 |
| 硫胺素 /（mg/kg） | 1.0 | 1.0 | 0.8 | 0.8 |
| 吡哆醇 /（mg/kg） | 3.0 | 3.0 | 3.0 | 3.0 |

资料来源：NRC，1994。

　　产蛋鸡对钙的需要量特别高，一枚鸡蛋约含钙 2.2 g，全年产 300 枚蛋，排出的钙则约为 660 g，相当于蛋鸡全身钙量的 30 倍。按照饲料钙利用率 50%～60% 计，每产一枚蛋约需要饲料钙 4 g。产蛋鸡卵巢产生雌激素，刺激肝脏产生钙结合蛋白进入血液循环，可使产蛋鸡血液总钙的浓度达到 20～25 mg/100 mL，使血液成为产蛋鸡的另一个钙库，供蛋壳形成期利用。而其他动物和非产蛋鸡血液的钙离子浓度一般仅约为 5 mg/100 mL。

表 12-5 为不同采食量条件下产蛋来杭鸡的营养需要量表，可见不同采食量来杭蛋鸡的饲粮，其氮校正代谢能含量相同，但其他营养素的含量则随采食量下降而降低。

**表 12-5　不同采食量条件下产蛋来杭鸡的营养需要量[①]**[ 风干物（干物质 90%）计 ]

| | 采食量 /（g/ 日） | | |
|---|---|---|---|
| | 80 | 100 | 120 |
| 氮校正代谢能 /（MJ/kg） | 12.1 | 12.1 | 12.1 |
| 粗蛋白 /% | 18.8 | 15.0 | 12.5 |
| 精氨酸 /% | 0.88 | 0.70 | 0.58 |
| 组氨酸 /% | 0.21 | 0.17 | 0.14 |
| 异亮氨酸 /% | 0.81 | 0.65 | 0.54 |
| 亮氨酸 /% | 1.03 | 0.82 | 0.68 |
| 赖氨酸 /% | 0.86 | 0.69 | 0.58 |
| 蛋氨酸 /% | 0.38 | 0.30 | 0.25 |
| （蛋氨酸 + 胱氨酸）/% | 0.73 | 0.58 | 0.48 |
| 苯丙氨酸 /% | 0.59 | 0.47 | 0.39 |
| （苯丙氨酸 + 酪氨酸）/% | 1.04 | 0.83 | 0.69 |
| 苏氨酸 /% | 0.59 | 0.47 | 0.39 |
| 色氨酸 /% | 0.20 | 0.16 | 0.13 |
| 缬氨酸 /% | 0.88 | 0.70 | 0.58 |
| 亚油酸 /% | 1.25 | 1.00 | 0.83 |
| 钙 /% | 4.06 | 3.25 | 2.71 |
| 氯 /% | 0.16 | 0.13 | 0.11 |
| 镁 /（mg/kg） | 625 | 500 | 420 |
| 非植酸磷 /% | 0.31 | 0.25 | 0.21 |
| 钾 /% | 0.19 | 0.15 | 0.13 |
| 钠 /% | 0.19 | 0.15 | 0.13 |
| 铜[②] /（mg/kg） | 8 | 7 | 6 |
| 碘 /（mg/kg） | 0.044 | 0.035 | 0.029 |
| 铁 /（mg/kg） | 56 | 45 | 38 |
| 锰 /（mg/kg） | 25 | 20 | 17 |
| 硒 /（mg/kg） | 0.08 | 0.06 | 0.05 |
| 锌 /（mg/kg） | 44 | 35 | 29 |
| 维生素 A/（IU/kg） | 3750 | 3000 | 2500 |
| 维生素 $D_3$/（IU/kg） | 375 | 300 | 250 |
| 维生素 E/（IU/kg） | 6 | 5 | 4 |
| 维生素 K/（mg/kg） | 0.6 | 0.5 | 0.4 |
| 维生素 $B_{12}$/（mg/kg） | 0.004 | 0.004 | 0.004 |
| 生物素 /（mg/kg） | 0.13 | 0.10 | 0.08 |
| 胆碱 /（mg/kg） | 1310 | 1050 | 875 |
| 叶酸 /（mg/kg） | 0.31 | 0.25 | 0.21 |

续表

|  | 采食量/（g/日） | | |
| --- | --- | --- | --- |
|  | 80 | 100 | 120 |
| 烟酸/（mg/kg） | 12.5 | 10.0 | 8.3 |
| 泛酸/（mg/kg） | 2.5 | 2.0 | 1.7 |
| 吡哆醇/（mg/kg） | 3.1 | 2.5 | 2.1 |
| 核黄素/（mg/kg） | 3.1 | 2.5 | 2.1 |
| 硫胺素/（mg/kg） | 0.88 | 0.70 | 0.60 |

资料来源：NRC，1994。

注：①产蛋率按 90% 计。

②铜为添加量。

　　种用家禽的营养需要不仅表现在产蛋性能上，还表现在胚胎的孵化率上，表 12-6 列举了当种用产蛋鸡某种营养素缺乏时，在胚胎的孵化过程中可能出现的各种临床表象。如果出现，则需要调整产蛋鸡某营养素供应量。

表 12-6　鸡胚胎营养素缺乏的表象

| 可能缺乏的营养素 | 缺乏表象 |
| --- | --- |
| 维生素 A | 循环系统发育失败，孵化约 48 h 死亡；肾脏、眼睛和骨骼异常 |
| 维生素 D | 在孵化 18～19 天时死亡，伴有软骨、骨异位和喙上部突出的缺陷 |
| 维生素 E | 在孵化的早期 84～96 h 死亡，伴有出血和循环衰竭（与缺硒有关） |
| 维生素 K | 单一性缺乏或拮抗因子对早期胚胎机体无影响，但在 18 天至孵出期间呈出血性死亡 |
| 维生素 B₁（硫胺素） | 孵化期间胚胎死亡率高，且无明显症状，但存活的雏鸡呈多发性神经炎 |
| 核黄素 | 死亡高峰在孵化的第 60 小时、第 14 天和第 20 天，严重缺乏时可提前。引起的胚胎缺陷包括肢和喙发育的改变、侏儒症、皮肤结节状绒毛 |
| 烟酸 | 胚胎可由色氨酸合成足够的烟酸。孵化过程中如果给予某些拮抗剂，骨和喙则出现各种畸形 |
| 生物素 | 在孵化的 19～21 天死亡率高，胚胎呈鹦鹉喙、软骨发育不良、骨骼严重变形、趾间蹼化 |
| 泛酸 | 在孵化第 14 天出现死亡，临界水平的泛酸可延长死亡时间到成形时。各种皮下出血、水肿；羽毛下垂（幼禽） |
| 吡哆醇 | 使用拮抗剂可导致早期胚胎死亡 |
| 叶酸 | 在孵化的约 20 天死亡。死亡胚胎表面看上去正常，但多见胫跗骨弯曲、并趾、喙畸形。幼禽在孵化的第 26～28 天死亡，骨端和循环系统异常 |
| 维生素 B₁₂ | 在孵化的约 20 天死亡，腿萎缩、水肿、出血、脂肪性器官、头异位在大腿之间 |
| 锰 | 死亡高峰在成形之前。软骨发育不良、侏儒症、长骨变短、头畸形、水肿、羽毛异常明显 |
| 锌 | 成形前死亡，看似无尾、脊柱缺失、眼睛发育不全、缺肢部 |
| 铜 | 在造血阶段早期死亡，没有畸形 |
| 碘 | 孵出时间延长、甲状腺减小、腹腔关闭不全 |
| 铁 | 血细胞比容低，血红蛋白低，照蛋可见胚胎外循环无力 |
| 硒 | 在孵化早期胚胎死亡率高 |

资料来源：NRC，1994。

# 第四节　鸭、鹅的饲养管理

　　鸭在池塘放养和舍饲笼养条件下都可良好地生长。但舍饲笼养时要提供鸭窝。鸭的品种包括北京鸭、麻鸭、番鸭、杂交番鸭等。

　　鸭利用颗粒饲料比利用粉料更有效，有利于采食和减少浪费。0～2周龄时饲料的颗粒直径通常为 3.18 mm，之后为 4.76 mm。表 12-7 为北京鸭的营养需要表，8 周龄北京公鸭和母鸭的活体重分别可达 3.61 kg 与 3.29 kg，耗料增重比分别为 2.73 和 2.92。

**表 12-7　北京鸭的营养需要** [ 风干物（干物质 90%）计 ]

| | 鸭龄 | | |
| --- | --- | --- | --- |
| | 0～2 周龄 | 2～7 周龄 | 繁育鸭 |
| 氮校正代谢能 /（MJ/kg） | 12.1 | 12.6 | 12.1 |
| 粗蛋白 /% | 22.0 | 16.0 | 15.0 |
| 精氨酸 /% | 1.1 | 1.0 | |
| 异亮氨酸 /% | 0.63 | 0.46 | 0.38 |
| 亮氨酸 /% | 1.26 | 0.91 | 0.76 |
| 赖氨酸 /% | 0.90 | 0.65 | 0.60 |
| 蛋氨酸 /% | 0.40 | 0.30 | 0.27 |
| （蛋氨酸 + 胱氨酸）/% | 0.70 | 0.55 | 0.50 |
| 色氨酸 /% | 0.23 | 0.17 | 0.14 |
| 缬氨酸 /% | 0.78 | 0.56 | 0.47 |
| 钙 /% | 0.65 | 0.60 | 2.75 |
| 氯 /% | 0.12 | 0.12 | 0.12 |
| 镁 /（mg/kg） | 500 | 500 | 500 |
| 非植酸磷 /% | 0.40 | 0.30 | |
| 钠 /% | 0.15 | 0.15 | 0.15 |
| 锰 /（mg/kg） | 50 | | |
| 硒 /（mg/kg） | 0.20 | | |
| 锌 /（mg/kg） | 60 | | |
| 维生素 A/（IU/kg） | 2500 | 2500 | 4000 |
| 维生素 D₃/（IU/kg） | 400 | 400 | 900 |
| 维生素 E/（IU/kg） | 10 | 10 | 10 |
| 维生素 K/（mg/kg） | 0.5 | 0.5 | 0.5 |
| 烟酸 /（mg/kg） | 55 | 55 | 55 |
| 泛酸 /（mg/kg） | 11.0 | 11.0 | 11.0 |
| 吡哆醇 /（mg/kg） | 2.5 | 2.5 | 3.0 |
| 核黄素 /（mg/kg） | 4.0 | 4.0 | 4.0 |

资料来源：NRC，1994。

注：表中未列的其他营养成分参见肉仔鸡的营养需要量（表 12-1）。

　　鹅可以各种方式饲养。在农家鹅饲养时，一般先喂开食料 2 周，然后放牧采食牧草和谷物饲料，或在生长期限饲一定的饲料，同时采食相当数量的牧草。10 周龄时，鹅的体重可达 4.85 kg，耗料体增重比为 3.32。农家一般在 14 周龄时，开始让鹅自由采食高能日粮进行育肥。生产鹅肝的鹅是为了产生脂肪含量较高的肝脏，因此从 12 周龄开始，需强饲（填饲）高能量日粮。但产蛋鹅建议用育成料和繁育料饲喂。表 12-8 为鹅的营养需要。

**表 12-8　鹅的营养需要** [ 风干物（干物质 90%）计 ]

| | 鹅龄 | | |
| --- | --- | --- | --- |
| | 0～2 周龄 | 2～7 周龄 | 繁育鹅 |
| 氮校正代谢能 /（MJ/kg） | 12.1 | 12.6 | 12.1 |
| 粗蛋白 /% | 20.0 | 15.0 | 15.0 |
| 赖氨酸 /% | 1.0 | 0.85 | 0.6 |
| （蛋氨酸 + 胱氨酸）/% | 0.60 | 0.50 | 0.50 |
| 钙 /% | 0.65 | 0.60 | 2.25 |
| 非植酸磷 /% | 0.30 | 0.30 | 0.30 |
| 维生素 A/（IU/kg） | 1500 | 1500 | 400 |
| 维生素 $D_3$/（IU/kg） | 200 | 200 | 200 |
| 胆碱 /（mg/kg） | 1500 | 1000 | |
| 烟酸 /（mg/kg） | 65.0 | 35.0 | 20.0 |
| 泛酸 /（mg/kg） | 15.0 | 10.0 | 10.0 |
| 核黄素 /（mg/kg） | 3.8 | 2.5 | 4.0 |

资料来源：NRC，1994。

# 第五节　鸽子与鹌鹑的饲养管理

## 1. 肉鸽

肉鸽的主要品种有美国王鸽（4 周龄体重 650 g）、蒙丹鸽（4 周龄体重 750 g）、鸢鸽（4 周龄体重 800 g）等，每对亲鸽年产仔鸽约 7 对。肉鸽的生长发育过程包括乳鸽期（0～1 月龄）、童鸽期（1～2 月龄）、青年鸽期（2～4 月龄）、配对鸽期（4～6 月龄）和产蛋鸽期（6 月龄始）。1 月龄内的乳鸽可再分为初雏鸽（0～10 日龄）、雏鸽（10～20 日龄）和乳鸽（20～30 日龄）三期。肉鸽一般在 25～28 日龄出栏，体重约 650 g；每产一对肉鸽约耗料 2.8 kg。鸽的适宜环境温度为 27～32℃。

雏鸽出壳后先由公、母亲鸽嗉囊产生的嗉囊液（即鸽乳）哺育一周，再由双亲逐渐吐喂原粮，1 月龄时断乳。鸽乳是一种奶酪样、油性和乳白色的块状或米粒状物质，水分、粗蛋白、脂肪、粗灰分、钙、磷和无氮浸出物含量分别为 64%～82%、11.0%～18.8%、4.5%～12.7%、1.8%～3.1%、0.12%～0.13%、0.14%～0.17% 和 0%～6.4%。在肉鸽生产中，常用 "2+2" "2+3" 或 "2+4" 模式表示乳鸽的饲养单元，分别指 1 对亲鸽哺喂 2、3 或 4 只乳鸽的生产方式。

如前所述，鸽乳的水分含量一般为 76%，故如果给 1～7 日龄乳鸽饲喂人工饲料，喂料的含水量需达到 76%，在 7～28 日龄时含水量需为 75% 至 60%，否则会影响乳鸽的生长或造成死亡。在生产中，可将纯奶粉（或牛奶）和肉仔鸡开食料各 50%，加温水至约 23%

干物质含量，调制为人工鸽乳，饲喂给雏鸽或乳鸽。

肉鸽的营养需要见表 12-9。肉鸽的氨基酸、维生素和微量元素等需要可参照肉仔鸡的需要量。鸽子对纤维素类物质消化率较低，故饲粮中粗纤维含量不宜超过 5%。青年鸽和种鸽都需添喂保健砂（鸽砂），保健砂中应含约 50% 直径 2～4 mm 的砂粒，再加些黄土（20%～30%）、石粉、木炭、维生素、微量元素等，每天喂量 3～6 g/ 对，带雏时应更多。种鸽和青年鸽的饲粮以原粮混合料和颗粒料各 50% 为宜。

**表 12-9　肉鸽的营养需要**（饲粮干物质计）

| | 代谢能 /（MJ/kg） | 粗蛋白 /% | 钙 /% | 磷 /% | 蛋氨酸 /% | 赖氨酸 /% | （蛋氨酸 + 胱氨酸）/% | 色氨酸 /% |
|---|---|---|---|---|---|---|---|---|
| 非育雏期种鸽 | 11.6 | 12.0 | 2.0 | 0.6 | 0.27 | 0.56 | 0.50 | 0.13 |
| 育雏期种鸽 | 14.0 | 17.0 | 3.0 | 0.6 | 0.30 | 0.78 | 0.57 | 0.15 |
| 童鸽 | 11.9 | 16.0 | 0.9 | 0.7 | 0.28 | 0.60 | 0.55 | 0.16 |
| 乳鸽 | 13.5 | 20.0 | 1.52 | 0.85 | | | | |

资料来源：卜柱等，2010；姜世光等，2019。

### 2. 鹌鹑

鹌鹑为娱乐禽类，但培育的日本鹌鹑具有产肉和产蛋价值，而经选育快速生长的日本鹌鹑对日粮蛋白质的需要量更高。表 12-10 为 NRC（1994）推荐的日本鹌鹑的营养需要。鹌鹑适宜的环境温度为 17～28℃，最适温度为 25℃。

**表 12-10　日本鹌鹑的营养需要** [ 风干物（干物质 90%）计 ]

| | 育雏、生长 | 繁育 |
|---|---|---|
| 氮校正代谢能 /（MJ/kg） | 12.1 | 12.1 |
| 粗蛋白 /% | 24.0 | 20.0 |
| 精氨酸 /% | 1.25 | 1.26 |
| （甘氨酸 + 精氨酸）/% | 1.15 | 1.17 |
| 组氨酸 /% | 0.36 | 0.42 |
| 异亮氨酸 /% | 0.98 | 0.90 |
| 亮氨酸 /% | 1.69 | 1.42 |
| 赖氨酸 /% | 1.30 | 1.00 |
| 蛋氨酸 /% | 0.50 | 0.45 |
| （蛋氨酸 + 胱氨酸）/% | 0.75 | 0.70 |
| 苯丙氨酸 /% | 0.96 | 0.78 |
| （苯丙氨酸 + 酪氨酸）/% | 1.80 | 1.40 |
| 苏氨酸 /% | 1.02 | 0.74 |
| 色氨酸 /% | 0.22 | 0.19 |
| 缬氨酸 /% | 0.95 | 0.95 |
| 亚油酸 /% | 1.0 | 1.0 |
| 钙 /% | 0.8 | 2.5 |
| 氯 /% | 0.14 | 0.14 |
| 镁 /（mg/kg） | 300 | 500 |

续表

| | 育雏、生长 | 繁育 |
|---|---|---|
| 非植酸磷 /% | 0.30 | 0.35 |
| 钾 /% | 0.4 | 0.4 |
| 钠 /% | 0.15 | 0.15 |
| 铜 / (mg/kg) | 5 | 5 |
| 碘 / (mg/kg) | 0.3 | 0.3 |
| 铁 / (mg/kg) | 120 | 60 |
| 锰 / (mg/kg) | 60 | 60 |
| 硒 / (mg/kg) | 0.2 | 0.2 |
| 锌 / (mg/kg) | 25 | 50 |
| 维生素 A/ (IU/kg) | 1650 | 3300 |
| 维生素 $D_3$/ (IU/kg) | 750 | 900 |
| 维生素 E/ (IU/kg) | 12 | 25 |
| 维生素 K/ (mg/kg) | 1 | 1 |
| 维生素 $B_{12}$/ (mg/kg) | 0.003 | 0.003 |
| 生物素 / (mg/kg) | 0.30 | 0.15 |
| 胆碱 / (mg/kg) | 2000 | 1500 |
| 叶酸 / (mg/kg) | 1 | 1 |
| 烟酸 / (mg/kg) | 40 | 20 |
| 泛酸 / (mg/kg) | 10 | 15 |
| 吡哆醇 / (mg/kg) | 3 | 3 |
| 核黄素 / (mg/kg) | 4 | 4 |
| 硫胺素 / (mg/kg) | 2 | 2 |

资料来源：NRC，1994。

# 第六节　家禽代谢病

## 1. 痛风

痛风是鸡、火鸡和水禽常见的代谢病，特别是在肉鸡。痛风的主要原因是饲粮蛋白质（＞20%）或核酸类饲料含量过高，或肾脏损伤，造成家禽肝、肾尿酸产生过多或肾尿酸排泄障碍，导致血液尿酸含量升高（高尿酸血症），当超过 6.4 mg/100 mL 血浆时（正常值为 1.5～3.0 mg/100 mL 血浆）时，即形成尿酸盐（钠盐和钙盐），沉积在关节囊、关节软骨、关节周围、胸腹腔和各种脏器表面等处。饲粮的钙、钠含量高，维生素 A 缺乏，饲喂棉饼、菜粕过多，添加尿素、霉菌毒素等，都可以引起家禽痛风。

家禽痛风在临床上表现为内脏型和关节型两类。内脏型痛风主要表现为精神不振，食欲下降，粪便因带有大量尿酸盐而呈粉白色，心跳加快，呼吸急促，严重时冠与肉髯呈紫蓝色。剖检时肾、心包、肠系膜、肝、胸膜、脾表面有点状或薄膜状白色粉末样物质（即尿酸盐），显微镜观察时为针状或放射状结晶物。关节型痛风主要表现为关节肿大，尤其是跗关节，病禽跛行、不愿走动、卧地不起，最后衰竭死亡。剖检时可见关节表面或关节囊内有白色的沉积物。家禽痛风可造成批量死亡。

家禽痛风应以预防为主，特别是通过调控饲粮成分，如降低蛋白质含量，减少钙、钠含量，增加维生素 A 供应等。如果等到发病时再采取措施则意义有限，一是痛风尚没有较好的治愈方法，二是也不可能通过治疗来挽回经济损失。对于珍贵禽类的痛风可以服用别嘌醇或溴苯马隆治疗。普通家禽痛风可以口服地塞米松来缓解症状，连服三天，剂量为第一天 3 g/kg 饲粮，第二天 2.25 g/kg 饲粮，第三天 0.75 g/kg 饲粮。必要时可再服一个疗程。

### 2. 脂肪肝

肝脏脂肪包括甘油三酯（49%）和磷脂（47%）等，当肝脏脂肪中甘油三酯超过 50% 时，即为脂肪肝，此时肝脏的甘油三酯含量可增加 10 倍，但磷脂的绝对量不变。脂肪肝可出现于正常生理情况下，如妊娠和饥饿等，但通常与蛋白质、胆碱和生物素缺乏有关；也发生于病理性情况下，如酮病、氯仿中毒等。脂肪肝在产蛋鸡中多见，特别是过度肥胖的母鸡，发病率可达 50%。病鸡产蛋率下降严重，卧地不起，腹大松软下垂，鸡冠肉髯苍白，嗜睡，瘫痪，进而死亡。

禽和人类的脂肪合成主要是在肝脏中进行的，然后以极低密度脂蛋白的形式运往脂肪组织或卵巢等处。肝脏脂肪合成过多，或极低密度脂蛋白合成或转运受阻，都会造成肝脏脂肪增加，产生大量的脂质自由基堆积，使氧化产物丙二醛、蛋白羰基等增加，引起细胞膜损伤、肝脏出血等。而其他动物则是由于较多外源性脂肪酸进入肝细胞，产生甘油三酯，导致脂肪肝。

脂肪肝应以预防为主，包括控制产蛋鸡日粮的能量供应、添喂甜菜碱（1 g/kg 饲粮）、改善饲养环境等。

在生产中，也有人为给鸭或鹅大量填喂高能饲料而生产"填鸭"或"肥肝"的。肥肝质地可口，较受消费者欢迎，但也属于脂肪肝，其甘油三酯含量较高。

第十三章

# 牛的饲养管理

## 第一节 养牛概述

牛肉和牛奶是牛业的主要产品，其他还包括牛皮、牦牛绒等。肉牛生产有放牧、舍饲和放牧＋育肥等生产方式。奶牛生产主要是舍饲，但也有全部或部分短距离草地放牧的生产模式，在山区和远距离放牧对挤奶环节有一定影响。

一般草地放牧牛需有围栏草场和饮水水源；舍饲奶牛需要牛舍、运动场（含自动饮水源，北方多用电加热自动给水槽）、饲料加工贮存场、挤奶站等，牛舍中有食槽、牛床（牛只只能卧而不能排粪排尿的休息地方或装置）、粪污排除等设施；集约化育肥牛设施的投入需尽量简约，一般只包括围栏、食槽、水源、凉棚、饲料加工贮存场等基本设施。环境对养牛生产影响较大，牛舍（指圈区），特别是在北方地区，禁忌水泥地面。牛舍要保持通风，冷季需采取防寒保暖措施，夏季需采取防暑降温措施。

专门的产奶牛品种如荷斯坦牛产奶量较高，305 天产奶量 6～12 t，而肉用生长牛的日增重在生长期可以达到 1500 g 以上。单纯的肉牛生产由于犊牛成本较高而效益较低，故肉牛生产常常与奶牛生产相耦合，即在奶牛生产基础上，将所产犊牛，特别是公犊，作为育肥牛源。在一些国家或地区，奶牛场来源的育肥牛源可达 70% 以上。所谓乳肉兼用品种，是指既产乳量高，又生长速度快的品种，但分别表现在产奶生产和育肥生产两个方面。

牛作为反刍动物，瘤胃消化代谢是其特点，作为生产动物，产奶量高或生长快是其特点。由于牛业不断追求高效生产和饲草料的有效利用，经常会接近或达到动物消化代谢或生产过程中的生理极限，因此带来不少营养和管理问题，特别是在奶牛中。

## 第二节 乳的成分

乳的产生没有蛋白质分解代谢环节，因此具有较高的效能。生产 1 kg 牛体蛋白质需 12.5～50 kg 饲料蛋白质，而生产 1 kg 牛乳蛋白质只需 5.5～6.3 kg 饲料蛋白质，而且不用宰杀动物（节约繁育成本）。人与各种动物鲜乳成分的参考值见表 13-1。与人乳相比，牛乳的粗蛋白含量较高，乳糖含量较低。然而，即使同种动物的乳成分，在不同品种、不同泌乳期、不同饲养条件、不同季节，甚至不同个体间都会有较大差异，因此表 13-1 所列的数值仅为参考值。

表 13-1　人与各种动物鲜乳成分的参考值

| 乳 | 干物质 /(g/100 g 鲜乳) | 蛋白质 /(g/100 g 鲜乳) | 脂肪 /(g/100 g 鲜乳) | 乳糖 /(g/100 g 鲜乳) | 灰分 /(g/100 g 鲜乳) | 钙 /(g/100 g 鲜乳) | 磷 /(g/100 g 鲜乳) | 能量 /(MJ/100 g 鲜乳) |
|---|---|---|---|---|---|---|---|---|
| 人乳 | 12.6 | 1.3 | 4.0 | 7.0 | 0.3 | 0.032 | 0.015 | 0.302 |
| 牛乳 | 12.2 | 3.1 | 3.5 | 4.9 | 0.7 | 0.127 | 0.094 | 0.292 |
| 猪乳 | 19.6 | 5.9 | 7.9 | 4.9 | 0.9 | 0.163 | 0.118 | 0.529 |
| 水牛乳 | 16.6 | 4.0 | 7.4 | 4.4 | 0.8 | 0.191 | 0.185 | 0.455 |
| 山羊乳 | 13.5 | 3.5 | 5.2 | 4.1 | 0.8 | 0.126 | 0.097 | 0.354 |
| 绵羊乳 | 18.3 | 5.7 | 7.0 | 4.7 | 0.9 | 0.254 | 0.146 | 0.486 |
| 马乳 | 10.6 | 2.4 | 1.6 | 6.1 | 0.5 | 0.095 | 0.058 | 0.221 |
| 驴乳 | 9.1 | 1.6 | 0.7 | 6.4 | 0.4 | 0.080 | 0.050 | 0.172 |
| 骆驼乳 | 13.2 | 3.5 | 4.2 | 4.8 | 0.7 | 0.115 | 0.087 | 0.327 |
| 兔乳 | 26.4 | 10.4 | 12.2 | 1.8 | 2.0 | 0.58 | 0.41 | 0.753 |
| 牦牛乳 | 17.6 | 5.2 | 6.8 | 4.8 | 0.8 | 0.129 | 0.106 | 0.468 |

资料来源：东北农学院，1979；等等。

注：乳的能值 = 乳脂 ×38.5856+ 乳蛋白 ×24.361+ 乳糖 ×16.5194。

　　人与动物乳的氨基酸含量参考值见表 13-2。与人乳相比，大多数动物乳除色氨酸外，其他氨基酸的含量都较高。但乳的氨基酸含量和组分随不同条件变异也较大。

表 13-2　人与动物乳的氨基酸含量（g/kg 鲜乳）参考值

| 氨基酸 | 人乳 | 牛乳 | 牦牛乳 | 山羊乳 | 马乳 | 驴乳 |
|---|---|---|---|---|---|---|
| 丙氨酸 | 0.38 | 0.87 | 1.7 | 1.27 | 0.52 | 0.31 |
| 精氨酸 | 0.37 | 0.98 | 1.6 | 1.10 | 0.77 | 0.42 |
| 天冬氨酸 | 0.87 | 2.16 | 3.8 | 2.61 | 1.36 | 0.88 |
| 胱氨酸 | 0.20 | 0.29 | 0.2 | 0.27 | 0.04 | 0.08 |
| 谷氨酸 | 1.81 | 6.80 | 10.4 | 8.24 | 3.25 | 2.04 |
| 甘氨酸 | 0.22 | 0.57 | 0.9 | 0.69 | 2.36 | 0.17 |
| 组氨酸 | 0.27 | 0.96 | 1.2 | 1.28 | 0.36 | 0.20 |
| 异亮氨酸 | 0.51 | 2.10 | 2.4 | 1.70 | 0.73 | 0.56 |
| 亮氨酸 | 1.11 | 3.69 | 4.6 | 3.67 | 1.61 | 0.99 |
| 赖氨酸 | 0.68 | 2.60 | 4.2 | 3.17 | 1.11 | 0.61 |
| 蛋氨酸 | 0.16 | 0.78 | 1.1 | 0.87 | 0.38 | 0.23 |
| 苯丙氨酸 | 0.35 | 1.78 | 2.3 | 1.08 | 0.63 | 0.48 |
| 脯氨酸 | 0.94 | 3.60 | 5.0 | 5.16 | 1.50 | 0.93 |
| 丝氨酸 | 0.45 | 1.60 | 2.5 | 1.89 | 0.82 | 0.59 |
| 苏氨酸 | 0.44 | 1.58 | 2.1 | 1.98 | 0.59 | 0.38 |
| 色氨酸 | 0.17 | 0.15 | 0.11 | 0.14 | 0.18 | 0.11 |
| 缬氨酸 | 0.56 | 1.80 | 2.7 | 1.33 | 0.69 | 0.69 |
| 酪氨酸 | 0.38 | 1.90 | 2.1 | 1.37 | 0.53 | 0.33 |
| 合计 | 9.87 | 34.21 | 48.91 | 38.12 | 17.25 | 10 |

　　乳除蛋白质、脂肪、乳糖、钙和磷外，还有其他成分如各种微量元素、维生素、IGF-1、

表皮生长因子、乳铁蛋白、溶菌酶等。在绝大多数情况下，幼畜仅靠母乳即可健康生长。

乳中常有某种令人讨厌的腐败味，这种瘤胃发酵产生的芳香族化合物是作为咽部气体在进入气管和肺系后被吸收入血液，再到达乳腺的。

由于乳的成分受品种、胎次和营养等的影响变异较大，为了比较不同奶牛的产奶量和计算产乳的营养需要，通常将不同乳脂含量的乳产量校正到4%乳脂率的标准状态，称为标准乳或乳脂校正乳（fat corrected milk，FCM）。标准乳的计算公式如下：

$$FCM = 乳产量 \times （0.4 + 15 \times 乳脂率）$$

例如，日产30 kg牛奶、乳脂率3.6%的奶牛，折合标准乳产量为

$$FCM = 30 \times （0.4 + 15 \times 0.036） = 28.2 \text{ kg}$$

但是，以上FCM计算公式在乳脂率低于2.5%时结果不够准确，对此可根据乳中的乳脂率和非脂固形物（SNF）含量，按以下公式以固形物校正乳（solid corrected milk，SCM）计算标准乳产量

$$SCM = 乳产量 \times （12.3 \times 乳脂率 + 6.56 \times 非脂固形物 - 0.0752）。$$

例如，日产30 kg牛奶、乳脂率2.5%、非脂固形物9.0%的奶牛，折合固形物校正乳（SCM）产量为

$$SCM = 30 \times （12.3 \times 0.025 + 6.56 \times 0.09 - 0.0752） = 24.7 \text{ kg}。$$

1 kg标准乳（或固形物校正乳）含脂肪40 g、蛋白质34 g、碳水化合物47 g；所含的热值（即产奶净能）为3.138 MJ，称为1个奶牛能量单位。

# 第三节 奶牛营养

奶牛营养包括育成奶牛营养、产奶牛营养、干奶牛营养、种公牛营养等，其营养需要各不相同，甚至在不同产奶量的牛也不相同。而奶牛在产奶期又分为产奶初期、高峰期和后期三个营养阶段。奶牛一般是边妊娠边产奶，即在产奶期和干奶期，奶牛是处于妊娠状态的。因此，产奶牛的营养需要 = 维持需要 + 泌乳需要 + 胎儿生长需要 + 体重增减。

## 一、能量需要

与其他动物一样，泌乳牛最基本的营养需要也是能量需要，其可以代谢能或产奶净能两种方法表示。

### 1. 代谢能表示法

据前所述，产奶牛代谢能（ME）需要可表示为

代谢能需要（MJ/日）= 维持需要（$NE_m/k_m$）+ 产奶需要（$NE_L/k_1$）
+ 妊娠需要（$NE_c/k_c$）+ 体重变化（$NE_g/k_f$）

式中，$k_m$、$k_1$、$k_c$ 和 $k_f$ 分别表示各部分代谢能转化为相应净能的效率。

研究表明，产奶牛每日维持代谢的平均值为 0.488 MJ$W^{0.75}$，350～750 kg体重奶牛为30～50 MJ（产奶净能）/（头·日），即高于非泌乳期和空怀期奶牛的10%～20%。

产奶的净能需要（$NE_L$）计算公式为

$$NE_L（MJ/日）= 产奶量 \times [0.039 \times 脂肪（g）+ 0.024 \times 粗蛋白（g）+ 0.017 \times 乳糖（g）+ 0.07]$$

代谢能转化成产奶净能的效率（$k_l$）是 64%，在体重不变和妊娠前期（此时妊娠需要为 0）的情况下，根据维持需要、$NE_L$ 和 $k_l$ 即可以计算产奶所需的代谢能。

例如，体重 500 kg（折合代谢体重 105.7 kg）的产奶牛，日产奶量 30 kg（乳脂、乳蛋白和乳糖含量分别为 4.0%、3.4% 和 4.7%），其在妊娠前期、体重不变时每日代谢能量（ME）需要为

$$ME = 代谢体重 \times 0.488 + 30 \times （0.039 \times 乳脂 + 0.024 \times 乳蛋白 + 0.017 \times 乳糖 + 0.07）/k_l$$
$$= 105.7 \times 0.488 + 30 \times （0.039 \times 40 + 0.024 \times 34 + 0.017 \times 47 + 0.07）/0.64 = 203.69（MJ/日）$$

### 2. 产奶净能表示法

现在奶牛营养研究和生产中经常都用产奶净能单位表示奶牛的能量需要，即将奶牛的维持需要、产奶需要、妊娠需要和体重变化 4 部分都以产奶净能来表示，因为奶牛用于维持和产奶的代谢能转化效率相似（分别为 0.62 和 0.64），所以将以上两种需要用一把尺子来衡量，而体重变化也与产奶相关，也可用产奶净能来表示。根据研究：①奶牛每日每千克代谢体重（维持）需要的产奶净能为 335 kJ（放牧条件下增加 10%～50% 作为采食活动补偿）。②每千克固形物校正乳产奶净能为 3138 kJ。③妊娠最初 190 天能量需要假定为 0，而 191～279 天妊娠的能量需要则可根据牛犊初生重估算。设定代谢能转换成产奶净能的效率（$k_c$）为 0.64，孕体代谢能的利用效率为 0.14，则妊娠的产奶净能（$NE_L$）需要可按以下公式计算

$$NE_L（MJ/日）=（0.003\ 18 \times D - 0.0352）\times [牛犊初生重（kg）/45]/0.218$$

式中，$D$= 怀孕日数（191～279 天）；0.003 18 与 0.0352 分别为测定的回归系数和常数；45 为设定的牛犊出生体重（kg）；0.218 为孕体代谢能效率再换算成产奶净能，即 0.14÷0.64。上式可简化为 $NE_L（MJ/日）=（0.003\ 18 \times D - 0.0352）\times 牛犊初生重（kg）/9.81$；④奶牛在产奶阶段一般体重减轻，体重减轻的能量可用于产奶，但可提供的产奶净能与牛的体况（评分）有关。产奶牛在营养条件较好时也会增加体重，而增加体重时需要的产奶净能也与体况有关。表 13-3 是不同体况评分奶牛各体成分占空腹体重的比例，可用于产奶牛体重变化时乳净能增减的估算。体况评分多用人工目测法，但也有用背膘超声波测定和牛体图像识别技术进行体况评分的方法，大大减少了主观性，提高了精度。

表 13-3　不同体况评分奶牛各体成分占空腹体重的比例（%）

| 体况评分 | 脂肪 | 蛋白质 | 灰分 | 水分 |
| --- | --- | --- | --- | --- |
| 1.0 | 3.77 | 19.42 | 7.46 | 69.35 |
| 1.5 | 7.54 | 18.75 | 7.02 | 66.69 |
| 2.0 | 11.30 | 18.09 | 6.58 | 64.03 |
| 2.5 | 15.07 | 17.42 | 6.15 | 61.36 |
| 3.0 | 18.84 | 16.75 | 5.71 | 58.70 |
| 3.5 | 22.61 | 16.08 | 5.27 | 56.04 |
| 4.0 | 26.38 | 15.42 | 4.83 | 53.37 |
| 4.5 | 30.15 | 14.75 | 4.43 | 50.71 |
| 5.0 | 33.91 | 14.08 | 3.96 | 48.05 |

资料来源：NRC（dairy cattle），2001。

注：空腹体重 =0.817× 活重。

1）体重减轻时增加产奶净能的计算

沉积能量用于产奶的效率为 0.82，奶牛每减少 1 kg 体重所能够提供的产奶净能（$NE_L$）为

$$NE_L（MJ/kg 失重）=32.23×空腹体脂肪比例 + 19.02×空腹体蛋白比例$$

式中，32.23=39.3（体脂肪热值）×0.82（产奶效率）；19.02=23.2（体蛋白质热值）×0.82（产奶效率）；体成分比例可根据牛体况评分查阅表 13-3 得出。

2）体重增加时消耗产奶净能的计算

泌乳牛用于体增重和产奶的代谢能利用效率分别为 0.75 和 0.64，因此奶牛每增加 1 kg 体重需要扣除的产奶净能（$NE_L$）为

$$NE_L（MJ/kg 增重）= 33.54×空腹体脂肪比例 +19.80×空腹体蛋白比例$$

式中，33.54=39.3（体脂肪热值）÷0.75（体增重效率）×0.64（产奶效率）；19.80=23.2（体蛋白质热值）÷0.75（体增重效率）×0.64（产奶效率）；体成分比例可根据牛体况评分查阅表 13-3 得出。

例如，计算体重 500 kg（代谢体重 105.7 kg），日标准产奶量 25 kg，体况评分 3.5[ 占空腹体重比（表 13-3）：脂肪 22.61%；蛋白质 16.08%]，日减重 0.1 kg，妊娠 250 天（假定胎儿初生重 45 kg）奶牛的每日产奶净能需要。

$$
\begin{aligned}
每日产奶净能（MJ/ 日）&= 维持净能 + 产奶净能 − 体重减少净能 + 妊娠净能\\
&=（0.335×105.7）+（3.138×25）−[0.1×（32.23×0.2261\\
&\quad+ 19.02×0.160\,8）] + [（0.003\,18×250 − 0.0352）×45/9.81]\\
&= 35.41 + 78.45 − 1.03 + 3.49\\
&= 116.32
\end{aligned}
$$

由以上可见，奶牛所获得的能量，约 1/3 用于维持，约 2/3 用于产奶，用于胎儿生长发育的并不多，而在体重减少 100 g/ 日以下时提供的产奶净能也较少。

《奶牛饲养标准》（NY/T 34—2004）规定，围栏饲养自由运动奶牛能量维持需要为每千克代谢体重 356 kJ。成年母牛每增重 1 kg 体重需 25.10 MJ 产奶净能，减重 1 kg 产生 20.58 MJ 产奶净能。在妊娠第 6～9 月，每日产奶净能分别需增加 4.18 MJ、7.11 MJ、12.55 MJ 和 20.92 MJ，计为胎儿的能量需要。

实际上，奶牛饲料的产奶净能与消化能是高度相关的，一般可用以下公式由饲料或饲粮的消化能估算它们的产奶净能（反之亦然）（冯仰廉等，1987），即

$$产奶净能（MJ/kg 干物质）= 0.5501× 消化能（MJ/kg 干物质）− 0.3958$$

# 二、蛋白质营养

在现行的奶牛蛋白质营养评价体系中，需测定各种饲料在不同加工处理状态后的 UDP 或 UDP 率才能进行奶牛小肠蛋白质（氨基酸）营养评价。饲料 UDP 的比例首先受蛋白质本身化学性质的影响，含有双硫键的蛋白质过瘤胃率较高，如血液白蛋白、毛发蛋白等；其次是蛋白质的水溶性，难溶于水的蛋白质如加热或化学处理凝固的大豆蛋白、羽毛蛋白等过瘤胃率较高；再者是饲料的粉碎程度，细度越大，被消化的程度就越高，过瘤胃率就越低。如果将饲料蛋白质包裹，则过瘤胃率较高。瘤胃未降解的饲料蛋白质率，在活体可以测定到达小肠的总粗蛋白量，减去微生物粗蛋白量和内源蛋白质量后推算；还可以采用

瘤胃尼龙袋法，测定饲料粗蛋白的消失率来估算。在体外，可以采用蛋白酶消化模拟法或人工瘤胃产气法等进行估算。表 13-4 是几种常见饲料的瘤胃粗蛋白降解率，可见瘤胃后送率对饲料的降解有较大影响，后送率高时饲料粗蛋白降解较少。

表 13-4    几种常见饲料的瘤胃粗蛋白降解率

|  |  | 饲料 | | | | | |
| --- | --- | --- | --- | --- | --- | --- | --- |
|  |  | 玉米青贮 40% 谷粒 | 中花期雀麦干草 | 中花期苜蓿干草 | 干玉米粒 56 | 大豆饼 -49 | 炒大豆 |
| 瘤胃后送率 2% 时 | 可降解蛋白 /% CP | 79 | 63 | 71 | 64 | 84 | 58 |
|  | 非降解蛋白 /% CP | 21 | 37 | 29 | 36 | 16 | 42 |
| 瘤胃后送率 4% 时 | 可降解蛋白 /% CP | 75 | 58 | 63 | 52 | 75 | 46 |
|  | 非降解蛋白 /% CP | 25 | 42 | 37 | 48 | 25 | 54 |
| 瘤胃后送率 6% 时 | 可降解蛋白 /% CP | 72 | 54 | 58 | 45 | 68 | 38 |
|  | 非降解蛋白 /% CP | 28 | 46 | 42 | 55 | 32 | 62 |
| 瘤胃后送率 8% 时 | 可降解蛋白 /% CP | 69 | 51 | 54 | 39 | 63 | 33 |
|  | 非降解蛋白 /% CP | 31 | 49 | 46 | 61 | 37 | 67 |

资料来源：NRC（beef cattle），2000。

UDP 在小肠的消化率一般为 65%～80%，其中青贮牧草约 60%，干草 70%～80%，谷物和饼粕类为 85%～95%。

计算奶牛到达或吸收的小肠蛋白质（氨基酸）量，除 UDP 外，还需测定到达皱胃的微生物粗蛋白量和内源蛋白质量。在实际应用中，可按照瘤胃每发酵 1 kg 有机物（FOM）产生 150 g 微生物粗蛋白计入，微生物粗蛋白（MCP）中的真蛋白质占 75%，而真蛋白质的消化率为 85%，因此，小肠吸收的微生物总氨基酸 = 0.75×0.85×MCP。而内源蛋白质量可按照粪中每千克未降解干物质含 75 g 计入。

表 13-5 为泌乳牛的能量与蛋白质需要，表明奶牛泌乳早期需要限饲，但饲粮能量含量要高；不仅要满足粗蛋白需要，还要满足瘤胃可降解蛋白质量的需要；奶牛的产奶量不仅与饲养有关，而且与体格大小也有关。

表 13-5    泌乳牛的能量与蛋白质需要

| 泌乳牛体重 /kg | 泌乳期 /d | 总可消化养分 /% | 产奶量 /（kg/d） | 乳脂率 /% | 乳真蛋白质 /% | 体重变化 /（kg/d） | 干物质采食量 /（kg/d） | 饲粮营养含量（干物质计） | | | |
| --- | --- | --- | --- | --- | --- | --- | --- | --- | --- | --- | --- |
|  |  |  |  |  |  |  |  | 产奶净能 /（MJ/kg） | 粗蛋白 /% | 瘤胃可降解蛋白[①] /% | 瘤胃非降解蛋白 /% |
| 454 | 11 | 78 | 15 | 4.0 | 3.0 | −0.3 | 9.4 | 8.46 | 16.6 | 11.3 | 5.3 |
| 454 | 11 | 78 | 15 | 4.5 | 3.0 | −0.3 | 9.7 | 8.50 | 16.3 | 11.2 | 5.1 |
| 454 | 11 | 78 | 30 | 4.0 | 3.0 | −1.4 | 12.9 | 9.73 | 20.0 | 10.9 | 9.1 |
| 454 | 11 | 78 | 30 | 4.5 | 3.0 | −1.5 | 13.5 | 9.76 | 19.3 | 10.8 | 8.5 |
| 454 | 90 | 68 | 10 | 4.0 | 3.0 | 0.9 | 12.4 | 5.16 | 11.9 | 10.0 | 1.9 |
| 454 | 90 | 68 | 10 | 4.5 | 3.0 | 0.9 | 12.7 | 5.17 | 11.8 | 10.0 | 1.8 |
| 454 | 90 | 68 | 20 | 4.0 | 3.0 | 0.4 | 16.0 | 5.94 | 14.1 | 9.8 | 4.3 |
| 454 | 90 | 68 | 20 | 4.5 | 3.0 | 0.4 | 16.5 | 5.98 | 13.8 | 9.8 | 4.0 |
| 454 | 90 | 68 | 30 | 4.0 | 3.0 | −0.1 | 19.5 | 6.46 | 15.4 | 9.6 | 5.8 |
| 454 | 90 | 68 | 30 | 4.5 | 3.0 | −0.2 | 20.3 | 6.49 | 15.1 | 9.6 | 5.5 |

续表

| 泌乳牛体重/kg | 泌乳期/d | 总可消化养分/% | 产奶量/(kg/d) | 乳脂率/% | 乳真蛋白质/% | 体重变化/(kg/d) | 干物质采食量/(kg/d) | 饲粮营养含量（干物质计） | | | |
|---|---|---|---|---|---|---|---|---|---|---|---|
| | | | | | | | | 产奶净能/(MJ/kg) | 粗蛋白/% | 瘤胃可降解蛋白[①]/% | 瘤胃非降解蛋白/% |
| 454 | 90 | 78 | 20 | 4.0 | 3.0 | 1.0 | 16.0 | 5.94 | 14.0 | 10.5 | 3.5 |
| 454 | 90 | 78 | 20 | 4.5 | 3.0 | 0.9 | 16.5 | 5.98 | 13.8 | 10.5 | 3.3 |
| 454 | 90 | 78 | 30 | 4.0 | 3.0 | 0.4 | 19.5 | 6.46 | 15.4 | 10.2 | 5.2 |
| 454 | 90 | 78 | 30 | 4.5 | 3.0 | 0.3 | 20.3 | 6.49 | 14.9 | 1.0 | 4.9 |
| 454 | 90 | 78 | 40 | 4.0 | 3.0 | −0.3 | 23.1 | 6.79 | 16.1 | 9.7 | 6.4 |
| 454 | 90 | 78 | 40 | 4.5 | 3.0 | −0.5 | 24.2 | 6.62 | 15.5 | 9.5 | 6.0 |
| 680 | 11 | 78 | 20 | 3.5 | 3.0 | −0.2 | 12.4 | 8.27 | 16.6 | 11.3 | 5.3 |
| 680 | 11 | 78 | 20 | 4.0 | 3.0 | −0.3 | 12.7 | 8.37 | 16.5 | 11.3 | 5.1 |
| 680 | 11 | 78 | 30 | 3.5 | 3.0 | −0.9 | 14.5 | 9.06 | 18.8 | 11.2 | 7.7 |
| 680 | 11 | 78 | 30 | 4.0 | 3.0 | −1.0 | 15.1 | 9.09 | 18.3 | 11.1 | 7.2 |
| 680 | 11 | 78 | 40 | 3.5 | 3.0 | −1.6 | 16.7 | 9.62 | 20.3 | 11.0 | 9.3 |
| 680 | 11 | 78 | 40 | 4.0 | 3.0 | −1.8 | 17.4 | 9.67 | 19.8 | 10.9 | 8.9 |
| 680 | 90 | 68 | 25 | 3.5 | 3.0 | 0.8 | 20.3 | 5.75 | 13.9 | 9.9 | 4.0 |
| 680 | 90 | 68 | 25 | 4.0 | 3.0 | 0.7 | 21.0 | 5.80 | 13.7 | 9.8 | 3.9 |
| 680 | 90 | 68 | 35 | 3.5 | 3.0 | 0.4 | 22.7 | 6.12 | 15.4 | 9.7 | 5.7 |
| 680 | 90 | 68 | 35 | 4.0 | 3.0 | 0.2 | 24.5 | 6.23 | 14.8 | 9.7 | 5.1 |
| 680 | 90 | 68 | 45 | 3.5 | 3.0 | −0.2 | 26.9 | 6.50 | 16.1 | 9.6 | 6.5 |
| 680 | 90 | 68 | 45 | 4.0 | 3.0 | −0.3 | 28.1 | 6.52 | 15.6 | 9.5 | 6.1 |
| 680 | 90 | 78 | 35 | 3.5 | 3.0 | 1.0 | 23.6 | 6.17 | 15.1 | 10.4 | 4.7 |
| 680 | 90 | 78 | 35 | 4.0 | 3.0 | 0.9 | 24.5 | 6.23 | 14.7 | 10.3 | 4.4 |
| 680 | 90 | 78 | 45 | 3.5 | 3.0 | 0.4 | 26.9 | 6.50 | 15.9 | 10.1 | 5.8 |
| 680 | 90 | 78 | 45 | 4.0 | 3.0 | 0.3 | 28.1 | 6.52 | 15.4 | 10.0 | 5.5 |
| 680 | 90 | 78 | 55 | 3.5 | 3.0 | −0.2 | 30.2 | 6.75 | 16.6 | 9.8 | 6.8 |
| 680 | 90 | 78 | 55 | 4.0 | 3.0 | −0.5 | 31.7 | 6.78 | 16.0 | 9.7 | 6.4 |

资料来源：NRC（dairy cattle），2001。

注：①当瘤胃可降解蛋白（RDP）不能满足时需提高饲粮粗蛋白含量。

表 13-6 为模式日粮条件下不同采食量荷斯坦奶牛的营养需要，亦可见在泌乳早期饲粮喂量不宜过多，饲粮的易消化碳水化合物含量最多不宜超过 44%，而饲粮的 NDF 含量最少不宜低于 25%。

**表 13-6 模式日粮[①]条件下不同采食量荷斯坦奶牛[②]的营养需要**

| 指标 | 泌乳天数 | | | | | | | |
|---|---|---|---|---|---|---|---|---|
| | 11 | 11 | 11 | 11 | 90 | 90 | 90 | 90 |
| 产奶量/kg | 25 | 25 | 35 | 35 | 25 | 35 | 45 | 54.4 |
| 干物质采食量/kg | 13.5 | 16.1 | 15.6 | 18.8 | 20.3 | 23.6 | 26.9 | 30 |
| 体重变化/(kg/d) | −0.9 | 0 | −1.6 | −0.6 | +0.5 | +0.3 | +0.1 | −0.2 |
| 体况减1分需天数 | 99 | 4886 | 55 | 143 | | | | 544 |
| 体况增1分需天数 | | | | | 221 | 316 | 1166 | |

续表

| 指标 | 泌乳天数 | | | | | | | |
|---|---|---|---|---|---|---|---|---|
| | 11 | 11 | 11 | 11 | 90 | 90 | 90 | 90 |
| 产奶净能[3] / (MJ/kg) | 8.62 | 7.24 | 9.33 | 7.74 | 5.73 | 6.15 | 6.49 | 6.74 |
| 可代谢蛋白 /% | 12.2 | 10.7 | 13.8 | 12.0 | 9.2 | 10.2 | 11 | 11.6 |
| RDP[4] /% | 10.5 | 10.5 | 10.5 | 10.3 | 9.5 | 9.7 | 9.8 | 9.8 |
| RUP[5] /% | 7.0 | 5.4 | 9.0 | 5.6 | 4.6 | 5.5 | 6.2 | 6.9 |
| （RDP+RUP）/% | 17.5 | 15.9 | 19.5 | 15.9 | 14.1 | 15.2 | 16.0 | 16.7 |
| DNF[6]至少 /% | 25～33 | 25～33 | 25～33 | 25～33 | 25～33 | 25～33 | 25～33 | 25～33 |
| AD[7]至少 /% | 17～21 | 17～21 | 17～21 | 17～21 | 17～21 | 17～21 | 17～21 | 17～21 |
| NFC[8]最多 /% | 36～44 | 36～44 | 36～44 | 36～44 | 36～44 | 36～44 | 36～44 | 36～44 |
| 总钙 /% | 0.74 | 0.65 | 0.79 | 0.68 | 0.62 | 0.61 | 0.67 | 0.60 |
| 可吸收钙 /% | 0.39 | 0.32 | 0.41 | 0.34 | 0.26 | 0.28 | 0.28 | 0.29 |
| 总磷 /% | 0.38 | 0.34 | 0.42 | 0.37 | 0.32 | 0.35 | 0.36 | 0.38 |
| 可吸收磷 /% | 0.28 | 0.25 | 0.31 | 0.28 | 0.22 | 0.24 | 0.26 | 0.27 |
| 镁 /% | 0.27 | 0.23 | 0.29 | 0.24 | 0.18 | 0.19 | 0.20 | 0.21 |
| 氯 /% | 0.36 | 0.30 | 0.40 | 0.33 | 0.24 | 0.26 | 0.28 | 0.29 |
| 钾 /% | 1.19 | 1.11 | 1.24 | 1.14 | 1.00 | 1.04 | 1.06 | 1.07 |
| 钠 /% | 0.34 | 0.29 | 0.34 | 0.28 | 0.22 | 0.23 | 0.22 | 0.22 |
| 硫 /% | 0.2 | 0.2 | 0.2 | 0.2 | 0.2 | 0.2 | 0.2 | 0.2 |
| 钴 / (mg/kg) | 0.11 | 0.11 | 0.11 | 0.11 | 0.11 | 0.11 | 0.11 | 0.11 |
| 铜 / (mg/kg) | 16 | 13 | 16 | 13 | 11 | 11 | 11 | 11 |
| 碘 / (mg/kg) | 0.88 | 0.74 | 0.77 | 0.64 | 0.60 | 0.50 | 0.44 | 0.40 |
| 铁 / (mg/kg) | 19 | 16 | 22 | 19 | 12.3 | 15.0 | 17.0 | 18.0 |
| 锰 / (mg/kg) | 21 | 17 | 21 | 17 | 14 | 14 | 13 | 13 |
| 硒 / (mg/kg) | 0.3 | 0.3 | 0.3 | 0.3 | 0.3 | 0.3 | 0.3 | 0.3 |
| 锌 / (mg/kg) | 65 | 54 | 73 | 60 | 43 | 48 | 52 | 55 |
| 维生素 A/ (IU/kg) | 5540 | 4646 | 4795 | 3978 | 3685 | 3169 | 2780 | 2500 |
| 维生素 D/ (IU/kg) | 1511 | 1267 | 1308 | 1085 | 1004 | 864 | 758 | 680 |
| 维生素 E/ (IU/kg) | 40 | 34 | 35 | 29 | 27 | 23 | 20 | 18 |

资料来源：NRC（dairy cattle），2001。

注：①模式日粮主要成分：玉米青贮、浸提豆饼、玉米粒蒸汽压片、干牧草、高粱青贮（中熟）、干高粱牧草（未成熟）等。

②荷斯坦奶牛：成熟体重 680 kg，体况评分（BCS）=3.0，65 月龄；乳脂 3.5%，乳真蛋白 3.0%，乳糖 4.8%。

③必须限制泌乳早期日粮能量含量以防止瘤胃酸中毒。此时奶牛必然会利用贮备的身体成分以满足早期泌乳的蛋白质和能量需要。

④ RDP：瘤胃可降解蛋白。

⑤ RUP：瘤胃非降解蛋白。

⑥ NDF：中性洗涤纤维素。

⑦ ADF：酸性洗涤纤维素。

⑧ NFC：非纤维碳水化合物（无氮浸出物）。

　　反刍动物瘤胃微生物的代谢过程产生各种 B 族维生素，如硫胺素（维生素 $B_1$）、核黄素（维生素 $B_2$）、泛酸、烟酸、维生素 $B_{12}$、叶酸、吡哆醇、胆碱、生物素等，一般能满足其自身的需要，故成年奶牛饲养，包括肉牛和绵（山）羊饲养，一般并不考虑其 B 族维生素的需要。但是，由于高产性能和疾病等，有时瘤胃微生物产生的某些 B 族维生素可能满足不了动物的需要，需要额外添加。

例如，在饲喂高能量饲料或酸败饲料时，动物的烟酸需要量增加，此时给奶牛添加烟酸，可提高产奶量、改善脂肪代谢、减少体内酮体积累、促进瘤胃菌体合成。高产奶牛需要较多的维生素 $B_1$，在饲喂高精料日粮时奶牛可出现亚急性瘤胃酸中毒，此时瘤胃微生物区系组成发生变化，具有较高的硫胺素酶活性，可分解来自饲料和微生物合成的维生素 $B_1$，也可造成奶牛缺乏维生素 $B_1$。可以通过添喂 [300～350 mg/（头·日）] 或肌肉注射 [75 mg/（头·日）] 补充维生素 $B_1$。

# 第四节　奶牛代谢性疾病

产奶牛在高产、代谢紧张条件下，常会出现一些代谢性疾病。主要包括亚急性瘤胃酸中毒、酮病、生产瘫痪等。这些疾病在其他反刍动物如绵羊等也同样存在。

**1. 瘤胃酸中毒**

长期或一次性饲喂谷物或其他淀粉类易发酵饲料过多，或粉碎过细等，会造成反刍动物亚急性（慢性）或急性酸中毒，因为此病首先由瘤胃 pH 降低引起，再造成机体酸中毒，所以称为瘤胃酸中毒。亚急性瘤胃酸中毒（subacute ruminal acidosis，SARA）在奶牛业中是常见疾病。病牛临床上精神沉郁，体温正常或降低，食欲减退或废绝，步态蹒跚，瘤胃蠕动音消失，排水样稀便、有酸臭味，心跳呼吸加快，产奶量下降，直至死亡。

奶牛正常瘤胃 pH 为 6.0～7.0。饲喂易发酵精料过多时，瘤胃中葡萄糖利用能力较强的牛链球菌快速生长，产生乳酸和挥发性脂肪酸（VFA）等，其他细菌也大量产生 VFA，使瘤胃液 pH 下降到 5.2～5.8，此时产乳酸的牛链球菌仍能不断生长和产生乳酸，而利用乳酸的反刍兽新月形单胞菌、埃氏巨型球菌却不宜生存，从而使瘤胃菌群失调，造成乳酸和 VFA 积累、pH 不断降低，同时产生的乳酸或 VFA 不断进入血液，导致奶牛出现酸中毒症状。一般瘤胃 pH 在 5.2～5.8 状态达 3 h 以上时即可判定为亚急性瘤胃酸中毒。并且，在瘤胃酸性条件下，瘤胃革兰氏阴性菌大量死亡，释放出大量的内毒素脂多糖（LPS，细菌外壁层成分），经破损瘤胃壁进入血液，可引起肝脓肿和蹄叶炎。

亚急性瘤胃酸中毒以预防为主，防治的措施包括：不宜饲喂过多的谷物类精料，即日粮中易消化淀粉类物质的含量不要高于 30%；增加大豆皮、酒糟、甜菜颗粒粕等非淀粉类饲料的比例，调整日粮的中性洗涤纤维含量至 28% 以上，以减缓瘤胃短时间内的发酵强度和保证正常咀嚼活动和唾液分泌；对淀粉类饲料进行适当加工，如包被、控制粉碎细度等，减缓其在瘤胃环境内的发酵速度；添喂维生素 $B_1$[300 mg/（头·日）]；增加每天精饲料的饲喂次数或饲喂全价颗粒饲料，以减缓淀粉类物质进入瘤胃的速度、降低瞬时发酵强度；灌服石灰水等。

**2. 脑灰质软化症**

脑灰质软化症可发生于奶牛、肉牛或羊中，是因为硫胺素（维生素 $B_1$）缺乏，造成的大脑皮层细胞坏死。牛脑灰质软化症的临床症状多样，包括短暂性腹泻、倦怠、转圈运动、角弓反张、肌肉痉挛等。脑灰质软化症主要出现在饲喂高精料饲粮、瘤胃 pH 下降时，这会导致瘤胃微生物区系发生变化，产生较高的硫胺素酶活性，分解来自饲料和微生物合成的硫胺素，造成硫胺素缺乏。如果采食某些硫胺素酶活性较高的饲料，也会造成硫胺素缺乏。例如，已经发现蕨类植物和某些生鱼中此酶活性较高。饲喂高硫（5 g/kg 干物质）饲粮也可导致脑灰质软化症。病牛治疗时硫胺素的注射量为 2.2 mg/kg 体重。

### 3. 酮病

奶牛酮病又称醋酮血症，由缺乏葡萄糖或生糖前体引起。临床症状包括食欲下降，精神倦怠，迟钝，呆立，体重减轻，产奶减少，尿液淡黄、量少、有烂苹果味（丙酮味），有的有神经症状，如狂躁不安、眼球发直、流涎等。病牛体内酮体含量高。酮体是肝脏脂肪分解的产物，包括乙酰乙酸、β- 羟丁酸和丙酮（结构式见图 13-1），分别主要存在于尿液、血液、呼吸气中。酮病奶牛 β- 羟丁酸诊断标准一般为血液中＞1.2 mmol/L 或乳中＞0.2 mmol/L。

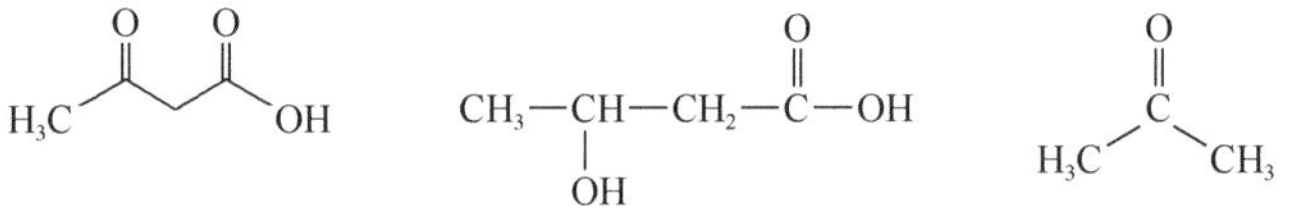

图 13-1　三种酮体（乙酰乙酸、β- 羟丁酸和丙酮）的分子结构式

β- 羟丁酸和乙酰乙酸为强有机酸，在血液中浓度过高时导致机体酸中毒；丙酮由血液中的乙酰乙酸脱羧形成，有烂苹果味，由呼吸气排出

正常情况下，奶牛体内葡萄糖供应较充分，通过葡萄糖酵解可产生丙酮酸或磷酸烯醇式丙酮酸，其在羧化酶或羧激酶的催化下可生成草酰乙酸，而草酰乙酸是柠檬酸循环中的重要成分之一，其可与乙酰 CoA 结合成柠檬酸将 CoA 带入柠檬酸循环，进行氧化，产生 $CO_2$ 和 ATP，使柠檬酸循环得以连续进行，给细胞提供源源不断的生物能量。但在机体糖源缺乏时，丙酮酸产生不足，并且为了满足机体的葡萄糖需要，细胞内的丙酮酸还要被大量地用于糖异生。丙酮酸的不足，使产生的草酰乙酸也相应减少，继而造成柠檬酸循环障碍，不能给机体提供足够的能量，这是奶牛酮症的根本原因。同时，葡萄糖缺乏时由于动员脂肪产能，在 β 氧化过程中产生了大量的乙酰 CoA，但由于缺乏草酰乙酸，乙酰 CoA 无法进入柠檬酸循环继续代谢，造成了乙酰 CoA 的堆积，两个乙酰 CoA 分子被催化生成一个乙酰乙酰 CoA，然后与第三个乙酰 CoA 结合被催化成 3- 羟基 -3- 甲基戊二酰 CoA，再酶促裂解为乙酰乙酸和乙酰 CoA，而乙酰乙酸则可被进一步催化还原成 β- 羟丁酸。乙酰乙酸和 β- 羟丁酸都可以被转运出线粒体膜和肝细胞质膜进入血液，并且其中少量的乙酰乙酸在血液中还可以脱羧形成丙酮。丙酮有甜味，可由呼吸气排出。乙酰乙酸和 β- 羟丁酸均为强有机酸，在正常情况下可以供给其他细胞作为燃料，但在血液浓度过高时则会导致机体酸中毒，是奶牛酮症的重要表现。因此，葡萄糖缺乏，丙酮酸产生不足和消耗较多，继而草酰乙酸减少，造成了柠檬酸循环（ATP 产生）障碍；同时由于脂肪大量分解造成乙酰 CoA 堆积，不能进入柠檬酸循环的乙酰 CoA 产生酮体，造成了酸中毒。

因此，奶牛酮病的预防和治疗包括：日粮的淀粉含量不要低于 20%，以保证在瘤胃发酵过程中产生足够的生糖前体丙酸；饲喂的奶牛不可过于肥胖或消瘦；添喂生糖物质（如丙二醇、丙酸钠等）；静注葡萄糖、草酰乙酸和碳酸氢钠等。灌服 0.15% 高锰酸钾溶液，每日 2 次，每次 1 L，连服 7 日，可治疗奶牛酮病或酮体阳性。估计这可能与抑制瘤胃发酵，减少乙酸产生，从而减少肝细胞乙酰 CoA 产生，继而减少酮体生成有关。

**4. 生产瘫痪**

奶牛生产瘫痪，又称低血钙症或产褥热，由血钙浓度急剧降低引起。病牛血钙浓度为 0.03～0.07 mg/mL，而产后健康牛的则为 0.08～0.12 mg/mL。低血钙在临床上表现为全身肌肉无力、四肢瘫痪、意识抑制和知觉丧失、昏睡、眼睑反射微弱或消失、瞳孔散大、脉搏微弱、心率加快达 80～120 次/min、呼吸深慢，并导致一系列产后疾病如胎衣不下、乳腺炎、真胃位移等，死亡率高。

奶牛生产后血液中的大量钙开始进入乳腺产奶和排出体外（初乳为 2.3 g/L，常乳为 1.2 g/L），导致血钙浓度急剧下降，出现低血钙。正常条件下流失的钙能够通过日粮的钙吸收、肾小球滤过钙的重吸收，特别是骨钙动员来恢复血钙浓度。并且，甲状旁腺在感受到血钙浓度降低时分泌甲状旁腺素（PTH），直接或间接刺激尿钙重吸收、肠钙吸收和抑制骨钙的再吸收，是恢复血钙浓度的主要调节者。然而，奶牛在分娩前后常出现代谢性碱中毒，或由于饲喂过多的蛋白质或非蛋白氮饲料出现瘤胃碱中毒，即由于失去大量的酸或吸收过量的碱使血液中的 $HCO_3^-$ 浓度升高（＞27 mmol/L）、血液 pH 升高（＞7.45），阻止了 PTH 与其受体的结合，从而降低了 PTH 的生理活性，导致 PTH 不能发挥恢复血钙浓度的作用。低血镁也是生产瘫痪的常见原因，其减少甲状旁腺 PTH 的分泌，并阻止 PTH 与其受体的结合。因此，生产瘫痪的原因是血钙浓度急剧降低，但本质是代谢性碱中毒或低血镁症，导致了 PTH 升高血钙浓度的生理作用弱化。

为防止生产瘫痪，需调节奶牛饲粮的阴阳离子含量，使其平衡，并使血液 pH 在正常值范围内。日粮阴阳离子平衡的计算公式为 $(Na^+ + K^+ + 0.15\ Ca^{2+} + 0.15\ Mg^{2+}) - (Cl^- + 0.6\ S^{2-} + 0.5\ P^{3-})$ 或 $(Na^+ + K^+) - (Cl^- + S^{2-})$，以毫克当量（mEq）/kg 饲粮计时小于 0 即可。

因此，奶牛生产瘫痪的防治措施包括：调节饲粮阴阳离子平衡；产前两周开始饲喂低钙 [＜50g/（头·日）] 日粮（以刺激 PTH 分泌，切不可产前饲喂高钙日粮）；口服阴离子源，如盐酸、氯化铵或硫酸镁等；病牛静脉补充葡萄糖酸钙或口服氯化钙、丙酸钙等。

# 第五节　肉牛生产

生长育肥牛的代谢能需要包括维持和增重两部分，即 $ME=ME_m + NE_g/k_g$，其中 $ME_m$ 为维持的代谢能需要，$NE_g$ 为生长的净能需要，$k_g$ 为代谢能用于生长的效率。体重 60～160 kg 的小肉牛，维持的代谢能为每千克代谢体重 460 kJ/日，合成 1 g 蛋白质需代谢能 52.7 kJ（代谢能利用效率 45%），合成 1 g 脂肪需代谢能 45.6 kJ（代谢能利用效率 85%），每千克体增重（$\Delta W$）需净能（NE）16.94 MJ。代谢能的平均生长净能效率（$k_g$）为 68%。小肉牛每日代谢能的需要量表示为

$$ME（MJ/日）= ME_m + NE_g/k_g = 0.46 \times W^{0.75} + \Delta W \times NE（MJ）/0.68$$

例如，体重 60 kg（$W^{0.75}$=21.56 kg）的小肉牛，日增重 0.396 kg，其每日的代谢能需要为 $0.46 \times 21.56 + 0.396 \times 16.94/0.68 = 19.78$ MJ/日。

不同体重小肉牛的代谢能需要见表 13-7。

表 13-7　不同体重小肉牛的代谢能需要

| 体重 /kg | 日增重 /<br>[g/（头·日）] | 维持需要 /<br>[MJ/（头·日）] | 沉积净能 /<br>[MJ/（头·日）] | 沉积净能折合代谢能 /<br>[MJ/（头·日）] | 总需要量 /<br>[MJ/（头·日）] |
|---|---|---|---|---|---|
| 60 | 396 | 9.9 | 6.7 | 9.9 | 19.8 |
| 80 | 496 | 12.3 | 8.4 | 12.4 | 24.7 |
| 100 | 596 | 14.5 | 10.1 | 14.9 | 29.4 |
| 120 | 691 | 16.7 | 11.7 | 17.2 | 33.9 |
| 140 | 791 | 18.7 | 13.4 | 19.7 | 38.4 |
| 160 | 891 | 20.7 | 15.1 | 22.2 | 42.9 |

资料来源：Kirchgessner，2004。

注：沉积净能按照 16.94 MJ 净能 /kg 体增重计算。

NRC 提出中等体型阉牛按平均日增重（ADG）来计算生长净能，即

$$NE_g（kJ/日）= 233W^{0.75} \times ADG^{1.097}$$

但在不同体格大小的牛估算时系数要有所不同。

我国《肉牛饲养标准》（NY/T 815—2004）中维持净能（$NE_m$）和生长净能（$NE_g$）的计算公式分别为

$$NE_m（kJ/日）= 322W^{0.75}$$

$$NE_g（kJ/日）=（2092 + 25.1 \times W）\times ADG \div（1 - 0.3 \times ADG）$$

表 13-8 为生长育肥牛后期饲粮的营养含量列表，可见育肥牛饲粮粗蛋白、钙、磷含量均随日增重增加；虽然在既定的日增重时饲粮的维持净能和生长净能含量不变，但由于采食量的增加和饲粮的不同，动物获得的总消化能与用于维持和生长的净能是增加的。

表 13-8　生长育肥牛后期饲粮的营养含量（干物质计）

| 体重 /kg | 日增重 /g | 干物质采食量 /（kg/日） | 总消化能占饲粮 /% | 维持净能 /（MJ/kg） | 生长净能 /（MJ/kg） | 粗蛋白 /% | 钙 /% | 磷 /% |
|---|---|---|---|---|---|---|---|---|
| | | | 育肥末（体脂 28%）舍饲肉牛或成熟后备母牛体重 454 kg | | | | | |
| 250 | 290 | 6.89 | 50 | 4.15 | 1.84 | 7.1 | 0.21 | 0.13 |
| | 803 | 7.30 | 60 | 5.63 | 3.23 | 9.8 | 0.36 | 0.19 |
| | 1216 | 7.12 | 70 | 7.01 | 4.43 | 12.4 | 0.49 | 0.24 |
| | 1515 | 6.71 | 80 | 8.30 | 5.63 | 14.9 | 0.61 | 0.29 |
| | 1701 | 6.21 | 90 | 9.59 | 6.64 | 17.3 | 0.73 | 0.34 |
| 272 | 290 | 7.35 | 50 | 4.15 | 1.84 | 7.0 | 0.21 | 0.13 |
| | 803 | 7.80 | 60 | 5.63 | 3.23 | 9.5 | 0.34 | 0.18 |
| | 1216 | 7.62 | 70 | 7.01 | 4.43 | 11.9 | 0.45 | 0.23 |
| | 1515 | 7.17 | 80 | 8.30 | 5.63 | 14.3 | 0.56 | 0.27 |
| | 1701 | 6.62 | 90 | 9.59 | 6.64 | 16.5 | 0.66 | 0.32 |
| 295 | 290 | 7.85 | 50 | 4.15 | 1.84 | 6.9 | 0.20 | 0.12 |
| | 803 | 8.26 | 60 | 5.63 | 3.23 | 9.2 | 0.32 | 0.17 |
| | 1216 | 8.07 | 70 | 7.01 | 4.43 | 11.5 | 0.42 | 0.21 |
| | 1515 | 7.62 | 80 | 8.30 | 5.63 | 13.7 | 0.52 | 0.26 |
| | 1701 | 7.03 | 90 | 9.59 | 6.64 | 15.9 | 0.61 | 0.30 |

| 体重 /kg | 日增重 /g | 干物质采食量 /（kg/ 日） | 总消化能占饲粮 /% | 维持净能 /（MJ/kg） | 生长净能 /（MJ/kg） | 粗蛋白 /% | 钙 /% | 磷 /% |
|---|---|---|---|---|---|---|---|---|
| 318 | 290 | 8.26 | 50 | 4.15 | 1.84 | 6.8 | 0.19 | 0.12 |
| | 803 | 8.75 | 60 | 5.63 | 3.23 | 8.8 | 0.30 | 0.16 |
| | 1216 | 8.53 | 70 | 7.01 | 4.43 | 10.9 | 0.39 | 0.20 |
| | 1515 | 8.07 | 80 | 8.30 | 5.63 | 13.0 | 0.48 | 0.24 |
| | 1701 | 7.44 | 90 | 9.59 | 6.64 | 15.0 | 0.56 | 0.28 |
| 340 | 290 | 8.71 | 50 | 4.15 | 1.84 | 6.7 | 0.19 | 0.12 |
| | 803 | 9.21 | 60 | 5.63 | 3.23 | 8.5 | 0.28 | 0.16 |
| | 1216 | 8.98 | 70 | 7.01 | 4.43 | 10.3 | 0.37 | 0.19 |
| | 1515 | 8.48 | 80 | 8.30 | 5.63 | 12.2 | 0.45 | 0.23 |
| | 1701 | 7.85 | 90 | 9.59 | 6.64 | 14.0 | 0.52 | 0.26 |
| 363 | 290 | 9.16 | 50 | 4.15 | 1.84 | 6.5 | 0.19 | 0.12 |
| | 803 | 9.66 | 60 | 5.63 | 3.23 | 8.1 | 0.27 | 0.15 |
| | 1216 | 9.43 | 70 | 7.01 | 4.43 | 9.8 | 0.34 | 0.18 |
| | 1515 | 8.89 | 80 | 8.30 | 5.63 | 11.5 | 0.42 | 0.22 |
| | 1701 | 8.21 | 90 | 9.59 | 6.64 | 13.2 | 0.48 | 0.25 |
| 育肥末（体脂 28%）舍饲肉牛或成熟后备母牛体重 635 kg | | | | | | | | |
| 349 | 363 | 8.89 | 50 | 4.15 | 1.84 | 7.3 | 0.22 | 0.13 |
| | 1007 | 9.39 | 60 | 5.63 | 3.23 | 10.1 | 0.36 | 0.19 |
| | 1533 | 9.16 | 70 | 7.01 | 4.43 | 12.9 | 0.49 | 0.24 |
| | 1905 | 8.66 | 80 | 8.30 | 5.63 | 15.6 | 0.61 | 0.29 |
| | 2141 | 7.98 | 90 | 9.59 | 6.64 | 18.1 | 0.72 | 0.34 |
| 381 | 363 | 9.48 | 50 | 4.15 | 1.84 | 7.1 | 0.21 | 0.13 |
| | 1007 | 10.02 | 60 | 5.63 | 3.23 | 9.6 | 0.34 | 0.18 |
| | 1533 | 9.80 | 70 | 7.01 | 4.43 | 12.1 | 0.45 | 0.23 |
| | 1905 | 9.25 | 80 | 8.30 | 5.63 | 14.5 | 0.56 | 0.27 |
| | 2141 | 8.53 | 90 | 9.59 | 6.64 | 16.8 | 0.65 | 0.32 |
| 413 | 363 | 10.07 | 50 | 4.15 | 1.84 | 6.9 | 0.21 | 0.13 |
| | 1007 | 10.66 | 60 | 5.63 | 3.23 | 9.1 | 0.32 | 0.17 |
| | 1533 | 10.39 | 70 | 7.01 | 4.43 | 11.3 | 0.42 | 0.22 |
| | 1905 | 9.80 | 80 | 8.30 | 5.63 | 13.5 | 0.51 | 0.26 |
| | 2141 | 9.07 | 90 | 9.59 | 6.64 | 15.6 | 0.60 | 0.30 |
| 445 | 363 | 10.66 | 50 | 4.15 | 1.84 | 6.7 | 0.20 | 0.13 |
| | 1007 | 11.25 | 60 | 5.63 | 3.23 | 8.7 | 0.30 | 0.17 |
| | 1533 | 10.98 | 70 | 7.01 | 4.43 | 10.7 | 0.39 | 0.20 |
| | 1905 | 10.39 | 80 | 8.30 | 5.63 | 12.6 | 0.47 | 0.24 |
| | 2141 | 9.57 | 90 | 9.59 | 6.64 | 14.5 | 0.56 | 0.28 |
| 476 | 363 | 11.20 | 50 | 4.15 | 1.84 | 6.6 | 0.20 | 0.13 |
| | 1007 | 11.84 | 60 | 5.63 | 3.23 | 8.3 | 0.28 | 0.16 |
| | 1533 | 11.57 | 70 | 7.01 | 4.43 | 10.1 | 0.37 | 0.20 |

| 体重 /kg | 日增重 /g | 干物质采食量 / (kg/ 日) | 总消化能占饲粮 /% | 维持净能 / (MJ/kg) | 生长净能 / (MJ/kg) | 粗蛋白 /% | 钙 /% | 磷 /% |
|---|---|---|---|---|---|---|---|---|
| 476 | 1905 | 10.93 | 80 | 8.30 | 5.63 | 11.9 | 0.44 | 0.23 |
|  | 2141 | 10.07 | 90 | 9.59 | 6.64 | 13.6 | 0.51 | 0.26 |
| 508 | 363 | 11.75 | 50 | 4.15 | 1.84 | 6.5 | 0.19 | 0.13 |
|  | 1007 | 12.43 | 60 | 5.63 | 3.23 | 8.0 | 0.27 | 0.16 |
|  | 1533 | 12.16 | 70 | 7.01 | 4.43 | 9.6 | 0.34 | 0.19 |
|  | 1905 | 11.48 | 80 | 8.30 | 5.63 | 11.2 | 0.41 | 0.22 |
|  | 2141 | 10.57 | 90 | 9.59 | 6.64 | 12.8 | 0.48 | 0.25 |

资料来源：NRC（beef cattle），2000。

注：生长育肥牛的维生素 A 和维生素 $D_3$ 的需要量分别为 2200 IU/kg 和 275 IU/kg 饲粮（干物质）。

成年牛的育肥生产与成年羊的相似（育肥时间也相似），可参见第十四章第三节内容。

# 绵（山）羊的饲养管理

## 第一节　绵（山）羊的营养需要特点和饲养管理概述

　　饲养绵羊是人类利用饲草（特别是草地）资源的重要手段之一，生产的产品包括肉、毛（绒）和奶等。因山羊的生物学特点和生产用途与绵羊的相似，故本章内容大部分也可用于山羊的饲养管理，故在以下多用"绵（山）羊"来表示。在过去，人类饲养绵（山）羊的主要目的是获取羊毛（绒），以解决穿衣保暖问题，对绵（山）羊的繁殖率和体增重效率的期望值相对较低。但随着社会经济的发展及人们生活水平的提高和人口增加，石油产品已成为人类解决穿衣问题的首选，羊毛生产的意义已相对变弱，对羊肉的需求则一再增加，肉品已成为绵（山）羊业的主要产品种类，从而使得在生产上，绵（山）羊的生长性能、早熟性能和繁殖性能变得越来越重要，并且，绵（山）羊产奶生产的规模也越来越大。以上变化使得绵（山）羊业的生产方式发生了较大变化。

　　放牧是传统的绵（山）羊饲养模式，其特点是饲养成本低，但存在的问题包括：生产受天气（气候）影响较大，易受自然灾害（如严寒、雪灾、干旱等）的影响；饲草资源季节性不平衡；生产或生活条件艰苦（针对牧民而言）；生产力水平低下；过度放牧对草地资源造成破坏等。改善放牧饲养管理方式的主要措施是实行"以草定畜"和"牧民定居"策略，即根据有多少饲草料资源就养殖多少家畜的原则来科学确定绵（山）羊的养殖规模，特别是限定年底存栏量，不宜过多，以保证饲草资源的永续发展利用；将游牧民转变为半定居、定居牧民，部分从事牧草或其他农业生产等，实行暖季放牧为主、冷季舍饲为主的生产方式。

　　放牧条件下，由于饲草料缺乏、羊只每日游走距离过长、寄生虫危害、气候变化和缺乏圈舍等不利因素，除夏秋季牧场可供给较丰富的牧草外，一般既定年龄的绵（山）羊体重不达标，故常将这些放牧的绵（山）羊转运到农区舍饲一段时间后再屠宰上市，以增加动物体重，提高经济效益，这种生产方式称为（牧区）放牧＋（农区）育肥模式。育肥羊源一般在秋冬季整群时较多，此时牧区根据羊群越冬条件会处理或淘汰部分羊只。

　　农区全舍饲是绵（山）羊生产的另一种模式，即效仿养猪业进行绵（山）羊的集约化生产。进行绵（山）羊集约化肉品生产的方式主要包括母羊繁育和羔羊育肥两个生产环节。该模式的优点是生产管理水平相对较高，生产条件较好，饲草料和环境基本四季平衡，肉品质量较好。但最大的问题是经济效益低下，甚至入不敷出，主要是因为繁育母羊（羔羊妊娠、哺育）的生产过程成本较高。在饲草料资源受限、羊肉价格缺乏上升空间的情况下，规模性的肉羊全舍饲生产模式一般都难以为继，除非羊场自有较大量无地租或低地租的饲料地。因此，纯肉品生产的集约化养羊模式从经济效益的角度看尚不宜推行。

　　绵（山）羊产肉性能低于养猪业和肉禽业，是肉羊业发展的外部制约因素。但饲养绵（山）羊能够利用饲草料资源，且羊肉属于高档肉食品，大多数人较喜食，因此绵（山）羊产业在今后仍会保持在一定的生产规模上，不会消失，但也不会过大。

　　羊业主产品除肉品外，还有羊毛、山羊绒和羊奶等，这些产业的发展都需要考虑市场的需求、生产效益和比较经济效益，特别是饲草料（草地资源）的承载能力。但需要反复强调的是，羊业的基础是饲草料资源，不可养无草之羊。

　　羊舍是绵（山）羊生产方式多样性的主要外在表现，羊业目前还不能或尚未达到像鸡、猪、奶牛那样的集约化生产条件，因此生产中的羊舍也是各式各样，有简有繁，参差不齐。本节则以肉羊全舍饲养殖方式为重点对羊舍进行简单介绍。

　　羊舍是重要的养羊设施，无论是舍饲还是冷季放牧，都需要羊舍。最早的羊舍是羊群过夜的地方，多选在背风、向阳、保暖处，后逐渐发展成为洞穴或房屋类的羊舍，再发展成为可以保证羊群饮水和饲喂的羊舍，以及可以进行配种、妊娠、生长、育肥、饲料加工等一系列完整的羊业生产活动的场地，即所谓的羊场。

　　全舍饲肉羊舍主要包括两部分，即母羊舍和羔羊舍。母羊舍包括圈舍和运动场两部分，二者间有通道门相连。母羊舍必须要有运动场，而羔羊舍一般不设。

　　羊舍内在通道侧需利用隔离栏杆设置饲喂栏。饲喂栏上部栏杆空隙宽 18～25 cm，下部宽 12～55 cm，使羊头部能够从上部伸出，下移到下部吃草料。羔羊饲喂栏杆间隙可适当减小。在运动场也可设置饲喂栏。饲喂栏长度可按 3 只羊 /m 设置。由于舍饲羊要经常转圈，因此各圈之间要留有通道（门栏）。各羊舍的存栏数要合理，不宜过多，羊圈面积可按 1.5～2.0 m²/ 只母羊设计，其他羊只按 1.0～1.5 m²/ 只设计。

　　羊喜干，尿量少，在北方，可以用土地面或红砖地面，这样费用也低。在一定饲养密度和加适量垫土条件下，可每年春季清粪一次。羊卧在粪上比较松软，冷季还有保温作用。羊圈不能用水泥地面，因为地面太硬且不透水，使积粪过于潮湿。在南方，由于饲喂青绿饲料较多和湿热阴雨天气较多，羊舍多采用漏缝地板地面或阁楼，使羊的粪尿直接落在地板以下或阁楼一层，以保持羊圈卫生、干燥。

　　可以用连通管将固定的饮水桶相连，再用有浮球的控制桶给各羊圈自动供水。但是不宜用猪用饮水器，否则羊只饮水时漏水较多，对地面和羊舍的湿度影响较大，不利于保持较干燥的饲养环境。饮水器不合适、易漏水常常是羊舍地面和空气潮湿的主要原因。

　　北方冷季有时用塑料大棚作为暖圈养羊设施，但大棚内由于不透气湿度较大，水汽会在内膜顶上凝集成水滴落下，造成羊背部潮湿和地面粪便过于潮湿而产生氨气等，因此需要有通风措施。铁皮屋顶由于不透气使冷季时羊舍潮湿，因此也不适用。

　　绵羊营养需要最显著的特点是有羊毛生长需要。羊毛生长的蛋白质需要约占整个机体蛋白质需要量的 10%，耗费较多。羊毛在任何营养条件下都在生长，犹如维持需要，但在不同营养条件下羊毛的生长速度和质量又有所不同，且不同品种绵羊羊毛生长的特点也很不相同。因此在绵羊营养研究中，一般将绵羊毛生长的营养需要列为常数处理，即设定成体绵羊每天的羊毛产量为 6.8 g。因此，在不同产毛量绵羊，或将"绵羊标准"套用到山羊时，都需酌情增减羊毛生长的营养需要。

　　母羊的妊娠营养需要随妊娠期变化较大，妊娠后期能量需要约为早期的 5 倍，并且对于其他营养物质的需要也成倍增加。在妊娠后期由于母羊腹内胎儿体积增大母羊采食量明显减少，特别是多羔母羊，易引发营养代谢病。

绵羊生产方式的多样或多变，会引起一些额外的需要或问题，如天然草地放牧的绵羊，每天要行走十几千米，需消耗更多的能量；冷季时环境恶劣，产热维持能量增加；而在山区放牧的绵羊，则可能会缺乏某些微量元素，并且，寄生虫病也比较普遍。一般绵羊的营养需要主要是在舍饲或适宜环境下的研究结果，因此在应用时还要考虑实际情况。

# 第二节　绵羊的能量需要和蛋白质需要

## 一、绵羊的能量需要

绵羊的能量需要以可代谢能为单位计量，主要包括维持需要、身体生长需要和羊毛生长需要，母羊还包括妊娠需要和泌乳需要等。可代谢能提供给各种需要的转化效率不同，是研究绵羊能量需要的重要方面。在实际生产中，决定绵羊营养需要的因素还有许多。例如，在冷季环境温度低于 0℃时，气温每降低 1℃绵羊的维持能量需要会增加 3.4%；放牧时，绵羊每天行走十几或几十千米，消耗的能量也很多；寄生虫病会显著增加绵羊的能量消耗。因此，生产绵羊的能量需要需根据实际情况估算。

绵羊的维持代谢能量需要为 293 kJ/kg 代谢体重，并且在不同品种、不同成熟体重绵羊间基本相同。但采食增加或代谢增强也会增加能量消耗，故可以再增加 20% 即 352 kJ/kg 代谢体重作为绵羊的维持代谢能量需要。绵羊代谢能转化为维持净能的效率在静态条件下约为 80%，即绵羊的维持净能（$NE_m$）= $0.8 \times 293 = 234.4$ kJ/$W^{0.75}$，而在采食和代谢条件下转化效率则约为 66%，因此绵羊的维持净能也可表达为 $NE_m = 0.66 \times 352 = 232.32$ kJ/$W^{0.75}$。

绵羊生长的能量需要不仅与体增重有关，还与增重的体成分有关。绵羊生长早期体组织水分含量较高；绵羊生长前期蛋白质沉积较多，后期脂肪沉积较多；体重降低时，在脂肪减少不到降低体重的 10% 时，每减少 1 g 体重的能量含量为 8.4 kJ，而在脂肪减少占降低体重的 60% 时，则为 25 kJ/g，即绵羊体重降低越多，每克降低体重中含的能量就越高。因此可参照牛的体况评分（BCS）方法，对成年绵羊的体况（消瘦→肥胖）进行评分（此法对牛羊的评分结果基本一致）。根据表 14-1（NRC，2007）可以估算出每千克成年绵羊体重的蛋白质、脂肪和能量含量（设定蛋白质和脂肪的热值分别为 23.22 MJ/kg 和 39.33 MJ/kg）。

表 14-1　基于体况评分（BCS）的成年绵羊空体的脂肪、蛋白质和能量含量

| 公式来源 | 体况评分 | 脂肪 /% | 蛋白质 /% | （能量 / 空体重）/（MJ/kg） |
|---|---|---|---|---|
| Sanson et al.，1993 | 1 | 4.5 | 20.4 | 6.48 |
| | 3 | 11.8 | 19.0 | 9.04 |
| | 5 | 19.1 | 17.6 | 11.59 |
| | 7 | 26.4 | 16.2 | 14.14 |
| | 9 | 33.8 | 14.8 | 16.69 |
| Cannas et al.，2004 | 0 | 2.7 | 14.5 | 4.44 |
| | 1 | 11.4 | 16.9 | 8.41 |
| | 2 | 20.1 | 18.5 | 12.18 |
| | 3 | 28.8 | 19.4 | 15.82 |
| | 4 | 37.5 | 19.4 | 19.25 |
| | 5 | 46.1 | 18.7 | 22.47 |

在 Sanson 体况评分中，以绵羊空体脂肪计算体况评分的公式为

$$BCS = 0.273 \times 空体脂肪含量（\%）- 0.224$$

以空体蛋白质估算 BCS 的公式为

$$BCS = 29.775 - 1.408 \times 空体蛋白质含量（\%）$$

绵羊生长的可代谢能量转化系数（$k_g$）较为宽泛（0.35～0.60），通常可选为 0.5。羊毛所含可代谢能为 23.7 kJ/g，而可代谢能量转化系数（$k_f$）为 0.15。绵羊能量需要的估算公式为

$$ME（代谢能，MJ/日）= 维持需要（ME_m）+ 身体生长需要（ME_g）/k_g + 长毛需要（ME_f）/k_f$$

式中，$ME_m = 352\ kJ \times$ 代谢体重（kg）；$ME_g =$ 基于体况评分的空体能量含量（表 14-1）× 空体重（kg）/0.5；$ME_f = 23.7\ kJ \times 6.8/0.15$，其中 6.8 为绵羊每天的羊毛生长量（g）。

## 二、绵羊的蛋白质需要

日粮蛋白质除一部分在瘤胃内降解外，另一部分则通过前胃到达后消化道；而在瘤胃合成的微生物蛋白质也到达后消化道，加上内源氮，三者共同组成了到达小肠的表观蛋白质，消化吸收后给机体提供氨基酸营养。由于各种饲粮粗蛋白（DCP）中 UDP 或非降解摄入蛋白（UIP）的比例（UIP/DCP）不同，动物对粗蛋白的需要量也会有所变化。一般 UIP 每增加或减少 10%，在采食量不变的条件下，粗蛋白需要量需调减或增加 2.5%。例如，假定以 UIP/DCP 为 40% 的饲粮饲喂绵羊时粗蛋白需要量为 191 g/（只·日），如改喂 UIP/DCP 为 60% 的饲粮，则需要量为 182 g/（只·日）；而改喂 UIP/DCP 为 20% 的饲粮时，则需要 200 g/（只·日）。

用析因法估算绵羊粗蛋白需要量的公式为

粗蛋白需要量（g/日）= 沉积蛋白质（PD）/（0.70×0.62）+ 代谢粪蛋白（MFP）+ 内源尿蛋白（EUP）+ 皮肤损耗蛋白（DLP）+ 羊毛蛋白（WP）/（0.60×0.62）

式中，PD（g/日）= 日增重（kg）×[268 - 7.027× 增重的能量含量（ECOG）]，而 ECOG = 生长净能（$NE_g$）（kJ）/ 增重（g），$NE_g$ 在小型、中等和大型体格绵羊分别为 1.325× 代谢体重（$W^{0.75}$）、1.156× 代谢体重（$W^{0.75}$）、0.981× 代谢体重（$W^{0.75}$）；由可代谢蛋白质转化为增重的效率系数（$NP_g$）为 0.7；MFP（g/日）为 33.44 g/kg 采食干物质；EUP（g/日）= 0.146 75× 体重（kg）+ 3.375；DLP（g/日）=3 + [0.1× 沉积于身体（不含毛）中的蛋白质 ]g/日（羔羊）或 0.1125× 代谢体重（kg）。

羊毛粗蛋白沉积量为 6.8 g/日（设定母羊和公羊同）；由可代谢蛋白质转化为羊毛的效率（$NP_w$）为 0.6；0.62 为小肠吸收粗蛋白的效率。

# 第三节　羔羊和成年羊的育肥生产

## 一、羔羊育肥生产

现代肉羊生产的主要环节之一是羔羊生产（育肥），即羔羊出生后经哺育、生长、育肥阶段后在 6～8 月龄直接上市，这样经济效益较高，肉品质也较好。

羔羊出生时头和两个前蹄首先露出产道，否则即为难产，需找兽医处理。羊有多羔，一般年产羔率为 120%～150%，所以母羊产第一只羔羊后要确定腹内是否还有羔羊，如不

确定还需要继续观察。羔羊出生后要保证在 20 h 内吃到至少 50 mL 母乳（初乳），而且越早越好，一般要在当天。如果缺乏初乳可静脉采取其他绵羊的血液按 15 mL/ 羔给羔羊灌服，也可喂给血清粉（于 30℃温开水中）以补充免疫球蛋白。要保证羔羊在出生当天学会通过人工乳头吃奶（可喂给温生理盐水或葡萄糖水），否则之后很难学会。

从出生起，要在羔羊能接触到的范围内提供开食料，以引诱羔羊学习采食饲料。新生羔羊早期开食非常重要，不是因为通过采食羔羊能获得多少营养物质，而是在于可以诱导羔羊消化系统尽早发育，促使其早日产生胰淀粉酶等消化酶类。特别是要在出生的次日起，有条件时需要人工每日给羔羊口腔里抹 0.3～0.5 g 开食料。新生羔羊采食是一个学习过程，因此需要将初生羔羊与大日龄羔羊混圈，通过大龄羔羊的采食示范行为，引导初生幼龄羔羊采食。为了防止母羊采食羔羊的开食料，可在母羊圈里设置钻饲栏。钻饲栏是一种只能让羔羊进出，而母羊不能进入的围栏，里面盛有开食料，一般是在钢筋围栏底部设置一些方形门栏而成，门栏的参考尺寸为宽 12 cm、高 20 cm，具体则需根据绵羊品种（初生重）和 1 月龄的体格大小而定。

新生羔羊出生后需一直跟随母羊哺育，在平时能够接触到开食料和饮水的前提下，30 日龄时断奶，也可在羔羊体重达到 11 kg 以上，或饲粮采食量达到 200 g/ 日时断奶。在多羔或某些特殊情况下，母乳缺乏或不足，可用牛乳或纯牛奶粉（调制至 16% 浓度）给 1 月龄内的羔羊补乳，但直接饲喂牛乳或纯牛奶粉会由于发酵乳杆菌（*Lactobacillus fermentum*）在皱胃增殖造成皱胃鼓胀而导致羔羊死亡，因此需要按照 0.5～1.0 mL/L 牛乳加入福尔马林，摇匀后在室温静置 6 h 以上，再饲喂给羔羊。市售的甜奶粉因含有蔗糖，不能喂给羔羊，否则会造成拉稀。由于植物蛋白质和淀粉消化障碍，3 周龄以内羔羊不宜大量饲喂非乳代乳料（含玉米、大豆或豆饼、鱼粉等），除非非乳代乳料的主要成分是氨基酸、葡萄糖、脂肪等可消化吸收的物质。

羔羊出生后前胃没有消化能力，如果有食物进入前胃，会出现食物腐败，导致疾病。正常情况下，幼畜吮吸的乳汁等液体是通过食管沟反射不经前胃直接进入皱胃的。食管沟是始于贲门，向下延伸至网瓣胃间的半开放孔道，在受到吮吸或液体中的固体悬浮物刺激时会反射性地缩成管状通道，使食物直接进入皱胃。食管沟反射的感受器分布于唇、舌、口腔和咽部黏膜内。幼畜在低头饮奶或液体饲料时会导致食管沟闭合不全，使食物漏入前胃，引起疾病，所以人工给羔羊、犊牛饲喂奶汁或代乳时需使幼畜处于"仰脖"的姿态，如使用奶瓶。

### 1. 生长羊或育肥羔羊的能量需要

生长羊或育肥羔羊的能量需要为

ME（MJ/ 日）= 维持需要（$ME_m$）+ 身体生长需要（$ME_g$）+ 长毛需要（$ME_f$）

生长羊能量需要估算举例：假设绵羊体重 25 kg（代谢体重 $W^{0.75}$=11.18 kg），Sanson 体况评分 3[ 能量 / 体增重（MJ/kg）= 9.04]，日增重 250 g，羊毛生长 6 g/ 日，则每日代谢能需要为

ME[MJ/（只·日）] = 维持需要（$ME_m$）+ 身体生长需要（$ME_g$）+ 长毛需要（$ME_f$）

= 代谢体重（kg）×0.352（MJ/kg 代谢体重）

+ 日增重（kg）×9.04（MJ/kg 增重）/ 代谢能利用系数（$k_g$）0.5

$$+ 羊毛日增重（g）\times 0.0237（MJ/g 羊毛增重）/$$
$$代谢能利用系数（k_f）0.15$$
$$= 11.18 \times 0.352 + 0.25 \times 9.04/0.5 + 6 \times 0.0237/0.15$$
$$= 3.935 + 4.520 + 0.948$$
$$= 9.403 \; MJ/（只·日）$$

可见生长羊每天用于维持的代谢能量占全部需要能量的 42%，用于生长的为 48%，而用于羊毛生长的能量占 10%。

要保证生长羊的代谢能量需要，不仅要调整饲粮配方使代谢能达到一定含量，还要保证羊只的每日采食量，采食量不足会导致动物能量等养分的缺乏。

### 2. 生长羊或育肥羔羊的蛋白质需要

根据第二节中的计算公式来计算。

粗蛋白需要量（g/日）= 沉积蛋白（PD）（0.70×0.62）+ 代谢粪蛋白（MFP）+ 内源尿蛋白（EUP）+ 皮肤损耗蛋白（DLP）+ 羊毛蛋白（WP）（0.60×0.62）

例如，28 kg 体重（$W^{0.75}$=12.17）的中型体格品种羔羊，每天干物质采食量 1.1 kg，粗蛋白沉积量 60 g/日，日增重 220 g，求粗蛋白需要量（g/日）。

$$粗蛋白需要量（g/日）= 0.22 \times （268 - 7.027 \times 1.156）/（0.70 \times 0.62）+ 33.44 \times 1.1$$
$$+ （0.14675 \times 28 + 3.375）+ 0.1125 \times 12.17 + 6.8/（0.60 \times 0.62）$$
$$= 57.17/0.434 + 36.78 + 7.48 + 1.37 + 6.8/0.372$$
$$= 131.73 + 36.78 + 7.48 + 1.37 + 18.28$$
$$= 195.64 \; g \; 粗蛋白/（只·日）$$

羔羊的体增重或生长是随日龄变化的，在 80～120 日龄日增重最高，一般品种平均在 200 g 以上，之后则逐渐降低。这种变化的根本原因是羔羊的日龄或生长势及所反映的内分泌变化。180 日龄后羔羊的血糖水平下降，而且改变日粮成分对此所产生的影响有限。羔羊的体成分也随日龄变化，在早期含水量高。表 14-2 为推荐的羔羊日粮主要营养成分表。该表以日龄为饲粮营养水平的依据，在自由采食条件下可以适用于不同品种的羔羊。

**表 14-2　推荐的羔羊日粮主要营养成分**（干物质计）

| | 开食料 | 日粮 1 | 日粮 2 | 日粮 3 |
|---|---|---|---|---|
| 日龄 | 1～40 | 41～80 | 81～120 | >120 |
| 粗蛋白 /g | 22 | 20 | 17 | 15 |
| 消化能 /（MJ/kg） | 14.5 | 14.2 | 13.8 | 13.1 |
| 钙 /% | 1.10 | 0.85 | 0.82 | 0.80 |
| 磷 /% | 0.38 | 0.27 | 0.26 | 0.25 |
| 赖氨酸 /% | 2.2 | 2.2 | 1.5 | 0.7 |
| 蛋氨酸 /% | 0.33 | 0.33 | 0.22 | 0.11 |

举例的育肥羔羊日粮配方见表 14-3，用于不同日龄的羔羊。在表 14-3 的 4 个配方中，日粮赖氨酸的含量（包括添加的 1.2%、1.2%、0.8% 和 0.4%）依次分别为 2.2%、2.2%、1.5% 和 0.7%（干物质计），添加赖氨酸可使 8 月龄羔羊体重增加 23.3%，胴体瘦肉量增加 43.0%，同时自由采食量增加 30.1%（李海英等，2011）。开食料中的柠檬酸为酸化剂，以

预防羔羊腹泻和提高消化性能。羔羊日增重在 80～170 日龄最高，一般品种平均在 200 g 以上，之后则逐渐降低。在自由采食条件下，按照配方饲喂的羔羊，某些 8 月龄地方品种（公羊）体重可达 45 kg 以上，肉用品种（公羊）体重可达 52 kg 以上，且胴体脂肪组织重低于 5%。到达 6 月龄以上的羔羊需适时出栏，存栏时间不宜过长，否则饲料报酬降低。

羔羊在出生 1 月龄内消化粗纤维的能力非常低，所以用于 1～40 日龄羔羊的开食料不宜加入大量粗饲料，只可加很少量的粗饲料以诱导消化道及其微生物的发育。

在表 14-3 开食料中添加 1%～3% 纯牛奶粉可增加羔羊日增重，但其比较经济效益并不划算。

**表 14-3　育肥羔羊日粮配方**（风干物计）

| 含量 /（kg/t） | 开食料<br>（1～40 日龄） | 日粮 1<br>（41～80 日龄） | 日粮 2<br>（81～120 日龄） | 日粮 3<br>（＞120 日龄） |
|---|---|---|---|---|
| 玉米粉 | 618.5 | 633.5 | 570 | 530 |
| 棉仁粕 | 237 | 191 | 178.6 | 93 |
| 熟大豆粉 | 68 | 69 | 52 | 27.5 |
| 细粉碎苜蓿干草 | 1 | 30 | 100 | 200 |
| 细粉碎玉米秸秆 | 0 | 20 | 50 | 100 |
| 赖氨酸（添加量） | 12 | 12 | 8 | 4 |
| 蛋氨酸（添加量） | 0.35 | 0.35 | 0 | 0 |
| 甜菜碱 | 7 | 6 | 4 | 2 |
| 食盐 | 4 | 4 | 4 | 4 |
| 尿素 | 0 | 0 | 1 | 4.8 |
| 石粉 | 28 | 28 | 24 | 22 |
| 磷酸氢钙 | 1 | 2 | 4 | 8 |
| 硫酸钠 | 2.75 | 3.75 | 4 | 4.3 |
| 柠檬酸 | 20 | 0 | 0 | 0 |
| 维生素 / 微量元素添加剂 | 0.4 | 0.4 | 0.4 | 0.4 |
| 合计 | 1000 | 1000 | 1000 | 1000 |

注：①棉仁粕粗蛋白含量为 45% 以上（干物质计），经过有机溶剂浸提。

②大豆需炒熟、打粉，也可用膨化大豆粉。

③从 1 月龄起羔羊需补饲青绿饲料（嫩苜蓿、胡萝卜叶等），1 月龄、2 月龄、3 月龄、4 月龄和 5 月龄以上羔羊分别补饲 10 g/（羔·日）、20 g/（羔·日）、30 g/（羔·日）、40 g/（羔·日）和 50 g/（羔·日）。

④维生素 / 微量元素添加剂：每千克饲粮（风干物计）含维生素 A 1500 IU/kg、维生素 $D_3$ 250 IU/kg、维生素 E 30 IU/kg、硫胺素 2 mg/kg、核黄素 4 mg/kg、烟酸 15 mg/kg、泛酸 5 mg/kg、生物素 0.25 mg/kg、叶酸 0.5 mg/kg、碘 1.2 mg/kg、铁 50 mg/kg、铜 11 mg/kg、钼 0.5 mg/kg、钴 0.2 mg/kg、锰 40 mg/kg、锌 50 mg/kg、硒 0.7 mg/kg。其中日粮 3 不含 B 族维生素。

羔羊日粮铜含量为 7～11 mg/kg 饲粮，如果羔羊误食猪或多羔母羊等铜含量较高的饲粮，极易发生铜中毒，出现死亡。

腹泻是羔羊常见的疾病，可给腹泻羔羊口服人工补液盐水。人工补液盐水的配方：食盐 4.5 g，葡萄糖 20 g，氯化钾 1.5 g，碳酸氢钠 2.5 g，温水 1 L。并且需口服庆大霉素，每天两次，每次 10 万国际单位（IU）。庆大霉素可加在补液盐水中给予。

羔羊在 1 周龄时需皮下注射三联或多联抗菌疫苗，并在 3 周龄时再注射 1 次，每次剂量为成羊的 20%。

冷季 1 月龄内羔羊应跟随母羊，特别是在晚上。在饲喂或放牧等需要将羔羊分开时，应将羔羊圈在暖圈里。

一般冷季羊舍育肥羔羊的耗料增重比不会有显著提高，因为羔羊采食的饲粮在消化和代谢时可产生较多热量，有助于维持体温。

## 二、成年羊育肥生产

将在草地放牧至 8 月龄以上，甚至几岁的绵（山）羊，转移至农区进行舍饲，给予较好的饲养条件，其间羊只的体增重较快，称为成年绵（山）羊的育肥。一般育肥多从 10 月开始，此时牧区有大量的羊只由于越冬准备或整群需要淘汰。绵（山）羊育肥是提高肉羊生产经济效益的重要环节，其间羊只日增重可达 200～380 g。

成年羊育肥效益高的原因是补偿生长现象。动物在环境恶劣或营养不良等条件下体重减轻，但在环境和营养改善时可迅速恢复生长，并且比平常生长更快的现象称为补偿生长。绵（山）羊补偿生长现象在育肥的前 50～60 天最为明显，之后则逐渐减弱，因此需及时出栏。

进行绵（山）羊育肥需要一定的条件。①要有圈养的地方（育肥场地），即各种形式的羊舍，特别是要有饲喂和饮水设施。②要提前准备充足的饲草料，可以按照 100 kg/ 羊饲草料准备。育肥羊的能量和蛋白质需要的计算方法、营养需要及配方等可参照本节育肥羔羊生产的内容。育肥期间要保证自由采食，自由饮水。育肥时玉米喂量不宜过多，否则会造成动物发生代谢病和胴体脂肪组织过多。③要保证廉价和健康的育肥羊来源。牧区和农区的供求关系是育肥羊源价格的主要决定因素，所购羊只价格如果较高会降低育肥生产的经济效益，甚至亏损。瘦弱但无病是选择育肥羊源的基本原则，即体重轻但抢食欲望强的羊只较为合适，而肥胖的羊只不适于育肥，可直接上市。

# 第四节　舍饲繁殖母羊和奶羊的饲养管理

## 一、舍饲繁殖母羊的饲养管理

繁殖母羊生产主要包括配种—妊娠—产羔—哺乳 4 个环节。舍饲条件下规模羊场母羊的配种建议采用自然交配方式，因为用公羊试情（母羊发情现象不太明显，不易人为发现），再进行人工输精，所用劳动力费用可能会超过公羊本身的饲养管理费用。对常年发情品种（品系）按照 1∶（150～250）公母比进行配比，可基本满足配种的需要。在妊娠期，需要及时转群，将妊娠后期和即将生产的母羊分开专栏饲养，以防止出现拥挤流产等意外。母羊产羔意外较多，需人工参与。哺乳是羔羊繁育的必要环节，一般不提倡早期（1 月龄内）断奶，因为早期断奶成本较高、效益较低，特殊情况除外。

全舍饲母羊产出投入比比较低，因而选用多羔品种（品系）是提高肉羊生产力水平的重要措施之一。然而，多羔母羊的营养需要与单羔的不同，羔羊数量是确定妊娠母羊营养需要量的重要因素。虽然已有多羔母羊品种或品系（如小尾寒羊、湖羊、策勒黑羊等）的养殖体系，但在多羔母羊生产中仍常有妊娠毒血症、产前瘫痪、胎儿体重小、流产等情况发生，主要原因是在妊娠后期胎儿挤占了母羊腹腔，使母羊腹腔的物理性空间减小，瘤胃被压迫，母羊无法采食较多食物，从而出现了各种营养不良或缺乏的症状。

妊娠后期（产前 41 天起）或泌乳母羊的能量需要可参照以下公式估算：

ME（代谢能，MJ/ 日）= 维持需要（$ME_m$）+ 身体生长需要（$ME_g$）/$k_g$ + 长毛需要（$ME_f$）/$k_f$
+ 妊娠需要（$ME_{preg}$）+ 产奶需要（$ME_l$）

式中，$ME_m$、$ME_g$ 和 $ME_f$ 可参照第三节内容。

妊娠需要（$ME_{preg}$）= 胎儿（加胎盘）重量（kg）×4.66 MJ/kg 胎儿（加胎盘）/0.133÷41
= 0.855× 胎儿（加胎盘）重量（kg）

式中，0.133 为代谢能转化效率；41 为产前 41 天。胎儿所含能量为胎儿加胎盘的 82%。

产奶需要（$ME_l$）：可根据绵羊奶能量含量 4.86 MJ/kg、代谢能转化效率为 0.65～0.83（取 0.74）、来自体重减轻的能量转化效率为 0.82 进行估算，即

$ME_l$=4.86× 产奶量 /0.74=6.57× 产奶量（本公式假定母羊体重不变）

妊娠后期母羊能量需要估算举例：假设母羊体重 50 kg（代谢体重 $W^{0.75}$=18.80 kg），Sanson 体况评分 4，母羊本身日增重 0 g，羊毛生长 8 g/ 日，预计双羔胎儿出生总重 7.0 kg，则每日代谢能需要为

ME/[MJ/（只・日）] = 代谢体重（kg）×0.352 MJ/kg 代谢体重 + 日增重（kg）×9.04 MJ/kg
增重 / 代谢能利用系数（$k_g$）0.5 + 羊毛日增重（g）×0.0237 MJ/g
羊毛增重 / 代谢能利用系数（$k_f$）0.15 + 胎儿重量（kg）×4.66 MJ/kg
胎儿 /0.133÷41
= 18.80×0.352 + 0+8×0.023 7/0.15 + 7.0×4.66/0.133÷41
= 6.618 + 1.264 + 5.982
= 13.864

可见妊娠双羔母羊每天的代谢能有约 48% 用于维持，约 43% 用于胎儿维持和生长。

除以上析因法测算外，妊娠最后 6 周母羊的能量需要还可以确定为维持需要的 1.5 倍（单羔）或 2.0 倍（双羔）来计算。

母羊的粗蛋白需要量在妊娠早期较低，在妊娠最后期最高；产羔后没有了妊娠需要，但增加了产奶需要，所以母羊的蛋白质需要取决于繁殖阶段，可以根据上述蛋白质需要的公式再加妊娠或产奶需要计算。

单羔早期妊娠绵羊的蛋白质沉积量为 2.95 g/ 日，在妊娠最后 4 周则为 16.75 g/ 日，双羔母羊则需加倍计算。

可代谢蛋白质转化为胎儿等的蛋白质效率为 0.33。

一般乳的可代谢蛋白的转化效率（$k_{pl}$）约为 0.69，而绵羊的转化效率为 0.59，因为绵羊羊毛生长需要大量的含硫氨基酸，影响了绵羊乳可代谢蛋白的转化效率。从体组织蛋白质转化为乳蛋白时的转化效率也为 0.59。

妊娠或泌乳母羊的粗蛋白需要（g/ 日）= 沉积蛋白质（PD）/（0.70×0.62）+ 代谢粪蛋白（MFP）+ 内源尿蛋白（EUP）+ 皮肤损耗蛋白（DLP）+ 羊毛蛋白（WP）/（0.60×0.62）+ 胎儿生长（FP）/（0.33×0.62）+ 产奶（LP）/（0.59×0.62）= 沉积蛋白质（PD）/0.434 + 代谢粪蛋白（MFP）+ 内源尿蛋白（EUP）+ 皮肤损耗蛋白（DLP）+ 羊毛蛋白（WP）/0.372 + 胎儿生长（FP）/0.205+ 产奶（LP）/0.366。

例如，体重 50 kg（$W^{0.75}$=18.80 kg），双羔母羊，每日采食量 1.6 kg，在妊娠期间自身体重不变，求妊娠最后 4 周粗蛋白需要量。

$$粗蛋白需要（g/ 日）= 0 + 33.44×1.6 + （0.146\ 75×50 + 3.375）+ （0.1125×18.80）$$
$$+ 6.8/0.372 + 2×16.75/0.205 + 0$$
$$= 0 + 53.50 + 10.71 + 2.12 + 18.28 + 163.41 + 0$$
$$= 248.02$$

表 14-4 是推荐的空怀和妊娠最后四周母羊的营养需要，但推荐的粗蛋白含量可能过低（见以上计算举例）。妊娠早期和中期母羊的营养需要可以参考待配母羊和妊娠最后四周母羊营养需要的中间值。不过多羔母羊，特别是四羔母羊，由于腹腔被胎儿占据，很难增加自由采食量，常出现营养不良，影响胎儿正常生长和自身健康。妊娠母羊妊娠胎儿数可用羊场的前期平均值预测，或用超声波仪检查。

**表 14-4　不同妊娠状况母羊营养需要**（干物质计）

| | 待配母羊 | 妊娠（单羔） | 妊娠（双羔） | 妊娠（三羔） | 妊娠（四羔） |
|---|---|---|---|---|---|
| 母羊体重（空怀）/kg | 50 | 50 | 50 | 60 | 70 |
| 妊娠 | 配种中 | 最后 4 周 | 最后 4 周 | 最后 4 周 | 最后 4 周 |
| 干物质采食量 /kg | 1.6 | 1.6 | 1.7 | 1.6 | 2.1 |
| 总可消化养分 /% | 59 | 59 | 65 | 80 | 66 |
| 粗蛋白 /% | 9.4 | 10.9 | 11.5 | 11.1 | 9.8 |
| 消化能 /（MJ/kg） | 10.72 | 10.72 | 11.8 | 14.6 | 12.2 |
| 钙 /% | 3.3 | 3.7 | 3.7 | 6.1 | 5.2 |
| 磷 /% | 1.6 | 3.0 | 2.0 | 3.3 | 3.1 |
| 碘 /% | 0.80 | 0.80 | 1.0 | 1.2 | 1.2 |
| 硒 /% | 0.2 | 0.3 | 0.5 | 0.8 | 0.8 |
| 铜 /% | 8 | 12 | 16 | 20 | 20 |
| 维生素 A/（IU/kg） | 1500 | 2500 | 2500 | 3500 | 3500 |
| 维生素 D$_3$/（IU/kg） | 250 | 350 | 350 | 450 | 450 |

资料来源：NRC，1985；NRC，2007。

在较多地区母羊缺硒和缺铜比较严重，主要表现为胎儿生长发育不良、母羊流产和羔羊出生后死亡。缺硒母羊所产羔羊神经系统发育不全，特别是在多羔时，出生 3 周内常出现后躯不起，之后死亡，解剖时肝脏有灰白色坏死点，心脏切面由于心肌坏死呈黄铁锈点（虎斑心），肌肉切面有坏死白点（斑）和脑软化症。母羊缺铜时则腹侧大片掉毛，胎儿流产，死胎心脏肥大，也是在多羔时易出现。新生羔羊缺硒缺铜或母羊流产，属于母羊营养不良，造成胎儿在妊娠期间发育障碍，因此在出生后给羔羊补硒或补铜于事无补。

舍饲母羊完全不放牧，经常因腹肌无力，而导致胎儿坠落至腹部皮下，造成母羊行走困难而被淘汰。所以在全舍饲条件下，繁殖母羊一定要运动，一般每天至少行走 1.2 km，且每年不宜少于 200 天。

全舍饲多羔母羊营养需要较高，特别是能量需要，面临着不满足需要易出现死羔、出生羔羊弱小、缺奶、母羊体重严重下降等症状，而要满足又饲养成本过高的两难困境。在生产中，常用玉米秸秆作为粗饲料以降低饲养成本，但是在日粮玉米秸秆占 60% 以上时，常出现消化能摄入不足。对此，可以采取将日粮制成颗粒、只取秸秆上 2/3 部分作为粗饲料和添加聚丙烯酰胺（2.0 g/kg 日粮）等措施，如果将以上三项措施同时应用，母羊采食量能达到 2.1 kg/ 日的话，则可以基本满足双羔妊娠母羊的能量需要 [ 消化能 20.1 MJ/（只·日）]，目前种植业塑料薄膜的使用较为普遍，有时饲喂绵羊的秸秆中残膜较多，绵羊喜异食，而残膜进入瘤胃后不消化、不后送，会大量堆积造成瘤胃阻塞，使得绵羊采食量下降，营养不良，腹侧大片掉毛，最后死亡。所以给羊或牛饲喂秸秆时一定要先将其中的残膜清除干净。

## 二、舍饲奶羊的饲养管理

萨能奶山羊一个产奶周期可产奶 600～1000 kg，东佛里生奶绵羊可产奶 500～800 kg，是奶山羊和奶绵羊的代表品种。养殖奶羊可提高羊群生产的经济效益，特别是采用与羔羊育肥生产相结合，既产奶（母羊）又产肉（羔羊）的生产方式。山羊适宜放牧，既可放牧，也可舍饲，多羔性能较好，更有利于降低生产成本。而舍饲绵羊如果产奶，则肯定比单纯产肉的生产方式效益高。

奶羊的营养需要可参照前述舍饲繁殖母羊营养需要的计算公式获得。

山羊奶有膻味，主要成分为 6～10 C 的短链脂肪酸或其混合物，特别是 4-甲基辛酸和 4-甲基壬酸。可以通过加入呋喃酮（菠萝酮）（0.12～0.36 g/kg 鲜奶）除去膻味。

# 第五节　放牧羊的饲养管理

将绵（山）羊置于天然草地或人工草地饲养称为放牧。放牧成本较低，可有效利用饲草资源，适于产毛或产绒生产或繁育母羊生产。放牧主要分为暖季放牧和冷季放牧两个时段。放牧生产的根本原则是"以草定畜"，即根据饲草料的资源量以确定不同地区、不同时期的养殖规模。而对于放牧的淘汰羊、育肥用羔羊或架子羊等，要适时出售或育肥，不可放牧时间过长。

暖季天然草地放牧主要在高山地带，南方放牧时间较长（约 8 个月），北方较短（约 6 个月）。夏季高海拔草地牧草生长较为旺盛，气候凉爽，适于羊群生长（俗称抓膘）。一般在产羔后、剪毛或抓绒后将羊群迁徙到夏草场放牧。人工草地放牧主要采用轮牧的方法，即将草地围起来，分区块在不同时间放牧。

暖季放牧羊群的主要管理措施包括以下几项。①科学规划放牧地块，保证羊群每天能采食到足够的饲草[可根据 8～10 kg 鲜草/（只·日）估算]，并且尽量减少羊群每日行走的距离。秋季已结籽牧草的脂肪含量较高，有利于采食动物的积累能量和提高日增重。②放牧区要有饮水源，保证羊群每天至少能饮水一次以上。③要提供营养舔砖，置于干燥避雨、无阳光直射处供羊群舔食，保证羊群对从饲草得不到或不足的食盐、微量元素等营养素的需要量。许多高山草地（包括溪水）严重缺乏硒、铜等营养素，而三价铁过量，因此舔砖中各营养素的含量要根据牧区当地实际情况确定。舔砖中各种营养素的提供量可通过与食盐的比例进行控制，即将绵羊饲粮的补盐量设定为 5 g/kg 饲粮干物质，然后按照每千克饲粮中各种营养元素的标准，按比例与食盐混合。表 14-5 提供的是放牧羊群舔砖配方，其中的矿物质量是各类绵羊的基本需要量，在实际生产中还需根据羊群的生产用途提高相应元素的含量。例如，在西北缺铜、缺硒地区，对于双羔母羊，在妊娠期铜和硒的量都需要加倍。而山东枣庄、陕南某些地区为富硒地区，当地的草地或生产的饲料中硒含量高，因此舔砖中不宜添加硒。④牧区一般寄生虫病较严重，特别在春夏季，因此对放牧羊群要采取驱虫措施。

**表 14-5　放牧羊群舔砖配方示例**（除食盐外均为绵羊营养需要量的下限，表中量按采食 1000 t 牧草计）

| 原料 | 用量 /kg | 有效营养素 | 提供营养素（干物质计）/（mg/kg 牧草） |
|---|---|---|---|
| 亚硒酸钠 | 0.33 | 硒 | 0.15 |
| 七水硫酸钴 | 0.72 | 钴 | 0.15 |
| 碘酸钙 | 1.29 | 碘 | 0.8 |
| 五水硫酸铜 | 31.46 | 铜 | 8 |
| 一水硫酸锌 | 54.95 | 锌 | 20 |
| 磷酸氢钙 | 13 333 | 磷 | 2 000 |
| | | 钙 | 2 933 |
| 食盐 | 5 000 | 氯化钠 | 5 000 |
| 尿素（冷季） | 5 000 | 氮 | 2 330 |
| 维生素 A（冷季） | 2 | 维生素 A | 2（即 1000 IU） |
| 辅料 | 11 576 | | |
| 合计 | 35 000 | | |

注：用于冷季枯草期的添加剂需加入尿素和维生素 A，用于暖季的不需加尿素和维生素 A。

　　冷季气候温度低，放牧主要在预留的海拔 800～1800 m 的逆温带草场（俗称"冬窝子"）进行，此处由于热空气上浮而温度较高。在"以草定畜"的基础上，冷季放牧需注意的生产措施包括以下几项。①要有越冬保暖设施（主要指羊舍）。有些地区冬季最低气温可达 −30℃甚至以下，如果没有合适的羊舍，羊群寒冷，散热大，会引起更严重的营养不良，体重下降更快。冷季羊舍保温性要强，夜晚不能漏风，也不能潮湿，在白天气温高时需通风换气。②冬季由于牧草匮乏或品质较差，能量和粗蛋白供应不足，除营养性舔砖外，还要视情况给予额外补饲。补饲的主要饲料种类包括干草、玉米和棉粕等。补饲一般在出牧前给予，如果傍晚补饲羊群会不安心在外采食，早早聚回到补饲处等待。③积雪是冷季放牧羊群的水源之一，所以放牧地区要根据气候而定，无雪或气温过高造成融雪，都会给放牧畜牧业带来灾害。④为提高抵御自然灾害的能力，保证羊群顺利越冬，常在牧区最冷季节将放牧改为舍饲，称冷季舍饲。进行冷季舍饲需贮备足够的饲草料 [＞1.5 kg/（只·日）]和建造圈舍。

　　如前所述，产毛（绒）羊经济效益较低，主要采取低成本放牧的生产方式。但为了提高生产效益，可以将产毛（绒）生产与产肉生产耦合在一起，即放牧母羊产羔、产毛（绒），而舍饲羔羊产肉，以合理利用天然草地和提高经济效益。

# 第六节　绵羊营养代谢病

### 1. 肠毒血症

　　肠毒血症又称过食病或髓样肾病，主要由 D 型（魏氏）产气梭菌（*Clostridium perfringens*）产生的毒素引起，偶尔也有 C 型引起的，此病常造成羊只突然死亡，是一种与饲料相关的疾病。产气梭菌广泛存在于草地、粪便和健康羊的胃肠道，在碳水化合物摄入量高（如高谷物日粮、吃奶量大、甚至未成熟牧草采食过多）时，会引起细菌快速繁殖产生毒素。此病主要发生于 2～4 周龄哺乳羔羊，但也发生于补饲羔羊、生长育肥羔羊和母羊。预防肠毒血症的主要措施是注射疫苗。

**2. 脑灰质软化症**

脑灰质软化症不仅发生于牛，也发生于羊，发病原因和机理与牛相同。绵羊脑灰质软化症的临床症状包括没有方向感、行动迟缓、无目的游走、没有食欲、转圈、进行性目盲、伸肌痉挛等。肌肉或皮下注射 200～500 mg 硫胺素可治疗绵羊脑灰质软化症，但病羊生产性能很少能恢复到以前，所以应在羊群发病初期以预防性注射为主。

**3. 妊娠疾病**

母羊的妊娠疾病也称为酮症、醋酮血症或妊娠毒血症，与母羊的营养不良和过度肥胖有关，常发生于妊娠后期的多羔母羊。应激因素如剪毛、运输、天气恶劣、掠食动物捕食、营养不良等，都会促成此病的暴发。此病的临床特征包括高血酮和低血糖。病羊神情沮丧、缺乏胃口、步态蹒跚、离群，并有神经症状。在病情最后阶段视力损伤、虚弱不能站立、身体僵硬、局部瘫痪。在症状早期产羔的母羊通常可恢复。

母羊的妊娠疾病与奶牛酮症的发病机理相似。妊娠后期由于胎儿的迅速生长，此时母羊的葡萄糖需要量约为维持需要的 1.5 倍。但随着胎儿体积的增大而瘤胃容积减小，使母羊采食量降低，肝脏产生的葡萄糖减少，因此母羊机体需动员脂肪组织以满足葡萄糖需要，结果造成血酮累积和代谢性酸中毒。此病与缺乏运动无关。此病可通过在妊娠后期增加营养摄入量以增加母羊体重来预防。在采食不足母羊出现症状的初期可一次性灌服 200～300 mL 丙二醇或甘油以提供生糖物质。

**4. 尿结石**

尿结石就是发生于尿道的矿物质沉淀。虽然沉淀可发生于不同品种、不同性别的绵羊，但尿流阻塞一般仅发生于公羊或羯羊。阻塞可以使膀胱破裂，出现常称为"水肚"的情况，会引起动物死亡。尿结石的症状为排尿困难或疼痛，表现为努喷、排尿缓慢、跺蹄、踢阴茎部位等。

舍饲条件下的尿结石与营养代谢有关，病羊为碱性尿，尿中磷含量高。舍饲羔羊饲料钙、磷、镁、钾的摄取对尿石症有重要影响，尿结石的主要成分为镁钙磷的非结晶物和碳酸钙两类及其混合物、硅和草酸钙等。防止磷摄入过多和维持钙磷比大于 2∶1 可大大降低生长育肥羔羊尿结石的发病率。饲喂酸性盐以降低尿液的碱性也有效果。日粮中添加 0.5% 氯化铵或硫酸铵可有效防止尿结石，并且氯化铵比硫酸铵更有效。但氯化铵苦咸，影响采食，不宜多加。患病动物只要还能排少量的尿液，就可以通过灌服氯化铵来救治，每羊每天灌服 7～14 g，连续 3～5 天，一般效果较好。

放牧绵羊的尿结石病与硅摄入量高有关，可以通过增加食盐添喂量（如占日粮干物质的 2% 或更多）来预防尿结石，因为添喂食盐可增加饮水量和尿量。在饮水充足的条件下，可将食盐与蛋白质添加物一起喂给动物。

无论舍饲还是放牧，保证充足的干净饮水对于减少羊只尿结石发病率都具有重要意义。

**5. 鼓胀病**

鼓胀病就是由于气体或泡沫造成的前胃部分（瘤胃）的膨胀。临床上表现为左腹部膨大，但在未剪毛绵羊中不易辨认。引起鼓胀病的因素包括以下几方面：①与春秋时节摄入青嫩豆科牧草或其他青嫩牧草有关，常见于在苜蓿地放牧的动物。青嫩豆科牧草皂苷含量较高，动物采食后瘤胃液表面张力降低，形成黏稠型小泡；而植物被摄入后在瘤胃释放的叶绿体也可困住气泡。②饲喂高谷物日粮时，瘤胃液 pH 较低，动物将反刍嚼细的食物吞咽至瘤胃后，与瘤胃液反应产生气体或泡沫，而瘤胃原虫释放的黏蛋白对气体或泡沫具有稳定作用，从而造成瘤胃膨胀。饲喂高谷物日粮也引起气体型鼓胀，特别是在动物还没有适应时。③气泡充满瘤胃、食道的物理性堵塞、迷走神经活动减弱、疼痛、低血钙等，均可造成嗳气障碍，进而引起瘤胃鼓胀。

预防鼓胀病的措施包括限饲易致病的饲草料、添喂聚醚多元醇（消泡剂）、在喂给动物易出现鼓胀的饲料（幼嫩青绿牧草、细粉碎饲料）或在豆科草地放牧时应有 2～3 周的缓慢适应期等。豆科植物含有较多量的浓缩单宁（≥5 g/kg 干物质），可减少或预防鼓胀病。在豆科草地放牧前饲喂茎秆较多的牧草、在禾本 - 豆科混合草地放牧或在叶片单宁含量较高的牧草（箭叶三叶草、野葛）- 豆科牧草的混合草地放牧，都有助于降低鼓胀病的发病率。对于急性或严重瘤胃鼓胀的动物，可进行胃管食道或瘤胃穿刺放气。如果鼓胀没有缓解，则可能为泡沫型，需灌注聚醚多元醇（44 mg/kg 体重），或多库酯钠（28 mL），或花生油（20～50 mg/kg 体重），或其他植物油（100～200 mL），或肥皂水（10 mL）进行治疗。鼓胀病同样发生于牛。

# 第十五章

# 家兔和麝香鼠的饲养管理

家兔与麝香鼠都是草食动物，而且都具有食软粪（caecotrophy）的习性。家兔或麝香鼠舔食从肛门排出来的软粪（盲肠便），而软粪含有微生物蛋白质和维生素等，可满足动物自身的营养需要，否则营养不良。

## 第一节　家兔的饲养管理

饲养家兔主要用于产肉（新西兰兔、加利福尼亚兔、哈尔滨大白兔等）、产毛（安哥拉长毛兔）、产皮（獭兔）和作为实验动物等。

兔的最适环境温度为 15～25℃。兔场要选择高地势处建造，有利于防控在家兔饲养中常见的球虫病。

家兔为配种后即排卵的动物，而且家兔精子（精液）可一般冷冻保存，不需液氮保存。母兔妊娠期平均 30 天（28～32 天），平均每胎产活仔 7～8 只，年产仔可达 50 只以上，繁殖性能高，因此产肉性能较高。母兔产仔不需要人工护理，仔兔完全哺乳期 14 天，之后可以补饲青绿饲料或粉料、颗粒饲料，30 日龄断奶，离开母兔。肉用兔 11 周龄出栏，料重比为 3∶1（新西兰兔）。

作为草食动物，成年家兔饲粮需含有 12%～15% 的粗纤维，高于 16% 时影响生长，低于 6% 时则出现消化不良、腹泻。家兔饲粮中玉米含量不宜超过 20%。成年家兔可以利用尿素（饲粮尿素添喂量 1% 时，其氮利用率 21%），通过产生软粪（微生物）蛋白质供机体利用，而幼兔由于大肠发育不足而对非蛋白氮的利用性差，试验结果常为负值。兔爱吃甜食，且唾液里含有大量淀粉酶。家兔钙代谢靠血液钙离子浓度调节，不需要维生素 D，高浓度钙离子可直接从尿中排出，因此家兔的尿液呈白灰色，并且高剂量维生素 D 对家兔具有毒性作用。

家兔能量供应的特点是，其对纤维素类物质的消化率低于反刍动物，但高于猪等单胃动物，如苜蓿干草（CP 17%）在羊的消化能为 10.04 MJ/kg，在大猪中为 8.50 MJ/kg，而在家兔中则为 8.80 MJ/kg，因此家兔对粗饲料的消化能和纤维素类物质的消化率，需要专门测定，如果仅以牛羊或猪禽的数据作为参照，可能会有较大误差。而家兔对粗饲料的利用，也与年龄有关，在幼龄时由于大肠发育不完全，消化纤维素的功能较弱，同种粗饲料所能提供的消化能会减少。表 15-1 是测得的家兔对几种饲料的消化能和粗纤维消化率，可见家兔具有消化粗纤维的能力，对粗饲料而言其粗纤维消化率在 20% 左右，能量消化率在 30%～50%，并可见小麦秸的品质最差。

表 15-1　家兔对几种饲料的消化能和粗纤维消化率（消化能以饲料干物质计）

| 饲料名称 | 日龄 | 体重 /kg | 消化能 /（MJ/kg） | 能量消化率 /% | 粗纤维 /% | 粗纤维消化率 /% |
|---|---|---|---|---|---|---|
| 苜蓿干草 | | 2.3 | 8.80 | 49.5 | 29.0 | 23.7 |
| 多花黑麦草干草 | 60 | 2.2 | 5.61 | 33.5 | 26.1 | 25.9 |
| 羊草干草 | | 2.3 | 5.96 | 33.6 | 32.4 | 23.9 |
| 玉米秸 | 60 | 1.8 | 6.84 | 43.3 | 34.7 | 21.0 |
| 小麦秸 | 65 | 1.8 | 4.08 | 30.2 | 32.7 | 11.0 |
| 大豆秸 | 60 | 1.8 | 4.87 | 32.2 | 47.1 | 15.6 |
| 谷秸 | 75 | 1.3 | 5.00 | 30.2 | 35.0 | 18.7 |
| 甜菜渣 | 65 | 1.9 | 8.72 | 47.8 | 27.7 | 23.4 |
| 桑叶粉 | | 2.0 | 7.61 | 47.5 | 32.1 | 18.7 |
| 芦苇草 | 65 | 1.9 | 5.43 | 42.8 | 35.5 | 29.4 |
| 玉米 | 60 | 1.7 | 11.2 | 68.7 | 3.2 | 31.5 |
| 小麦 | 60 | 1.7 | 11.2 | 68.6 | 3.7 | 31.2 |

资料来源：苏双良，2012；宋中齐等，2014。

家兔的能量需要，无论生产性能（用途）如何，均可划分为维持需要、生长需要、长毛需要、妊娠需要和泌乳需要 5 部分。家兔消化能转化为代谢能的效率为 0.96。家兔通用的能量需要计算公式为

能量需要（kJ 消化能）= 维持需要 + 生长需要 + 长毛需要 + 妊娠需要 + 泌乳需要

式中，①维持需要：家兔的代谢维持能量需要为 293（273～310）kJ/$W^{0.75}$，以消化能计为 480 kJ/$W^{0.75}$（消化能利用效率 0.61）。②生长需要：家兔每增加 1 g 体重所沉积的能量与日龄相关，在 46 日龄、80 日龄和 210 日龄分别为 7.53 kJ/g、8.70 kJ/g 和 9.58 kJ/g，食入消化能的沉积效率为 0.526。但妊娠母兔的消化能沉积效率为 0.747。③长毛需要：毛用兔每天产毛约 2 g，兔毛净能含量 21.1 kJ/g，消化能转化为产毛净能的效率约为 19%。④妊娠需要：妊娠中后期（18～22 天）母兔胎儿的净能含量为 14.06 kJ/$W^{0.75}$（母兔），消化能转化为胎儿净能的效率约为 28.7%。⑤泌乳需要：假定母兔每天泌乳 85 g，净能含量为 7.53 kJ/g 兔乳，兔乳由消化能至净能的转化效率估计为 80%。母兔在泌乳期间日增重常为负值（-3～1 g/日），即有体组织能量转化成了产奶净能。

举例 1：体重 1.5 kg（$W^{0.75}$=1.355）的生长肉兔，63 日龄（8.1 kJ/ 沉淀 1 g 体重），日增重 30 g，每日消化能需要多少？

能量需要 [kJ 消化能 /（只·日）]= 维持需要 + 生长需要 + 长毛需要 + 妊娠需要 + 泌乳需要
= 1.355×480 + 30×8.1/0.526 + 0 + 0 + 0
= 650.4 + 462.0
= 1112.4

举例 2：体重 3.2 kg（$W^{0.75}$=2.393）的泌乳母兔，每日泌乳 90 g，长毛 1.7 g，日增重 0 g，每日消化能需要多少？

能量需要 [kJ 消化能 /（只·日）]= 维持需要 + 生长需要 + 长毛需要 + 妊娠需要 + 泌乳需要
= 2.393×480 + 0 + 1.7×21.1/0.19 + 0 + 90×7.53/0.8
= 1148.6 + 188.8 + 847.1
= 2184.5

家兔的蛋白质需要同样可以分为维持需要、生长需要、长毛需要、妊娠需要和泌乳需要等 5 部分。因此，家兔的蛋白质需要计算公式为

粗蛋白需要（g/日）= 维持需要 + 生长需要 + 长毛需要 + 妊娠需要 + 泌乳需要

式中，①家兔可消化粗蛋白的维持需要量为 $4.68g/W^{0.75}$。②生长需要：体重（$W$, g）与体净粗蛋白（NCP, g/g）量的关系为 NCP=0.095 $W^{0.0902}$，故将体重换算为体净粗蛋白含量，再乘以日增重，即为生长（体增重）的粗蛋白需要量。③长毛需要：长毛兔日长毛约 2 g，可消化粗蛋白转化为毛的效率为 0.432。④妊娠需要：胎儿粗蛋白平均含量（CPf）可根据母兔的代谢体重（$W^{0.75}$）计算：CPf=0.39 $W^{0.75}$，可消化粗蛋白转化为胎儿的效率估计为 0.567。⑤泌乳需要：兔乳粗蛋白含量为 10.4%，可消化粗蛋白转化为兔乳的效率估计为 0.57。

举例：体重 3.2 kg（$W^{0.75}$=2.393）的泌乳母兔，每日泌乳 90 g，长毛 1.7 g，日增重 0 g，每日可消化粗蛋白需要多少？

$$
\begin{aligned}
可消化粗蛋白需要（g/日）&= 维持需要 + 生长需要 + 长毛需要 + 妊娠需要 + 泌乳需要 \\
&= 4.68 \times 2.393 + 0 + 1.7/0.432 + 0 + 90 \times 0.104/0.57 \\
&= 11.199 + 3.935 + 16.421 \\
&= 31.555
\end{aligned}
$$

按照日粮粗蛋白表观消化率 75%、日采食量 200 g 计，日粮粗蛋白含量应为 21.0%。

表 15-2 是不同饲养阶段（用途）家兔的营养需要，可见家兔营养不仅包括能量、蛋白质和纤维素营养，还包括氨基酸营养，即各种氨基酸的比例，特别是含硫氨基酸，一般以 0.6% 为宜，低了影响生长，高了也不利于生长。家兔是食软粪动物，其实际的氨基酸供应与日粮所提供的氨基酸还不一致，因此主要从整体生长代谢来判断日粮氨基酸的营养作用。

**表 15-2　不同饲养阶段（用途）家兔的营养需要**（干物质计，自由采食）

| | 饲养阶段 | | | | |
|---|---|---|---|---|---|
| | 幼兔<br>（18～40 日龄） | 生长兔<br>（>41 日龄） | 妊娠母兔<br>（成年） | 哺乳母兔<br>（成年） | 产毛兔<br>（成年） |
| 饲料形态 | 粉料、颗粒 | 颗粒 | 颗粒 | 颗粒 | 颗粒 |
| 消化能 /（MJ/kg 饲粮） | 10.5 | 10.4 | 10.4 | 11.0 | 11.0 |
| 粗纤维 /% | 10.0 | 12.0 | 14.0 | 14.0 | 14.0 |
| 粗蛋白 /% | 17.0 | 16.0 | 16.0 | 18.0 | 16.0 |
| 精氨酸 /% | 0.80 | 0.80 | 0.80 | 0.90 | 0.70 |
| 组氨酸 /% | 0.35 | 0.35 | 0.35 | 0.43 | 0.33 |
| 异亮氨酸 /% | 0.60 | 0.60 | 0.60 | 0.70 | 0.56 |
| 亮氨酸 /% | 1.05 | 1.05 | 1.05 | 1.25 | 0.99 |
| 赖氨酸 /% | 0.80 | 0.80 | 0.80 | 0.90 | 0.70 |
| （蛋氨酸 + 胱氨酸）/% | 0.60 | 0.60 | 0.60 | 0.65 | 0.84 |
| 苯丙氨酸 /% | 1.20 | 1.20 | 1.20 | 1.40 | 1.13 |
| 苏氨酸 /% | 0.55 | 0.55 | 0.55 | 0.70 | 0.52 |
| 色氨酸 /% | 0.20 | 0.20 | 0.20 | 0.22 | 0.19 |
| 缬氨酸 /% | 0.70 | 0.70 | 0.70 | 0.85 | 0.66 |
| 钙 /% | 0.50 | 0.50 | 0.80 | 1.10 | 0.45 |
| 磷 /% | 0.30 | 0.30 | 0.50 | 0.80 | 0.25 |

续表

| | 饲养阶段 | | | | |
|---|---|---|---|---|---|
| | 幼兔<br>（18～40日龄） | 生长兔<br>（>41日龄） | 妊娠母兔<br>（成年） | 哺乳母兔<br>（成年） | 产毛兔<br>（成年） |
| 钠/% | 0.40 | 0.40 | 0.40 | 0.40 | 0.40 |
| 氯/% | 0.40 | 0.40 | 0.40 | 0.40 | 0.40 |
| 镁/% | 0.03 | 0.03 | 0.04 | 0.04 | 0.03 |
| 钾/% | 0.80 | 0.80 | 0.90 | 0.90 | 0.80 |
| 钴/mg | 1 | 1 | 1 | 1 | 1 |
| 铜/mg | 10 | 10 | 10 | 10 | 25 |
| 碘/mg | 1 | 1 | 1 | 1 | 1 |
| 铁/mg | 50 | 50 | 50 | 50 | 25 |
| 锰/mg | 15 | 15 | 15 | 15 | 15 |
| 硒/mg | 0.10 | 0.10 | 0.10 | 0.10 | 0.10 |
| 锌/mg | 50 | 50 | 70 | 70 | 25 |
| 维生素A/IU | 6 000 | 6 000 | 10 000 | 12 000 | 6 000 |
| 维生素E/IU | 30 | 30 | 50 | 50 | 30 |
| 维生素K（甲基萘醌）/mg | 1 | 1 | 1 | 1 | 1 |
| 硫胺素/mg | 1 | 0.5 | 0 | 0.2 | 0 |
| 核黄素/mg | 4 | 3 | 0 | 1 | 0 |
| 泛酸/mg | 20 | 20 | 20 | 20 | 20 |
| 维生素$B_6$/mg | 2 | 1.5 | 0 | 0.4 | 0 |
| 维生素$B_{12}$/mg | 0.02 | 0.01 | 0.01 | 0.01 | 0.01 |
| 烟酸/mg | 50 | 50 | 50 | 50 | 50 |
| 叶酸/mg | 0.5 | 0.3 | 0.3 | 0.3 | 0.3 |
| 生物素/mg | 0.1 | 0.1 | 0.1 | 0.1 | 0.1 |
| 胆碱/g | 1 | 1 | 1 | 1 | 1 |

资料来源：NRC，1997；张力等，1997。

1岁龄以上家兔由于大肠消化已基本发育完善，在饲粮里可添加1%尿素以补充饲粮的粗蛋白含量。家兔是草食动物，饲粮中的玉米籽实含量不宜超过20%，但家兔对粗纤维的利用性也较差，饲粮的粗饲料应以苜蓿干草或青干草为主，不宜以玉米秸秆、稻草或麦秸等难消化的蒿秆为主要粗饲料。饲喂仔幼兔的粉料如果加2%～3%饲料酵母，就不需要再另行添加B族维生素。

不同品种或用途的家兔对饲料营养物质的消化率差异不大。

## 第二节　麝香鼠的饲养管理

麝香鼠原产于北美，又称麝鼠或水老鼠，20世纪40年代顺河流从苏联进入我国新疆伊犁和黑龙江地区，目前麝香鼠野生和人工养殖两种生产方式并存。饲养麝香鼠的主要产品为麝鼠香、皮张和肉品。麝鼠香在春夏和初秋采集；皮张在冬季（灌白醋呛死后）制备；

肉用麝香鼠在 90 日龄宰杀。由于麝鼠香对心血管系统的药理作用和可能的抗衰老作用，麝香鼠养殖可能会有较大发展。

麝香鼠好打斗，特别是在春夏发情期，雄鼠更加凶猛，一般需配对笼养。鼠笼主要包括采食区、休息区和水池三部分。麝香鼠每年繁育 2～4 胎，麝香鼠的配种和繁育不需要人工干预，母鼠在产仔后一般不外出，主要在窝内哺育后代，只是在需要洗洁时短时出窝，而公鼠则在窝外站岗放哨和给母鼠找寻食物，不过如果公鼠贪玩没有给母鼠提供食物，母鼠也会自行出窝觅食。仔鼠约 20 日龄开始采食，30 日龄即可离开母鼠，集群生活到 80 日龄，之后则单独饲养或屠宰。

麝香鼠饲粮也需有粗纤维，但粗纤维影响饲粮的粗蛋白消化率，目前可暂时参照家兔的营养需要，将成年鼠饲粮的粗纤维含量控制在 12%～15%。

软粪是麝香鼠的重要营养来源，如表 15-3 所示，软粪提供的可消化营养物质占麝香鼠总消化量的 14%～37%，其中有机物约占 1/4，粗蛋白约占 1/3。

表 15-3　麝香鼠软粪提供的可消化营养（每鼠每日）

| 营养成分 | 自由采食量 | 总可消化量 | 其中软粪消化量 | （软粪／总可消化量）/% |
|---|---|---|---|---|
| 干物质 /g | 51.76±0.30 | 28.63±0.50 | 7.31±0.09 | 25.5±0.3 |
| 有机物 /g | 48.54±0.28 | 27.10±0.64 | 6.72±0.15 | 24.8±0.4 |
| 粗蛋白 /g | 11.27±0.25 | 6.41±0.45 | 2.10±0.06 | 32.9±1.3 |
| 能量 /J | 735.2±25.3 | 404.5±25.3 | 105.5±2.2 | 26.1±1.1 |
| 钙 /mg | 436.6±39.2 | 247.6±23.3 | 33.9±1.9 | 13.7±0.1 |
| 磷 /mg | 238.0±23.4 | 132.7±15.6 | 49.3±5.0 | 37.1±1.0 |
| 总氨基酸 /mg | — | — | 343.9±45.3 | — |
| 赖氨酸 /mg | — | — | 19.3±1.9 | — |
| 蛋氨酸 /mg | — | — | 20.9±4.4 | — |

资料来源：谢文龙，2021。

注：麝香鼠（雄）体重约 1.4 kg。软粪产量 8.2 g/（只·日）（干物质计）。

关于麝香鼠营养代谢的研究较少，表 15-4 是推荐的麝香鼠混合精料的营养水平（另外还需补饲青绿饲料），成年鼠每鼠每日饲粮的自由采食量约为 50 g。

表 15-4　麝香鼠混合精料的营养水平

| 营养成分 | 育成期 | 繁殖期 | 越冬期 |
|---|---|---|---|
| 粗蛋白 /% | 16.55 | 15～17 | 11.7 |
| 代谢能[①] /MJ/kg | 11.8 | 12.7 | 11.8 |
| 粗脂肪 /% | | 4.7 | 4.1 |
| 粗纤维 /% | | 3.5 | 3.5 |

资料来源：陈玉山，1998。

注：需每日额外喂给蔬菜、胡萝卜等。

①代谢能按 0.74× 总能计算。

表 15-5 为某麝香鼠饲养场参照家兔营养需要配制的饲粮验方，并在饲喂时辅以青绿饲料，可供在生产中试用。麝香鼠是否需要维生素 D 尚有待于研究。

表 15-5 麝香鼠的饲粮配方（干物质计）

| | 原料 | 仔鼠（20～60 日龄） | 仔鼠（61～120 日龄） | 成鼠（＞120 日龄） | 哺乳母鼠 |
|---|---|---|---|---|---|
| 饲料配方 | 优质苜蓿青干草 /% | 22 | 30 | 40 | 45 |
| | 玉米 /% | 22 | 22 | 20 | 20 |
| | 炒熟或膨化大豆 /% | 20 | 15.5 | 13.5 | 23.5 |
| | 麸皮 /% | 26 | 24 | 20 | 3 |
| | 棉仁粕 /% | 3 | 2.5 | 2 | 3.5 |
| | 菜籽粕 /% | 2 | 2 | 2 | 2 |
| | 饲料酵母 /% | 2.3 | 1.8 | 1.0 | 1.0 |
| | 石粉 /% | 1.55 | 1.15 | 0.55 | 0.85 |
| | 食盐 /% | 0.5 | 0.5 | 0.5 | 0.5 |
| | 甜菜碱 /% | 0.4 | 0.3 | 0.2 | 0.4 |
| | （微量元素 / 维生素添加剂）/% | 0.25 | 0.25 | 0.25 | 0.25 |
| | 合计 /% | 100 | 100 | 100 | 100 |
| 饲粮的主要营养素 | 消化能 /（MJ/kg） | 11.5 | 11.5 | 11.5 | 12.5 |
| | 粗蛋白 /% | 17 | 16 | 16 | 18 |
| | 粗纤维 /% | 12 | 14 | 16 | 16 |
| | 钙 /% | 0.8 | 0.7 | 0.5 | 1.2 |
| | 磷 /% | 0.5 | 0.4 | 0.3 | 0.8 |

注：①玉米、炒熟或膨化大豆、棉仁粕和菜籽粕制粒前要先粗粉碎。
②优质苜蓿青干草质量控制标准为粗纤维≤32%。
③微量元素 / 维生素添加剂见表 15-2 家兔的营养需要。
④消化能参照家兔饲料消化率计算。
⑤需补饲鲜苜蓿、胡萝卜等青绿饲料。
⑥自由采食，自由饮水。

麝香鼠饲料可为颗粒料，或加水混匀捏成窝头状，蒸熟后饲喂。除饲喂饲粮外，还需补充青绿饲料，暖季可补饲鲜苜蓿草等，冷季可补饲胡萝卜、包心菜等 [ 占采食量的 10% 以内（干物质计）]。

# 第十六章

# 犬、猫的饲养管理

犬俗称狗，主要作为宠物（伴侣动物）和工作犬（放牧、格斗、搜寻、导盲等）使用，猫作为主要宠物，其饲养管理的原则与奶牛生产、肉鸡生产等不同，应是保证犬或猫的健康和胜任所承担的工作，以及在此基础上降低饲养成本。

## 第一节　犬的消化与营养特点

犬虽属食肉目，但经过人类几万年的驯化，已演化为杂食动物，尽管在犬身上还保留着胃酸强、肠道较短、撕咬能力强等食肉动物的痕迹。

犬除对肉类有较高的消化率（＞90%）外，对植物蛋白也有较强的消化能力（80%～85%），而且对脂肪的消化率也很高（＞90%），但对纤维素的消化率较低（5%～25%）。犬几乎不具备消化生淀粉的能力，但加热（包括挤压膨化）后的淀粉即可很好地被消化利用。当犬饲粮中的淀粉含量达到65%～75%时，仍可消化吸收得很好（消化率70%）。但如果将生淀粉原料以较大比例直接加入饲粮中的话，犬就会因消化不良而腹泻。因此，从总体看，犬的食性或食物源与杂食的猪基本相似，除淀粉必须要加热后食用外。

犬肠道乳糖酶的活性有限，故犬饲粮中的乳糖含量不宜超过5%，否则会引起腹泻。

尽管犬对纤维素的利用性低，不能作为犬的能量物质，但纤维素对于维持肠道健康仍是必需的，因此犬饲粮的粗纤维含量需控制在4%～6%，不宜过低。

犬的消化与营养不同于其他家畜的另一个原因是年龄，一般肉用动物在幼年时即被宰杀，而犬由于各种原因饲养期较长，老年性是犬消化和营养的特点之一。犬的寿命为16～18年，故一般认为1岁龄犬的发育阶段已相当于人的18岁。因此，人类一般的老年基础性疾病在犬上都会发生，如糖尿病、痛风等，所以对犬的饲养管理要求较高。

## 第二节　犬的营养需要和营养代谢病

### 一、犬的营养需要

犬的能量需要由于其生理状态（年龄、哺乳、被毛、活动量）、个体差异和环境等的不同有较大不同，因此对于能量需要只能列出基本的维持能量需要，在饲喂中需根据实际情况适量增减饲粮的能量含量。但无论宠物犬还是工作犬，都不宜过瘦，更不宜肥胖。研究表明，犬（比格犬）消化能转换为代谢能的效率为93%，虽然有关犬类对各种饲料的消化率资料较少，但某些试验表明犬对一般饲粮的能量消化率约为 70%。测定的不同品种成年犬的维持代谢能为每日 $400\sim592$ kJ$/W^{0.75}$。也有研究认为犬的静息能量需要 RER（kJ）= $292.88\times$ 代谢体重（B$W^{0.75}$），不同生活状态犬的维持能量需要可以在此基础上进行测算。表 16-1 列出了不同生活状态下的维持能量需要，可供在实际应用中参考。

表 16-1　不同生活状态犬的维持能量需要

| 犬生活状态 | 静息能量需要倍数 ×RER[①] | 维持净能需要 /（kJ/ 日）净能 ×B$W^{0.75}$ | 消化能需要 /（kJ/ 日）消化能[②] ×B$W^{0.75}$ |
|---|---|---|---|
| 绝育成年犬 | 1.6 | 468.6 | 719.8 |
| 未绝育成年犬 | 1.8 | 527.2 | 809.8 |
| 不活泼 / 肥胖倾向犬 | 1.4 | 410.0 | 629.8 |
| 减肥犬 | 1.0 | 292.9 | 449.9 |
| 工作犬 | 2～8 | 585.8～2343.0 | 899.8～3599.1 |
| 怀孕犬，头 42 天 | 1.8 | 527.2 | 809.8 |
| 怀孕犬，最后 21 天 | 3 | 878.6 | 1349.6 |
| 哺乳犬 | 3～6 | 878.6～1757.3 | 1349.6～2699.4 |
| 生长犬（至 6 月龄） | 2～3 | 585.8～878.6 | 899.8～1349.6 |

资料来源：朱心怡等，2017。

注：① RER：静息能量需要，RER=$292.88\times$ 代谢体重（B$W^{0.75}$）。

② 消化能 = 维持能量需要 ÷0.93（消化能转化效率）÷0.70（消化能消化率）。

犬饲粮的粗蛋白含量一般为 18%～22%，在维持期较低，在哺乳期和生长期较高。蛋氨酸、赖氨酸、色氨酸、苏氨酸、精氨酸等均为必需氨基酸，但在犬的饲粮中牛磺酸是非必需的。

在人工饲喂的条件下，犬的维生素和微量元素营养很重要，犬只常常会由于缺乏某一成分出现疾患。

表 16-2 是一般犬只的营养需要表，其能量和粗蛋白需要量均需据犬只的实际情况进行调整，特别是能量营养，要根据动物的体重和体况进行调整。一般犬粮的淀粉类饲料占 65%～75%，脂肪占 4%～12%。犬粮中常添加玉米油，可使犬毛色光亮。

表 16-2　一般犬只的营养需要（饲粮干物质计）

| 营养成分 | 维持需要 | 生长需要 |
|---|---|---|
| 消化能 /（MJ/kg） | >14.0 | >14.0 |
| 粗纤维 /% | 6 | 3 |
| 粗蛋白 /% | 18 | 22 |
| 精氨酸 /g | 0.30 | 0.50 |
| 组氨酸 /g | 0.14 | 0.18 |
| 异亮氨酸 /g | 0.30 | 0.36 |
| 亮氨酸 /g | 0.48 | 0.58 |
| 赖氨酸 /g | 0.31 | 0.51 |
| （蛋氨酸 + 胱氨酸）/g | 0.19 | 0.39 |
| （苯丙氨酸 + 酪氨酸）/g | 0.54 | 0.72 |
| 苏氨酸 /g | 0.30 | 0.47 |

续表

| 营养成分 | 维持需要 | 生长需要 |
| --- | --- | --- |
| 色氨酸 /g | 0.10 | 0.15 |
| 缬氨酸 /g | 0.30 | 0.40 |
| 钙 /% | 0.6 | 1.0 |
| 磷 /% | 0.5 | 0.8 |
| 钠 /% | 0.3 | 0.3 |
| 氯 /% | 0.45 | 0.45 |
| 镁 /% | 0.04 | 0.04 |
| 钾 /% | 0.6 | 0.6 |
| 铜 /mg | 7.3 | 7.3 |
| 碘 /mg | 1.5 | 1.5 |
| 铁 /mg | 80.0 | 80.0 |
| 锰 /mg | 5.0 | 5.0 |
| 硒 /mg | 0.11 | 0.11 |
| 锌 /mg | 120.0 | 120.0 |
| 维生素 A/IU | 5000 | 5000 |
| 维生素 E/IU | 50 | 50 |
| 维生素 D/IU | 500 | 500 |
| 硫胺素 /mg | 1.0 | 1.0 |
| 核黄素 /mg | 2.2 | 2.2 |
| 泛酸 /mg | 10.0 | 10.0 |
| 烟酸 /mg | 11.4 | 11.4 |
| 维生素 $B_6$/mg | 1.0 | 1.0 |
| 叶酸 /mg | 0.18 | 0.18 |
| 维生素 $B_{12}$/mg | 0.022 | 0.022 |
| 生物素 /mg | 0.1 | 0.1 |
| 胆碱 /mg | 1200 | 1200 |

资料来源：NRC，1985；吴艳波等，2012；陈志敏等，2014。

## 二、犬的营养代谢病

### 1. 尿结石

犬尿结石可发生于肾、膀胱和尿道部位，结石的主要成分为草酸钙、磷酸钙、尿酸铵等。犬肾结石没有腹痛、血尿等临床体征，不易发现。尿结石病因复杂，但饲粮组成无疑是重要因素。磷、钙摄入过多，蛋白质摄入过多，维生素 D 摄入过多，矿物质摄入比例不合适，维生素 $B_6$ 摄入不足等，都是尿结石的诱因。尿液 pH 不合适，也是尿结石的诱因，高蛋白饲粮时酸性尿液易形成胱氨酸尿结石；高蛋白、磷、镁饲粮时碱性尿液易形成鸟粪石尿结石。此外，饮水不足也是尿结石的诱因。因此，预防尿结石，需要调节饲粮的组成，特别是蛋白质、钙、磷等含量不宜太高，并且平时要保证犬只有足够的饮水。

### 2. 痛风

痛风是由于尿酸钠盐在动物体内，特别是在关节滑膜、软骨处结晶沉积造成的疾病，病犬精神不佳，食欲不振，关节肿胀，不能行走，卧地不起，触碰下肢时病犬甚至会疼痛嚎叫，血尿酸＞400 μmol/L。痛风的原因主要是嘌呤含量较高的如肉类、内脏、大豆等在饲粮中过多，嘌呤在体内氧化成尿酸，沉积在体内。痛风的预防主要是控制饲粮的嘌呤含量，保证饮水。治疗上，急性期可给予秋水仙碱减缓疼痛，每日两次，每次 500 mg，连续口服 5 天。病犬平时可口服别嘌醇（黄嘌呤氧化酶抑制剂）以预防痛风发作，每日两次，每次 10～50 mg。

### 3. 维生素 C 缺乏症

犬能自身合成维生素 C，但在某些状态如高温、应激、春夏换毛时易发生维生素 C 缺乏症，表现为皮肤、黏膜出血，特别是齿龈和口腔黏膜，有散在点状出血，动物精神忧郁、食欲不振，甚至死亡。因此，犬只平时需适当补充维生素 C，提倡加喂生菜和水果。

### 4. 糖尿病

糖尿病以血液葡萄糖不能进入细胞为特征，继而细胞缺乏草酰乙酸而影响柠檬酸循环，导致细胞能量（ATP）缺乏和酸中毒；血液葡萄糖浓度和渗透压升高导致细胞脱水（出现多尿、口渴），并且高浓度血糖还通过醛糖还原酶被转化为山梨醇（具细胞毒性）等。糖尿病以老年犬（＞7 岁）居多，常为 II 型，临床表现为消瘦、多饮多尿、多食，在中晚期出现酮症酸中毒（尿液呈烂苹果气味）和其他并发症。正常犬只空腹血糖＜8 mmol/L，糖尿病犬血糖常为 18 mmol/L 或更高。糖尿病的起因与年龄、饮食、肥胖、品种等有关。临床上犬只如果出现"三多一少"、空腹血糖高于正常值，基本上可确定为糖尿病。糖尿病的预防主要是限制饮食以防过胖。患病动物急性期可注射胰岛素治疗，平时需终身服药，可以给予二甲双胍 [30～40 mg/（kg 体重·日）]，每日分 2～3 次口服（加入饲粮中）；也可以终身注射胰岛素维持。糖尿病动物在饲养管理上要少喂淀粉类饲料（玉米、小麦、大米等），有条件时可添喂木糖醇 [10～30 g/（只·日）]，以减缓酸中毒。

## 第三节　猫的消化与营养特点

猫是食肉动物，但可能是被人类长期驯养的原因，猫对淀粉的消化能力与犬相近，一般猫粮中至少含有 30% 来自谷物的碳水化合物。但与犬粮一样，猫粮中的淀粉也必须预先加热，否则影响消化。猫对乳糖耐受性较差，一般不宜喂给牛奶。为保证肠道健康，猫粮中的日粮纤维含量不宜低于 3%。而肥胖猫的日粮纤维含量为 5%～25%。

与大多数动物不同，猫体内只能合成很少量的牛磺酸，不能满足自身的营养需要，缺乏牛磺酸会导致视网膜变性、视力受损、繁殖障碍、心脏异常和免疫系统受损等。猫牛磺酸的最低需要量为食物干物质量的 0.1%。猫自身由谷氨酸和脯氨酸合成精氨酸的能力也很弱，主要靠日粮提供的精氨酸来满足对鸟氨酸的需要，所以猫对食物精氨酸的缺乏非常敏感，缺乏时出现高血氨症状，如呕吐、肌肉痉挛、运动失调、昏迷或死亡等。猫粮中的精氨酸含量（干物质计）最低应在 1.04% 以上。猫不能利用胡萝卜素合成维生素 A，所以必须由饲粮直接补充。

猫的能量需要可用维持能量需求（MER）乘相应生长阶段的系数来测算，即肥胖倾向成年猫为 1.0、节育成年猫为 1.2、未节育成年猫为 1.4、活跃成年猫为 1.6。其中，MER（kJ/kg B$W^{0.75}$）=292.88×kg B$W^{0.75}$。例如，3 kg 体重活跃成年猫的能量需要为：292.88×2.2795×1.6=1068 kJ/ 日。

# 第四节　猫的营养需要

猫的营养需要见表 16-3，猫粮以肉食为主（占 70%），一般都以颗粒饲料的形式供给。但在实际生活中，也常喂给由各种肉品加工下脚料为主制成的罐头或各种营养膏。

**表 16-3　猫的营养需要**（饲粮干物质计）

| 营养成分 | 生长和繁殖（最低） | 成年维持（最低） | 最高 |
|---|---|---|---|
| 代谢能 /（MJ/kg） | 16.7 | 16.7 | 18.8 |
| 蛋白质 /% | 30 | 26 | |
| 精氨酸 /% | 1.25 | 1.04 | |
| 组氨酸 /% | 0.31 | 0.31 | |
| 异亮氨酸 /% | 0.52 | 0.52 | |
| 亮氨酸 /% | 1.25 | 1.25 | |
| 赖氨酸 /% | 1.20 | 0.83 | |
| （蛋氨酸 + 胱氨酸）/% | 1.10 | 1.10 | |
| 蛋氨酸 /% | 0.62 | 0.62 | 1.5 |
| （苯丙氨酸 + 酪氨酸）/% | 0.88 | 0.88 | |
| 苯丙氨酸 /% | 0.42 | 0.42 | |
| 牛磺酸 /% | 0.10 | 0.10 | |
| 苏氨酸 /% | 0.73 | 0.73 | |
| 色氨酸 /% | 0.25 | 0.16 | |
| 缬氨酸 /% | 0.62 | 0.62 | |
| 脂肪 /% | 9.0 | 9.0 | |
| 亚麻酸 /% | 0.5 | 0.5 | |
| 花生四烯酸 /% | 0.02 | 0.02 | |
| 钙 /% | 1.0 | 0.6 | |
| 磷 /% | 0.8 | 0.5 | |
| 钾 /% | 0.6 | 0.6 | |
| 钠 /% | 0.2 | 0.2 | |
| 氯化物 /% | 0.3 | 0.3 | |
| 镁 /% | 0.08 | 0.04 | |
| 铁 /（mg/kg） | 80 | 80 | |
| 铜 /（mg/kg） | 5.0 | 5.0 | |
| 碘 /（mg/kg） | 0.35 | 0.35 | |

续表

| 营养成分 | 生长和繁殖（最低） | 成年维持（最低） | 最高 |
|---|---|---|---|
| 锌 /（mg/kg） | 75 | 75 | |
| 锰 /（mg/kg） | 7.5 | 7.5 | |
| 硒 /（mg/kg） | 0.1 | 0.1 | |
| 维生素 A/（IU/kg） | 9 000 | 5 000 | 750 000 |
| 维生素 D/（IU/kg） | 750 | 500 | 10 000 |
| 维生素 E/（IU/kg） | 30 | 30 | |
| 维生素 K/（mg/kg） | 0.1 | 0.1 | |
| 硫胺素 /（mg/kg） | 5.0 | 5.0 | |
| 核黄素 /（mg/kg） | 4.0 | 4.0 | |
| 吡哆醇 /（mg/kg） | 4.0 | 4.0 | |
| 烟酸 /（mg/kg） | 60 | 60 | |
| 泛酸 /（mg/kg） | 5.0 | 5.0 | |
| 叶酸 /（mg/kg） | 0.8 | 0.8 | |
| 生物素 /（mg/kg） | 0.07 | 0.07 | |
| 维生素 $B_{12}$/（mg/kg） | 0.02 | 0.02 | |
| 胆碱 /（mg/kg） | 2 400 | 2 400 | |

资料来源：陈志敏等，2012。

饲养猫需要给予足够的清洁饮水。食盘要固定、洁净。

第十七章

# 马的饲养管理

马过去主要是役用和军事用，现主要用于娱乐，特别是速度赛马，但也用于骑乘、孕马血清和孕马尿（含马绒毛膜上皮促性腺激素）原料及马奶生产等。有些地区有食用马肉的习惯，但在逐渐淡化。

马匹生产一直以放牧为主，但随着赛马的兴起和宠物马的饲养，全舍饲已逐渐成为马匹饲养的重要方式之一。竞赛马和宠物马的价值并非以体重论，因此对其饲养管理一般意义上的经济效益并不是养马的首选考虑问题，而是健康或运动性能等。

## 第一节　马的消化特点

马的消化特点是大肠发达，成年马结肠、盲肠容积约为 120 L，约占消化道总容积的 60%，是微生物消化的主要场所。驴、骡为马属动物，其消化与营养特性与马相似。

马对饲料中淀粉的消化率可达 95% 以上，对纤维类物质的消化率为 40%～50%。马的饲粮要求中性洗涤纤维含量至少要达到 25%。高生产性能马饲粮中的淀粉含量要求为 32%～36%。马对饲粮脂肪的消化率较低，仅为牛羊的 50%～70%。马饲粮的脂肪含量一般为 8%～20%。表 17-1 为马属动物对几种常见饲料的消化能。

**表 17-1　马属动物对几种常见饲料的消化能**（干物质计）

| | 梯牧草干草 | 紫花苜蓿鲜草 | 麦秆 | 燕麦 | 玉米 | 大麦 | 糖蜜 | 甜菜渣 |
|---|---|---|---|---|---|---|---|---|
| 消化能 /（MJ/kg） | 7.40 | 8.65 | 6.19 | 12.00 | 14.71 | 13.06 | 10.27 | 10.86 |

资料来源：Pagan，1999。

## 第二节　马的营养需要

NRC（1989，2007）等推荐的马的营养需要见表 17-2。成年马饲粮中的粗饲料要求至少占 1/3。

**表 17-2　马的营养需要**（干物质计）

| | 维持 | 妊娠母马 | 泌乳母马[①] | 役用 | 断奶马驹（6 月龄） | 1 岁马 | 2 岁马 |
|---|---|---|---|---|---|---|---|
| 体重 /kg | 500 | — | — | 500 | 230 | 325 | 450 |
| 预计采食 DM/（kg/ 日） | 7.5 | 7.4 | 9.4～10.1 | — | 5.0 | 6.0 | 6.6 |

续表

| | 维持 | 妊娠母马 | 泌乳母马[①] | 役用 | 断奶马驹（6 月龄） | 1 岁马 | 2 岁马 |
|---|---|---|---|---|---|---|---|
| 精料：干草 | 3：7 | 2：8～3：7 | 3.5：6.5～5：5 | 3.5：6.5～6.5：3.5 | 7：3 | 6：4～5：5 | 3.5：6.5 |
| 蛋白质 /% | 9.6 | 10.0～10.6 | 11.0～13.2 | 9.8～11.4 | 14.5 | 12.6 | 10.4～11.3 |
| 赖氨酸 /% | 0.34 | 0.35～0.37 | 0.37～0.46 | 0.35～0.40 | 0.65 | 0.65 | 0.42～0.45 |
| 代谢能 / (MJ/kg) | 10.04 | 9.41～10.04 | 10.25～10.88 | 10.25～10.88 | 12.13 | 11.72 | 10.25～11.09 |
| 钙 /% | 0.29 | 0.43～0.45 | 0.36～0.52 | 0.30～0.35 | 0.56～0.68 | 0.43～0.45 | 0.31～0.34 |
| 磷 /% | 0.21 | 0.32～0.34 | 0.22～0.34 | 0.22～0.25 | 0.31～0.38 | 0.24～0.25 | 0.17～0.20 |
| 镁 /% | 0.11 | 0.10～0.11 | 0.09～0.10 | 0.11～0.13 | 0.08 | 0.08 | 0.09～0.10 |
| 钾 /% | 0.36 | 0.36～0.38 | 0.33～0.42 | 0.37～0.43 | 0.3 | 0.3 | 0.30～0.32 |
| 钠 /% | 0.1 | 0.1 | 0.1 | 0.3 | 0.1 | 0.1 | 0.1 |
| 硫 /% | 0.15 | 0.15 | 0.15 | 0.15 | 0.15 | 0.15 | 0.15 |
| 钴 / (mg/kg) | 0.1 | 0.1 | 0.1 | 0.1 | 0.1 | 0.1 | 0.1 |
| 铜 / (mg/kg) | 10 | 10 | 10 | 10 | 10 | 10 | 10 |
| 碘 / (mg/kg) | 0.1 | 0.1 | 0.1 | 0.1 | 0.1 | 0.1 | 0.1 |
| 铁 / (mg/kg) | 40 | 50 | 50 | 40 | 50 | 50 | 50 |
| 锰 / (mg/kg) | 40 | 40 | 40 | 40 | 40 | 40 | 40 |
| 硒 / (mg/kg) | 0.1 | 0.1 | 0.1 | 0.1 | 0.1 | 0.1 | 0.1 |
| 锌 / (mg/kg) | 40 | 40 | 40 | 40 | 40 | 40 | 40 |
| 维生素 A/ (IU/kg) | 2000 | 3000 | 3000 | 2000 | 2000 | 2000 | 2000 |
| 维生素 E/ (IU/kg) | 50 | 80 | 80 | 80 | 80 | 80 | 80 |
| 维生素 $B_1$/ (mg/kg) | 3 | 3 | 3 | 5 | 3 | 3 | 3 |
| 维生素 $B_2$/ (mg/kg) | 2 | 2 | 2 | 2 | 2 | 2 | 2 |

资料来源：NRC，1989；2007。

注：①母马日产奶量 10～15 kg，体重不变。

赛马饲粮中常加入较多燕麦，因燕麦中含有较多色氨酸，在体内可转化为神经递质五羟色胺，有利于稳定马匹情绪。

# 第四篇

# 动物营养研究方法

有关动物营养的知识都是由生产经验和试验而来的，但试验是主要途径，因此，动物营养研究方法至关重要。本篇主要介绍动物营养（包括饲料评价等）研究中常用的试验方法和试验设计等，供读者参考。

# 第十八章

# 动物营养研究概述

## 第一节  试 验 设 计

动物营养研究绝大多数都是对照试验，即通过比较得出结论。如果试验只有一组数据而没有参照，则很难说明处理的效果或数值的高低。即使是对绝对数值的研究，如饲料原料的消化率、某品种动物的日增重等，也需要设置对照。

对照的设置多种多样，如分组对照、分期对照、正对照、负对照、配对对照等，依试验目的和条件而定，如不同品种动物间的比较、不同年龄动物间的比较、不同饲粮（添加剂）之间的比较等。但在某些试验中，不可或缺"基本"的对照，如在添加剂效果试验中，必须要有"0"添加对照，如果缺乏"0"对照，而只是几种或几个添加剂剂量之间的效果比较，所得结果的学术和应用意义都会大打折扣。

对照有时需要设置一个以上。例如，研究添喂赖氨酸对绵羊消化代谢的影响时，除设置无添喂组外，还要设置同等氮量的尿素添喂组，以搞清楚添喂的赖氨酸是否有作为非蛋白氮以外的作用；研究杂交后代的生长性能，不仅要有母系品种的对照设计，还要有父系品种的对照设计，才能说明杂交对后代生长性能是否有影响。而在双因子试验设计中，两个因子都需要有对照组，一个都不能省略，否则在后续的数据分析和结果解释时将会很被动。

大部分试验最好采用单因子设计，即每个试验只研究一个因素对试验结果的影响，而不要设置太多的变量，以免导致试验规模偏大，每个处理的样本数偏少，对试验结果解释不清等。

任何试验设计，都要以相关文献和预试验结果为前提，万不可以"拍脑袋"来制定试验设计。要对拟研究内容的关键问题、关键方法进行初步的试探（预试验），看看方法行不行，初步结果（如采食量）是否有苗头，特别是剂量（浓度）是否合适等，再继续进行试验。

自由采食还是限饲，是动物营养研究中必须注意的问题。有很多饲养调控方法或添加剂能提高动物的生产性能，都是由于消化和营养供应的改善，而这主要表现在提高饲粮消化率和自由采食量两个方面，特别是在后者，但如果试验设计的饲喂方式是限饲，对采食的促进作用就会无法表现出来。因此，绝大多数动物营养试验需要采用自由采食的饲喂方法。

## 第二节  测 定 指 标

一般动物营养研究最基本的指标包括日增重和采食量。日增重就是测定动物在一定试验期内（一般至少 2 周）体重的变化，再取平均数；采食量就是测定动物每天采食饲粮的多少（也是取几天的平均数），通过日增重和采食量指标可以初步判定动物的营养状态和营养供应。并且以上两项指标还可以合并考察，即每增加 1 kg 体重所消耗的饲粮重量，即耗料/体增重。与此相似的研究指标还包括耗料量/产蛋量、耗料量/产奶量、耗料量/产毛量等。

然而，要比较确切地考察动物的消化代谢状况，仅用以上两项指标还远远不够，常常需要测定动物采食了多少营养素、从粪里排出了多少、消化（吸收）了多少、从尿里或呼吸气里排出了多少等，因此，还需要有其他的相应测定指标。例如，研究纤维素营养，要测定纤维素的采食量、纤维素的消化量（采食量－粪中的量）；研究氮素消化代谢，要测定食入氮量、（表观）消化吸收氮量（食入氮－粪中的氮），测定尿中的氮量（代谢氮），并且通过测算估计在动物体内沉积的氮量（食入氮－粪氮－尿氮）（未包括脱落的毛发及脱落皮肤细胞中的氮）；而碳素代谢，还要测定从呼吸气中排出的碳量（$CO_2$）。只测定动物采食量、粪量和尿量（及其中的营养素量）的消化代谢试验是较为常用和简单的动物营养试验，可以给出许多关于动物营养和所喂饲粮（或添加剂）作用的信息。

饲粮的消化也可以通过瘘管技术进行分段研究。例如，通过瘤胃瘘管，可以研究营养物质在瘤胃里的消化代谢；同时制备小肠和空肠瘘管，测定到达小肠和离开空肠的营养物质量，就可以估算出小肠营养物质的（表观）消化吸收量。

营养素经消化吸收进入动物体内后的代谢及其影响，可以通过测定动物血液指标来进行评估，如血浆赖氨酸、尿素氮含量等；也可以通过（整体、某些器官的）静脉灌注测定某营养素对代谢的影响；还可以采取动物的某些组织进行转录组或代谢组分析，以判断营养素或营养措施的作用等。

营养研究也可以"体外"技术进行。例如，在体外测定胃蛋白酶消化饲料蛋白质的速率，以比较不同饲料蛋白质的可消化性；测定粗饲料在人工瘤胃中的产气量，以比较不同粗饲料在瘤胃里的降解程度等。

然而，从产肉性能的角度看，屠宰试验有特别重要的意义。屠宰试验是将动物宰杀，测定其胴体和不同组织的重量、组成，甚至某些成分（如干物质、粗蛋白、氨基酸等）的含量。屠宰试验成本高、时间长（包括饲喂期），但是结果确实可靠。凡是对动物生产（指产肉性能）具有重要作用或拟向生产推广的技术或方法，原则上都必须要有屠宰试验的结果为佐证。

动物营养研究的指标多种多样。在实际应用中，测定的指标往往需要多管齐下，互为印证，仅用一个或两个指标来说明问题，说服力往往不够。特别是要注意试验研究一般不宜缺乏与生产实际相关联的指标，如自由采食量、表观消化率、体重、胴体重、产奶量、产蛋量等。

# 第三节　试验动物

试验动物在一定程度上决定了试验的结果，因此要根据试验的目的要求选择适宜的动物进行试验。试验动物选取的基本要求是齐同性，即动物的年龄、品种、性别、体重、产奶胎次、产奶量，甚至神经类型等都要一致，以保证试验结果的一致性和可靠性。

从动物生长的角度看，动物的年龄（日龄）是最重要的考虑因素。任何动物都有生长期，在生长期的动物具有较强的生长势，只要提供充足和全面的营养，动物就可以迅速生长，因此研究饲粮的营养价值或添加剂作用等，最好选用处于生长期的动物。如果选用非生长期或老年动物，动物的生长势较弱，营养对生长（体增重、氮保留等）的促进作用则会大大降低。同样的品种、性别和体膘状况，同样的饲粮和同样的饲养管理条件下，老龄动物的氮保留率要比幼年动物的低得多。生长速度较快动物的日龄参考上限，猪为 180 日龄，牛为 400 日龄，肉鸡为 50 日龄，肉羊为 240 日龄。年幼动物虽然生长快，但其消化功能的发育尚不完善，对饲料的消化率也不是最高，而且也不一定稳定，因此，测定饲料（饲粮）的消化率时，一般都用成年动物。年龄（日龄）也是动物肉品质的重要决定因素，成年动物的肉品质一般不如幼年动物的，这也是对产肉动物要求注重日龄的原因之一。

品种也是试验结果的重要决定因素。在一般动物营养试验中，要求对照组和试验组的品种要一致。有的试验研究不同品种（或杂交组合）的营养特点（或营养需要），则更需要考虑试验动物的品种特征。动物的品种一般都根据动物的外表、来源等确定，目前还较少有用 DNA 指纹图谱来确定的。

在动物营养试验中需要注意动物的性别区别，一般都用同性别动物进行试验，也有雌雄不分或雌雄各半的试验设计，这种试验的结果可能会引起争议，特别是在成年动物，因此最好不要这样设计。母畜的发情周期可能会影响采食量和机体代谢；雄性动物因争斗性强，特别是在发情季节，管理难度可能较大。有些试验以阉割的雄性动物（羯羊、阉牛、阉鸡等）进行基础性营养或消化研究，结果会相对一致些。

动物的营养状况或称"前营养状况"也是影响试验结果的重要决定因素之一。饲喂同样的日粮，营养不良的瘦弱动物对营养分的利用率较高，体增重较快，而营养状况良好的动物对营养分的利用率则相对较低，体增重较慢或不增重。在氮代谢上也是一样，对于同样的饲粮或添加剂，动物氮保留的多少除与年龄相关外，体况也是重要的决定因素。动物营养试验一般都有 2～3 周的预试期，其原因之一就是提高试验动物营养状况的齐同性。

动物营养试验需要足够的样本数，从而使结果在统计学上有意义（差异显著）。有些研究的处理结果达不到显著水平，有可能是试验动物的样本数（$n$）不够造成的。猪、羊、牛等一般（每个处理的）下限数为 4，如果是重要的成果或拟发表于要求较高的刊物，则需要有 8 头（只）以上的试验动物。牛由于动物个体较大、试验较困难或经费问题，有的试验（特别是屠宰试验）每个处理只有 1 头或 2 头牛的数据，多者 3 头，则一般投稿都很难被接受。而对于体格较小的动物，如大鼠、小鼠、鸡、兔等，样本数则需要更多些。

# 第四节 瘘管动物

在动物消化管（器官）或血管等处所开的引流口，称为瘘管（fistula，不影响内容物通过）或插管（cannula，内容物必须流经才可通过），但以上二词经常混用，区分不十分严格。在动物营养研究中常见的有唾液插管、胃瘘管、肠道插管或瘘管、胆管插管、肝门静脉插管、颈静脉插管、动脉插管等。瘘管动物试验能否成功的要点是瘘管（插管）动物的护理，以保证在试验期间不出事故。

# 一、瘤胃瘘管动物

瘤胃瘘管法是反刍动物营养研究中最常用的方法之一，主要用于获取或动态获取瘤胃液等。装置瘤胃瘘管的部位在羊的左侧最后一根肋骨与髋结节连线的中间部位，在腰椎横突下方 5～7 cm 处；或在牛的左侧最后一根肋骨至髋结节水平中线的中点，向下垂直 7～10 cm 处。在进行瘘管手术时，需注意切口不可过低，以保证瘘管口朝上，否则在后期容易漏出瘤胃液；并且在缝合皮肤时，上下两端的缝合口（线）要紧靠瘘管，否则易形成三角形而非圆形瘤胃瘘管口，在后期也易造成瘤胃液外漏，护理困难。瘤胃瘘管口的直径根据研究需要而定，用于取瘤胃液的直径 3～5 cm 即可，而放置尼龙袋的瘘管要能方便地放入和取出尼龙袋（取出时袋子会因浸泡而膨胀），一般尼龙袋是多个一起绑在架子上放入和取出的，而且底部还会有挂坠重物，因此瘤胃瘘管口的直径要足够大。瘘管材料质地多为乳胶或塑料，一般可用市售洗浴盆底部的塑料接口，将中间的十字交叉锯掉即可作为瘤胃瘘管使用。瘘管的盖子最好是螺旋的，但也可用橡皮塞。

# 二、（皱）胃瘘管动物

给猪、牛、羊等动物都可安装胃或皱胃瘘管，手术方法（过程）与装置的瘘管与瘤胃瘘管的相似。以羊为例，切口在右侧肋弓与肘关节交点离肋弓 2～3 cm 处平行切开，切口长约 6 cm。将皱胃牵引出后，在胃的后端选择血管少的区域（距幽门 4～5 cm 处）装置瘘管。手术时一定要找准切口的天然位置，以防皱胃术后变位。皱胃瘘管偏于朝下，由于重力的作用容易脱落或翻出，因此需用带松紧的腹带过背兜住瘘管，并在皱胃瘘管处的腹带中间开一条缝，使瘘管穿出腹带，以套住和固定瘘管，在瘘管表面再用带暗扣的布盖护住，使其易于管理和取样。如果皱胃瘘管脱落，皱胃外翻，则需及时将动物倒置将皱胃塞回去，重新固定瘘管和处理创口，并同时灌服 1%～2% 的食盐液体 0.5～1 L（羊）。

通过（皱）胃瘘管可以获得食糜，分析食糜的成分、内源或外源标记物的含量，可以计算瘤胃消化率、微生物蛋白质产量等，但为了获得有代表性的食糜，一般都是每日多点取样，最后混合为一天的（代表）样品。另外，也可以通过皱胃瘘管灌注氨基酸、葡萄糖等物质或标记物，研究对机体代谢的影响；也可以投入尼龙袋以研究饲料等在小肠、大肠的消化等。

# 三、小肠（前端）- 回肠双瘘管动物

小肠（前端）- 回肠双瘘管研究法就是同时在动物的小肠和回肠装置瘘管，取小肠和回肠食糜样品分析，以测定小肠营养素的（表观）消化吸收量，此方法适用于牛、羊、猪、鸡等。

以绵羊为例，装置小肠前端瘘管的手术切口在离最后一根肋骨后缘 2 指处，作垂直向下切口，长约 5 cm。十二指肠、回肠瘘管相同，均由三部分组成，即 T 形瘘管、瘘管垫片（2 个：内片和外片）、瘘管盖（图 18-1）。T 形瘘管制作：先将直径为 60 mm 的尼龙棒（乙烯基塑料）截为若干根长 70 mm 的短棒，用车床在尼龙棒中心加工成内径 10.8 mm 的空心圆柱体，然后用铣床将两端加工成宽 11 mm，直径为 12.8 mm 的半圆体，并将半圆体的两端加工成弧状，再将剩余部分加工成中空的管状，将瘘管外面加工成螺旋。瘘管垫片：将剩余的尼龙棒用精密车床切成厚为 3 mm、外径为 36 mm、内径为 14 mm 的圆形垫片 2 个，将垫片内径加工成螺旋。为减轻重量，可在外圈和内径之间做一些圆形镂空。瘘管盖为同样材质的半通帽，内径 15 mm，并加工成内螺旋。

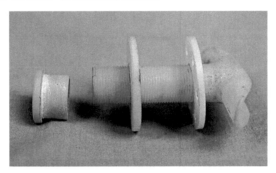

图 18-1　绵羊十二指肠和回肠瘘管

左侧为瘘管盖，右侧半圆部分置于肠管内

　　将小肠管纵向切开后置入 T 形瘘管，再围绕切口四周进行二道烟包缝合，注意不要将肠管与腹壁缝合在一起。在装置完小肠前端瘘管后寻找盲肠，其位于腹腔背侧，肠管较粗，颜色暗黑，内容物均匀黏稠，找到盲肠后，用手指轻轻牵拉，找到盲肠游离端，再反方向寻找回盲口，在距回盲口 4～5 cm 处选择少血管区装置瘘管。然后在原切口左侧离髋结节 3 指并距腰椎结节 4 指处，用手术刀作一较小的皮肤切口，引出盲肠瘘管。内垫片置于腹腔壁与肠道之间，外垫片置于创口皮肤之外。

　　回肠食糜一般通过量较少，质地较稠，取样时需有耐心。

第十九章

# 消化代谢试验、称体重与屠宰测定

## 第一节　消化代谢试验简介

消化代谢试验主要研究动物对饲粮中各种营养物质的摄入量、从粪中排出量（表观消化量）和从尿中的排出量，从而计算出在体内的保留量（率）。经常研究的营养素为氮（粗蛋白）、钙、磷（代谢试验）和干物质、有机物、纤维物质、能量等（消化试验）。通过消化代谢试验，可以基本确定动物对饲粮的消化利用情况。消化代谢试验的工作内容除动物饲养外，主要为饲粮、粪和尿样品的收集与测定分析。

消化代谢试验中饲粮、粪、尿等样品的收集期一般为8天，至少6天，取混合样进行分析测定，以保证样品的代表性。样品收集的天数一般为偶数，因为有时动物采食会出现一天多一天少的交替现象。

## 第二节　采食量测定

动物的采食主要包括自由采食和限饲两种方式。动物的采食量并不是饲喂量，还需要减去采食后剩余的饲粮（采食量＝饲喂量－剩余量），特别是在自由采食的条件下。自由采食时，动物每天的剩料量要保持在3%～5%，不可过多，但也不可太少。

然而，动物对各种营养物的采食量并不是像上式那样简单，因为剩余的饲粮常常与饲喂饲粮的营养成分是不一样的，特别是在给牛羊饲喂粉碎的饲粮时，动物采食剩下的残余秸秆，往往比较粗硬，木质素含量较高，而粗蛋白含量较低。因此剩料不仅要分别收集，还要分别测定，才能计算出动物对某种营养素的采食量。另外，剩料中还会含有一些唾液成分，如粗蛋白。

动物的采食量一般都是以日为单位进行计算的。在采食量测定中，如前所述，一般采取动物几天的饲粮和剩料样品，将结果取平均数。

收集的饲粮和剩料要先称重记录，然后于通风处阴干至恒重后再称重记录、保存。阴干时样品需置于塑料布上，并要经常翻动以防发霉。

## 第三节　粪、尿的收集与处理保存

### 一、粪的收集与处理保存

收集动物粪尿的基本方法是消化代谢笼法，即将动物置于一个笼子里，笼子宽、长、高以能容纳动物为准，离地面 1.0～1.5 m，笼子一端有食槽和饮水设施，底部为网格化铁丝。在笼底下部有一粪尿分离装置，即一个倾角约 55° 的细铁丝网（收粪槽），两侧设铁皮挡板，前窄后宽，当粪便从笼子底部落入收粪槽时，粪便顺斜面滚下，到底部的收集盆里；而在收粪槽正下方再加一个铁皮槽（收尿槽），尿液从笼底漏下经过收粪槽落入收尿槽，流到底部的收尿盆里。消化代谢笼主要用于收集羊和兔等的粪尿，因为它们的粪便为圆颗粒状，易于滚动收集；猪粪含水量较高，形状也不利于滚动，如果使用消化代谢笼，在猪排粪后要人工辅助收集；牛由于个体较大，一般不用消化代谢笼。

猪、牛、羊、马等的粪也可以通过在肛门处挂置收粪袋来获得粪便，但一般只适用于雄性动物，雌性由于可能会有尿液污染而较少使用，并且使用时动物需要事先调教。放牧家畜也可以用收粪袋来收粪，对于母羊也可以用，因为其排尿时有后躯下蹲的姿势，因此将粪袋中下部用塑料纱网缝制，收集的粪便可以减少或排除尿液的污染。

家禽粪尿是一起排出体外的，因此要获得家禽的粪需要通过外科手术进行肛门改道，将肛门开到腹腔。但是，在家禽营养研究中较少用消化率指标而用代谢率，即将粪和尿合并收集、测定和计算，使试验过程简单化。

猪在猪舍里的排粪往往是在圈的一角，可以人工监视铲粪；奶牛试验中也可人工监视接粪或铲粪，但工作较为辛苦。

为了减少粪便收集的工作量，在对照试验中常采用部分收集法，即仅收集动物的部分粪便，通过标记物法计算动物的每天排粪量。例如，通过收集奶牛的部分粪便，测定其中木质素（内源标记物，在饲粮消化过程中不消化、不产生）含量，再测定奶牛营养素（干物质、有机物、粗蛋白等）和木质素的采食量，就可以计算出奶牛各种营养素的排出量和表观消化率。例如，如果奶牛粪便中的木质素含量为 2.68 g/kg 干物质，而饲粮的木质素含量为 1.22 g/kg 干物质且每日采食量为 15.02 kg，则每天的排粪量为 1.22×15.02÷2.68=6.84 kg/ 日（干物质计）。

然而，粪便的部分收集法可能会有一定的误差，其误差来源包括以下几方面。①部分采集的粪便是否可以代表全收粪样品？动物采食的如果不是均匀的颗粒饲料，而是精料和粗料在不同时间进入胃或瘤胃，之后又经过反刍、食糜运动等过程，排出的粪便是否就均匀一致了？②木质素或其他标记物在食糜中的分布是否相同，是否代表了全部的饲粮消化过程，标记物在消化道内是否与所标记的成分同步运动和排出？③标记物的测定方法是否足够精确？例如，饲粮中木质素含量本身就较低，特别是在猪禽饲粮中，木质素含量一般不会超过 0.5%，牛羊饲粮为 3%～5%，测定误差如果超过 10%，对木质素含量测定的误差尚可接受，但如果再用于推算粪量，10% 的误差则已基本上属于错误了。因此，在猪禽试验中以木质素作为内标物会有较大误差，不太合适。又如，采用酸不溶性灰分作为内源标记物时，饲粮中土壤沙砾等杂质的影响会很明显；而采用外源性标记物，如三氧化二铬，一般化学测定方法回收率都不高。因此，采用粪便部分收集法时要充分考虑与全收粪法的差异。

每天动物粪收集后，要取一部分保存。取前要将粪便充分混匀，取一定比例（如 10%或 5% 等）。注意，一定不能按照重量取样！如取 100 g 或 250 g 等），称重后冷冻保存，之后阴干或直接阴干，以获得粪样的风干样品。粪样要在阴凉通风处阴干，可以将样品置于塑料膜上阴干，但不要置于纸质上阴干，并且要勤翻动，防止发霉。粪样也可以在 70℃ 烘箱直接烘干，烘干期间要不断翻动样品，烘干后在室温回潮后作为风干样品。待每期试验结束后，可将每天的风干样品混合后作为某动物在某试验期的粪样。注意样品的鲜样重量、取样重量、阴干后重量等都要认真记录，否则日后无法回算。

经常有试验在粪样中定量加入 1%～5% 的稀硫酸以酸化样品防止粪氨的挥发，这对于牛羊没有必要，因为牛羊粪便的 pH 并没有高得能明显将氨气逐出粪便。更为严重的是，在粪的干燥过程中（包括干物质测定时），水分在不断挥发，而硫酸不挥发，浓度越来越高的硫酸可使样品脱水碳化而被破坏，因此，在猪、禽粪样中也不适宜加入硫酸。如果一定要酸化样品，可以加入少量 1% 浓度以下的盐酸。

风干样品在实验室分析之前要粉碎，通常用 60 目网筛，注意粉碎的样品要全部过网筛，如果样品中有难以粉细的大颗粒物（在粉碎机里或筛网中的），要直接回收到样品瓶里，不要丢弃，以防样品成分失真。待分析的风干粪便样品短时间内（1 个月）可密封后于室温保存，但长时间保存则需要密封后置于冰箱或冰柜内。

## 二、尿的收集与处理保存

除以上提及的用消化代谢笼收集动物尿液外，还包括以下几种尿液收集方法。①对于牛或猪，可将动物饲养在稍向后倾斜面的水泥地坪或水泥平台上，设置阻挡条和引流槽，将尿液收集到置于低水平处的集尿桶里。注意动物排粪时要及时处理，以防污染。②对于母牛，可将半球状底端有导尿管的薄橡胶袋缝在或用强力胶水粘在母牛尿道口周边收集尿液，但试验时要注意母牛由于不舒适会将臀部蹭墙摩擦；或人工每时每刻守候在母牛身后，母牛一蹲后躯准备排尿时立刻用桶接尿，但此法太耗人力。③对于公羊或羯羊，可剪切半个排球内胆，在剪切边缘系上 4 根带子，使用时将 4 根带子在羊背部两两系住，以固定收尿的球胆。在球胆底部连接一橡胶管，将尿导入集尿瓶。集尿瓶为一般的塑料瓶或玻璃瓶，置于地面以下的坑内。对于放牧公羊，可在收尿球胆之下再连接一个完整的排球内胆存尿用，并固定在羊身上（腹下）。在收尿（半）球胆通入存尿球胆的导管端，加一个防倒流装置（一段薄橡胶管），使尿液在羊只卧下挤压存尿球胆时不被挤出。此法也可以用于公牛或阉牛尿的收集。④兔子在笼养时有在笼子固定一角排尿的习惯，因此可在兔笼排尿的一角底部用盆或桶接尿，但收尿期需人工随时监护处理。⑤鸡的排泄物同时含有粪和尿（白色稠状物），如果仅测氮代谢，可以及时收集鸡粪便冷冻保存，测定其尿酸（氮）含量作为尿氮指标（一般新鲜鸡粪里的氨氮浓度都较低，可以忽略不计），而粪氮等于粪尿样品的总氮减去尿酸氮。但无论如何，动物的尿液收集必须以整天的全部尿量计，不可仅随机取部分尿液作为当天的样品。

## 三、粪尿混合样品的收集与处理保存

因牛的个体较大，特别是奶牛，或因在进行猪的试验时管理较为困难，分别获取全天的粪、尿样品不易，对此可以采取粪尿混合收取法，以减少取样的难度和劳动强度。其基本思路为：采取小部分动物的纯粪样品，而将动物排泄的其他粪尿全部混合后收集取样，分析采食的饲粮、纯粪和粪尿混合样品中的营养素及标记物（如木质素、聚乙二醇、氧化铬等）含量，算得混合粪尿的总量；根据采食饲粮与纯粪中的标记物和营养素含量计算动物全部粪中的营养素总量及表观消化率（量）；将混合粪尿（营养素）的总量减去粪中的营养素总量，即为尿中的营养素（主要指氮、钙、磷等）总量。具体如下。

　　收集粪尿混合样品的场地要求：以牛为例，设置一向后倾斜的水泥地坪，在前端设置食槽、饮水槽和栏杆等，后端再设置一个水泥坑（粪尿池），坑的位置大约在牛体后一米处，体积以能容下动物当天的粪尿而且容易搅拌均匀为低限。使用前需提前几天将地面和粪尿池用蒸馏水冲洗干净，并且预使用。为了试验牛舒适，可在牛位的前半部地上铺一层橡胶地面。

　　在试验期首先需要部分收集动物的纯粪样品，即定点收集各牛新鲜掉在地上的部分纯粪，每隔 6～7 h 收集一次，每次 250.0 g，4 次 / 日，连续收集 6 天或 8 天（24 或 32 次）。同时，每天将每头动物排泄在水泥地上的粪尿全部收入样品池，并加入 5 mL 50% 盐酸，充分搅匀，全部取出称重，再取 3%～5% 作为粪尿混合样品于塑料布上阴干，连续收集 6′或 8 天。记录纯粪与粪尿混合样品的鲜重和风干重。

　　由采食饲粮、纯粪、混合粪尿样品中营养素含量分别计算粪、尿中营养素含量的公式如下：

$$某营养素的表观消化量 = 采食量 - F$$

式中，采食量 = 饲喂量 − 剩料量；$F$（粪中量，kg/ 日）= 纯粪样品中的含量（kg/kg 纯粪）× 采食标记物量（kg/ 日）÷ 纯粪样品中标记物含量（kg/kg 纯粪）。

　　　　某营养素的表观消化率 = 消化量 ÷ 采食量 ×100%

　　　　尿中营养素量 =（混合粪尿中的量 + 纯粪样品中的量）−F

　　　　体内营养素（指氮、钙、磷）保留量 = 采食量 − 尿中量 −F

　　　　　　　　　　　　　　　　　　= 采食量 − 混合粪尿中量 − 纯粪样品中的量

# 第四节　称体重与屠宰试验

## 一、称体重

　　动物的体重受较多因素影响，包括采食、饮水、粪尿排泄、禁食时间等，因此动物体重的称取要有一定的前提条件，否则会有较大误差。一般动物体重是在早上饲喂之前称取的（空腹体重）。因为动物在早上称体重前后可能会排泄粪便，影响数据的准确性，所以一般要求体重要连续称三日，在数据基本相似的前提下取平均值。如果有一个数据偏离较大，则只取另外两个数据的平均值。

　　牛等体格较大的动物需要用磅秤称体重，所以要有相关的设施，如电子秤（最大称重 500 kg 以上）、电子秤围栏、牛道等。猪可用带围栏的磅秤称体重。羊的称重可以兜起抬着用杆秤称重，也可将羊和负责称重的人一起用磅秤称重，然后减去人的体重。称鸡的体重时，可制作一个喇叭形的铁皮固定器，将鸡倒放入固定器内，使鸡无法动弹，这样称体重则较快较准。小鼠、大鼠好动，称体重时可将整个鼠笼置于电子秤（天平）之上，等动物稍有停歇，电子秤显示出"g"时，可立即读取数字，再称取空笼的重量。

　　在研究中常用平均日增重（average daily gain，ADG）指标表示动物的生长性能，但由于动物的日增重受较多因素的影响，所以测定平均日增重的时间（天数）一定要足够长。一般牛、羊、猪的平均日增重测定时间以 30 日以上为宜，而 4 天或 8 天等饲养时间较短时获得的平均日增重数据可信度或准确度较低。肉鸡则以每周的平均日增重为宜。

## 二、屠宰试验

屠宰试验（产肉性能测定）就是将动物宰杀，测定不同部位或组织的重量，甚至对各组织器官的干物质、粗蛋白、脂肪、肉品质等指标进行测定，以对饲料、添加剂、动物品种等因素对产肉性能的作用，或动物生长发育的阶段及其特点等做出评价。虽然屠宰试验耗费人力物力较大，但却是最"确实"的试验方法，有关肉品生产的重要研究成果或技术，如果要向生产推广，一般都要有屠宰试验的数据。

动物宰杀前一般需要先禁食 24 h、禁水 12 h（夏季时可适当缩短），采用"大抹脖法"，即切断颈动脉放血使动物致死。宰前活重与胴体重是屠宰试验最基本的测定指标。动物宰前需称取体重（活重），宰后需称取冷却后的胴体重（去头、蹄、内脏、皮毛、血液后的重量，但羊的胴体重包括尾脂，禽为净膛重），并计算胴体率（胴体重/宰前活重）。在一般的屠宰试验（产肉性能测定）中，可取一侧的胴体，分割出大块瘦肉、肥肉和骨骼等，分别计算胴体的瘦肉重、肥肉重、眼肌面积和骨重等，并可取样进行进一步的分析测定，如干物质、粗蛋白、肌间脂肪等的含量。眼肌面积一般用硫酸纸覆盖眼肌正截面后求积算得。但在进行整体测定时，动物的头颅、骨骼和皮毛等需全部或分别用高压锅蒸煮，然后搅匀取样，以保证样品的均匀性。

# 第二十章

# 常规养分测定

## 第一节　实验操作基本常识

本节仅就新进动物营养实验室时一般会遇到的电子分析天平使用和各种测定方法标准曲线制备的注意事项，做一基本的介绍。

## 一、分析天平使用

概略养分测定使用较多的仪器是电子分析天平，一般最大称量为 200 g，刻度值为 0.0001 g（简称万分之一天平）。使用电子分析天平时需注意以下几点事项。①电子分析天平要置于水泥台等硬质台面上，不可置于木质桌面上，或垫上橡胶层，以减少振动；在使用前要将水准泡调至中心，以保证电子分析天平本身的水平。②不要用手触摸拿取盛样品的容器，因为手上的水分、油渍等会污染容器外壁影响称重的结果。拿取样品容器时需戴手套或用坩埚钳等。③样品要提前放置于室温（干燥器内）冷却或（从冰箱取出）回温后才可以称重，否则在称重时由于温差，样品上方的冷热空气会因交换产生气流，影响称重结果。④称重时，电子分析天平显示屏只要显示出"g"，即可读数，不需要再等待数字的进一步稳定（由于样品的吸水或脱水等原因也不可能稳定）。⑤电子分析天平属于精密仪器，要保持仪器内部和外部的清洁，及时清除或擦拭天平托盘上及四周洒落的粉末或液体。

## 二、标准曲线制备

实验室测定的绝大部分分析方法都需要用标准曲线或线性回归方程来确定样品某成分的含量。标准曲线的制备需注意以下事项。①标准品要根据要求预处理，以减少系统误差，如有的标准品用前要求烘干，有的要求事先精确滴定等。②要给出测定成分含量与光密度等之间呈线性或指数线性的范围。测定时，如果大部分样品浓度超出测定范围，测定前要稀释样品，而样品浓度太低时，则需要浓缩样品或改变测定程序。③要进行回收率试验，即将不同量的标准品加到所测的（原始）样品（如饲料、粪、尿、食糜、血液等）中，测定回收率 [（测得量－空白量）/ 加入量 ]，因为有些样品对测定方法可能会有干扰。如果回收率较低但较稳定，对测定结果则可以通过除以回收率进行校正。④要进行重复性试验，即将标准品加到原始样品中，比较相同条件下所得数据的重复性或变异范围，重复性差的方法需要进一步改进后才能应用。⑤标准曲线的每个浓度均需要平行测定 2 或 3 个样品，取平均值。⑥测定所用的所有药品一般要一次性配足，标准曲线的制备和样品的测定要用同批次配制的药品，否则可能会出现测定误差甚至错误。

# 第二节　干物质、有机物、钙、磷的测定

## 一、干物质、有机物的测定

取一次样品即可先后测定样品中的干物质、有机物、钙、磷等含量，故将以上测定方法归为一节来讲述。测定需按照 AOAC（Association of Official Analytical Chemists）标准或国家规定的标准步骤进行。

测定干物质时，先用电子天平称量 2.0000 g 样品（风干样），置于已编号、称重、经过处理的干燥的坩埚内（样品要尽量全部置于底部），将样品置于 105℃鼓风烘箱内盖盖烘干 5～6 h，然后置于干燥器中冷却，降至室温后称重。之后再于 105℃鼓风烘箱内烘 1 h，置于干燥器中冷却至室温后称重。如果两次称重差异在 0.002 g 以内，则提示样品已烘至恒重。注意某些样品因脂肪含量较高，烘干时脂肪氧化，会使样品增重，对此类样品要控制烘干时间不要太长。样品的干物质含量 =（烘前重 − 烘后重）÷ 样品重 ×100%。

计算样品的干物质含量后，可将坩埚置于电炉上灰化，灰化时电炉火力不要太大，并且用坩埚盖盖住大半的坩埚口，以防热气流将样品灰分带出。灰化、冷却后，将样品坩埚置于马弗炉（高温炉）内，于 600℃烧灼 2～4 h，等冷却至 100℃以下后再将样品坩埚从炉中取出，置于干燥器中冷却至室温，称重，计算有机物含量 =（烧灼前重 − 烧灼后重）÷ 样品重 ×100%。烧灼样品的颜色应该为白色，如果呈灰白色，提示仍有碳质，需要继续烧灼，但如果呈红色或蓝色，分别表明样品中铁或锰较多，不必继续烧灼。

## 二、钙、磷的测定

测定有机物之后，给坩埚内加入 1∶3 的盐酸 40 mL 和数滴浓硝酸以溶解灰分，小火煮沸后滤入 250 mL 容量瓶，并用热蒸馏水冲洗坩埚和滤纸将样品全部转入容量瓶，冷却后定容、摇匀，作为后续钙、磷测定的待测样品。钙、磷含量的测定方法如下。

### 1. 原子吸收光谱分析法

（1）原理：当一定强度的锐线光（发射线半宽度远小于吸收线半宽度的光束）通过原子蒸气时，发生共振吸收，此吸收过程符合比尔吸收定律，可以通过测定吸收后的光强，计算该种原子的浓度。此方法可用于某些金属元素（包括常量元素和微量元素）含量的测定。某些金属元素的吸收波长见表 20-1。

表 20-1　某些金属元素的吸收波长

| 元素 | 吸收波长 /nm | 元素 | 吸收波长 /nm | 元素 | 吸收波长 /nm |
|---|---|---|---|---|---|
| 钠 Na | 589.00 | 铁 Fe | 248.32 | 铅 Pb | 283.3 |
| 钾 K | 766.49 | 锌 Zn | 213.86 | 镍 Ni | 232.0 |
| 钙 Ca | 422.67 | 锰 Mn | 279.5 | 银 Ag | 328.1 |
| 镁 Mg | 285.21 | 钴 Co | 240.7 | 镉 Cd | 228.1 |
| 铜 Cu | 324.75 | 铬 Cr | 357.9 | 金 Au | 242.79 |

（2）原子吸收分光光度仪：主要包括光源、原子化器、单色器、检测器4部分。测定时需设置灯电流、狭缝宽度、空气流量、乙炔流量、燃烧器高度、喷雾速度、放大增益等参数。

（3）样品处理与测定：可以用以上灰化、盐酸溶解的待测液过滤后直接测定钙、磷含量，但为消除磷酸的干扰，测定钙含量时待测液中应含有0.5%氧化镧。测定微量元素（<1 mg/L测定液）时可采用萃取法事先处理样品以提高灵敏度：即将样品（4.0000 g）高温烧灼并冷却后，加少量水润湿，加硝酸和高氯酸各5 mL，用表面皿盖住后于沙浴或加热装置上加热消解至近乎干涸，加入1 mol/L盐酸10 mL溶解，再定容至50 mL，过滤后将5～10 mL待测液移入25 mL容量瓶内，加入5.0 mL蒸馏水，再加入1 mol/L碘化钾（166 g碘化钾/L，棕色瓶保存）2.0 mL，振动摇匀，再加入5%抗坏血酸1.0 mL，振动摇匀，再加入甲基异丁基酮溶液2.0 mL，剧烈振摇萃取3～5 min，再用蒸馏水补足25 mL（应在容量瓶刻度处），振动摇匀，静置后取有机相导入测定。参照标准溶液的吸光值，即可计算样品中某元素的含量。各种元素标准溶液测定的最高浓度一般都为10 μg/mL，并且需要用酸液配制。

### 2. 钙的化学测定法

1）高锰酸钾滴定法

（1）草酸钙沉淀：取25～50 mL待测样品于250 mL锥形瓶内，滴入2滴甲基红指示剂（0.2%，溶于乙醇），溶液即呈红色。一滴滴加入50%氨水调节pH至5.6（此时液体呈橘黄色），再加入数滴25%盐酸使溶液呈红色（此时pH 2.5～3.0），然后加入蒸馏水至约150 mL，加热煮沸（煮时防止液体外溅），在热溶液中边搅拌边慢慢滴入热的4.2%草酸铵溶液10 mL，如果溶液由红色转为黄色或橘色，则需继续滴入盐酸，直到重新转为红色。将溶液小火煮沸3～4 min，使草酸钙沉淀颗粒增大，并于室温放置过夜，使沉淀完全。

（2）沉淀草酸钙的洗涤：用中速定量滤纸过滤草酸钙白色沉淀，用2%氨水少量多次冲洗锥形瓶、滤纸和沉淀物，彻底洗去草酸铵。草酸铵是否洗净的检测方法：用试管接2～3滴滤液，加入几滴25%硫酸，将试管加热，再加入1滴0.05 N[①]高锰酸钾，如果液体呈微红色、30 s后仍不褪色即可。

（3）滴定：用玻璃棒穿破滤纸中心，用25%热硫酸10 mL冲洗沉淀到250 mL锥形瓶内，并用50 mL蒸馏水继续冲洗滤纸和玻璃棒。也可将滤纸和沉淀一并放入锥形瓶，再加入25%热硫酸和蒸馏水。然后将锥形瓶加热至75～85℃。用高锰酸钾标准溶液滴定，直至液体呈微红色，并且在30 s内仍不褪色为止，记录高锰酸钾溶液用量。

（4）高锰酸钾标准溶液：称取1.6 g固体高锰酸钾，溶于1000 mL蒸馏水中，煮沸10 min，冷却后静置过夜，再以玻璃丝过滤（弃去最初几滴），保存于棕色瓶中（高锰酸钾浓度约0.05 N）。将2 g分析纯草酸钠（$Na_2C_2O_4$）于105℃烘干8 h，冷却后称取0.1000 g草酸钠（三份），分别置于250 mL锥形瓶中，加入20 mL蒸馏水使其溶解，再加入25%硫酸10 mL，加热至75～85℃。用高锰酸钾溶液滴定至鲜粉红色，并且在30 s内不消失为止。滴定结束时溶液温度仍需保持在60℃以上，记录高锰酸钾溶液用量。

高锰酸钾标准溶液的浓度（N）=草酸钠重量（mg）÷[67×（高锰酸钾滴定量－空白瓶滴定量（mL）]。其中，67为草酸钠的毫克当量数。

（5）结果计算：样品钙含量=[样品瓶耗高锰酸钾量（mL）－空白瓶耗高锰酸钾量（mL）]×

---

① 1 N（当量浓度）=1 mol/L÷离子价数。

高锰酸钾标准液浓度（N）×样品总体积（mL）×20.039÷[样品重（mg）×测定取样体积（mL）]×100%。其中，20.039为钙的毫克当量数。

例如，样品重1822.3 mg，烧灼灰化后定容至250 mL，取50 mL进行测定，最终以0.048 N高锰酸钾标准溶液滴定，样品瓶和空白瓶分别耗标准液8.42 mL和0.20 mL，则

样品钙含量=（8.42-0.20）×0.048×250×20.039÷（1822.3×50）×100%=2.17%

2）邻-甲酚酞比色法

（1）原理：$Ca^{2+}$与邻-甲酚酞络合剂可在pH（11.0±0.1）的缓冲液中形成紫色络合物，$Ca^{2+}$浓度在一定范围内与紫色络合物颜色的深浅程度成一定的比例关系，可用于比色测定。

（2）试剂：乙醇胺-硼酸盐缓冲液，称取3.6 g硼酸于100 mL容量瓶中，加10 mL蒸馏水和10 mL乙醇胺，摇动溶解后用乙醇胺定容至100 mL备用，此试剂可于4℃冰箱保存两个月。邻-甲酚酞溶液，称取80.0 mg邻-甲酚酞于100 mL棕色容量瓶中，加蒸馏水25 mL和1 mol/L氢氧化钾0.5 mL，摇匀后加入0.5 mL冰醋酸，摇匀后定容至100 mL，摇匀，可于室温保存两个月。8-羟基喹啉溶液，称取5.0 g 8-羟基喹啉于100 mL棕色容量瓶中，用95%乙醇溶解、定容，可于4℃冰箱保存两周。0.5 mol/L盐酸，取43.0 mL分析纯浓盐酸，定容至1000 mL。标准钙溶液（母液）（钙浓度400 μg/mL），将2 g分析纯$CaCO_3$粉末于105℃烘干4 h，冷却后称取0.1000 g，加入0.5 mol/L盐酸5 mL溶解，再用双蒸水定容至100 mL。使用前再用双蒸水稀释40倍（10 μg/mL）。

（3）测定步骤：配制显色液，将6.0 mL乙醇胺-硼酸盐缓冲液、6.0 mL邻-甲酚酞溶液和1.8 mL 8-羟基喹啉溶液用双蒸水定容于100 mL容量瓶中，本显色液需现配现用，在室温条件下可保存1天。测定时取0~1.0 mL标准溶液或待测样品液，加双蒸水至1.0 mL，加显色液5.0 mL，摇匀后15 min内于570 nm处比色测定。

（4）注意事项：制定标准曲线时需测定标准溶液在相应类型样品中的回收率以进行校正，因为高磷钙比样品（如大豆饼、棉籽饼、麦麸、玉米等）测定时钙的回收率低于90%，甚至85%。

（5）计算：样品中钙含量=（样品OD值-空白OD值）×钙含量（mg）/OD值单位×样品液体体积（mL）/测定取样体积（mL）÷样品重（mg）×100%。

例如，样品和空白的OD值分别为0.96和0.05，根据标准曲线每$OD_{570}$值单位相当于0.009 mg钙，样品液体体积为500 mL，测定样品的体积为0.25 mL，样品重1.0058g，则

样品中钙含量=（0.96-0.05）×0.009×500/0.25÷1005.8×100%
=1.63%

### 3. 磷的化学测定法（钒钼酸铵比色法）

（1）原理：经灰化法或消化法处理样品中的磷可与钼酸铵和偏钒酸铵混合试剂形成黄色的磷-钒-钼酸复合体，可以通过比色法测定磷含量。与钼酸磷铵比色法不同，此方法不易受样品中高铁离子和硅酸盐离子的干扰。

（2）试剂：钼酸铵-偏钒酸铵试剂，称取25 g钼酸铵和1.25 g偏钒酸铵，加入300 mL蒸馏水加热溶解，定容至500 mL，如果溶液浑浊则需再行过滤。5 mol/L盐酸，取浓盐酸215 mL，定容至500 mL。标准磷溶液（含磷1 mg/mL），将2 g磷酸二氢钾（$KH_2PO_4$）于105℃烘干4 h，冷却后称取0.8790 g，并加入1 mL浓盐酸，加入100 mL蒸馏水和1滴甲苯，

再定容至 200 mL。测定时分别取标准磷溶液 0～5.0 mL，然后分别定容至 100 mL，即为不同浓度的测定标准液（磷含量 0～50 μg/mL）。

（3）测定步骤：抽取测定标准液各 10 mL 或灰化定容的样品若干毫升（使磷含量为 50～500 μg），各加入 5 mol/L 盐酸 5.0 mL、钼酸铵 - 偏钒酸铵试剂 5.0 mL，定容至 50 mL，摇匀后静置 30 min，于 420 nm 处测定光密度值（OD 值）。

（4）计算：样品中磷含量 =（样品 OD 值－空白 OD 值）× 磷含量（mg）/OD 值单位 × 样品液体体积（mL）/ 测定取样体积 ÷ 样品重（mg）×100%。

例如，样品和空白的 OD 值分别为 0.45 和 0.04，根据标准曲线每 $OD_{420}$ 值单位相当于 0.406 mg 磷，样品液体体积为 500 mL，样品测定体积为 10 mL，样品重 1.0058 g，则

样品中磷含量 =（0.45-0.04）×0.406×500/10÷1005.8×100% = 0.83%

# 第三节　粗蛋白和粗脂肪的测定

## 一、粗蛋白的测定（凯氏定氮法）

凯氏定氮法用于测定样品的含氮量，将含氮量乘以 6.25 即为样品的粗蛋白含量（一般蛋白质中的氮含量约为 16%）。凯氏定氮法主要包括消化、定容、蒸馏和滴定等步骤。

定氮时首先将 0.4000～1.0000 g 风干样品称于无氮滤纸上，包成长条状小包，置于凯氏定氮瓶（100～200 mL 规格）的底部（用长柄镊），加入无水硫酸钠或无水硫酸钾 2.5 g（以提高沸点）和硫酸铜 0.13 g（还原催化剂），一般可将二者提前研磨后混合加入，再沿瓶壁加入 6～8 mL 浓硫酸，浸泡半小时后置于通风柜内的电炉上，用小火慢慢消化，等到凯氏瓶内液体透明后再转为旺火继续消化 2～4 h。在消化初期有时凯氏瓶内的样品可能会沸出来，因此切不可火力过大，在有沸出迹象时需要及时调小电炉火候，或往瓶中滴几滴冷蒸馏水。消化完毕后自然冷却至室温，然后将样品用蒸馏水转移到 100～250 mL 的容量瓶中，转移初不要将液面加到容量瓶刻度线，到约 75% 的体积即可，轻轻摇动容量瓶，等容量瓶冷却至室温后再加水至近刻度处，轻轻摇动和放置冷却容量瓶，最后再用水定容至刻度线。注意事项：①使用高温电炉存在电气危险，硫酸腐蚀性强，样品消化时会产生大量有毒有害的 $SO_2$ 气体，因此初学者需有人现场示范指导，不可擅自操作；②每批测定都需设定试剂空白测定管。

已消化样品中的含氮物都已转化成了（$NH_4$）$_2SO_4$，在加热条件下加入强碱可将其中的 $NH_4^+$ 以氨气（$NH_3$）的形式释放出来，这一过程称为"蒸馏"。蒸馏出来的 $NH_3$ 可被吸收液硼酸（弱酸）吸收，使得吸收液的 pH 变化，以乙醇配制的甲基红（0.05%）- 溴甲酚绿（0.25%）混合液为指示剂，硼酸在吸收 $NH_3$ 后即由紫灰色转为蓝色。再用标准 HCl 将蓝色滴定回至紫灰色，读取标准 HCl 的耗量，即可计算出样品的含氮量。样品蒸馏和滴定的主要操作过程为：将容量瓶内消化液充分混匀，取 2～10 mL 于蒸馏器内，加入饱和 NaOH 2 mL 后加热蒸馏，用盛有 10 mL 1% 硼酸（已加入 2 滴甲基红 - 溴甲酚绿混合指示剂）的 150 mL 锥形瓶收集冷凝流出的液体，蒸馏 2～4 min，取出锥形瓶，用蒸馏水冲洗、收集流出口的液体入锥形瓶。用标准盐酸（0.0100 N）滴定，直至液体重新呈灰色，记录盐酸耗量并计算样品粗蛋白含量。

样品粗蛋白含量＝（样品滴定 HCl 耗量－空白管 HCl 耗量）× 标准盐酸浓度（N）× 14（氮原子量）× 消化液定容体积（mL）÷ 蒸馏样品体积 ÷ 样品重（mg）×6.25×100%

例如，测定时某样品称重 0.6675 g，硫酸消化后定容至 200 mL，取 10 mL 蒸馏，滴定时消耗 0.0105 N 盐酸 8.06 mL，而空白管消耗 0.28 mL，则

样品粗蛋白含量＝（8.06－0.28）×0.0105×14×200÷10÷667.5×6.25×100%=21.42%

测定注意事项：①消化液在取样前一定要摇匀，一般将容量瓶上下颠倒至少 100 次。②蒸馏的样品体积要根据样品氮的大致含量来确定，使滴定时大部分样品标准 HCl 的耗量为 4～8 mL，以简化操作（不需要滴定时再次加标准 HCl）和保证一定的精确度。③蒸馏收集的样品体积影响测定结果，所以每次蒸馏的硼酸用量、蒸馏时间和加热程度等都要一致，使每个样品蒸馏收集的体积基本一致。④盐酸滴定法测定的本质是蒸馏液体 pH 的变化，所以任何影响蒸馏液体 pH 的因素都要限制或排除，如室内环境不能有酸性或碱性气体存在，消化液（强酸性）或碱液不能污染硼酸或蒸馏出的液体等。⑤标准盐酸（0.0100 N）需要事先标定，即粗配的盐酸要用 Na₂CO₃ 标准溶液滴定其准确浓度后再使用。用于配制 Na₂CO₃ 标准液（0.0100 N）的药品和水需要预处理：取分析纯无水 Na₂CO₃ 约 1 g，于 220℃烘箱烘干 2～4 h 冷却后取用；所用蒸馏水需煮沸 2～3 min，以除去其中的 CO₂ 等气体，冷却后取用。

由于凯氏定氮操作过程比较烦琐、耗时，因此出现了一步测定含氮量的凯氏定氮仪，以简化操作流程和缩短时间，但其原理和主要流程与原来的凯氏定氮法相同。

也有的测定省略了凯氏定氮法的蒸馏和滴定步骤，改为取消化液用化学法直接测定其中的 NH₄⁺ 浓度，所使用的方法主要有水杨酸盐比色法、茚三酮比色法和靛酚蓝比色法等，本处仅介绍前两种方法。

**1. 水杨酸盐比色法**

测定原理：在硝普钠催化下，氨与次氯酸盐反应生成一氯胺，然后一氯胺与水杨酸盐反应生成蓝色化合物，可进行比色测定。

试剂：A 液，称取 0.40 g 亚硝基铁氰化钠、70.0 g 水杨酸钠和 50.0 g 柠檬酸钠，加约 300 mL 蒸馏水或去离子水，轻摇溶解后于 500 mL 容量瓶定容；B 液，取 10 mL 次氯酸钠溶液（商品名"安替福明"，活性氯含量 5.2%），与 490 mL 的 1.2% NaOH 溶液混匀。

样品的处理：将硫酸消化的样品定容到 250 mL，取 5.00 mL 稀释于 295 mL 蒸馏水，混匀后再取 10.00 mL 与 200 mL 蒸馏水混合混匀，为待测样品。

测定：测定时取待测样品 1.00 mL（含氮 0～1.3 μg），依次加入 A 液和 B 液各 5.0 mL，混匀后于室温静置 15 min，于 679 nm 处比色，根据硫酸铵或氯化铵标准品测定的标准曲线（线性回归方程）计算含氮量。

注意事项：①标准品最终测定的氨浓度范围与所使用的分光光度计有关，一般为 0～1.3 μg/mL；②样品测定值一定要在标准曲线的线性范围内，否则需要增加或减少样品用量重测（测定体积不变）；③如果样品测定时 NH₄⁺ 浓度过高，则不显色，需要稀释；④由于本测定方法较为敏感，因此实验室不能有氨气等污浊空气存在，否则影响测定结果。

**2. 茚三酮比色法**

测定原理与主要操作步骤：在弱酸环境下，茚三酮被抗坏血酸还原成还原茚三酮，再

与氨及还原茚三酮缩合成蓝紫色化合物，在 570 nm 处有吸收峰；而硫酸消化后的样品中含氮物仅为 $NH_4^+$，没有其他含氮物质的干扰。

试剂：A 液，0.5% 水合茚三酮；B 液，0.2% 抗坏血酸；C 液，50% 酒石酸钾钠；D 液，$KH_2PO_4$-NaOH 缓冲液（pH 6.5，0.05 mol/L）。

样品的处理：与水杨酸盐比色测定法相同，但最终氨氮测定浓度为 0～5 µg/mL，因此样品的稀释倍数要小于水杨酸盐比色法。

测定：于 25 mL 比色管中依次加入 A 液 1 mL、B 液 0.5 mL、样品 0.5～4.0 mL、C 液 1 mL，再用 D 液定容到刻度线。将比色管内液体混匀后于 60℃ 水浴 10 min，然后取出用自来水冷却至室温，于 570 nm 处测定光密度值。

注意事项：标准曲线可用硫酸铵或氯化铵制备，测定的最终氨氮浓度为 0～5 µg/mL。测定的其他注意事项同水杨酸盐比色法。

## 二、粗脂肪的测定（乙醚提取法）

粗脂肪测定一般用 105℃ 烘干的样品，如果使用风干样品需提前测定含水量，否则无法计算粗脂肪含量。测定时先将包裹样品用的滤纸称重，然后称取烘干样品 1.5000～2.5000 g，包成长条状，用脱脂棉线绑紧，再用铅笔写上样品编号，再称重。滤纸和脱脂棉线要先 105℃ 烘干后使用。然后将样品包置于下端封闭的索氏抽提器内用乙醚提取粗脂肪。索氏抽提器是专用的密闭（除顶端冷却部外）玻璃容器，主要包括下部用于挥发乙醚的水浴磨口瓶、上部冷却挥发的乙醚并回流到样品室的管体、中部盛有样品并有虹吸液体回水浴部分管口的样品室。提取的原理是：将样品浸泡在中部样品室的乙醚里，粗脂肪将溶于乙醚而被抽提；将抽提器底部磨口瓶中的乙醚于 75～80℃ 的水浴中加热，使乙醚挥发、冷凝、回流到样品室，从而使样品室中含有粗脂肪的乙醚被虹吸到底部的磨口瓶；粗脂肪被留滞于下端磨口瓶内，而乙醚再次受热挥发，冷凝回流到样品室；如此反复不断循环提取。提取 4～16 h 后将样品取出，于通风处挥发掉残存的乙醚，105℃ 烘干，冷却后称重，计算粗脂肪的含量。粗脂肪测定的注意事项有以下几点。①乙醚沸点 37℃，为易挥发、易燃、有毒物品，操作时要注意保持室内通风良好。②乙醚为易爆品，取出的样品要在通风处充分散去残留的乙醚后才可置于 105℃ 鼓风烘箱中烘干。特别是含有残留乙醚的样品不能直接放在冰箱里保存，否则乙醚在冰箱内弥漫，在开冰箱时的电火花会使冰箱爆炸。③样品包编号标记必须用铅笔，不可用圆珠笔或标记笔，否则颜色会溶解使字迹消失。④烘干样品的粗脂肪（即乙醚提取物，EE 含量）计算公式为

EE 含量 =（提取前样品包干物质重量 − 提取后样品干物质包重量）÷ 样品重 ×100%

例如，105℃ 烘干样品重 2.4235 g，乙醚提取前样品包重 5.3356 g，提取后 5.0822 g，则

EE 含量 =（5.3356−5.0822）÷2.4235×100%=10.46%

## 第四节　粗纤维、纤维素、半纤维素和木质素的测定

粗纤维（CF）是概略养分之一，包括纤维素、半纤维素和木质素等。而 Van Soest 法可测定样品中纤维素、半纤维素和酸性洗涤木质素（ADL）各自的含量，因而比粗纤维测定更有意义、更科学。但作为过渡，很多研究或饲料成分仍以粗纤维指标表示。

粗纤维测定法和 Van Soest 法都要求将样品粉碎过 1 mm 筛后使用；测定粗纤维时如果样品脂肪含量＞10%，还需要预先进行脱脂处理；而用 Van Soest 法测定在样品的蛋白质或淀粉含量很高时，还需用蛋白酶或淀粉酶进行预处理，并在报告中注明。

本书介绍的粗纤维、NDF、ADF 和 ADL 测定都是将样品置于古氏坩埚（底部有小孔）中进行的，但现今的实验室都已用聚酯纤维滤网袋代替古氏坩埚进行测定（张丽英等，2001）。聚酯纤维袋可以经受酸、碱洗涤剂和 72% $H_2SO_4$ 处理，常用规格为 42 mm×53 mm（孔径为 38～45 μm），装样品后封口温度为 170～200℃。

## 一、粗纤维的测定（酸 - 碱法）

称取 1.0000～2.0000 g 样品于 600 mL 高脚烧杯或 500 mL 锥形瓶中（在 200 mL 处先标出横线），加入 200 mL 煮沸的（0.255±0.005）N $H_2SO_4$[1.25 g 纯 $H_2SO_4$/100 mL，需先用 NaOH 标准液标定（以甲基橙为指示剂）]，加入 2 滴消泡剂十氢萘，于加热板上煮沸 30 min。锥形瓶要加玻璃盖或回流冷凝装置，其间每 5 min 摇动锥形瓶一次，并用热蒸馏水不断补足蒸发的体积。然后用铺有滤布的布氏漏斗过滤，用沸水多次冲洗直到中性（用 pH 试纸检查），再用煮沸的 0.313 N NaOH 将全部残渣移至干净的 500 mL 锥形瓶中（NaOH 共加入 200 mL），用前法再消化 30 min，再移至铺有致密石棉薄层的古氏坩埚（石棉之上的内底为有小孔的瓷片，坩埚底部也有小孔，已烧灼处理）内，用沸水多次抽滤冲洗至中性（包括坩埚的外表面），再用 30 mL 乙醇浸泡抽提残渣，并将乙醇尽量全部抽去。

将坩埚于 105℃烘干至恒重（约 3 h），冷却称重。将坩埚盖半开，小火碳化至无烟，再于马弗炉（高温炉）600℃烧灼约 30 min，冷却后取出称重。注意烧灼要彻底，坩埚内灰分一般不可呈黑色（否则表明还含有碳）。

样品粗纤维含量 =（碱处理冲洗烘后坩埚重 − 空坩埚重 − 灰化后坩埚重 + 空坩埚重）
　　　　　　 ÷ 样品重 ×100%

　　　　 =（碱处理冲洗烘后坩埚重 − 灰化后坩埚重）÷ 样品重 ×100%

例如，样品重 1.4055 g，碱处理冲洗烘后坩埚重 18.6267 g，灰化后坩埚重 18.1302 g，则
样品粗纤维含量 =（18.6267 − 18.1302）÷1.4055×100%=35.33%

## 二、纤维素、半纤维素和木质素的测定（Van Soest 法）

Van Soest 法测定所用的主要仪器装置（包括古氏坩埚）等与粗纤维测定的相同。

1）中性洗涤纤维（NDF）含量测定

NDF 主要包括纤维素、半纤维素、木质素和硅酸盐类，以及极少量的粗蛋白。测定使用的中性洗涤剂为 3% 十二烷基硫酸钠（pH 7.0）。测定时先称取 0.5000～1.0000 g 样品和 0.5 g 无水硫酸钠于高脚烧杯中，再加入 100 mL 中性洗涤剂、600～800 IU 高温 α- 淀粉酶、2 滴十氢萘，在烧杯顶部放置冷凝球后于 5～10 min 内煮沸，再微沸 60 min，将样品移入已编号和已称空重的砂芯漏斗或古氏坩埚中，抽滤，并用热水冲洗至中性，用 20 mL 丙酮冲洗 2 次，抽滤。于 105℃烘干，冷却后称重。

样品 NDF 含量 =（烘干后的砂芯漏斗重 − 砂芯漏斗空重）÷ 样品重 ×100%

例如，样品重 0.8886 g，砂芯漏斗空重 12.5624 g，烘干后的砂芯漏斗重 12.8925 g，则

样品 NDF 含量 =（12.8925 − 12.5624）÷0.8886×100% = 37.15%

2）酸性洗涤纤维（ADF）含量测定

ADF 主要包括纤维素、木质素和硅酸盐类。测定使用的酸性洗涤剂为十六烷基三甲基溴化铵（20.0 g/L）的 $H_2SO_4$（49.04 g/L）溶液。测定时取 1.0000 g 饲料样品（如果用测定 NDF 后残留的样品测定 ADF，则最后所得的半纤维素数值会比用饲料样品的高，甚至高得多），加 100 mL 酸性洗涤剂和 2 滴十氢萘，其余测定过程同 NDF。但抽滤时必须用垫有石棉的古氏坩埚，因为玻璃砂芯漏斗不抗高温，在之后马弗炉中灼烧时会变形。

样品 ADF 含量 =（烘干后的古氏坩埚重 − 古氏坩埚空重）÷ 样品重 ×100%

例如，样品重 0.9522 g，古氏坩埚空重 16.3356 g，烘干后的古氏坩埚重 16.5665 g，则

样品 ADF 含量 =（16.5665 − 16.3356）÷0.9522×100%=24.25%

3）纤维素和酸性洗涤木质素含量测定

用 72% $H_2SO_4$ 处理 ADF 样品，纤维素将溶于硫酸，洗涤后剩下的残渣则为酸性洗涤木质素（ADL，其中含有其他不溶于 $H_2SO_4$ 的有机物，如角质）和硅酸盐类物质，再将样品烧灼，烧灼前后的坩埚重量之差即为酸性洗涤木质素含量，通常简称为木质素含量。

72% $H_2SO_4$（比重 1.634）需用重量 − 容量法准确配制：在室温（20℃）条件下，用电子秤（2000 g/0.01 g）称取 1176.00 g 浓硫酸于 2 L 玻璃烧杯（A）中，再小心翼翼极缓慢地倒入另一已盛有 400 mL 蒸馏水的 2 L 玻璃烧杯（B）中（并且在倒入 $H_2SO_4$ 期间需轻轻用玻璃棒搅动，防止局部产热沸溅），冷却后再将 B 杯的 $H_2SO_4$ 移入 1 L 容量瓶，并用蒸馏水依次洗涤 A 杯、B 杯多次，每次 35 mL，将残余的 $H_2SO_4$ 全部移入容量瓶，再加蒸馏水至容量瓶刻度，轻摇，室温冷却后再加蒸馏水至容量瓶刻度，再轻摇，反复几次，最后摇匀容量瓶中的硫酸液体。配制 72% $H_2SO_4$ 具有一定的危险性，须由经过培训的专人操作。为防止意外，可将 B 杯置于塑料盆中进行操作。为了保证测定的一致性或减少误差，一般整个试验所用的 72% $H_2SO_4$ 需要一次性配制。

用 $H_2SO_4$ 溶解纤维素时需控制环境温度，否则影响测定结果，即要将 72% $H_2SO_4$ 提前置于 22℃温箱里预热，处理样品时环境温度也要控制在 22℃。

纤维素、木质素测定的主要操作步骤：将盛有 ADF 样品的坩埚置于白瓷盘中，各放入一根约 6 cm 长的细玻璃棒，再加入 3～8 mL 72% $H_2SO_4$ 于 22℃温箱开始浸泡并计时，其间每隔约 20 min 用玻璃棒搅动样品一次，并加入 $H_2SO_4$，使样品始终浸泡在 $H_2SO_4$ 里，共处理 3 h。之后将坩埚置于真空抽气机上，用蒸馏水反复抽气洗涤，直到坩埚底部流出的液体和坩埚外表面均呈中性为止（用 pH 试纸检测）。将坩埚于 105℃烘干、称重，再进行灰化和高温烧灼，再冷却后称重。

样品纤维素含量 =（72% $H_2SO_4$ 处理前 ADF 样品的古氏坩埚重 −72% $H_2SO_4$ 处理后 ADF 样品的古氏坩埚重）÷ 样品重 ×100%

样品木质素含量 =（烧灼前 72% $H_2SO_4$ 处理的古氏坩埚重 − 烧灼后 72% $H_2SO_4$ 处理的古氏坩埚空重）÷ 样品重 ×100%

样品酸不溶性灰分（AIA）含量 =（烧灼后 72% $H_2SO_4$ 处理古氏坩埚重 − 古氏坩埚空重）÷ 样品重 ×100%

例如，样品重 0.9522 g，72% $H_2SO_4$ 处理前 ADF 样品的古氏坩埚重 16.5665 g，72%

$H_2SO_4$ 处理后 16.4146 g，烧灼后 16.3617 g，则

$$样品纤维素含量 =（16.5665-16.4146）\div 0.9522\times 100\%=15.95\%$$

$$样品酸性洗涤木质素含量 =（16.4146-16.3617）\div 0.9522\times 100\%=5.56\%$$

4）半纤维素含量的计算

以上测定给出了样品纤维素和酸性洗涤木质素的含量；而样品的半纤维素含量（%）= NDF（%）-ADF（%），在以上举例中为 37.15% - 24.25% = 12.90%。

Van Soest 法测定的结果应以样品中纤维素、半纤维素和木质素的含量来表示，一般不宜用 NDF 和 ADF 表示，因为它们仅是测定过程中的指标，所含成分并不仅是一种。

过去畜禽饲料或饲粮纤维类物质的含量主要以粗纤维（CF）测定法表示，而现在多以 Van Soest 法测定，研究表明二者的关系为 ADF=1.5071×1.2115 CF（$r^2 = 0.9588$）或 ADF=2.4063×1.0770（CF-AIA）（$r^2 = 0.9811$）（刘磊等，2018），可以互相换算。

# 第五节　能量测定

## 一、热能测定

### 1. 热能测定基本原理

饲料等样品内糖、脂肪和蛋白质等物质在彻底氧化时所释放出的热量，称为所含热能或能量。测定热能时将样品置于高压氧弹内，四周以水体包围，当通电点燃氧弹内样品时，样品燃烧产生热量，并被四周的水所吸收，导致水温上升，根据水温在燃烧前后的温度差，即可计算出水所吸收的热量，即样品燃烧产生或蕴有的热量。

### 2. 氧弹式热量计简介

氧弹式热量计主要包括以下部分。氧弹：分弹体和弹头两部分，弹体为一厚壁圆筒，内置样品，弹头与弹体可通过螺纹相接旋紧；弹头上有进气阀、针形排气阀和电极栓。外筒与内筒：外筒为隔热装置；内桶为吸热筒，置于外筒中央的绝热架上。搅拌系统：用于同步分别搅拌外筒和内筒的水，使水温能很快均匀一致。测温装置：现今的仪器均为电子测温装置，显示精度为 0.001℃。引燃装置：点火电压为 24 V。供氧装置：燃烧样品的氧气来自高压氧气瓶，其需串联一个（高压）气压表和一个减压阀（表），输出氧气的压力要求为（25±5）kg/cm²。降压的氧气使用前需过滤，过滤器内含硅胶（吸水）和钠石灰（吸收 $CO_2$）各一半。新过滤器使用前需除尽油脂，以防通氧时发生爆炸。压样机：可将粉状样品压成圆柱状。

热量计应置于温度变化较小的环境中，最好恒温，如没有恒温条件可置于无窗或北面的房屋，紧闭门窗，避免阳光照射、通风或暖气等。新搬进的仪器一般需要放置一段时间，待仪器本身温度与室温平衡后再开始使用。

### 3. 主要操作步骤

（1）样品处理：称取 1.0～1.5 g 样品用压样机压成圆柱状，压样时将 10 cm 长已精确

称重的引火丝（棉线）压入其中（将中间位置压入，两端留出），置于已精确称重的坩埚中，用分析天平称重，计算样品重量（0.0001 g），再将引火丝两端固定在弹体坩埚架的两个电极上。

液体样品（如尿液）可先反复滴在滤纸上干燥，然后测定。滤纸需提前测定其燃烧值和称重。

（2）氧弹加水和充氧：在弹体底部加 5～10 mL 蒸馏水，以吸收燃烧时所产生的 $N_2O_5$ 和 $SO_3$ 气体，将弹头与弹体拧紧，取下进气阀螺母，连接氧气管接头，并打开针形排气阀，以 5 kg/cm² 压力充氧气以排出弹中的空气，再关闭排气阀逐渐加大压力至 25～30 kg/cm²。注意充氧气时绝对不能过快，否则气流会冲击到样品使其飞散。

（3）内外筒加水：给外筒注入蒸馏水至筒上缘 1.5 cm 处，将氧弹放入内筒，然后给内筒加蒸馏水 2000～3000 mL（视仪器型号而定），加入的蒸馏水需精确称量，并且水温要求低于外筒水 0.5～1.5℃（视仪器型号而定）。内筒水面高度要没过氧弹进气阀螺母的 2/3。注意氧弹在内筒内的位置要合适，不要接触到内筒壁或搅拌器的叶片。然后开动搅拌器分别搅拌内筒和外筒中的水，使各筒内不同部位的水温基本一致，注意搅拌器速度变化不宜过快。

（4）燃烧测定：测定分燃烧前期（初期）、燃烧期（主期）和燃烧后期（末期）三个时间段。初期：搅拌器开动 3～5 min 后，开始每分钟记录一次温度（精确到 0.001℃），直至温度几乎恒定（定为 0 点），然后每分钟记录一次温度，持续 5～10 min。主期：最后一次读温后点火（通电），在开始每半分钟记录一次温度，直至温度不再上升为止。末期：继续每分钟记录一次温度，直到温度变化基本稳定为止，需 5～10 min。之后，停止搅拌器，取出氧弹，静置半小时后打开排气阀，徐徐排气，拧开螺帽，分离弹体。如果弹内有黑烟或未燃尽的样品，则表示测定失败需要重做。燃烧成功的要留取烧剩的引火丝，测量其长度或称量。用热蒸馏水冲洗氧弹内壁、坩埚、进气阀、导气管等，收集液体供测定酸与硫含量用。一般酸生成的热量较少，约 40 J，常忽略不计。

（5）计算：计算样品的燃烧热，首先需要进行水的比热容校正（$\Delta W$）和仪器水当量校正（$E$）。$\Delta W$ 可根据试验主期的实际温度变化范围，从表 20-2 查得。1 g 水从 14.5℃ 上升到 15.5℃ 时所吸收的热量为 4.184 J（1 cal），2200 g 水为 9.2048 kJ，而 3000 g 水为 12.5520 kJ。例如，在内筒的水重为 3000 g 时，测得主期始末的温度分别为 21.203℃ 和 24.157℃，查表 20-2 则可知 3000 g 水的热容量校正值为 −4.6 g 水，即试验中内筒水每升高 1℃ 时所吸收的热量如果折算为 14.5～15.5℃ 时的水的话，则相当于 3000 − 4.6 = 2995.4 g 水的吸热量。

表 20-2 2200 g 水的热容量及水比热容校正

| 水温 /℃ | 2200 g 水热容量 /kJ | | 水比热容校正表（水，g）[①] | |
| --- | --- | --- | --- | --- |
| | 上升 3℃ | 平均每℃ | 2200 g 水时校正值 | 3000 g 水时校正值 |
| 5～8 | 27.7311 | 9.2437 | 9.3 | 12.7 |
| 6～9 | 27.7140 | 9.2380 | 7.9 | 10.8 |
| 7～10 | 27.6989 | 9.2330 | 6.7 | 9.2 |
| 8～11 | 27.6847 | 9.2282 | 5.6 | 7.6 |
| 9～12 | 27.6721 | 9.2240 | 4.6 | 6.3 |
| 10～13 | 27.6600 | 9.2200 | 3.6 | 5.0 |
| 11～14 | 27.6483 | 9.2161 | 2.7 | 3.7 |
| 12～15 | 27.6374 | 9.2125 | 1.8 | 2.5 |

续表

| 水温 /℃ | 2200 g 水热容量 /kJ | | 水比热容校正表（水，g）[①] | |
|---|---|---|---|---|
| | 上升 3℃ | 平均每℃ | 2200 g 水时校正值 | 3000 g 水时校正值 |
| 13～16 | 27.6278 | 9.2093 | 1.1 | 1.5 |
| 14～17 | 27.6186 | 9.2062 | 0.3 | 0.5 |
| 15～18 | 27.6102 | 9.2034 | −0.3 | −0.5 |
| 16～19 | 27.6023 | 9.2008 | −1.0 | −1.3 |
| 17～20 | 27.5952 | 9.1984 | −1.5 | −2.1 |
| 18～21 | 27.5885 | 9.1962 | −2.1 | −2.8 |
| 19～22 | 27.5822 | 9.1941 | −2.6 | −3.5 |
| 20～23 | 27.5767 | 9.1922 | −3.0 | −4.1 |
| 21～24 | 27.5717 | 9.1906 | −3.4 | −4.6 |
| 22～25 | 27.5671 | 9.1890 | −3.8 | −5.1 |
| 23～26 | 27.5629 | 9.1876 | −4.1 | −5.6 |
| 24～27 | 27.5592 | 9.1864 | −4.4 | −6.0 |
| 25～28 | 27.5562 | 9.1854 | −4.6 | −6.3 |
| 26～29 | 27.5533 | 9.1844 | −4.9 | −6.6 |
| 27～30 | 27.5508 | 9.1836 | −5.1 | −6.9 |
| 28～31 | 27.5487 | 9.1829 | −5.2 | −7.1 |
| 29～32 | 27.5470 | 9.1823 | −5.4 | −7.3 |
| 30～33 | 27.5454 | 9.1818 | −5.5 | −7.5 |

注：①不同重量水（如 2500 g）的校正值可按与表中水重量的比例算出。

　　由于样品燃烧时，所释放的热量不仅被水吸收，也被整个仪器系统所吸收，所以需要测定仪器的热容量（即仪器体系每升高 1℃所需要的热量），即仪器水当量校正（$E$）值。$E$值的测定方法与其他样品的测热方法相同，但样品为一定重量已知热价的纯有机化合物。常用的有机物及其热价（kJ/g）为苯甲酸（26.460）、水杨酸（21.945）、蔗糖（16.506）和苯甲酸（26.455）等。仪器水当量计算公式为

$$E = (a \times M + \Delta Q)/T - (W + \Delta W)$$

式中，$a$ 为有机物的热价（苯甲酸：26.460 kJ）；$M$ 为已知热价的有机物如苯甲酸的重量（g）；$\Delta Q$ 为其他来源的热量（kJ），$\Delta Q =$ 引火丝本身燃烧的发热量（$G_1$）+ 酸的生成热及其在水中的溶解热（$G_2$）+ 硫酸的生成热（$G_3$）。测定样品时可只校正 $G_1$，而 $G_2$ 和 $G_3$ 可以忽略不计，但测定仪器水当量时则三者均需要校正；$T$ 为校正温度，$T =$ 主期末温 − 主期始温 + 因辐射热导致的温差（$\Delta t$）；而 $\Delta t = m \times (V + V')/2 + V'r$，其中，$m$ 为燃烧期中，每 30 s 温度上升 0.3℃以上的次数；$V$ 为燃烧前期温度上升的速度（10 次平均，取负值）；$V'$ 为燃烧后期温度下降的速度（10 次平均，取正值）；$r$ 为燃烧期中，每 30 s 温度上升 0.3℃以下的次数；$W$ 为内筒水重（g）；$\Delta W$ 为水比热的校正（g）。

　　饲料等样品的热值（$H$）按以下公式计算：

$H$（J/g）= {矫正后的实际升高温度（$T$）×[ 内筒蒸馏水重（$W$）+ 水的比热容校正（$\Delta W$）
　　　　　+ 仪器水当量校正（$E$）] − 其他引发的热量（$\Delta Q$）}÷ 样品重量（$M$）

　　　　= [$T$ ×（$W + \Delta W + E$）− $\Delta Q$]÷$M$

## 二、动物能量产生（产热）的测定

（1）原理：动物产生的能量均来自有机物的氧化。将动物置于测热室内，直接测定动物在一定时间内的产热量，称为直接测热法。而收集动物的呼吸气，测定一定时间内动物的 $CO_2$ 释放量 [ 呼出气体积 ×$CO_2$ 浓度（折算为标准气体状态下）] 和耗氧量等，可推算出动物的产热量，称为间接测热法。但无论用直接法或间接法测热，都要设法保证在试验过程中动物吸入气体中的氧气和 $CO_2$ 等含量与大气环境的基本一致，如通过增大测热室体积、采用流动风（开闭式），或使用 $CO_2$ 吸收剂等方法。

（2）测热法（直接测热法）：此法与热量计的测热原理类似，需要绝热条件优良的隔热室，室内要有循环水装置，根据进入和流出的水温差和流量，以计算动物的产热量。

（3）气体代谢测定方法（间接测热法）：主要包括气体代谢室（笼）法和呼吸面具（罩）法等。气体代谢室法是将动物置于一个密闭的空间内，测定在一段时间内室内气体成分的变化，再根据代谢室的体积、各种气体含量的变化计算动物的耗氧量、$CO_2$（在反刍动物部分来自瘤胃）和甲烷等的产量，计算产热量。气体代谢室包括空气混匀装置、气体浓度探测器、动物栏 [ 含畜床、饲喂槽、照明（冷光）等 ]。气体代谢室在使用前需要测定其空间体积和检查有无漏气。可以通过压力测试检查气体代谢室是否密闭。气体代谢室的体积可用气体浓度法测定，即将一定量碳酸钠与硫酸在密闭的气体代谢室内完全反应，或燃烧定量的甲醇或乙醇，待室内气体均匀后测定其 $CO_2$ 浓度和气压，再减去本底值，即可计算出气体代谢室的体积。测定时需将动物置于气体代谢室内，测定一定时间内室内气体组分的变化，再根据室体积、空气流速（开闭式装置时）等参数，计算产热量。

呼吸面具法是给动物（如绵羊、马等）在一定时间内带上呼吸面具或面罩，收集呼出的全部气体于气袋中，测定收集气体的体积、$O_2$ 和 $CO_2$ 含量（对于反刍动物还需测定甲烷），以及吸入空气中的含量，计算产热量。

气体成分的测定包括气体传感器法和化学法。气体传感器法就是利用对特异性气体（$O_2$、$CO_2$、$CH_4$）敏感的探头测定各种气体的浓度。在化学法中，利用碱液可以吸收 $CO_2$、焦性没食子酸可吸收 $O_2$ 的原理，测定吸收前后气体体积的变化，以计算气体中 $CO_2$ 和 $O_2$ 的浓度，而甲烷浓度则可通过先将其燃烧，再测定所产生的 $CO_2$ 量来测定。

糖、脂肪和蛋白质每消耗 1 L $O_2$ 所产生的热量分别为 21.09 kJ、19.62 kJ 和 20.17 kJ，即它们对 $O_2$ 的利用性是不一样的，并且蛋白质在体内并非全部氧化，少量的能量以尿素的形式从尿中排出，因此，要精确确定每消耗 1 L $O_2$ 所产生的热量，需要知道被氧化的物质是什么。糖、脂肪和（典型）蛋白质的呼吸商（RQ，产生 $CO_2$/ 消耗 $O_2$）分别为 1、0.7 和 0.8。表20-3 为无蛋白质时不同比例糖和脂肪混合物氧化的呼吸商与氧热当量，其氧热当量的变动为19.6～21.1 kJ，根据 RQ 可知无蛋白质条件下消耗 1 L $O_2$ 时氧化的糖和脂肪的比例及氧热当量。然而，在动物体内蛋白质是参与氧化代谢的。可代谢蛋白质的氧热当量为 20.17，并且机体蛋白质代谢消耗的氧气量（升）可以按照尿素排出量（g）的 5.91 倍进行测算。动物耗氧燃烧糖、脂肪和蛋白质的比例是变动且难以测定的，在试验中计算它们在动物体内各自的氧化量和产热量，烦琐且不太可行。但是，由于它们的氧热当量均在 19.6～21.1 kJ，我们可以将RQ 值统一设定为 0.85，即 20.343 kJ/L 耗氧（表20-3），来测算产热量，这样就简化了研究方法，而所造成的误差则低于 3.7%。所以，一般在测定动物气体代谢产热量时，为简单计，可以只测定耗氧量，而 RQ 值按 0.85 计，即按 20.343 kJ/L 耗氧计算即可。

表 20-3 不同比例糖（碳水化合物）、脂肪混合物氧化的呼吸商和氧热当量

| 呼吸商（RQ） | 产热物质 /% | | 产热量 /（kJ/L O$_2$） |
| --- | --- | --- | --- |
| | 糖 | 脂肪 | |
| 0.7 | 0 | 100 | 19.606 |
| 0.71 | 1.1 | 98.9 | 19.623 |
| 0.72 | 4.76 | 95.2 | 19.673 |
| 0.73 | 8.4 | 91.6 | 19.723 |
| 0.74 | 12 | 88 | 19.778 |
| 0.75 | 15.6 | 84.4 | 19.828 |
| 0.76 | 19.2 | 80.8 | 19.878 |
| 0.77 | 22.8 | 77.2 | 19.933 |
| 0.78 | 26.3 | 73.7 | 19.983 |
| 0.79 | 29.9 | 70.1 | 20.033 |
| 0.8 | 33.4 | 66.6 | 20.087 |
| 0.81 | 36.9 | 63.1 | 20.138 |
| 0.82 | 40.3 | 59.7 | 20.188 |
| 0.83 | 43.8 | 56.2 | 20.242 |
| 0.84 | 47.2 | 52.8 | 20.292 |
| 0.85 | 50.7 | 49.3 | 20.343 |
| 0.86 | 54.1 | 45.9 | 20.397 |
| 0.87 | 57.5 | 42.5 | 20.447 |
| 0.88 | 60.8 | 39.2 | 20.497 |
| 0.89 | 64.2 | 35.8 | 20.548 |
| 0.9 | 67.5 | 32.5 | 20.602 |
| 0.91 | 70.8 | 29.2 | 20.652 |
| 0.92 | 74.1 | 25.9 | 20.702 |
| 0.93 | 77.4 | 22.6 | 20.757 |
| 0.94 | 80.7 | 19.3 | 20.807 |
| 0.95 | 84 | 16 | 20.857 |
| 0.96 | 87.2 | 12.8 | 20.912 |
| 0.97 | 90.4 | 9.58 | 20.962 |
| 0.98 | 93.6 | 6.37 | 21.012 |
| 0.99 | 96.8 | 3.18 | 21.066 |
| 1 | 100 | 0 | 21.117 |

资料来源：Swenson，1984。

虽然直接测热法较为精确，但与间接测热法的结果相差较小（一般在 3% 以内），但由于间接测热法较为简便易行，故较多采用。

第二十一章

# 氨基酸、β-胡萝卜素和游离棉酚测定

## 第一节　氨基酸高效液相色谱法

氨基酸高效液相法测定的基本原理是用特殊材料制备的柱体可吸附所有的氨基酸，然后将能够洗提氨基酸溶液的浓度不断提高，从而将吸附的氨基酸分步洗提下来以达到分离的目的，再与显色剂反应进行测定。

现在以上测定都已仪器化，称高效 / 高压液相色谱法（HPLC）。仪器测定的基本原理为：氨基酸的 N-NH$_2$ 在 pH 8～9 条件下能与异硫氰酸苯酯（PITC）作用而生成稳定的苯氨基硫甲酰衍生物 PITC-氨基酸（可冰箱保存数周），其能被 C$_{18}$ 反相柱吸附。在一定 pH 条件下，各种 PITC-氨基酸的羧基都不发生解离，洗提时各种 PITC-氨基酸在 C$_{18}$ 反相柱中的保留时间取决于其疏水性，由于各种氨基酸的碳链长度、结构不同，疏水性强弱也就不同；疏水性越强其保留时间也越长。随着流动相乙腈浓度的不断提高，流动相不断洗脱吸附在柱体上的各种 PITC-氨基酸，使它们被陆续洗提下来，达到分离各种氨基酸的目的。利用 PITC-氨基酸中苯环基团在 254 nm 具有吸收峰的特点进行检测，并以外标法进行定量。

测定肉品、食糜或饲料等样品中的氨基酸含量，首先要将样品在高温条件下用盐酸将其中的蛋白质降解成为氨基酸后才能测定。由于某些氨基酸在酸性环境中容易发生降解而消失，因此经盐酸分解的样品不含色氨酸和谷氨酰胺。样品处理的主要步骤为：准确称取 0.2500 g 样品，小心送到水解管底部，加入 4 mmol/L 正亮氨酸 100 μL 作为内标物，再加入 6 mol/L（1∶1）的盐酸 10 mL，然后加入新蒸馏的苯酚 50 μL，最后充入纯氮气约 2 min，在充氮气的状态下拧紧水解管的螺丝盖。将封口的水解管置于（110±1）℃烘箱内水解 24 h，冷却后打开水解管，将水解液转移到 100 mL 容量瓶中，用双蒸水多次冲洗水解管以保证全部收集，再用双蒸水定容至刻度，完全摇匀后用滤纸过滤，作为待测样品。

取测定样品 100 μL 于 1.5 mL Eppendorf 管中，开盖放入 45℃恒温真空干燥箱进行第一次干燥，之后取出 Eppendorf 管，加入 25 μL 干燥液（体积比为 2∶1∶1 的甲醇、双蒸水和三乙胺的混合液）再次干燥。干燥后加入 100 μL 双蒸水，超声波混匀后加入 100 μL 衍生试剂甲（0.7 mL 三乙胺于 50 mL 色谱纯乙腈中），混匀后再加入 100 μL 衍生试剂乙（0.6 mL 异硫氰酸苯酯于 50 mL 色谱纯乙腈中），混匀后于 30℃水浴反应 60 min。加入正己烷 400 μL，振荡混匀 1 min，静置 2 min，吸去上层正己烷溶液。加入 400 μL 正己烷，重复操作一次。吸取 100 μL 下层液体移入另一 Eppendorf 管中，加入 900 μL 样品溶解液（用 6 mol/L NaOH 调 pH 至 7.44 的流动相 A 液），充分混匀后于 12 000 r/min 离心 10 min，小心吸取上清液 10 μL 上样。

高效液相色谱仪使用 C₁₈ 反相柱。流动相 A 液：将 6.8045 g 三水乙酸钠加约 900 mL 双蒸水，用冰醋酸调节 pH 至 6.29±0.01，再定容至 1 L；用 0.45 μm 滤膜过滤后取 970 mL，加入 30 mL 色谱纯乙腈，混合，超声波脱气 30 min。流动相 B 液：取 400 mL 流动相 A 液，加入 600 mL 色谱纯乙腈；混合，超声波脱气 30 min。测定条件：流速 1 mL/min；柱温 40℃；检测波长 254 nm；洗脱方式为二元梯度洗脱。氨基酸标准液的色谱图见图 21-1。

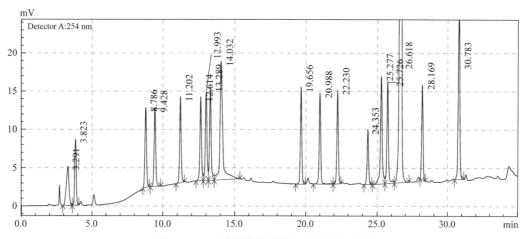

图 21-1　17 种标准氨基酸混合液的色谱图

从左到右，依次为：天冬氨酸 Asp（3.291）、苏氨酸 Thr（3.823）、丝氨酸 Ser（8.786）、谷氨酸 Glu（9.428）、脯氨酸 Pro（11.202）、甘氨酸 Gly（12.614）、丙氨酸 Ala（12.993）、半胱氨酸 Cys（13.289）、缬氨酸 Val（14.032）、蛋氨酸 Met（19.656）、异亮氨酸 Ile（20.988）、亮氨酸 Leu（22.230）、酪氨酸 Tyr（24.353）、苯丙氨酸 Phe（25.277）、赖氨酸 Lys（25.726）、NH₄⁺（26.618）、组氨酸 His（28.169）、精氨酸 Arg（30.783）

# 第二节　色氨酸的测定

## 一、比色法（二甲氨基苯甲醛法）

（1）原理：饲料等样品中的蛋白质在碱性条件下水解出游离色氨酸，在酸性介质中和有硝酸盐存在的条件下，色氨酸吲哚环与二甲氨基苯甲醛（P-DMAB）反应生成蓝色化合物，在一定范围内颜色深浅与色氨酸含量成正比。

（2）测定试剂：① 5% P-DMAB 溶液：称取 5 g 分析纯 P-DMAB 用 10% 盐酸溶解，定容至 100 mL，于 4℃冰箱保存。② 1% 硝酸钠溶液：称取 1 g 分析纯硝酸钠，用蒸馏水溶解并定容至 100 mL。③ 10% KOH 溶液：称取 10 g 分析纯 KOH，溶解后定容至 100 mL。④色氨酸标准溶液（0.1 mg/mL）：准确称取干燥的 L-色氨酸 25 mg，用少量热蒸馏水溶解后定容至 250 mL。

（3）主要测定步骤：称取 10～40 mg 过 60 目筛的风干样品或标准色氨酸溶液（0～1.0 mL）于水解管底部，加入 5% SnCl₂·5 N NaOH 溶液 6 mL，在充氮气条件下拧紧水解管的螺丝盖，于（110±1）℃水解 20 h（标准色氨酸溶液不需加热水解处理）。取出冷却后加入 5% P-DMAB 溶液 0.2 mL，摇匀后再加入 1% 硝酸钠溶液 0.2 mL，摇匀。然后在冰浴中慢慢滴入 6 N（1∶1）盐酸 5 mL（防止过热破坏色氨酸），使 pH＜7.0，于 40℃温箱显色 45 min，取出冷却至室温后用蒸馏水定容至 20 mL，摇匀后于 3000 r/min 离心 15 min，取上清液于 590 nm 测定光密度值。参照标准曲线计算样品的色氨酸含量。

## 二、高效液相色谱法

称取风干样品 20～100 mg 于水解管底部，加入 5% $SnCl_2 \cdot 5\,N$ NaOH 溶液 10 mL 和消泡剂 5 滴，在充氮气条件下拧紧水解管的螺丝盖，于（110±1）℃水解 20 h。之后将水解管取出冷却至室温，再置于冰浴中继续冷却，再加入 6 N 盐酸约 7 mL，调 pH 至 7，然后定容至 50 mL。将样品过滤，取 0.5 mL 于氨基酸分析仪（专用的高效液相色谱仪）进行测定。吸附柱洗脱液和色氨酸标准溶液等的配制见上。

# 第三节　β- 胡萝卜素的测定

测定饲料等样品中的胡萝卜素含量，需将其与其他色素分离开来，再通过光密度（$OD_{450}$ 值）测定，计算其含量。胡萝卜素有多种异构体，包括 α- 胡萝卜素、β- 胡萝卜素、γ- 胡萝卜素等，其中 β- 胡萝卜素分布最广、含量最高、最具有维生素 A 的生物活性。现在用高效液相色谱法可以将不同的胡萝卜素异构体区分开，准确测定 β- 胡萝卜素的含量。而过去常用氧化镁柱层析法，只能测定各种胡萝卜素的总含量，β- 胡萝卜素的测定则需用薄层层析法。

## 一、氧化镁柱层析法

（1）原理：以石油醚 / 丙酮溶液提取样品中的各种色素（含叶绿素、叶黄素、胡萝卜素、番茄红素、玉米黄素等），加水静置反复洗涤提取液，使丙酮完全溶于水相中并弃去，将色素留在石油醚中。将含色素的石油醚通过氧化镁柱，其中的色素会被吸附在柱上，然后用含有 3% 丙酮的石油醚洗提氧化镁柱，各种色素即会依次被洗提下来，收集黄色流出液（即含胡萝卜素部分），于 450 nm 处测定光密度值，即可根据标准曲线计算出样品的胡萝卜素含量。此法需要的仪器设备较为简单，适于初学者练习和理解胡萝卜素层析分离测定的原理，但其分辨率不足以将 α- 胡萝卜素、β- 胡萝卜素、γ- 胡萝卜素三种异构体较好地分离测定。

（2）层析柱（即吸附柱）：将 80 目过筛的氧化镁于 800～900℃马弗炉高温烧灼 3 h，冷却后装入层析柱约 8 cm 高，压平表面，再装入无水硫酸钠（吸水剂）约 1 cm 高，压平表面，加入 10 mL 石油醚润湿柱内的氧化镁并适当抽气。

（3）样品处理：根据样品的含水量、脂肪含量等的不同采用不同的处理方法。在青草、胡萝卜等青绿饲料，先精准称取剪碎的新鲜饲料样品 1～2 g，用蒸汽处理 2～5 min 灭活其中的氧化酶活性，在研钵中加入玻璃砂和 5 mL 石油醚（沸点 40～70℃）- 丙酮（1：1）混合液提取色素，再用石油醚 - 丙酮混合液反复提取，最后用丙酮提取。对于风干饲料，则需精准称取 40 目过筛的风干样品 1～2 g 于锥形瓶内，加入 20 mL 石油醚（沸点 80～100℃）- 丙酮（3：7）混合液，于电热板上回流 1 h，再在暗处密封静置 15 h 以上。对动物性或其他脂肪含量较高的样品，则需要先皂化处理，即加入 30 mL 乙醇和 5 mL KOH，在电热板上回流 30 min，再过滤除去皂化的脂肪，给过滤液加入高沸点石油醚后用分液漏斗洗提，作为待测样品。将以上任一样品的提取液置于分液漏斗中，加水后振摇，放去水层，再加水继续振摇，重复数次以完全除去丙酮，收集含色素的石油醚溶剂部分作为待测样品。

（4）层析与测定：将 5 mL 石油醚加入层析柱中，打开层析柱下部流出管，等石油醚在无水硫酸钠表面尚有少许时，加入样品，使慢慢流入柱体，再用若干毫升石油醚涮洗样品管，加入层析柱，用石油醚冲洗吸附柱至流出的液体呈无色为止。然后，用 3% 丙酮石油醚洗提吸附柱，收集流出的黄色液体（事先用标准品标识需收集的流出部分），并用石油醚定容到一定体积，摇匀。在 450 nm 处测定 OD 值，根据标准曲线计算胡萝卜素的含量。胡萝卜素标准曲线制备：精确称取胡萝卜素混合体（β- 胡萝卜素 90%，α- 胡萝卜素 10%）40～60 mg，用几滴氯仿溶解后用石油醚定容至 100 mL，现配现用，测定浓度为 0～2.5 μg/mL。

（5）测定注意事项：①为提高分离精确度，柱中氧化镁和无水硫酸钠的表面都要保证平整；②如果色素分离效果不好，可调整洗提的丙酮浓度，浓度高时洗提速度快，但分离效果差，浓度低时则分离效果较好；③整个试验过程要在暗室操作，以减少胡萝卜素的降解；④胡萝卜素也可用氧化铝柱进行分离。

## 二、高效液相色谱法

（1）原理：高效液相色谱也称为高压液相色谱，可以配备根据分子量大小、疏水性强弱、吸附 - 分离的 pH 或离子强度差异等原理分离物质的工作柱。植物色素会吸附在 $C_{18}$ 反相柱上，以水 - 丙酮为流动相进行梯度洗脱（不断增加丙酮浓度），可将各种色素（包括 β- 胡萝卜素）依次洗脱下来，测定 β- 胡萝卜素洗提峰在 450 nm 处的 OD 值，参照标准曲线即可计算样品中 β- 胡萝卜素的含量。

（2）仪器参数设置（供参考）。$C_{18}$ 反相色谱柱：4.6 mm（内直径）×50 mm（长），孔径 5 μm，进样量 20 μL，检测波长 450 nm，柱温 25℃，流速 1.5 mL/min。流动相：水 + 丙酮。梯度洗脱程序：0～30 min，75%～95% 丙酮；30～32 min，95%～100% 丙酮；32～35 min，100% 丙酮，约 32 min 时出峰。分离时也可用其他流动相，如含 0.4 g/L 抗坏血酸的甲醇 / 乙腈 / 三氯甲烷（84/12/4）溶液（避光保存）等，但样品处理方法需作相应改变。

（3）样品处理。青绿饲料：将 1～2 g 剪碎的新鲜样品准确称重后蒸汽处理，加入 5～8 mL 丙酮研磨成浆，用水定容至 25 mL，摇匀后用 0.22 μm 滤膜过滤后备用。风干样品也可粉碎后用丙酮直接提取。脂肪含量高的样品需先皂化处理。

（4）测定：开机后设置好高效液相洗提程序，待机器运行正常后注入样品即可。

（5）β- 胡萝卜素标准溶液：准确称取 β- 胡萝卜素 10 mg，用 20 mL 丙酮溶解后用水定容至 100 mL，摇匀后即为标准溶液（100 μg/mL）。

如果在配制标准溶液时加入 α- 胡萝卜素标准品，即可同时测定样品中的 α- 胡萝卜素含量。

## 三、薄层层析法

（1）原理：样品在硅胶板（固定相）上随溶剂展开时，由于各种物质随溶剂（流动相）展开的迁移速率即比移值（$R_f$）不同，可被逐渐分离开来。根据 β- 胡萝卜素的 $R_f$，挖取相应的黄色斑点（β- 胡萝卜素），溶解后测定其 $OD_{450}$ 值，根据标准曲线，即可计算出样品中的 β- 胡萝卜素含量。在缺乏高效液相设备的实验室，可采用薄层层析法测定样品的 β- 胡萝卜素含量。

（2）薄层层析板制备：将 5 g 羧甲基纤维素钠（CMC）溶于 1000 mL 热水，于 60～

70℃水浴放置 2～3 h，其间间歇搅拌，于 4000 r/min 离心 15 min，弃沉淀。将 270 g 薄层层析硅胶粉溶于 3 倍量的 CMC 溶液中，溶解后用超声波处理除去气泡。在 100 mm×50 mm 玻璃板上倾倒成均匀薄层（注意不要有气泡）。阴干（过夜）后于 105℃烘干 1 h 除去水分（活化），置于干燥器中冷却待用。也可直接购买已制备好的硅胶薄层层析板使用，但用前需活化。硅胶的型号 G 表示含有煅石膏黏合剂，H 表示不含黏合剂。

（3）样品处理：精确称取剪碎的新鲜样品 20～50 g 用蒸汽处理，或取风干样品 10～20 g，置于索氏提取仪中，加入 100 mL 石油醚（沸点 40～70℃）- 丙酮（7：3）混合液，于 60℃回流提取至无色，将回流液移入分液漏斗用蒸馏水反复洗涤除去丙酮，再将上层液体移入磨口小烧瓶于 60～70℃水浴加热浓缩，定容至 25 mL，摇匀备用。

（4）主要操作步骤：用微量取液器取 25～150 μL 样品或标准品（50 μg/mL）点样于硅胶板，用冷风吹干，放入以石油醚饱和的层析缸中，以石油醚为展开剂层析，待 β- 胡萝卜素完全分离后，取出层析板晾干，刮取含 β- 胡萝卜素的斑点（$R_f$=0.68），用石油醚洗脱后再用石油醚定容至 25 mL，摇匀后过滤，于 450 nm 处测定 OD 值。

# 第四节　游离棉酚的测定

棉酚包括结合棉酚和游离棉酚，其中游离棉酚对人和动物具有毒性作用。因为在生产实际中经常会遇到游离棉酚的毒性或残留问题，所以在此进行介绍。

棉酚含量较高的棉籽饼等外观常呈黄或褐黄色，加数滴硫酸后在显微镜下呈红色。

## 一、间苯三酚法

（1）原理：用 70% 丙酮可溶解提取游离棉酚，而结合棉酚不被提取。在酸性条件下，间苯三酚与提取棉酚的芳香醛结构反应形成紫红色物质，在 550 nm 处有吸收峰，其颜色深浅与芳香醛（棉酚）的含量成正比，可通过分光光度法定量测定。

（2）样品处理：精确称取 20 目过筛的风干样品 2～5 g 于具塞锥形瓶中，加入 10 粒玻璃珠，准确加入 70% 丙酮 40.0 mL，于振荡器上振荡 1h 或于室温浸泡 15 h 以上，过滤后待测。

（3）测定步骤：取滤液 1.00 mL 于 10 mL 比色管，加入 2 mL 混合试剂（50 mL 浓盐酸与 10 mL 3% 间苯三酚乙醇溶液的混合液，避光、低温保存），混匀后于室温放置 25 min，用乙醇定容至 10 mL，摇匀，于 550 nm 测定 OD 值。

（4）标准溶液：棉酚标准液为 10 μg/mL，测定量为 0～10 μg/ 管，用 70% 丙酮配制和稀释。

## 二、苯胺比色法

（1）原理：异丙醇 - 正己烷混合溶剂在一定条件下只溶解提取游离棉酚，而非结合棉酚。苯胺与提取的（游离）棉酚反应生成苯胺棉酚，在 440 nm 处有最大吸收峰，可以根据其 OD 值计算样品的游离棉酚含量。

（2）样品处理：提取剂，先配制 6：4（体积比）异丙醇 - 正己烷混合溶剂，再取约 500 mL 混合溶剂，加入 3- 氨基 -1- 丙醇 2 mL、冰醋酸 8 mL、蒸馏水 50 mL，摇匀后用异丙醇 -

正己烷混合溶剂定容到 1000 mL，即为提取剂。精确称取 40～60 目过筛的风干样品 1～3 g（含 200～1000 µg 棉酚）于 250 mL 具塞锥形瓶内，准确加入 50 mL 提取剂，盖塞后于振荡器上振荡 1 h 或室温浸泡 15 h 以上，过滤后待测。

（3）测定步骤：每个样品取两支 25 mL 具塞比色管（a 为检测管，b 为空白管），分别加入 2.0 mL 待测溶液，向 a 管中加入 3 mL 苯胺，摇匀后于 60℃水浴加热 15 min，冷却后用 95% 乙醇定容至 25 mL，摇匀放置 15 min，于 440 nm 处测定 OD 值。b 管直接用 95% 乙醇定容至 25 mL，摇匀后于 440 nm 处测定 OD 值。各样品的校正 OD 值 = a 管 OD 值 － b 管 OD 值。

（4）标准溶液：棉酚标准液（100 µg/mL），测定量为 0～100 µg/ 管，用 70% 丙酮配制和稀释。各浓度分别设定检测管（a 管）和空白管（b 管），测定方法同样品测定。计算标准曲线时以校正 OD 值为 $X$ 轴。

（5）计算：根据标准曲线和样品校正 OD 值计算测定样品的棉酚含量（µg/ 管），样品的游离棉酚含量（µg/g）= 测定样品的棉酚含量（µg/ 管）× 稀释倍数 / 样品重（g）。

## 三、硝酸铁法

（1）原理：异丙醇 - 正己烷混合溶剂在一定条件下只溶解提取游离棉酚，而非结合棉酚。在酸性条件下，硝酸铁中的 $Fe^{3+}$ 与提取的游离棉酚可生成绿色的双氨基丙醇棉酚合铁（Ⅲ）配合物，其在一定条件下于 595 nm 处的 OD 值与棉酚浓度成正比，可用于棉酚含量的测定。

（2）样品提取：同苯胺比色法。

（3）测定步骤：取 2.0 mL 测定液 [ 不足时可用异丙醇 - 正己烷混合溶剂补足 ] 于 10 mL 玻璃试管中，加入 5 mol/L 盐酸 50 µL，硝酸铁显色液 1.0 mL，混匀后于 3～5 min 内加入 200 µL 蒸馏水，再立即加入 1.75 mL 混合溶剂并混匀，于 595 nm 处测定 OD 值。硝酸铁显色液（17.9 mmol/L）配制：称取 0.3616 g Fe（$NO_3$）$_3$·9 $H_2O$ 溶于约 30 mL 混合溶剂，滴入约 15 滴浓盐酸，再用混合溶剂定容至 50 mL，避光保存。

（4）标准溶液：棉酚标准液（200 µg/mL），用提取剂（见苯胺比色法）配制。测定浓度为 0～400 µg/ 管或 0～2.0 mL 标准液 / 管，稀释时用混合溶剂补足体积（至 2 mL）。

## 四、高效液相色谱法

（1）原理：用 70% 丙酮或 70% 乙腈溶液可以提取样品里的游离棉酚，而结合棉酚不被提取。将提取液注入高效液相色谱仪，其中的游离棉酚等被吸附在 $C_{18}$ 柱上，并随流动相在吸附柱上以自身所特有的分配系数被不断吸附 - 洗脱而逐渐分离，最后被陆续洗脱下来离开柱体。棉酚在 235 nm 处有吸收峰，可以参照标准棉酚溶液的吸收面积或峰值，计算样品的棉酚浓度。

（2）样品处理：精确称取风干粉碎样品 2～5 g，准确加入提取液（乙腈：水 =7：3）25.0 mL，振荡 1 h，静置。于 6000 r/min 离心 5 min 取上清液，或过滤，再用 0.2 µm 滤膜过滤后待测。

肉类样品可用 80% 丙酮浸提（可冰浴超声处理），减压浓缩至近干，用流动相溶解后过滤测定。

（3）参数设定：使用 $C_{18}$ 反相色谱柱（250 mm×4.6 mm，5 μm），流动相为甲醇 -2% 磷酸（87：13）溶液，柱温 40℃，流速 1 mL/min，进样量 20 μL，检测波长 235 nm。

（4）测定步骤：设置高效液相参数，待仪器运行正常后即可注入样品测定。

（5）标准溶液：棉酚标准液（120 μg/mL），用乙腈 -0.2% 磷酸（85：15）溶液配制。测定液棉酚浓度为 0～120 μg/mL，稀释时可用流动相补足体积。

（6）样品中总棉酚的测定：一般是先以溶于 $N$，$N$- 二甲基甲酰胺的 3- 氨基 -1- 丙醇对结合棉酚进行加热水解，使其全部成为游离棉酚后进行测定。

# 瘤胃消化代谢

## 第一节　瘤胃液及其 pH、$NH_3$-N、VFA、体积的测定

### 一、瘤胃液的获取

瘤胃消化代谢研究主要包括微生物区系组成、消化代谢过程、消化酶活性、饲料消化程度等内容，而获取瘤胃液是研究的基本前提。

尽管瘤胃在不断蠕动搅拌，但瘤胃内的食糜仍然是不均匀的，因此获取瘤胃内容物样品在同一试验中取样的空间位置要相对固定。瘤胃食糜可以分成液相和固相两部分。瘤胃的液相与固相食糜有较大不同，特别是某些微生物是附着在固相饲料的颗粒上的，而某些消化酶的活性和代谢产物如氨态氮则主要体现在液相里，但由于瘤胃液相样品的指标基本可以反映出瘤胃食糜或瘤胃代谢的大体状况（固相占食糜的比例相对较低），加之均匀获取瘤胃食糜较为困难，因此一般都以瘤胃液即瘤胃食糜的液相为研究对象，但也有以固相为研究对象的，而较少以瘤胃全食糜作为研究样品。

获取瘤胃液的方法包括：①通过瘤胃瘘管获取。此法可以在任意时间点轻易获取瘤胃液，比较方便，主要用于专门研究，但瘤胃瘘管需要经常护理。装置瘤胃瘘管对瘤胃内的消化代谢没有显著影响，但对动物机体代谢会有一定影响，如血液铜蓝蛋白含量增加。从提供瘤胃液角度看，瘘管牛羊使用期较长，如果护理得当，一般都可以在三五年以上。②通过口腔 - 食道获取，即将胃管插入动物食道至瘤胃，吸取瘤胃液。此法对动物损伤小，相对简单，一般多用于生产动物瘤胃液的获取。此法的不足之处在于获取的瘤胃液会有较多的唾液成分，代表性相对较差，并且即使在生产场，特别是对于奶牛，也不宜反复获取瘤胃液。③通过瘤胃穿刺获取瘤胃液。此法简单，对动物影响相对较小，可用于生产动物，但也不宜反复抽取瘤胃液。④通过屠宰动物获取瘤胃液。此法比较简单，一般都是在屠宰场或在进行屠宰试验时获取瘤胃液用。存在的问题是所获得的瘤胃液只有一个时间点（屠宰时），而且此法经常与屠宰试验的要求相悖，即屠宰试验一般都要求将动物禁食 24 h，而此时瘤胃空虚，代谢强度低，微生物区系与采食后的差异大，所取瘤胃液相对于试验目的而言代表性较差。

通过瘤胃瘘管获取瘤胃液，少量获取（一般 200 mL 以内）时，可用自制的取液管，大量获取时可用抽真空机抽取。自制取液管由一个大号洗耳球和一段略有弯曲的塑料管组成，将二者用医用胶布捆绑连接在一起即可。取液的主要步骤：打开瘤胃瘘管盖，将取液管的洗耳球挤出空气，插进瘤胃内（下部），松开挤压的洗耳球吸取瘤胃液，抽出取液管将其中

的瘤胃液挤到样品容器里即可。

注意事项：瘤胃会不时蠕动，在瘤胃瘘管开盖的情况下，瘤胃液会由于蠕动被挤压流出瘘管，在取样时如果遇见此种情况，可用管盖或手堵住瘘管口；在瘤胃内的取样位置要相对固定，即取样管插入的方向、角度和深度在每次取样时要尽量保持一致，以保证样品数据的可比性。

## 二、瘤胃液 pH、NH₃-N、VFA 测定

pH 测定：瘤胃液内溶解的 $CO_2$ 是瘤胃液 pH 的重要决定因素，瘤胃液取出后，其中的 $CO_2$ 会不断外溢，使 pH 不断升高。因此测定 pH 的瘤胃液取出后建议要置于有塞子的容器里，立即测定，并且在测定前不要过滤和尽量不要剧烈摇动。测定用的 pH 计要提前一天开机校正，pH 电极要浸泡在盛有蒸馏水的烧杯内备用，不可悬空放置。测定时要先吸干玻璃电极底部的水分，再将电极没入瘤胃液中，几秒钟后读数即可。测定后要将 pH 电极冲洗干净重新置于烧杯内浸泡。pH 计在试验期间（如 2 周）不需要关机，但使用时每天需先校正 pH。

测定 NH₃-N 和 VFA 的瘤胃液需先用 100 目尼龙纱过滤，并轻轻挤压残渣。瘤胃液一般每 10 mL 加 1 滴饱和氯化汞（有剧毒）以终止瘤胃液的代谢反应，或加入福尔马林（终止浓度约 5%）终止代谢，贮存于 4℃（短期）或冷冻保存（长期）。

瘤胃液 NH₃-N 含量可用氧化镁蒸馏法，将 NH₃-N 蒸馏收集后用标准盐酸滴定（见第二十章第三节粗蛋白的测定），蒸馏时一般瘤胃液用量 2 mL，加 10% 氧化镁 5 mL，并加入 2～3 mL 液体石蜡以防止过分沸腾。NH₃-N 含量也可用水杨酸盐比色法直接测定，测定时取离心瘤胃液上清 2 mL，用 0.2 mol/L HCl（配制：18 mL 浓盐酸稀释至 1 L）稀释 5～10 倍，取 1.00 mL（含氮 0～1.3 μg）测定（见粗蛋白的测定），每个样品均需设置不含硝普钠试剂的对照。瘤胃液 VFA 含量一般用气相色谱法测定。

（1）基本原理：样品进入仪器后其中的挥发性脂肪酸被迅速气化，被吸附在极性柱（如反相 C₁₈ 柱）上，然后通过逐渐升温，使吸附在柱子上的各种挥发性脂肪酸被分步解离下来，并流过检测器被测定记录。

（2）样品处理：将瘤胃液 15 000g 离心 15 min，取 0.5 mL 上清液与 0.5 mL 18% 三氯乙酸混合，静置 30 min 后于 20 000g 离心 15 min，取 500 μL 上清液，加入 50 μL 60 mmol/L 巴豆酸（内标物）混匀待用。

（3）主要参数：仪器气体流速设置：氮气 75 mL/min、氢气 750 mL/min、空气 50 mL/min；升温程序：初始温度 55℃，升温速度 13℃/min，升温至 200℃，保持 0.5 min；进样量 1 μL。

（4）标准液：混合挥发性脂肪酸标准液的参考浓度（mmol/L）分别为乙酸 60、丙酸 20、异丁酸 8、丁酸 8、异戊酸 8、戊酸 8、巴豆酸 6，用双蒸水梯度稀释，进样量 1 μL。

（5）计算：参照标准液和样品巴豆酸的峰值（比例）计算各酸的浓度。瘤胃液 VFA 也可用液相色谱仪测定。

没有气相色谱仪时，可将瘤胃液用硫酸蒸馏，用标准盐酸滴定蒸馏出的液体（见以上粗蛋白测定一节），计算蒸馏出的总 VFA 含量。滴定终点可用甲基红 - 溴甲酚绿混合液作为指示剂或用 pH 计指示。

## 三、瘤胃液体积与后送率测定

### 1. 测定意义

瘤胃液体积指活体状态下瘤胃内食糜液体的体积；而瘤胃液后送率（turnover rate）指每天或每小时后送到后消化道的瘤胃食糜液体的速率。瘤胃液消化代谢指标，如氨态氮、VFA、微生物的显微镜分类计数或 PCR 计数、消化酶活性等，一般都用单位体积瘤胃液含量或活性表示，而绝对量不得而知。但如果瘤胃液的总体积增加或减少了，即使单位代谢指标值不变，也可能会造成误差或错误，出现误导，因此仅用相对数据来表示瘤胃的消化代谢状况，可能还不够，还需要测定（监测）瘤胃液的体积变化。另外，瘤胃液后送率影响饲料蛋白的瘤胃降解率和微生物蛋白合成效率，因而也是瘤胃氮代谢常用的研究指标之一。

### 2. 测定原理

通过给瘤胃瘘管一次性灌注水溶性标记物如聚乙二醇（PEG，分子量 4000 或 6000）（羊 4~5 g；牛 20~30 g，溶于水后灌注），其在瘤胃液里的浓度随时间呈指数型减少，即 $C = C_0 e^{-kt}$。其中，$C$ 为灌注后某一时间点的 PEG 浓度；$C_0$ 为 0 时的 PEG 浓度；$k$ 为后送速率（周转率）；$t$ 为灌注后的时间点。测定灌注后不同时间点的 PEG 浓度，根据公式便可计算 $C_0$ 和 $k$ 值（两个时间点的数据为一组求 $C_0$ 和 $k$ 值，最后取所有组的均值），而 PEG 灌注量 $/C_0$ 即为瘤胃液体积。在以上测定和计算时均假定当天的瘤胃液体积和后送率是不变的，这可能会有一定误差。

### 3. 计算举例

给装置了瘤胃瘘管的绵羊通过瘘管一次性灌给 5% PEG 4000 溶液 100 mL，在灌后 0 h、1 h、2 h、4 h、6 h、8 h 和 10 h 获取瘤胃液，测定 PEG 浓度，结果如表 22-1 所示，求瘤胃液的体积（$V$）和后送速率（$k$）。

**表 22-1　绵羊一次性灌注 5% PEG 后不同时间瘤胃液的 PEG 浓度**

| 时间 | 样品编号 | | | | | | |
|---|---|---|---|---|---|---|---|
| | 0 | 1 | 2 | 3 | 4 | 5 | 6 |
| 灌注后时间 /h | 0 | 1 | 2 | 4 | 6 | 8 | 10 |
| PEG/（mg/mL） | 待计算 | 0.975 | 0.950 | 0.840 | 0.751 | 0.650 | 0.580 |

将公式 $C = C_0 e^{-kt}$ 取对数，即 $\ln C = \ln C_0 - kt$。将 1 号和 6 号、3 号和 4 号、2 号和 5 号样品的数据（灌注后时间和 PEG 浓度）组合成三组数据，分别代入公式：

一组：$\ln 0.975 = \ln C_0 - k \times 1$，$\ln 0.580 = \ln C_0 - k \times 10$。
二组：$\ln 0.840 = \ln C_0 - k \times 4$，$\ln 0.751 = \ln C_0 - k \times 6$。
三组：$\ln 0.950 = \ln C_0 - k \times 2$，$\ln 0.650 = \ln C_0 - k \times 8$。

计算以上三个二元一次方程组，分别计算 $C_0$ 和 $k$ 值，所得的三个 $C_0$ 值分别为 1.033、1.051 和 1.078，三个 $k$ 值分别为 0.0577、0.0560 和 0.0632，各取平均数（$C_0$ 为 1.054 和 $k$ 为 0.059），即绵羊的瘤胃液体积（$V = 5000 \div C_0$）和瘤胃液后送率（$k$）分别为 4743.8 mL

和 5.90%/h，或 $V \times k = 279.9 \text{ mL/h}$。

### 4. 瘤胃液样品处理步骤

取 2 份（重复样）1.0 mL 过滤瘤胃液分别于 10 mL 离心管中，依次分别加入 0.3% $Ba(OH)_2$、5% $ZnSO_2 \cdot 7H_2O$ 各 1 mL，10% $BaCl_2 \cdot 2H_2O$ 0.5 mL 及蒸馏水 2～4 mL（每次加入后均需摇匀），用玻璃棒搅拌混匀，冲洗搅棒回收残液，以 4000 r/min 离心 10 min，收集上清液于 25 mL 容量瓶中，再加入蒸馏水洗提沉淀、离心，收集上清液，再重复 2 次，最后定容至刻度线，摇匀待测。

### 5. 测定步骤

取 5 mL 待测样品于 10 mL 带橡皮塞试管中，加入 5 mL 显浊液（三氯乙酸 30 g、$BaCl_2$ 5.9 g、蒸馏水 80 g），盖紧橡皮塞，轻轻上下颠倒三次，于室温静置 15 min，即于 420 nm 处测定浊度值。

### 6. 操作注意事项

注意事项如下：①要保证显浊样品中没有 $SO_4^{2-}$ 存在，否则显浊时会出现白色沉淀干扰（正常时的白色有点泛青）；②加入显浊液后混匀试管的颠倒次数、强度和静置时间等影响 OD 值，所以测定时各样品的操作过程要一致；③测定时每个样品加显浊液时间和测定时间均需相隔 1 min，以保证测定时各样品的静置时间一致；④显浊液具有腐蚀性，如滴洒在手上或仪器上，要及时冲洗或擦拭；⑤PEG 4000 或 PEG 6000 在瘤胃液中较稳定，在室温下放置几天也不会降解。

### 7. PEG 标准溶液

取化学纯 PEG（分子量为 4000 或 6000）用水配制，不需烘干（与试验称取的样品相同）。PEG 标准溶液：100 μg/mL，测定 0～500 μg/5 mL 待测液。

# 第二节　瘤胃微生物计数

## 一、瘤胃微生物显微镜分类计数

瘤胃食糜包括液相和固相两部分，其液相与固相的微生物组成和数量不同，但就研究方法和试验设计（目的）而言，瘤胃微生物计数一般都是指瘤胃液中的微生物计数，除非特殊说明。

进行微生物显微镜分类计数的瘤胃液，在获取后首先要立即"杀死"或固定微生物，可通过加入 10% 福尔马林生理盐水或往每 10 mL 瘤胃液里加 1～2 滴饱和氯化汞来实现，但因氯化汞属剧毒，建议一般不要使用。处理后的瘤胃液可以于 4℃ 冰箱保存，也可长期冷冻保存备用。但如果 4℃ 冰箱保存时间过长（如 1 个月以上），样品可能会发霉变质。测定瘤胃食糜固相微生物时，可先用甲醇将吸附在固相上的微生物洗提下来。

瘤胃微生物包括原虫、细菌、真菌和噬菌体等，但显微镜分类计数主要用于原虫和细菌计数，因为真菌体及孢子不宜显微镜计数。瘤胃原虫有几百种，在显微镜分类计数时常见的有等毛虫（全毛虫）（毛口亚目等毛科 4 个属）、内毛虫（内毛目头毛科内毛亚科 2 个属）、双毛虫（内毛目头毛科双毛亚科 10 个属）、前毛虫（内毛目头毛亚科前毛属）、头毛虫（内毛目头毛亚科头毛属）及其他，其中内毛虫为原虫的主要种类，可占原虫总数的 80% 以上。细菌主要分大杆菌、小杆菌、球菌、链球菌、新月芽形菌进行计数，但经验不足者常常不易球菌和链球菌二者区分，可合并计数。瘤胃内还有鞭毛虫（也属原虫），长 4～15 μm。各种原虫和细菌等的形态可见有关专著。

瘤胃液微生物计数时，一定要保证样品和稀释过程的均匀度，取样前手工摇动样品管混匀时必须要达到 200 次以上。瘤胃液样品不可用振荡器混旋，以免原虫虫体破裂。

### 1. 原虫分类计数

瘤胃液原虫数量一般为（2～20）×10⁵ 个 /mL，虫体长 40～200 μm。由于一般血球计数板计数室的高度仅 100 μm，在稀释瘤胃液进入计数室时原虫体可能会被卡住而不能自由流动，因此对计数瘤胃微生物的血球计数板需要进行加高改造，即在计数室两侧粘上 400 μm 厚的玻片，使计数室高度达到约 500 μm，从而使虫体能够均匀分布。加工的计数板需用游标卡尺精确测定计数室的高度 [ 计数室高度 = 粘玻片后计数板厚度 − 粘贴前计数板厚度 − 玻片厚度（假设粘贴剂厚度为 0）] 进行计数板体积校正，也可通过比较普通计数板和加厚计数板的血细胞或细菌计数结果进行校正。

计数时，需先用 M.F.S 溶液（福尔马林 100 mL、NaCl 8.0 g、甲基绿 0.6 g，蒸馏水 900 mL）将保存的瘤胃液摇匀后稀释 20～50 倍（以血球计数板每个大方格内约 5 个虫体为宜），吸取摇匀的液体加入计数室，静置 2 min 后用 10×40 倍显微镜进行分类计数。每次计数 18 个大方格（两个计数室），计数时对于压线的虫体按照计上不计下、计左不计右的原则计数。重复取样计数 4 次，取平均数。原虫数 /mL 瘤胃液 $=2×10^3×X/S×D$；其中，$2×10^3$ 为每毫升大方格数；$X$ 为所有大方格中原虫的总数；$S$ 为计数大方格数；$D$ 为瘤胃液稀释倍数。

瘤胃原虫显微镜分类计数时等毛虫、内毛虫、双毛虫、前毛虫、头毛虫的主要形态特征见表 22-2。双毛虫与前毛虫的区分主要依据是双毛虫有顶盖式屑，而前毛虫的两束纤维带更加靠前；双毛虫与头毛虫的区分主要依据是双毛虫有顶盖式屑而头毛虫尾部形态较为复杂，其特点是同时具有许多叉状尾刺和一根主尾刺，而双毛虫不会同时具有。

**表 22-2　常见瘤胃原虫的主要形态特征**

| 原虫 | 科属 | 主要形态特征 |
| --- | --- | --- |
| 等毛虫 | 等毛科 4 个属 | 整个体表被有等长纤毛，口部和前庭腔壁上分布着纤毛 |
| 内毛虫 | 头毛科内毛亚科 2 个属 | 只有一束纤毛分布在虫体前面的近口唇和口盘之间的线沟内 |
| 双毛虫 | 头毛科双毛亚科 10 个属 | 虫体前体表被有两束复合纤毛带，一束位于近口部（近口纤毛带），一束位于体前左面（左纤毛带）。两束纤维带之间的顶部有一明显隆起（顶盖式屑） |
| 前毛虫 | 头毛亚科前毛属 | 有两束复合纤毛带，均靠前，近口纤毛带靠近顶端，左纤毛带在距前端 1/5 处，尾部有刺或无 |
| 头毛虫 | 头毛亚科头毛属 | 有两束复合纤毛带；体后部有许多叉状尾刺，并有一根主尾刺（有的较粗短） |

### 2. 细菌分类计数

瘤胃细菌种类繁多，总计数为（1～12）×10^10 个 /mL，按形态结构可分为大杆菌、小杆菌、球菌、链球菌和新月芽形菌等，大小为（0.4～1.0）μm×（1～3）μm，瘤胃液中各种细菌的浓度随动物种属、饲粮类型、饲喂方式、采食后时间等而不同。计数时需先将冷藏的 2 倍稀释的瘤胃液放至室温，摇匀后用 0.05% 结晶紫生理盐水稀释 50～150 倍，摇匀后取液体注入血球计数室，盖上玻片后用 10×100 倍油镜观察计数。每次计数 20 个小方格，取平均数。重复取样计数 4 次，取平均值。细菌数 /mL 瘤胃液 = 8×10^5×N×D；其中，1.6×10^5 为每毫升小方格数；N 为每个小方格中某种细菌的平均数；D 为瘤胃液稀释倍数。

常见瘤胃细菌主要形态特征见表 22-3，可见形态分类所对应的细菌种类较多，且细菌形态多变，因此瘤胃细菌显微镜分类计数法仍是一种比较粗糙的研究方法，进一步的研究需根据细菌的消化或代谢功能分类和采用 PCR 法测定。表 22-3 表明瘤胃细菌（数量）主要为小杆菌和球菌。

表 22-3　常见瘤胃细菌的主要形态特征

| 形态分类 | 对应的细菌分类 | 主要形态特征 | 参考浓度 /（个 /mL 瘤胃液） |
|---|---|---|---|
| 大杆菌 | 梭菌属、溶纤维丁酸弧菌、溶糊精琥珀酸弧菌等 | 杆状，长 3～6 μm | 1×10^9 |
| 小杆菌 | 产琥珀酸丝状杆菌、嗜淀粉瘤胃杆菌、普雷沃氏菌、真细菌、乳酸杆菌、溶糊精琥珀酸弧菌等 | 杆状，长 3 μm 以下 | 1×10^10 |
| 球菌 | 瘤胃白色球菌、瘤胃黄色球菌等 | 呈圆球形或近似圆球形，有的呈矛头状或肾状，直径 0.8～1.2 μm | 1×10^10 |
| 链球菌 | 牛链球菌 | 呈圆球形或近似圆球形，成链状排列 | 1×10^9 |
| 新月芽形菌 | 反刍月形单胞菌属 | 弯曲，新月形杆状，平端，（0.9～1.1）μm×（3.0～6.0）μm | 1×10^9 |

## 二、瘤胃微生物实时荧光定量 PCR 测定

（1）原理：原核生物核糖体 RNA（rRNA）分 3 类：5S rRNA、16S rRNA 和 23S rRNA（其中 S 为沉降系数）。真核生物的分 4 类：5S rRNA、5.8S rRNA、18S rRNA 和 28S rRNA。rRNA 及其基因（DNA 序列）的保守区与生物进化高度相关，其中 16S rRNA（含 1540 个核苷酸）及其基因是原核生物所特有的，存在于所有细菌的基因组中；而 18S rRNA（含 1900 个核苷酸）及其基因是真核生物所特有的，存在于所有真核生物的基因组中；因此它们保守区的核苷酸序列可以分别用于此两类生物的（相对）定量测定。而 16S 和 18S rRNA 可变区核苷酸序列则分别反映了原核或真核生物内部种属之间的差异，可以用于原核或真核生物内部之间不同种属的（相对）定量测定。通过特异性引物和 DNA 聚合酶对保守区或可变区核苷酸序列进行扩增，可根据扩增数（拷贝数）对样品特定核苷酸序列的模板数进行相对的实时荧光定量（quantitative real-time polymerase chain reaction，PCR）测定，而模板数则对应于特定的微生物数量。

（2）实时荧光定量 PCR 的测定主要有以下步骤。①样品处理（DNA 提取）：提取纯化瘤胃液样品的 DNA 并测定其浓度；②扩增目的基因：扩增样品 DNA 中的目的基因（其可增加百万倍以上），并且扩增数（拷贝数）与模板的 DNA 数成正比。可根据目的基因 DNA 的 $OD_{260}$ 计算基因数即拷贝数，作为标准品；③定量目的基因：用实时荧光定量 PCR 法测定 Ct 以计算扩增基因的拷贝数，并以拷贝数表示瘤胃液样品中模板 DNA（特异微生物）的相对数量。Ct 为累积到某一荧光信号强度所需的循环次数，可人为设定，样品的拷贝数与 Ct 成反比，与目的基因（瘤胃液中的模板 DNA）成正比。

瘤胃细菌、原虫、真菌的引物序列见表 22-4。一般实验室测得的瘤胃总细菌、总原虫和真菌的 PCR 拷贝数范围分别为 $(1.5\sim5)\times10^9$/mL 瘤胃液、$(1.5\sim2.5)\times10^5$/mL 瘤胃液和 $(4\sim6)\times10^7$/mL 瘤胃液。

（3）样品处理（DNA 提取）：取 1 mL 过滤瘤胃液，加 0.3 g 细砂玻璃珠后以 12 000 g 低温离心 5 min，弃上清液，再加入灭菌 PBS 0.8 mL 重复离心一次，弃上清液。加入灭菌溴化十六烷三甲基胺缓冲液 0.8 mL 后用球磨仪击打，于 70℃ 水浴 20 min，再以 16 000 g 低温离心 5 min，取上清液。加入 5 μL RNA 酶（10 mg/mL），于 37℃ 水浴 30 min，加入苯酚：氯仿：异戊醇（50：48：2）溶液 800 μL，混旋至呈白色乳浊液，以 10 000 g 低温离心 10 min，保留上清液，取 700 μL 上清液与等量的苯酚-氯仿-异戊醇溶液混合后振荡、离心、取上清液，将此上清液再与等量的苯酚-氯仿-异戊醇溶液混合、振荡和离心，再取 500 μL 上清液与 600～800 μL 异丙醇混合，室温静置 10 min 后于 −20℃ 冰箱过夜，再以 16 000 g 低温离心 15 min，可见灰白色 DNA 沉淀，弃上清液。加入 70% 冷乙醇 1 mL，以 10 000 g 低温离心 10 min，倒出上清液风干，再加入 50 μL 灭菌 Tris-EDTA 缓冲液（10 mmol/L Tris、1 mmol/L EDTA，pH 7.4）溶解（含有样品目的基因，称 DNA 纯化样品）。

取 2 μL DNA 纯化样品测定 $OD_{260}$ 值和 $OD_{280}$ 值，$OD_{260}/OD_{280}$ 值应为 1.6～1.8，如果过高表明样品中含有 RNA，而过低则表明样品中有蛋白质、酚类污染，均需重新提取；样品的最终 $OD_{280}$ 值（即 DNA 浓度）需稀释至 1.9～2.0。

（4）样品目的基因的 PCR 扩增：根据文献合成相应微生物的基因片段即 DNA 引物（表 22-4）（通常委托专业公司合成），然后对相应基因片段进行 PCR 扩增。反应体系：10×Tris-EDTA 缓冲液 2.0 μL、混合三磷酸脱氧核苷（dNTP）1.0 μL、Taq DNA 聚合酶 0.2 μL、上下游引物各 0.2 μL、模板（样品）DNA 1 μL，用超纯水补至 20 μL。PCR 扩增程序（供参考，不同菌种升温程序和循环次数略有不同）：94℃ 变性 5 min；然后 94℃、30 s，55℃、30 s，72℃、30 s，共计 35 个循环；最后 72℃ 延伸 5 min 结束。扩增样品的纯化回收：用 2% 琼脂糖凝胶对扩增样品电泳，在紫外灯下切出目的片段，加入溶胶液（低 pH、高盐）（300～600 μL/100 mg 琼脂糖凝胶），于 50℃ 水浴加热 10 min 使胶完全溶化，移至离心吸附柱（为含硅基质滤膜，低 pH、高盐时可选择性吸附 DNA 片段，并在高 pH、低盐时可被洗脱），于室温静置 2 min 后以 13 000 r/min 离心 45 s，弃去上清液，再加入 600 μL 漂洗液（低 pH、高盐）重复离心一次；弃去上清液后再加入 600 μL 漂洗液离心 2 min，倒净液体后将吸附柱（沉淀）移入 Eppendorf 管，加入 30 μL 洗脱缓冲液（高 pH、低盐），静置 2 min 后以 13 000 r/min 离心 2 min，取上清液测定样品 DNA 浓度（$OD_{260}$ 值），于 −20℃ 冰箱保存备用（作为 DNA 扩增样品）。DNA 浓度计算：1 $OD_{260}$ = 50 μg/mL 双螺旋 DNA（可用标准 DNA 对本实验室的仪器进行校准）。

表 22-4　瘤胃细菌、原虫、真菌的引物序列

| 微生物 | 引物名称 | 引物长度 | 序列（5'→3'） | 产物长度/bp | 文献来源 |
|---|---|---|---|---|---|
| 总原虫<br>total protozoa | T.pro-F<br>T.pro-R | 20<br>19 | GCTTTCGWTGGTAGTGTATT<br>CTTGCCCTCYAATCGTWCT | 223 | Karnati et al., 2007 |
| 厌氧真菌<br>anaerobic fungi | A.fun-F<br>A.fun-R | 28<br>25 | GAGGAAGTAAAAGTCGTAACAAGGTTTC<br>CAAATTCACAAAGGGTAGGATGATT | 120 | Denman and McSweeney, 2006 |
| 总细菌<br>total bacteria | T.bac-F<br>T.bac-R | 20<br>20 | GTGSTGCAYGGYTGTCGTCA<br>ACGTCRTCCMCACCTTCCTC | 150 | Maeda et al., 2003 |
| 白色球菌<br>Ruminococcus. albus | R.alb-F<br>R.alb-R | 22<br>19 | CCCTAAAAGCAGTCTTAGTTCG<br>CCTCCTTGCGGTTAGAACA | 175 | Koike and Kobayashi, 2001 |
| 黄化球菌<br>Ruminococcus flavefaciens | R.fla-F<br>R.fla-R | 29<br>28 | CGAACGGAGATAATTTGAGTTTACTTAGG<br>CGGTCTCTGTATGTTATGAGGTATTACC | 132 | Denman and McSweeney, 2006 |
| 牛链球菌<br>Streptococcus bovis | S.bov-F<br>S.bov-R | 26<br>24 | TTCCTAGAGATAGGAAGTTTCTTCGG<br>ATGATGGCAACTAACAATAGGGGT | 127 | Stevenson and Weimer, 2007 |
| 嗜淀粉瘤胃杆菌<br>Ruminococcus amylophilus | R.amy-F<br>R.amy-R | 18<br>18 | CAACCAGTCGCATTCAGA<br>CACTACTCATGGCAACAT | 642 | Tajima et al., 2001 |
| 产琥珀酸杆菌<br>Fibrobacter succinogenes | F.suc-F<br>F.suc-R | 22<br>19 | GTTCGGAATTACTGGGCGTAAA<br>CGCCTGCCCCTGAACTATC | 121 | Denman and McSweeney, 2006 |
| 溶纤维丁酸弧菌<br>Butyrivibrio fibrisolvens | B.fib-F<br>B.fib-R | 18<br>24 | ACCGCATAAGCGCACGGA<br>CGGGTCCATCTTGTACCGATAAAT | 65 | Stevenson and Weimer, 2007 |
| 瘤胃新月形单胞菌<br>Selenomonas ruminantium | S.rum-F<br>S.rum-R | 18<br>18 | TGCTAATACCGAATGTTG<br>TCCTGCACTCAAGAAAGA | 513 | Bekele et al., 2010 |
| 普雷沃氏菌<br>Prevotella bryantii | P.bry-F<br>P.bry-R | 21<br>21 | ACTGCAGCGCGAACTGTCAGA<br>ACCTTACGGTGGCAGTGTCTC | 540 | Bekele et al., 2010 |
| 斯氏噬氨菌<br>Clostridium aminophilum | C.ami-F<br>C.ami-R | 20<br>19 | ACGGAAATTACAGAAGGAAG<br>GTTTCCAAAGCAATTCCAC | 560 | Patra and Yu, 2014 |
| 产甲烷菌<br>methanogens | Meth-F<br>Meth-R | 20<br>22 | TTCGGTGGATCDCARAGRGC<br>GBARGTCGWAWCCGTAGAATCC | 140 | Denman and McSweeney, 2006 |

## 三、扩增样品的实时荧光定量 PCR 测定

（1）测定原理：双链 DNA 高温时解链，此时高温 DNA 聚合酶可在特异性引物指引下合成新的 DNA 双链，并且每合成一次，积累一个单位的荧光信号，合成次数越多，累积的荧光信号强度越高，而要达到某一信号强度，模板数越多，所需要的次数越少，反之越多，据此可以根据信号强度计算模板数（扩增 PCR 中的拷贝数）。

（2）反应体系为：SYBR- 二聚体去除剂预混液（SYBR Premix Dimer Eraser™）（含双链 DNA 荧光染料 SYBR 绿 I 和耐热 RNA 酶）10 μL，上下游混合引物（各 50%）0.3 μL，扩增 DNA 样品 1 μL，再用无菌去离子水补足至 20 μL。荧光染料 SYBR 绿 I 的特点：可与双链 DNA 结合并发出荧光，但不与单链 DNA 结合，也不发出荧光。

（3）PCR 定量测定程序（供参考，不同菌种的升温程序略有不同）：94℃变性 5 min；然后依次为 94℃、30 s，55℃、30 s 和 72℃、20 s，共计 35 个循环，荧光检测设在每个循环的最后一步。熔解曲线从 65℃开始至 95℃，每秒增加 0.1℃，并收集荧光信号。根据 $C_t$ 值计算拷贝数。

（4）标准曲线：取已测定 DNA 浓度的各 DNA 扩增样品进行 10 倍比稀释（$10^3 \sim 10^9$ 倍），加入相应引物，参照以上反应体系进行实时荧光定量 PCR 测定，测得 $C_t$ 值，以 $C_t$ 值为纵坐标，扩增样品 DNA 浓度的对数值为横坐标，制图或计算线性回归曲线。样品测定时，根据一定 $C_t$ 值时扩增样品中的 DNA 浓度，按照下式计算基因拷贝数：

$$基因拷贝数（copies/mL）= 6.02 \times 10^{23} \times C（\mu g/mL）\div（X \times 660）$$
$$= 9.12 \times 10^{20} \times C（\mu g/mL）/X$$

式中，$C$ 为一定 $C_t$ 值时扩增样品的 DNA 浓度（μg/mL），根据测定的 $C_t$ 值和查阅 $C_t$-DNA 标准曲线得出；$X$ 为目的基因 DNA 碱基对数（bp）；$6.02 \times 10^{23}$ 为阿伏加德罗常数；660 为螺旋 DNA 中每个碱基对的平均分子量。

例如：一定 $C_t$ 值时扩增样品 DNA 浓度为 100 μg/mL，目的基因 DNA 碱基对数（bp）15 000，求 PCR 扩增样品中的基因拷贝数。

$$基因拷贝数（copies/mL）= 9.12 \times 10^{20} \times 100/15\ 000$$
$$= 6.08 \times 10^{18}$$

# 第三节　尼龙袋法和皱胃瘘管法

## 一、尼龙袋法

将饲料样品放在尼龙袋中置于瘤胃内，待一定时间后取出冲洗后烘干，测定某营养素消失率的方法称为尼龙袋法，主要用于粗饲料和蛋白质饲料消化的研究。然而，离开尼龙袋的营养素可能是被消化了，但也可能仅仅是"漏"出了，所以，尼龙袋法所得的结果一般都用"消失"（disappearance）而非"消化"（digestion）来表示。

本法所用尼龙袋材料为 260 目的尼龙纱，袋长 10 cm、宽 6 cm，边缘以两道尼龙线缝合。将样品称入尼龙袋后，需扎紧袋口。尼龙袋下部要绑一重物（如螺母）使袋子下

沉，否则尼龙袋会浮在瘤胃液的上部。袋口部要捆绑一定长度的细绳，届时固定在瘘管口，用于取出尼龙袋。同时放置多个尼龙袋时，一般要将袋子都绑在一个架子上，使易于发现、取出。

尼龙袋法所用的样品需要先进行粉碎，过 20～40 目筛，然后再过 100～120 目筛，取不能过筛的部分作为样品，但要尽量保持样品的原有质地（如根、茎、叶比例等）。有的粗纤维样品最后还要进行洗涤、晾干，以除去粉末。每袋样品称量 1.0～1.2 g。

装有饲料样品的尼龙袋在瘤胃内放置取出后，需用缓流自来水慢慢冲洗干净，然后自然晾干或 40～50℃烘干，再连袋称重或倒出后称重，测定粗蛋白或纤维素等含量。

尼龙袋法研究时多采用时间曲线，即研究置于瘤胃后不同时间点尼龙袋中粗蛋白或纤维类物质的消失率。特别是在粗蛋白研究 0 时 [ 即刚刚置于瘤胃（环境）时 ] 的数据，反映了样品中可溶性蛋白的比例。尼龙袋法可以比较不同蛋白质饲料的含氮物在瘤胃中的消失率，也可以比较不同处理粗饲料在瘤胃中的消化（失）程度，但不适于绝对定量研究，因为尼龙袋里的饲料的消化（失）程度或过程，与在不用尼龙袋时的程度或过程是有一定区别的。例如，在瘤胃中的位置、有无经过反刍等。

另外，尼龙袋法还有其他应用。例如，给动物饲喂不同日粮，研究不同日粮条件下瘤胃的消化性能；在体外瘤胃液培养条件下，将装有饲料样品的尼龙袋置于培养瘤胃液中，研究不同饲料的消化性或瘤胃液不同处理（添加）对饲料样品消化的影响；将尼龙袋尺寸缩小，可以将样品从牛羊皱胃瘘管或猪小肠瘘管处放入，然后从粪便中回收，研究饲料的消化等。

## 二、皱胃瘘管法

通过皱胃瘘管收集食糜，测定食糜的营养物质含量和食糜流量，可以测定瘤胃的消化量和离开瘤胃的营养物质量。例如，根据动物的干物质采食量和到达皱胃的干物质量，就可计算瘤胃（前胃）的干物质表观消化量，同样，可以计算纤维素、粗蛋白等的瘤胃（表观）消化量。而测定皱胃食糜的粗蛋白、微生物蛋白质等含量，以及到达皱胃的食糜流量，就可以计算到达皱胃各种营养物质的总量。以上计算对于了解瘤胃消化性能和到达小肠的营养物质量，具有重要的意义。

一般采用标记物法（使用 PEG、木质素、氧化铬等标记物）测定食糜流量。有的研究将食糜（包括小肠食糜）分为固相和液相两部分（通过离心或过滤分离），分别用两种标记物（固相标记物和液相标记物）标记和计算，称为双标记法。每期收取皱胃食糜的时间应均匀隔开，每次取量相同，质地一致，冷冻保存，最后将每期每只动物的食糜混合为一个样品，再行处理、测定。

## 第四节　人工瘤胃法

人工瘤胃法是将瘤胃液在体外培养，测定不同处理引起的各种指标变化，以评价饲料特性、添加剂作用、瘤胃微生物作用等。本方法简单，试验时间短，可以根据产气量评价粗饲料消化及调控剂的作用，根据氨态氮浓度评价蛋白质饲料的消化及调控剂的作用，在一定程度上可以替代动物试验或作为前期添加剂、添加剂量、日粮作用等的筛选手段，因此应用较广。人工瘤胃的装置（用具）各种各样，如注射器、锥形瓶、发酵罐等，体积也是从几毫升到几升不等，对发酵环境控制的程度也高低不一。然而，与正常瘤胃功能相比，一般的人工瘤胃装置（研究方法）还存在以下问题：①瘤胃原虫在体外培养时呈下降状态，长期培养则逐渐消失，但加入高压灭菌瘤胃液时可延长原虫的存活时间；②人工瘤胃液细菌的数量和组成与天然瘤胃状态相比也有差异，可能会造成消化酶活性和消化能力的差异；③人工瘤胃中的各种微生物的数量、消化代谢指标等并非一定随培养时间呈线性变化；④人工瘤胃研究结果主要用于不同饲料、不同处理间的比较，其绝对值与在天然瘤胃里的实际情况可能会相差较大等。

人工瘤胃发酵的基本条件包括以下几点。①温度为 $38.5 \sim 40 ℃$，一般采用水浴控制。② pH 为 $6.5 \sim 7.5$。为了维持发酵过程 pH 的相对稳定，使能够在正常的生理范围内，进行人工瘤胃培养开始时需加入人工唾液（反刍动物唾液的无机成分）（表 22-5），加入的比例依培养持续时间和基质而定，一般天然瘤胃液：人工唾液的比例为 1 ：（0.5～2），原则上需保证培养结束时培养液 pH 仍在正常瘤胃生理范围内。为了保持 pH 稳定，有的人工瘤胃培养装置还模拟动物"后送"瘤胃内容物，即每隔一段时间，流出一部分人工瘤胃液（或食糜），再加入一定量的人工唾液甚至基质。③严格厌氧。为了保持人工瘤胃环境的高度厌氧，培养装置要严格密封。培养前可给人工唾液和瘤胃液充 $CO_2$ 气体，以驱赶空气。也可用液体石蜡封住培养液的液面，隔绝空气，并靠发酵时产生的 $CO_2$ 使培养过程厌氧。④不断搅拌。模拟瘤胃蠕动，搅拌食糜，可使代谢产物和原料能均匀分布，以维持正常发酵。在复杂的人工瘤胃装置，可配备电动搅拌机或摇床，而在一般的瘤胃液培养装置，定时手工摇晃培养瓶即可。

表 22-5　人工唾液的组成

| | 成分 | | | | |
| --- | --- | --- | --- | --- | --- |
| | $NaH_2PO_4 \cdot 12H_2O$ | 无水 $NaHCO_3$ | NaCl | KCl | 无水 $CaCl_2$ | $MgSO_4 \cdot 7H_2O$ |
| 含量 /（g/L） | 9.3 | 9.8 | 0.47 | 0.57 | 0.04 | 0.12 |

注：配制时 $CaCl_2$ 与 $NaH_2PO_4$ 反应可能会出现沉淀，需分别配制，最后混合、定容。

配制后和使用前需通 $CO_2$（约 30 min），使 pH 为 7.0～7.2。

体外培养用的瘤胃液可以通过瘤胃瘘管、口腔 - 食道插管或通过从屠宰动物瘤胃取得，但均要求为空腹瘤胃液，以保证不同批次培养的数据相对稳定。从严格意义上讲，体外培养瘤胃液应在饲喂既定日粮的条件下获取，否则瘤胃液的微生物组成等会有所不同，影响试验结果。

人工瘤胃培养的基质一般为经粉碎、过筛的风干样品，也可为剪碎的青绿饲料等特殊样品。人工瘤胃基质的加量为 0.5～5.0 g/100 mL 培养液，视样品性质和研究目的而定，并且与瘤胃液的性质也有关，一般绵羊瘤胃液的活性高于牛的。

进行人工瘤胃培养时可测定多种消化代谢指标，常用的包括产气量、$NH_3$-N、VFA 等，也可进行微生物计数或转录组、DNA 含量、（滤纸）可过滤物率、纤维素类物质残留率、体外尼龙袋消失率等的测定。

人工瘤胃培养产气量测定法的装置可有以下几种：①先将饲料（基质）置于 5～50 mL 注射器里，抽入人工瘤胃液，再将针头端密封，平躺或垂直于 39℃ 环境中（一般置于温箱内），在不同时间读取注射器的产气刻度；②将39℃水浴的人工瘤胃培养瓶以硬质地细塑料管与10～100 mL注射器相连，定时读取注射器的产气刻度；③将水浴的人工瘤胃培养瓶以硬质地细塑料管与密封的水瓶从上部相连，水瓶底部有引水管上穿瓶盖将水引出，培养瓶产气时气体压入水瓶，从而将瓶内的水压出瓶外，收集出水并称重，即可换算成产气量，注意水瓶液面高度要略低于人工瘤胃液的液面。由于人工瘤胃试验多为比较性研究，为简单起见，比较试验一般都没有进行产气量的标准校正（如校正则需除去水汽、调节气压等）。

# 模 拟 试 卷

## 《动物营养与饲养》模拟试卷（一）

### 一、名词解释（每词 1.5 分，共 15 分）

（1）碱病 （2）粗蛋白 （3）必需氨基酸 （4）瘤胃未降解蛋白质 （5）特殊动力作用 （6）粗脂肪 （7）自由采食 （8）代谢体重 （9）表观消化率 （10）优质粗饲料

### 二、是非题（每题 1 分，共 10 分）

1. 单胃动物脂肪酸链和甘油合成的主要原料分别为乙酸和葡萄糖。（　　）
2. 瘤胃液后送（周转）率影响瘤胃微生物蛋白质的合成效率。（　　）
3. 嘌呤可在畜禽体内，特别是在关节等处沉积，造成动物痛风症。（　　）
4. 马的钙代谢过程不需要维生素 $D_3$ 的调节。（　　）
5. 维生素 C 对于猪、禽等家畜的营养是必需的。（　　）
6. 饲料的消化率只与饲料本身的性质有关，而与饲喂动物的生理状态无关。（　　）
7. 白（色）玉米一般不适宜作为动物饲料的原料。（　　）
8. 新生幼畜肠道缺乏淀粉酶，但具有蔗糖酶活性。（　　）
9. 样品中的木质素含量等于其 NDF 与 ADF 之差。（　　）
10. 粗脂肪又称为乙醇浸出物，即饲料或动物组织中能溶于乙醇的物质。（　　）

### 三、填空题（每空 1 分，共 14 分）

1. 满足动物的营养需要，可以_____、增加畜产品产量和提高质量、_____。
2. 瘤胃渗透压比较稳定，为 300 mmol/L，接近血浆水平。渗透压高会抑制_____活动，低则影响_____的生存或生活。
3. 蛋鸡的钙贮存器官包括骨骼和_____。
4. 瘦素不仅调节_____代谢，也被认为是营养与_____之间联系的代谢信号。
5. 生长激素主要作用于肝脏、_____和_____。
6. β-胡萝卜素在_____、肝脏和_____转化为维生素 A。
7. 饼粕类饲料中的磷主要以_____的形式存在。
8. 青饲料较少作为快速生长猪、禽能量的主要来源，一是因为青饲料含_____量较高，二是因为青饲料中_____含量也较高，不利于动物的采食和能量供应。

### 四、选择题（每题 1 分，共 16 分）

1. 瘤胃液氨态氮浓度为_____mg 氮 /100 mL 瘤胃液。
    A. 5～50 　　　　　B. 10～100 　　　　　C. 50～150 　　　　　D. 100～200
2. _____具有刺激肠黏膜生长的作用。
    A. 乙酸 　　　　　B. 丙酸 　　　　　C. 丁酸 　　　　　D. 戊酸

3. 反刍动物消化吸收的能量物质主要是_____。
    A. 葡萄糖         B. 氨基酸         C. 脂肪         D. 挥发性脂肪酸

4. 瘤胃微生物合成的脂类主要为_____脂肪。
    A. 顺式         B. 反式         C. 不饱和         D. 顺式与反式

5. 粗纤维含量≥_____% 的饲料称为粗饲料。
    A. 15         B. 18         C. 20         D. 23

6. 成年反刍动物主要或唯一的镁吸收场所为_____。
    A. 瘤胃和网胃         B. 皱胃         C. 小肠         D. 大肠

7. 奶牛产后瘫痪（低血钙症）的原因是_____。
    A. 缺钙                           B. 碱中毒
    C. 甲状旁腺激素分泌不足         D. 维生素 D 缺乏

8. 缺_____可使猪出现桑葚样心脏病（心脏形成红色的斑驳外表）。
    A. 铜         B. 硒         C. 铁         D. 碘

9. 新生羔羊后躯不起可能是胎儿在发育时期缺乏_____。
    A. 硒或铜         B. 硒或钙         C. 铜或铁         D. 碘或铁

10. 动物日粮配方中一般没有镁需要量指标，是因为_____。
    A. 镁营养不重要                 B. 一般饲粮中镁量足够
    C. 镁含量测定方法较复杂         D. 镁营养可由其他矿物替代

11. _____在体内不被代谢，以原形排出。
    A. D- 赖氨酸         B. 对氨基马尿酸         C. 谷氨酰胺         D. 乙酸

12. 秸秆氨化处理后_____。
    A. 纤维素 - 木质素共价键打开         B. 纤维素溶解度提高
    C. 木质素含量降低         D. 厌氧细菌数量增加

13. 维生素 U 主要存在于_____中。
    A. 绿色植物         B. 麦麸         C. 鱼粉         D. 酵母

14. 在_____和人类，脂肪合成主要发生于肝脏，然后被运送到脂肪组织贮存。
    A. 猪         B. 反刍动物         C. 禽         D. 马属动物

15. _____缺乏会引起贫血。
    A. 维生素 $B_1$         B. 维生素 $B_2$         C. 维生素 $B_6$         D. 维生素 $B_{12}$

16. 猪饲粮的代谢能约为消化能的_____%。
    A. 66         B. 75         C. 88         D. 94

## 五、问答题（共 45 分）

1. 饲料添加剂分几类？（5 分）

2. 新生仔猪补铁为什么采取注射铁制剂而非口服的方式？（5 分）

3. 简述动物体内谷氨酰胺代谢过程、影响因素及其意义。（7 分）

4. 获取瘤胃液样品的方法有哪些？（5 分）

5. 简述绵羊前胃氮代谢的准定量模型。（7 分）

6. 预防奶牛亚急性瘤胃酸中毒的措施有哪些？（5 分）

7. 简述蒿秕饲料的营养特点。（6分）

8. 为什么肉羊的生产效率低于肉猪、肉鸡的生产效率？（5分）

# 《动物营养与饲养》模拟试卷（二）

## 一、名词解释（每词1.5分，共15分）

（1）鸽砂 （2）粗纤维 （3）氮保留 （4）增生热 （5）IGF-1 （6）维持需要
（7）氮校正代谢能 （8）半干青贮 （9）瘤胃亚急性酸中毒 （10）氨基酸互补作用

## 二、是非题（每题1分，共10分）

1. 新生幼畜生理性贫血的原因是母乳含铁量不足。（　　）
2. 反刍动物合成脂肪酸链和甘油的主要原料均为乙酸。（　　）
3. 奶牛饲料的产奶净能与其消化能高度相关。（　　）
4. β-受体激动剂（俗称瘦肉精）在国内外均禁止使用。（　　）
5. 家兔具有食软粪的习性。（　　）
6. 犬只淀粉类饲料必须加热后喂给，因为喂生淀粉易引起腹泻。（　　）
7. 雏鸡出壳后，两天内不需要喂食。（　　）
8. 甲状腺素 $T_4$ 的活性较 $T_3$ 高。（　　）
9. 促进动物唾液分泌有助于提高自由采食量。（　　）
10. 粗纤维包括纤维素、半纤维素、木质素和酸不溶性灰分。（　　）

## 三、填空题（每空1分，共14分）

1. 缺碘会造成动物甲状腺_____，基础代谢率下降。幼龄动物缺碘会生长迟缓、_____而形成侏儒，成年动物则发生黏液性水肿，皮肤、_____和性腺发育不良。胚胎发育期缺碘会引起胚胎_____死亡、胚胎吸收、流产和分娩的仔畜_____。
2. 瘤胃液中挥发性脂肪酸包括乙酸、丙酸、丁酸、戊酸和_____酸。
3. 瘤胃 $NH_3$-N 的来源，包括饲料蛋白质的降解、外界非蛋白氮的添喂、血液中的_____通过瘤胃壁和唾液进入瘤胃后降解和瘤胃微生物的_____。
4. 奶牛的能量需要可用_____能和_____能两种方法表示。
5. 鸽乳的水分含量一般为_____%。
6. 发芽饲料具有一定的_____饲料性质。
7. 棉酚含量较高的棉籽饼等外观常呈_____色，加数滴硫酸后在显微镜下呈_____色。

## 四、选择题（每题1分，共16分）

1. 牛羊日粮如果添喂尿素，一般以不要超过日粮的_____%为宜。
   A. 0.01　　　　B. 0.1　　　　C. 1　　　　D. 10
2. 在凯氏定氮法中盐酸滴定的本质是测定_____。
   A. pH　　　　B. 氮含量　　　　C. 氨含量　　　　D. 氧化还原电位

3. 动物消化吸收的能量中约有_____%被转化成了可利用的生物能（ATP）。

    A. 11                 B. 33                     C. 55                  D. 77

4. _____可以作为新生羔羊的代乳成分。

    A. 蔗糖              B. 植物油             C. 鲜牛乳              D. 大豆蛋白

5. 稀土可替代_____离子的作用而提高某些酶的活性和促进该离子进入细胞。

    A. 钾                 B. 钠                  C. 钙                D. 镁

6. 禁止在反刍动物饲料中添加乳和乳制品以外的动物源性成分是因为_____。

    A. 控制饲粮成本                     B. 控制疯牛病传播

    C. 其消化率较低                     D. 预防沙门氏菌病

7. 肉用兔的最佳屠宰时间为_____日龄。

    A. 90                B. 180               C. 270              D. 360

8. 新生幼仔补铁的途径为_____。

    A. 静脉注射           B. 肌肉注射          C. 腹腔注射          D. 口服

9. 维生素 C 为正常的酪氨酸氧化和_____所需要。

    A. 四氢叶酸分解                     B. 色氨酸代谢

    C. 硫酸软骨素合成                  D. 胶原代谢

10. 禽、犬等动物采食高蛋白日粮易出现_____。

    A. 氨中毒            B. 高血糖           C. 尿氮减少          D. 痛风症

11. 大量的钙结合蛋白存在于_____血液中。

    A. 产蛋鸡            B. 家禽              C. 各种畜禽          D. 雌性动物

12. _____是氨基酸转氨基酶和脱羧酶的辅酶组分。

    A. 硫胺素            B. 核黄素           C. 烟酸             D. 吡哆醇

13. 胆碱在动物代谢中提供_____。

    A. 胆盐             B. 牛磺酸          C. 乙酰基           D. 甲基

14. 维生素_____是氨基酸转氨基酶和脱羧酶的辅酶组分。

    A. $B_1$              B. $B_2$              C. $B_6$             D. $B_{12}$

15. 在脂肪代谢中，_____是脂质循环速度的主要决定因素。

    A. 长链脂肪酸的连续合成和摄取         B. 脂肪酸酯化

    C. 甘油三酯降解                    D. 脂肪酸被释放出细胞

16. 在动物生产中禁止使用抗生素作为促生长剂是因为其_____。

    A. 没有促生长作用                  B. 在畜产品中有残留

    C. 抗菌谱不够广泛                  D. 可诱导产生具抗药性的细菌

## 五、问答题（共 45 分）

1. 简述乳铁蛋白的作用过程。（7 分）

2. 如何提高肉牛生产的效率？（5 分）

3. 影响饲料 UDP 率的因素有哪些？（6 分）

4. 简述青贮饲料的基本制备过程和注意事项。（5 分）

5. 给畜禽饲喂颗粒饲料有哪些优点？存在什么问题？（5 分）

6. 简述动物各种营养素或营养物质需要的度量方法。（7 分）

7. 进行饲粮配方时需要什么基本条件（数据）？（5 分）

8. 决定动物生长（产肉）性能的因素有哪些？（5 分）

# 《动物营养与饲养》模拟试卷（三）

## 一、名词解释（每词 1.5 分，共 15 分）

（1）脂肪肝　（2）植酸　（3）负氮平衡　（4）人工瘤胃　（5）无氮浸出物
（6）消化能　（7）生长势　（8）营养免疫　（9）木质纤维素　（10）必需脂肪酸

## 二、是非题（每题 1 分，共 10 分）

1. 新生幼畜生理性贫血的原因是铁离子吸收障碍。（　　）
2. 给新生仔猪饲喂生淀粉易引起腹泻，需加热后喂给。（　　）
3. 给绵羊或长毛兔添喂适量微量元素硫可提高产毛量。（　　）
4. 家兔的钙代谢过程不需要维生素 $D_3$ 的调节。（　　）
5. 配制动物日粮时一般不需要考虑镁的供应量。（　　）
6. 蛋氨酸是生糖氨基酸。（　　）
7. 牛羊饲粮粗蛋白中非降解摄入蛋白（UIP）比例高时，则其粗蛋白的需要量减少。（　　）
8. 维生素是维持动物正常生理功能所必需的一类小分子有机物，其必须从外界获得。（　　）
9. 适当限制生长动物的采食量有利于提高饲粮的利用率。（　　）
10. 牛乳中只含有反式脂肪。（　　）

## 三、填空题（每空 1 分，共 14 分）

1. 动物睾丸和大脑的生育酚含量最低，_____，因此维生素 E 的不足经常表现为生殖障碍和神经功能障碍。维生素 E 不足还会使体脂因_____含量较高而发黄。

2. 犬痛风的预防主要是控制饲粮的_____含量，保证_____。

3. 瘤胃微生物包括细菌、_____、原虫、_____和噬菌体。

4. 反刍动物的两个营养特点，即降解粗饲料和_____，都与瘤胃消化代谢有关。

5. 动物体内时刻都在进行着蛋白质代谢，即同时进行着蛋白质的_____与_____，两者之差决定了机体氮平衡的方向。

6. 许多氨基酸除了作为机体蛋白质合成的原料，还是一种前体，或其他代谢产物结构的一部分。例如，蛋氨酸能给肌酸和胆碱的生成提供_____，给硫酸软骨素的生成提供_____，而且还是生成半胱氨酸和胱氨酸的_____。

7. 生大豆含有_____、致甲状腺肿物质、皂素和_____等，会影响动物的适口性，造成消化不良和影响机体的生理代谢过程。

## 四、选择题（每题 1 分，共 16 分）

1. 鸡尿中排出的含氮物为_____。

    A. 尿素                B. 氨                C. 尿酸                D. 嘌呤

2. 核黄素又称为维生素_____。

    A. $B_1$              B. $B_2$            C. $B_5$              D. $B_6$

3. 维生素_____在肠道可以将难吸收的三价铁（$Fe^{3+}$）还原为二价铁（$Fe^{2+}$），促进铁的吸收。

    A. A               B. $B_5$            C. C               D. D

4. _____体内不能合成维生素 C。

    A. 人               B. 猪             C. 反刍动物        D. 家禽

5. 铁主要_____的形式被吸收。

    A. 在胃以二价离子即 $Fe^{2+}$           B. 在小肠以二价离子即 $Fe^{2+}$

    C. 在胃以三价离子即 $Fe^{3+}$           D. 在小肠以三价离子即 $Fe^{3+}$

6. 牛奶中难闻的气味产生于瘤胃，由_____吸收进入血液。

    A. 瘤胃             B. 小肠            C. 肺               D. 大肠

7. 奶牛能量需要常用产奶净能表示是因为_____。

    A. 代谢能用于维持和产奶的效率相似    B. 奶是奶牛生产的主要产品

    C. 代谢能用于产奶的效率大大高于维持效率  D. 牛奶的能量含量很稳定

8. β-受体激动剂莱克多巴胺在_____禁止使用。

    A. 国内              B. 国外             C. 美国              D. 各国均

9. 产肉动物的最佳饲养模式为_____。

    A. 自由采食                     B. 适时出栏

    C. 自由采食 + 适时出栏          D. 延长育肥期

10. 将块茎饲料喂给牛羊时需_____后饲喂。

    A. 加热               B. 切片            C. 粉碎              D. 浸泡

11. 给牛羊添喂的尿素，最好_____饲喂。

    A. 混在精料里                   B. 一次性

    C. 溶于水后                    D. 溶于水后喷洒在粗料上

12. _____具有抑菌作用。

    A. 铁蛋白          B. 运铁蛋白       C. 乳铁蛋白       D. $Fe^{2+}$

13. 蛋鸡每日采食量约_____g。

    A. 60               B. 110           C. 220            D. 330

14. 动物体内的增生热主要来源于_____。

    A. 咀嚼活动        B. 胃肠发酵       C. 肝脏代谢       D. 肌肉运动

15. 在体内没有被甲状腺摄取的碘从_____中排出。

    A. 尿               B. 尿和乳        C. 胆汁           D. 唾液

16. 胆固醇是_____密度脂蛋白的组成部分。

    A. 极低              B. 中间低        C. 低             D. 高

## 五、问答题（共 45 分）

1. 测定瘤胃液体积和后送（turnover）率的意义是什么？（5 分）

2. 简述奶牛瘤胃亚急性酸中毒的机理。（7 分）

3. 简述纤维素类物质的营养作用。（5 分）

4. 影响动物铜需要量的因素有哪些？（6 分）

5. 提高放牧家畜生产力水平的措施有哪些？（5 分）

6. 简述饲粮营养成分被消化部位对动物营养的意义。（5 分）

7. 设计配合日粮配方的原则有哪些？（5 分）

8. 简述如何用套算法测定日粮中某单一饲料营养素（如粗蛋白）的消化率。（7 分）

# 主要参考文献

卜柱，王强，厉宝林，等．2010.肉鸽饲料营养研究进展．中国家禽，32（24）：47-49，53.

陈淑荣．1986.高粱品种品种资源和杂交种氨基酸的组分和含量的分析.吉林农业科学，3：31-34.

陈玉山．1998.麝鼠不同饲养时期的营养水平及饲料配方．中国农村科技，12：26-27.

陈志敏，王金全，常文环．2014.宠物犬营养需要研究进展．饲料工业，35（17）：71-75.

陈志敏，王金全，高秀华．2012.宠物猫营养需要研究进展．饲料工业，33（17）：52-56.

程志泽，雒秋江，黄振，等．2016.饮用磁化水对羔羊生长性能、消化代谢和屠宰性能的影响．中国畜牧兽医，43（5）：1201-1207.

刁其玉．2018.犊牛营养生理与高效健康培育．北京：中国农业出版社．

东北农学院．1979.家畜饲养学．北京：农业出版社．

冯莉．2012.棉粕源酵母发酵饲料的研究．石河子：石河子大学硕士学位论文．

冯仰廉．2004.反刍动物营养学．北京：科学出版社．

冯仰廉，周建民，张晓明．1987.我国奶牛饲料产奶净能值测算方法的研究．中国畜牧杂志，1：6-9.

呙于明．2016.家禽营养．3版．北京：中国农业大学出版社．

国家市场监督管理总局，中国国家标准化管理委员会．2020.猪营养需要量：GB/T 39235-2020.北京：中国标准出版社．

韩友文．1992.饲料分类编码及各类饲料评述．饲料博览，6：3-6.

计成．2008.动物营养学．北京：高等教育出版社．

季道藩，曾广文，朱军．1985.四个栽培棉种的种仁油分和氨基酸成分的分析.浙江农业大学学报，11（3）：257-262.

加拿大阿尔伯特农业局畜牧处等．1998.养猪生产．刘海良，主译．北京：中国农业出版社．

姜世光，潘能霞，王修启，等．2019.肉鸽营养需要量研究进展．动物营养学报，31（11）：4940-4948.

孔祥瑞．1982.必需微量元素的营养、生理及临床意义．合肥：安徽科学技术出版社．

李海英，雒秋江，上官京，等．2011.添喂赖氨酸对小尾寒羊×无角陶赛特杂羔消化代谢和生长性能的影响．新疆农业大学学报，34（3）：181-187.

刘磊，李福昌，杨鹏程，等．2018.饲料粗纤维、中性洗涤纤维和酸性洗涤纤维残渣中各成分的研究.动物营养学报，30（3）：1044-1051.

刘强，王聪．2018.动物营养学研究方法和技术．北京：中国农业大学出版社．

雒秋江，刘世民，MacRae J C．1999.绵羊小肠组织产氨的研究．动物营养学报，11（增刊）：102-105.

美国国家科学院科学研究委员会．2014.猪营养需要．11版．印遇龙，阳成波，敖志刚，主译．北京：科学出版社．

石太渊，于淼，韩艳秋．2017.辽宁花生品种营养成分及特性分析．食品研究与开发，38（22）：142-147.

宋中齐，干友民，田刚，等．2014.多花黑麦草在生长肉兔上的营养价值评定．草业学报，23（5）：352-358.

苏双良．2012.七种家兔常用粗饲料的营养价值评定．保定：河北农业大学硕士学位论文．

汤逸人．1996.英汉畜牧科技词典．2版．北京：中国农业出版社．

王安，单安山．2003.微量元素与动物生产．哈尔滨：黑龙江科学技术出版社．

王安，单安山．2007.维生素与现代动物生产．北京：科学出版社．

王镜岩，朱圣庚，徐长法．2013.生物化学（上、下册）．3版．北京：高等教育出版社．

王之盛，李胜利．2016.反刍动物营养学．北京：中国农业出版社．

吴龙．1994.新的饲料蛋白原——石油酵母．中国饲料，2：21-22.

吴艳波，李仰锐，李周全 . 2012. 日粮能量、蛋白质水平对小型成年狮子犬的饲养效果研究 . 黑龙江畜牧兽医，23：138-141.

谢文龙 . 2021. 日粮纤维含量对麝香鼠消化和软粪组成的影响 . 乌鲁木齐：新疆农业大学硕士学位论文 .

杨凤 . 2000. 动物营养学 . 2 版 . 北京：中国农业出版社 .

杨诗兴 . 1989. 修订哈里士饲料分类编码法新方案 . 饲料研究，2：11-14.

张欢欢，梁叶星，张玲，等 . 2019. 双低油菜籽蛋白氨基酸组成分析及营养价值评价 . 食品与发酵工业，45（12）：235-241.

张力，朱新书，常城 . 1997. 家兔饲养标准研究回顾（上）. 草与畜杂志，2：9-12.

张丽英，王宗义，李德发 . 2001. 滤袋技术在饲料纤维素分析中的应用 . 饲料工业，22（5）：9-10.

张子仪 . 1994. 中国现行饲料分类编码系统说明 . 中国饲料，4：19-21.

赵素珍，齐雅坤，安迎新，等 . 1994. 裸燕麦资源的氨基酸分析 . 内蒙古农业科技，3：9-10.

中国饲料数据库 . 2018. 中国饲料成分及营养价值表（第 29 版）. 中国饲料，21：64-73.

周安国，陈代文 . 2011. 动物营养学 . 3 版 . 北京：中国农业出版社 .

朱心怡，张亚茹，夏兆飞 . 2017. 犬肥胖及其营养管理 . 中国兽医杂志，53（6）：91-93.

McDonald P，Edwards R A，Greenhalgh J F D，et al. 2007. 动物营养学 . 6 版 . 王九峰，李同洲，主译 . 北京：中国农业大学出版社 .

Pagan J D. 1999. 马属动物营养中的碳水化合物 . 国外畜牧学，5：19-22.

Willian O R. 2014. DUKES 家畜生理学 . 12 版 . 赵茹茜，主译 . 北京：中国农业出版社 .

Alemany M. 1976. Effect of amino acid and reutilization in the determination of protein turnover in mice. Horm Metab Res，8：70-73.

Arnal M，Ferrara M，Fauconneau G. 1976. Synthèse protéique *in vivo* pendant le development de quelques muscles de l'agneau. In：Nuclear Techniques in Animal Production and health. Pro IAEA Symp Vienna：393-401.

Arnal M，Ferrara M，Fauconneau G. 1978. Liver，intestine and skin protein turnover in lambs throughout development. In：Proc. 29th EAAP Annual Meeting：1-6.

Arnal M. 1977. Muscle protein turnover in lambs throughout development. In：Protein Metabolism and Nutrition. Proc. 2nd int.Symp.，The Netherlands. EAAP Publ，22：35-37.

Bekele A Z，Koike S，Kobayashi Y. 2010. Genetic diversity and diet specificity of ruminal Prevotella revealed by 16S rRNA gene-based analysis. FEMS Microbiol Lett，305（1）：49-57.

Bergen W G，Purser D B，Cline J H. 1968. Effect of ration on the nutritive quality of rumen microbial protein. J Anim Sci，27：1497-1501.

Buttery P J，Beckerton A，Lubbock M H. 1977. Rates of protein metabolism in sheep. In：Protein Metabolism and Nutrition. Proc. 2nd int. Symp.，The Netherlands. EAAP Publ，22：32-34.

Buttery P J，Beckerton A，Mitchell R M. 1975. The turnover rate of muscle and liver protein in sheep. Proc Nutri Soc，34：91A-92A.

Cannas A，Tedeschi L O，Fox D G，et al. 2004.A mechanistic model for predicting the nutrient requirements and feed biological values for sheep. J Anim Sci，82：149-169.

Church D C. 1988.The Ruminant Animal：Digestive Physiology and Nutrition. Englewood Cliffs，NJ：Prentice Hall.

Clark J H，Klusmeyer T H，Cameron M R. 1992. Microbial protein synthesis and flows of nitrogen fractions to the duodenum of dairy cows. J Dairy Sci，75：2304-2323.

Danfær A. 1980. Proteinomsætningen hos vokesende grise. Copenhagen：Licentiatafhandling（Ph.D Thesis）Royal Vet Agric Univ：160.

Denman S E，Mcsweeney C S. 2006. Development of a real-time PCR assay for monitoring anaerobic fungal and cellulolytic bacterial populations within the rumen. FEMS Microbiol Ecol，58（3）：572，582.

Ferrara M，Arnal M，Fauconneau G. 1977. Synthèse protéique *in vivo* dans les muscles de l' agneau au cours du de veloppement（1）. C R Acad Sci Paris，284：53-56.

Garlick P J，Burk T L，Swick R W. 1976. Protein synthesis and RNA in tissues of the pig. Am J Physiol，230：1108-1112.

Halliday D，McKeran R O. 1975.Measurement of muscle protein synthetic rate from serial muscle biopsies and total body protein turnover in man by continuous intravenous infusion of L- （α-$^{15}$N）lysine. Clin Sci Mol Med，49：581-590.

Karnati S K R，Sylvester J T，Noftsger S，et al. 2007. Assessment of ruminal bacterial populations and protozoal generation time in cows fed different methionine sources. J Dairy Sci，90（2）：798-809.

Kirchgessner M. 2004. Tierernährung. 11 Auflage. Frankfurt: Deutsche Landwirtschaftsg.

Koike S，Kobayashi Y. 2001. Development and use of competitive PCR assays for the rumen cellulolytic bacteria: *Fibrobacter succinogenes*，*Ruminococcus albus* and *Ruminococcus flavefaciens*. FEMS Microbiol Lett，204（2）：361-366.

Laurent G，Everett A W，Sparrow M P. 1975.Protein turnover in cardiac and skeletal muscle using $^{3}$H-leucine pulse-labelling: decreased protein degradation during hypertrophy of the anterior latissimus dorsi of the fowl. Proc Aust Physiol Pharmacol Soc，5：219.

Le Hénaff L. 1991. Importance des acides aminés dans la nutrition des vaches laitières. PhD thesis. Département des Sciences de la vie et de l' environment，Université de Rennes，Rennes，France.

Lobley G E，Reeds P J，Pennie K. 1978. Protein synthesis in cattle. Proc Nutr Soc，37：96A.

Maeda H，Fujimoto C，Haruki Y，et al. 2003. Quantitative real-time PCR using TaqMan and SYBR Green for *Actinobacillus actinomycetemcomitans*，*Porphyromonas gingivalis*，*Prevotella intermedia*，*TetQ* gene and total bacteria. FEMS Immunol Med Microbiol，39（1）：81-86.

Millward D J，Garlick P J. 1972. The pattern of protein turnover in the whole animal and the effect of dietary variations. Proc Nutr Soc，31：257-263.

Millward D J，Garlick P J，Steward R J C，et al. 1975. Skeletal muscle growth and protein turnover. Biochem J，150：235-243.

Nettleton J A，Hegsted D M. 1975. Protein energy interrelationships during dietary restriction: effects on tissue nitrogen and protein turnover. Nutr Metab，18：31-40.

Nicholas G A，Lobley G E，Harris C I. 1977. Use of the constant infusion technique for measuring rates of protein synthesis in the New Zealand White rabbit. Br J Nutr，38：1-17.

NRC. 1985. Nutrient Requirements of Dogs. Washington，DC：The National Academies Press.

NRC. 1985. Nutrient Requirements of Sheep. 6th ed. Washington DC：The National Academies Press.

NRC. 1994. Nutrient Requirements of Poultry. 9th ed. Washington DC：The National Academies Press.

NRC. 1997. Nutrient Requirements of Rabbits. 2nd ed. Washington DC：The National Academies Press.

NRC. 1998. Nutrient Requirements of Swine. 10th ed. Washington DC：The National Academies Press.

NRC. 2000. Nutrient Requirements of Beef Cattle. 7th ed.Washington DC：The National Academies Press.

NRC. 2001. Nutrient Requirements of Dairy Cattle. 7th ed. Washington DC：The National Academies Press.

NRC. 2007. Nutrient Requirements of Horses. 6th ed. Washington DC：The National Academies Press.

NRC. 2007. Nutrient Requirements of Small Ruminants. Washington DC：The National Academies Press.

NRC. 2012. Nutrient Requirements of Swine. 11th ed. Washington DC：The National Academies Press.

Patra A K，Yu Z. 2014. Effects of vanillin，quillaja saponin，and essential oils on *in vivo* fermentation and protein-degrading microorganisms of the rumen. Appl Microbiol Biotechnol，98（2）：897-905.

Purser D B，Buechler S M. 1966. Amino acid composition of rumen organisms. J Dairy Sci，49：81-84.

Reeds P J，Fuller M F，Lobley G E，et al. 1978. Protein synthesis and amino acids oxidation in growing pigs. Proc Nutr Soc，37：106A.

Riis P M. 1983. Dynamic Biochemistry of Animal Production. Amsterdam：Elsevier.

Sok M，Ouellet D R，Firkins J L，et al. 2017. Amino acid composition of rumen bacteria and protozoa in cattle. J Dairy Sci，100：5241-5249.

Soltész G，Joyce J，Young M. 1973. Protein synthesis rate in the newborn lamb. Biol Neonate，23：139-148.

Sonson D W，West T R，Tatman W R，et al. 1993. Relationship of body condition of mature ewes with condition score and body weight. J Anim Sci，71：1112-1116.

Stevenson D M，Weimer P J. 2007. Dominance of Prevotella and low abundance of classical ruminal bacterial species in the bovine rumen revealed by relative quantification real-time PCR. Appl Microbiol Biotechnol，75（1）：165-174.

Swenson M J. 1984. Duke's Physiology of Domestic Animals.10th ed.New York：Cornell University Press.

Tajima K，Aminov R I，Nagamine T，et al. 2001. Diet-dependent shifts in the bacterial population of the rumen revealed with real-time PCR. Appl Microbiol Biotechnol，67（6）：2766-2774.

Weller R A. 1957. The amino acid composition of hydrolysates of microbial preparations from the rumen of sheep. Australian J Biol Sci，10：384.

Wilson G P，David C C，Kevin R P，et al. 2005. Basic Animal Nutrition and Feeding. 5th ed. New York：John Wiley & Sons，Inc.

Xie J X，Luo Q J，Zang C J，et al. 2020. Magnetized water improves digestion and growth of lambs. Animal Husbandry and Feed Science，12（2）：1-7.

Yong V R，Steffee W，Pencharz P B，et al. 1975. Total human body protein synthesis in relation to protein requirements at various ages. Nature，253：192-194.